普通高等教育数学类基础课程系列教材

微 积 分

主　编　程慧燕　杜明银
编　委　黄海松　赵　娜　王小玉　王亚兰
　　　　赵建卫　贾　杰　蒋文丽　贺电鹏

北京理工大学出版社
BEIJING INSTITUTE OF TECHNOLOGY PRESS

内容简介

本书紧扣高等学校微积分课程的教学基本要求,介绍了微积分的基本概念、基本理论和基本方法,是根据教育部高等学校教学指导委员会制定的《经济管理类本科数学基础课程教学基本要求》编写而成的.

全书共分为八章,内容包括函数、一元函数微积分学、多元函数微积分学、无穷级数、微分方程与差分方程等.每章配有习题及延展阅读,书后附有习题参考答案,既便于教学,也便于学生预习学习、复习巩固.

本书以本科人才培养计划为标准,以锻炼学生的应用创新能力为目的,强化应用性和实用性,适合高等学校经济管理类本科各专业使用,也可供有关专业技术人员、科技工作者参考.

图书在版编目(CIP)数据

微积分 / 程慧燕,杜明银主编. --北京:北京理工大学出版社,2021.8(2022.9 重印)

ISBN 978-7-5763-0123-6

Ⅰ.①微… Ⅱ.①程… ②杜… Ⅲ.①微积分-高等学校-教材 Ⅳ.①O172

中国版本图书馆 CIP 数据核字(2021)第 170767 号

出版发行 / 北京理工大学出版社有限责任公司
社　　址 / 北京市海淀区中关村南大街 5 号
邮　　编 / 100081
电　　话 / (010) 68914775 (总编室)
　　　　　 (010) 82562903 (教材售后服务热线)
　　　　　 (010) 68944723 (其他图书服务热线)
网　　址 / http://www.bitpress.com.cn
经　　销 / 全国各地新华书店
印　　刷 / 北京虎彩文化传播有限公司
开　　本 / 787 毫米×1092 毫米　1/16
印　　张 / 19.75　　　　　　　　　　　　　责任编辑 / 孟祥雪
字　　数 / 462 千字　　　　　　　　　　　　文案编辑 / 孟祥雪
版　　次 / 2021 年 8 月第 1 版　2022 年 9 月第 2 次印刷　　责任校对 / 刘亚男
定　　价 / 52.00 元　　　　　　　　　　　　责任印制 / 李志强

序

德是育人的灵魂统帅，是一个国家道德文明发展的显现．坚持"育人为本、德育为先"的育人理念，把"立德树人"作为教育的根本任务，为郑州工商学院校本教材建设指引方向．

立德树人，德育为先．教材编写应着眼于促进学生全面发展，创新德育形式，丰富德育内容，将德育工作渗透至教学各个环节，提高学生的实践创新能力和综合素质，以培养具有健全的人格、历史使命感和社会责任心，富有创新精神和实践能力的创新型、应用型人才为目标．

立德为先，树人为本．要培养学生的创新创业能力，强化其创新创业教育．要以培养学生创新精神、创业意识与创业能力为核心，以培养学生的首创与冒险精神、创业能力和独立开展工作的能力为教育指向，改革教育内容和教学方法，突出学生的主体地位，注重学生的个性化发展，强化创新创业教育与素质教育的充分融合，把创新创业作为重要元素融入素质教育．

本书注重引导学生积极参与教学活动过程，突破教材建设过程中过分强调知识系统性的思路，力求把握好教材内容的知识点、能力点和学生毕业后的岗位特点，编写以必需和够用为度，适应学生的知识基础和认知规律，深入浅出，理论联系实际，注重结合基础知识、基本训练以及实验实训等实践活动，培养学生分析、解决实际问题的能力并提高其实践技能．

前　言

　　教材建设是高等教育教学工作的重要组成部分. 在实践创新、课程思政融入课堂建设全过程中占举足轻重的地位. 数学是科学的基本语言, 是表达工程技术原理、进行复杂工程设计和计算必不可少的工具. 随着计算机技术的快速发展, 数学的社会化功能程度日益提高. 现代化产业和经济的组织与管理已经离不开数学所提供的方法和技术. 因此, 微积分作为基础课程在大学教育中的重要地位毋庸置疑.

　　本书是根据《经济管理类本科数学基础课程教学基本要求》, 结合应用型本科微积分课程教学的实际情况并汲取全国同类课程相关教材的优点编写而成的, 书中注重适当渗透现代数学思想, 理论联系实际, 加强对学生应用数学知识和方法解决经济问题的能力的培养, 以适应现代经济科学对经济人才数学素质的要求. 本书内容编排主要有如下特点:

　　1. 保持体系完整. 全书结构严谨, 强调科学性、系统性和准确性, 内容由浅入深, 循序渐进, 通俗易懂, 努力突出微积分的基本思想和基本方法. 一方面, 使学生能够较好地了解各部分内容的内在联系, 整体上把握微积分的思想方法; 另一方面, 培养学生严密的逻辑思维能力和严谨的科学探究精神.

　　2. 追求简明实用. 本书删去了一些烦琐的理论证明, 直接从客观世界所提供的模型和原理出发, 导出微积分的基本概念、法则和公式, 使表达更加简明, 突出数学的基本概念、基本思想和应用背景, 尽量用数学概念、理论、方法去解释说明经济学、管理学的相关概念、理论; 培养学生用微积分的思想和方法分析、解决实际问题的能力, 突出数学的应用性.

　　3. 体现经济管理特色. 本书较多地设置了经济管理方面的实例, 突出微积分在经济管理科学中的应用, 促进了微积分课程与经管专业课程的协同融合, 为学生学习专业知识奠定必要的数学基础.

　　4. 确立了 "立德树人" 的教育理念, 在实践创新、政治思想教育融入课堂方面做了有益的探索.

　　本书的具体编写工作分工如下: 第1章由贺电鹏执笔; 第2章由赵建卫执笔; 第3章由蒋文丽执笔; 第4章由王小玉执笔; 第5章由赵娜执笔; 第6章由王亚兰执笔; 第7章由贾杰执笔; 第8章由黄海松执笔. 最后由杜明银、程慧燕完成统稿、校稿、定稿工作. 在本书的编写中, 郑州工商学院屠凡超、蒋铁红、张晓梅三位副教授提出了许多宝贵的意见和建议, 在此表示衷心感谢.

　　囿于学识, 本书虽在原有版本的基础上经实际授课使用和修订, 进行了不断的完善, 但缺陷仍在所难免, 恳请广大读者和同行批评指正, 以便再版时改进.

编　者

目 录

第 1 章

函数与极限

经济数学的核心内容是微积分，微积分的主要研究对象是函数，所谓函数关系就是变量与变量之间的相互依存关系．研究微积分所用的主要工具是极限，极限方法是研究变量的一种基本方法，极限的概念和运算从理论上贯穿于微积分的始终．本章介绍函数、极限和函数的连续性等基本概念及其相关的性质．

第一节　函　数

一、集合

（一）集合的概念

集合是数学中的一个基本概念，在这里我们给出集合的描述性定义．

所谓集合，是指具有某种特定性质的事物的总体，简称集．组成这个集合的事物称为集合的元素，简称元.

集合一般用大写拉丁字母 A，B，C，…表示，元素一般用小写拉丁字母 a，b，c，…表示.

元素 a 属于集合 M，记作 $a \in M$，元素 a 不属于集合 M，记作 $a \notin M$ 或 $a \overline{\in} M$. 一个集合里，若它只含有有限个元素，则称为有限集；否则称为无限集．不含任何元素的集合称为空集，记为 $\varnothing$.

集合的表示法有列举法和描述法两种.

（1）列举法：把集合里的元素一一列举出来写在大括号里表示集合.

例如，由元素 1，2，3，4，5，6 所组成的集合可表示为
$$A = \{1, 2, 3, 4, 5, 6\};$$

（2）描述法：若集合 M 是由具有某种性质 P 的元素 x 的全体，就可将其表示成
$$M = \{x \mid x \text{ 具有性质 } P\};$$

例如，方程 $x^2 - 3x + 2 = 0$ 的解集可表示为

$$B = \{x \mid x^2 - 3x + 2 = 0\}.$$

对于数集，为了方便，有时用 A^* 表示由数集 A 内的非零元素组成的集合，用 A_+ 表示数集 A 内的正数组成的集合.

常用数集：

自然数集 $\mathbf{N} = \{0, 1, 2, \cdots, n, \cdots\}$；

整数集 $\mathbf{Z} = \{\cdots, -n, \cdots, -2, -1, 0, 1, 2, \cdots, n, \cdots\}$；

有理数集 $\mathbf{Q} = \left\{ \dfrac{p}{q} \mid p \in \mathbf{Z}, q \in \mathbf{N}_+, \text{且} p \text{与} q \text{互质} \right\}$；

实数集 $\mathbf{R}$.

设 A、B 是两个集合，如果集合 A 中的每一个元素都是集合 B 的元素，那么 A 就是 B 的子集，记为 $A \subset B$ 或 $B \supset A$，读作 A 包含于 B 或 B 包含 A.

如果集合 A 与集合 B 互为子集，即 $A \subset B$ 且 $B \subset A$，则称集合 A 与集合 B 相等，记作 $A = B$.

例如，设

$$A = \{1, 2\}, \quad B = \{x \mid x^2 - 3x + 2 = 0\},$$

则 $A = B$.

规定：空集 $\varnothing$ 是任何集合 B 的子集，即 $\varnothing \subset B$.

（二）集合的运算

集合的基本运算有 3 种：并、交、差.

设 A、B 是两个集合，由所有属于 A 或者属于 B 的元素组成的集合，称为 A 与 B 的并集（简称并），记作 $A \cup B$，即

$$A \cup B = \{x \mid x \in A \text{ 或 } x \in B\}.$$

由所有既属于 A 又属于 B 的元素组成的集合，称为 A 与 B 的交集（简称交），记作 $A \cap B$，即

$$A \cap B = \{x \mid x \in A \text{ 且 } x \in B\}.$$

由所有属于 A 而不属于 B 的元素组成的集合，称为 A 与 B 的差集（简称差），记作 $A \setminus B$，即

$$A \setminus B = \{x \mid x \in A \text{ 且 } x \notin B\}.$$

例如，设 $A = \{1, 2, 3, 4, 5, 6\}$，$B = \{2, 4, 6, 8, 10\}$，则

$$A \cup B = \{1, 2, 3, 4, 5, 6, 8, 10\};$$
$$A \cap B = \{2, 4, 6\};$$
$$A \setminus B = \{1, 3, 5\}.$$

有时，我们研究某个问题限定在一个大的集合 I 中进行，所研究的其他集合 A 都是 I 的子集. 此时，我们称集合 I 是全集或基本集，称 $I \setminus A$ 是 A 的余集或补集，记作 $\complement_I A$.

例如，在实数集 $\mathbf{R}$ 中，集合 $A = \{x \mid 0 \leqslant x \leqslant 1\}$ 的余集就是 $\complement_{\mathbf{R}} A = \{x \mid x < 0 \text{ 或 } x > 1\}$.

集合运算有如下性质：

(1) 交换律：$A \cup B = B \cup A$；$A \cap B = B \cap A$.

（2）结合律：$A \cup (B \cup C) = (A \cup B) \cup C$；$A \cap (B \cap C) = (A \cap B) \cap C$.

（3）分配律：$A \cap (B \cup C) = (A \cap B) \cup (A \cap C)$；

$$A \cup (B \cap C) = (A \cup B) \cap (A \cup C).$$

（4）对偶律：$\complement_{\mathbf{R}}(A \cup B) = \complement_{\mathbf{R}}A \cap \complement_{\mathbf{R}}B$；$\complement_{\mathbf{R}}(A \cap B) = \complement_{\mathbf{R}}A \cup \complement_{\mathbf{R}}B$.

（三）区间和邻域

1. 区间

区间是使用较多的一类数集.

设 a 和 b 都是实数，且 $a < b$，我们定义：

开区间 $(a, b) = \{x \mid a < x < b\}$；

闭区间 $[a, b] = \{x \mid a \leqslant x \leqslant b\}$；

半开区间 $(a, b] = \{x \mid a < x \leqslant b\}$，$[a, b) = \{x \mid a \leqslant x < b\}$；

无限区间 $(a, +\infty) = \{x \mid x > a\}$，$(-\infty, b] = \{x \mid x \leqslant b\}$.

图 1-1 所示为各种区间在数轴上的表示.

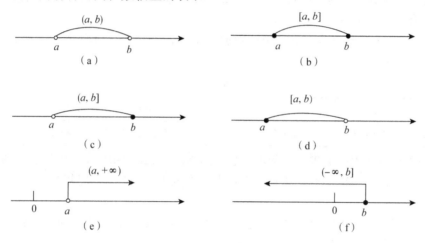

图 1-1

全体实数的集合 $\mathbf{R}$ 也可记作 $(-\infty, +\infty)$.

以后在不需要辨明区间种类的场合，我们就简单地称它为"区间"，且常用 I 表示.

2. 邻域

以点 a 为中心的任何开区间称为点 a 的邻域，记作 $U(a)$.

设 δ 为任一正数，则开区间 $(a - \delta, a + \delta)$ 称为点 a 的 δ 邻域，记作 $U(a, \delta)$，即

$$U(a, \delta) = \{x \mid a - \delta < x < a + \delta\}.$$

点 a 称为该邻域的中心，δ 称为该邻域的半径，如图 1-2 所示.

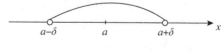

图 1-2

由于 $a - \delta < x < a + \delta$ 相当于 $|x - a| < \delta$，因此

$$U(a, \delta) = \{x \mid |x - a| < \delta\}.$$

因为 $|x - a|$ 表示点 x 与点 a 之间的距离，所以 $U(a, \delta)$ 表示：与点 a 的距离小于 δ 的一切点 x 的全体.

点 a 的 δ 邻域去掉中心后，称为点 a 的去心 δ 邻域，记作 $\mathring{U}(a, \delta)$，即

$$\mathring{U}(a, \delta) = \{x \mid 0 < |x - a| < \delta\}.$$

为了方便，有时把开区间 $(a - \delta, a)$ 称为点 a 的左 δ 邻域，把开区间 $(a, a + \delta)$ 称为点 a 的右 δ 邻域，如图 1-3 所示.

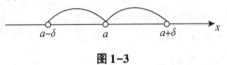

图 1-3

二、函数的概念

人们在研究实际问题时，往往要讨论在某个变化过程中多个变量之间的相互关系，这就是我们要研究的函数关系.

引例 1 根据国家统计局公布的统计数据，我国 2000—2005 年的国内生产总值（GDP）如表 1-1 所示.

表 1-1

t（年份）	2000	2001	2002	2003	2004	2005
GDP/亿元	99 214.6	109 665.2	120 332.7	135 822.8	159 878.3	183 084.8

由表 1-1 可以看出如下规律，随着年份 t 的增加，我国 GDP 在不断增长，对任意年份 $t \in \{2000, 2001, 2002, 2003, 2004, 2005\}$，由表 1-1 中的对应规则可唯一确定该年的 GDP.

引例 2 设某商店购进猪肉 400 千克，进货价每千克 9 元，销售价为每千克 12 元，当售出的数量为 x 千克时，其销售的利润 L 可按公式

$$L = 12x - 9x = 3x, \quad x \in [0, 400]$$

算出.

上面两个例子的实际意义虽然不同，但它们都是通过一定的对应法则来反映两个变量之间的相互依赖关系，由此引出函数的定义.

定义 1 设 D 是一个非空的实数集合，如果存在一个对应法则 f，使得对任意的 $x \in D$，按照法则 f，都有唯一确定的实数 y 与之对应，则称对应法则 f 建立了一个在 D 上的函数. 其中，x 称为自变量；y 称为因变量；D 称为函数 f 的定义域，记为 $D(f)$.

对于给定的 $x_0 \in D(f)$，称因变量 y 的对应值 y_0 为 x_0 所对应的函数值，记为 $y_0 = f(x_0)$，因此，对任意的自变量 $x \in D(f)$ 的函数值 y 可记为

$$y = f(x), \quad x \in D(f).$$

全体函数值构成的集合称为函数的值域，记为 $R(f)$，即

$$R(f) = f(D) = \{y \mid y = f(x), x \in D\}.$$

注：按定义，函数是指定义域 $D(f)$ 上的对应法则 f，而 $f(x)$ 为函数值. 但为了方便起

见，习惯上直接称 $f(x)$ 为 x 的函数或 y 是 x 的函数.

从上述定义可以看到，定义域和对应法则是函数的两个要素，如果两个函数的定义域相同，对应法则也相同，那么这两个函数就是相同的；否则，就是不同的. 例如，函数 $y = 1 + x^2$ 与 $x = 1 + y^2$ 的定义域都是 $D = \mathbf{R}$，且对任一 $a \in \mathbf{R}$，两个函数都有相同的实数 $1 + a^2$ 与之对应，即有相同的对应法则，故它们是两个相同的函数. 但对于函数 $y = 1/(1 + x)$ 与 $y = \dfrac{x}{(1 + x)x}$，由于它们的定义域不同，故是两个不同的函数. 对于函数 $y = \sqrt{1 - \sin^2 x} = |\cos x|$ 与 $y = \cos x$，由于它们的对应法则不同，故是两个不同的函数.

函数的定义域通常按以下两种情形来确定：一种是对有实际背景的函数，根据实际背景中变量的实际背景确定，如引例 2 中函数 $y = 3x$ 的定义域为 $[0, 400]$，这种定义域称为函数的实际定义域；另一种是对抽象的用算式表达的函数，通常约定这种函数的定义域为使算式有意义的一切实数组成的集合，这种定义域称为函数的自然定义域，如函数 $y = \sqrt{1 - x^2}$ 的定义域为闭区间 $[-1, 1]$，函数 $y = \dfrac{1}{\sqrt{1 - x^2}}$ 的定义域为 $(-1, 1)$.

常用的函数表示法有三种：图示法、表格法与公式法（解析法）.

图示法使函数的变化特征直观明了；表格法（如经济统计表，各种函数表等）便于求函数值；而公式法便于分析与运算，是用得最多的一种方法. 这三种函数表示法各有优缺点，在研究实际问题时，常将它们结合起来使用.

在平面直角坐标系中，点集
$$W = \{(x, y) \mid y = f(x), x \in D\}$$
称为函数 $y = f(x)$ 的图形.

图 1-4 所示为函数 $y = x^2$，$x \in (-\infty, +\infty)$，$y \in [0, +\infty)$ 和函数 $y = \sin x$，$x \in [0, 2\pi]$，$y \in [-1, 1]$ 的图形.

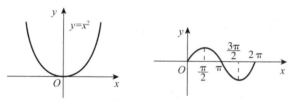

图 1-4

三、函数的几种特性

（一）函数的有界性

设函数 $f(x)$ 的定义域为 D，区间 $I \subset D$，如果存在正数 M，使得 $|f(x)| \leq M$ 对于任意的 $x \in I$ 都成立，则称 $f(x)$ 在 I 上有界. 如果这样的 M 不存在，就称函数 $f(x)$ 在 I 上无界.

例如，$y = \sin x$ 对于任意 $x \in (-\infty, +\infty)$，都有 $|\sin x| \leq 1$，所以 $y = \sin x$ 在 $(-\infty, +\infty)$ 内有界. $y = \dfrac{1}{x}$ 在 $(0, 1)$ 内无界，在 $(1, 2)$ 内有界，如图 1-5 所示.

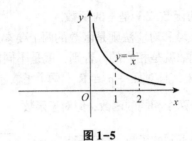

图 1-5

（二）函数的单调性

设函数 $f(x)$ 的定义域为 D，区间 $I \subset D$，如果对于区间 I 上任意两点 x_1，x_2，当 $x_1 < x_2$ 时，恒有

$$f(x_1) < f(x_2)，$$

则称函数 $f(x)$ 在 I 上是单调增加的.

如果对于区间 I 上的任意两点 x_1，x_2，当 $x_1 < x_2$ 时，恒有

$$f(x_1) > f(x_2)，$$

则称函数 $f(x)$ 在 I 上是单调减少的，如图 1-6 所示.

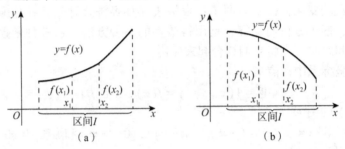

（a）　　　　　　　　　（b）

图 1-6

例如，函数 $f(x) = x^2$ 在区间 $[0, +\infty)$ 内单调增加，在区间 $(-\infty, 0]$ 上单调减少；在区间 $(-\infty, +\infty)$ 内不是单调的.

（三）函数的奇偶性

设函数 $f(x)$ 的定义域 D 关于原点对称，如果对于任意 $x \in D$，$f(-x) = f(x)$ 恒成立，则称 $f(x)$ 为偶函数；如果对于任意 $x \in D$，$f(-x) = -f(x)$ 恒成立，则称 $f(x)$ 为奇函数.

例如，$f(x) = x^2$，$f(x) = \cos x$ 是偶函数，$f(x) = x^3$，$f(x) = \sin x$ 是奇函数，函数 $f(x) = \sin x + \cos x$ 既非奇函数也非偶函数，$f(x) = 0$ 既是奇函数也是偶函数.

由定义可知，偶函数的图形关于 y 轴对称，奇函数的图形关于原点对称，如图 1-7 所示.

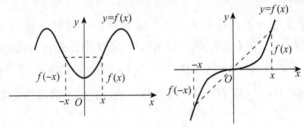

图 1-7

（四）函数的周期性

设函数 $f(x)$ 的定义域为 D，如果存在一个正数 l，使得对于任意 $x \in D$ 有 $(x \pm l) \in D$，且

$$f(x \pm l) = f(x)$$

恒成立，则称 $f(x)$ 为周期函数，l 称为 $f(x)$ 的周期，通常我们说周期函数的周期是指最小正周期，如图 1-8、图 1-9 所示.

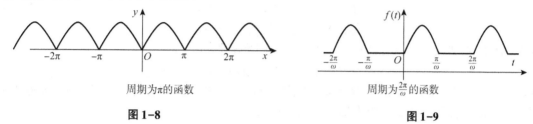

图 1-8　周期为π的函数　　　　图 1-9　周期为 $\dfrac{2\pi}{\omega}$ 的函数

周期为 l 的函数，在每个长度为 l 的区间上，图形都有相同的形状.

注：周期函数不一定存在最小正周期.

例如，常值函数 $f(x) = C$，任何正实数都可以看作它的周期，因为没有最小的正数，所以没有最小正周期.

狄利克雷函数 $f(x) = \begin{cases} 1, & x \text{ 为有理数} \\ 0, & x \text{ 为无理数} \end{cases}$，任何正有理数都可以看作它的周期，由于没有最小的正有理数，因此没有最小正周期.

四、反函数与复合函数

定义 2　设函数 $y = f(x)$ 的定义域为 $D(f)$，值域为 $R(f)$. 若对任意的 $y \in R(f)$，都有唯一确定的 $x \in D(f)$ 与之对应，且满足 $y = f(x)$，则 x 是定义在 $R(f)$ 上以 y 为自变量的函数，记此函数为

$$x = f^{-1}(y), \quad y \in R(f).$$

并称其为 $y = f(x)$ 的反函数.

在反函数 $x = f^{-1}(y)$ 中 y 是自变量，x 是因变量. 但习惯上常用 x 作自变量，y 作因变量，故 $y = f(x)$ 的反函数常记为 $y = f^{-1}(x)$，$x \in R(f)$. 在平面直角坐标系 xOy 中，函数 $y = f(x)$ 的图形与其反函数 $y = f^{-1}(x)$ 的图形关于直线 $y = x$ 对称，如图 1-10 所示.

相对于反函数 $y = f^{-1}(x)$ 来说，函数 $y = f(x)$ 称为直接函数.

显然，函数 $y = f^{-1}(x)$ 与 $y = f(x)$ 互为反函数，且 $y = f^{-1}(x)$ 的定义域与值域分别为 $y = f(x)$ 的值域与定义域.

显然，单调函数一定有反函数，且反函数 $y = f^{-1}(x)$ 与直接函数 $y = f(x)$ 有相同的单调性.

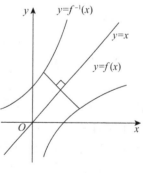

图 1-10

例如：指数函数 $y = e^x$，$x \in (-\infty, +\infty)$，与对数函数 $y = \ln x$，$x \in (0, +\infty)$，它们互为反函数，都是单调增加，其图形关于直线 $y = x$ 对称.

对于单调函数，求其反函数的步骤是，先由 $y = f(x)(x \in D)$ 解出 $x = f^{-1}(y)$，然后将 x 与 y 互换，即得 $y = f(x)$ 的反函数为 $y = f^{-1}(x)$.

例如，由 $y = x^3 - 1(x \in \mathbf{R})$ 解得 $x = \sqrt[3]{y + 1}$，于是函数 $y = x^3 - 1$ 的反函数为 $y = \sqrt[3]{x + 1}$.

定义 3 设函数
$$y = f(u)，u \in D(f)，y \in R(f)，$$
$$u = g(x)，x \in D(g)，u \in R(g)，$$
其中，$D(f) \cap R(g) \neq \varnothing$，如图 1-11 所示，则称函数
$$y = f[g(x)]，x \in \{x \mid g(x) \in D(f)\}$$
为由函数 $y = f(u)$ 和 $u = g(x)$ 复合而成的复合函数. 其中 y 是因变量，x 是自变量，u 称为中间变量，而复合函数的定义域为集合 $\{x \mid g(x) \in D(f)\}$.

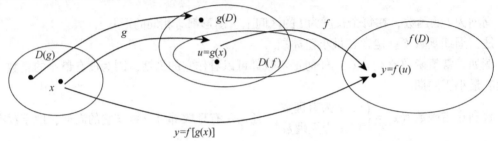

图 1-11

【例 1-1】 下列各组函数能否构成复合函数？若可以，求出复合函数及其定义域.

(1) $y = f(u) = \ln u，u = g(x) = \sin x$；

(2) $y = f(u) = \sqrt{u - 3}，u = g(x) = 2\cos x$.

解 (1) 因 $D(f) = (0，+\infty)$，$R(g) = [-1，1]$，故
$$D(f) \cap R(g) = (0，+\infty) \cap [-1，1] = (0，1] \neq \varnothing，$$
所以 $f(u) = \ln u$ 与 $u = \sin x$ 可以构成复合函数，其表达式为
$$y = \ln \sin x，$$
其定义域为
$$\{x \mid \sin x \in (0，+\infty)\} = \{x \mid 2k\pi < x < (2k+1)\pi，k = 0，\pm 1，\pm 2，\cdots\}，$$
(2) 由 $D(f) = [3，+\infty)$，$R(g) = [-2，2]$ 可知
$$D(f) \cap R(g) = [3，+\infty) \cap [-2，2] = \varnothing，$$
因此，函数 $f(u) = \sqrt{u - 3}$ 与 $u = 2\cos x$ 不能构成复合函数.

由例 1-1 中 (1) 可知只要 $D(f) \cap R(g) \neq \varnothing$，适当限制 x 的取值范围 $y = f(u)$ 与 $u = g(x)$ 就可以构成复合函数；(2) 则说明不是任何两个函数都能构成复合函数.

【例 1-2】 已知 $y = \ln u，u = v^2，v = \sin x + 2x$，将 y 表示成 x 的复合函数.

解 将 $u = v^2，v = \sin x + 2x$ 依次代入 $y = \ln u$，得
$$y = \ln u = \ln v^2 = \ln (\sin x + 2x)^2.$$
此例表明，复合函数可由两个函数复合而成，也可由更多个函数复合而成.

【例 1-3】 已知 $f(x) = \dfrac{x + 1}{x - 1}$，求 $f(x + 1)$ 和 $f[f(x) + 1]$.

解　令 $u = x + 1$，则

$$f(x + 1) = f(u) = \frac{u + 1}{u - 1} = \frac{x + 2}{x},$$

令 $v = f(x) + 1$，则

$$f[f(x) + 1] = f(v) = \frac{v + 1}{v - 1} = \frac{\left(\dfrac{x + 1}{x - 1} + 2\right)}{\dfrac{(x + 1)}{(x - 1)}} = \frac{3x - 1}{x + 1}.$$

五、初等函数

（一）基本初等函数

通常，将常值函数、幂函数、指数函数、对数函数、三角函数、反三角函数这六类函数称为基本初等函数．下面介绍基本初等函数的表达式、定义域、图形特点与主要性质．

1. 常值函数 $y = C$（C 为常数）

常值函数的定义域为 $(-\infty, +\infty)$，值域为 $\{C\}$，有界函数 $|y| \leqslant |C|$，$x \in (-\infty, +\infty)$，$C \neq 0$ 时为偶函数，$C = 0$ 时既是偶函数又是奇函数，如图 1-12 所示．

2. 幂函数 $y = x^{\alpha}$（$\alpha \neq 0$，α 为常数）

幂函数的定义域随值 α 的不同而不同．但不论 α 取何值，$y = x^{\alpha}$ 在 $(0, +\infty)$ 内总有定义．若 $\alpha > 0$，则 $y = x^{\alpha}$ 在 $[0, +\infty)$ 内单调增加，其图形通过 $(0, 0)$，$(1, 1)$ 两点，如图 1-13（a）（b）所示；若 $\alpha < 0$，则 $y = x^{\alpha}$ 在 $(0, +\infty)$ 内单调减少，其图形通过点 $(1, 1)$，如图 1-13（c）（d）所示．

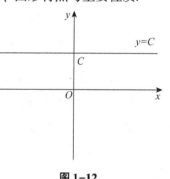

图 1-12

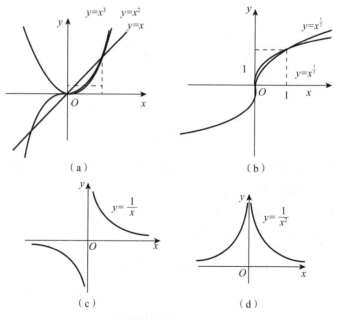

（a）

（b）

（c）

（d）

图 1-13

3. 指数函数 $y = a^x (a > 0,$ 且 $a \neq 1,$ a 为常数)

指数函数的定义域为 $(-\infty, +\infty)$, 值域为 $(0, +\infty)$, $0 < a < 1$ 时, $y = a^x$ 为单调减少函数; $a > 1$ 时, $y = a^x$ 为单调增加函数.

指数函数的图形位于 x 轴上方, 且经过点 $(0, 1)$, 如图 1-14 所示.

在实际应用中, 常出现以 e 为底的指数函数 $y = e^x$, 其中 e = 2.718 281 828 459 045….

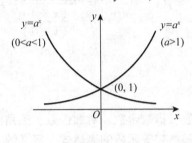

图 1-14

指数的运算性质: $a^{x_1} \cdot a^{x_2} = a^{x_1 + x_2}$, $\dfrac{a^{x_1}}{a^{x_2}} = a^{x_1 - x_2}$, $(a^{x_1})^{x_2} = a^{x_1 \cdot x_2}$, $a^{-x} = \dfrac{1}{a^x}$.

4. 对数函数 $y = \log_a x$ ($a > 0$, $a \neq 1$, a 为常数)

对数函数的定义域为 $(0, +\infty)$, 值域为 $(-\infty, +\infty)$, $0 < a < 1$ 时, $y = \log_a x$ 为单调减少函数; $a > 1$ 时, $y = \log_a x$ 为单调增加函数.

对数函数的图形位于 y 轴右边, 且经过点 $(1, 0)$, 如图 1-15 所示.

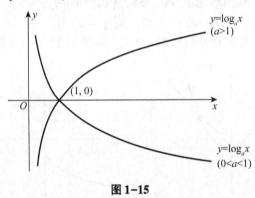

图 1-15

通常, 以 10 为底的对数函数记为 $y = \lg x$, 称为常用对数函数; 以 e 为底的对数函数记为 $y = \ln x$, 称为自然对数函数.

对数函数 $y = \log_a x$ 与指数函数 $y = a^x$ 互为反函数.

与对数函数有关的两个恒等式经常用到,

$$\log_a x = \frac{\ln x}{\ln a}(换底公式), \quad a^x = e^{x \ln a},$$

5. 三角函数

$$y = \sin x (正弦函数)$$
$$y = \cos x (余弦函数)$$

$$y = \tan x = \frac{\sin x}{\cos x} \ (\text{正切函数})$$

$$y = \cot x = \frac{\cos x}{\sin x} \ (\text{余切函数})$$

$$y = \sec x = \frac{1}{\cos x} \ (\text{正割函数})$$

$$y = \csc x = \frac{1}{\sin x} \ (\text{余割函数})$$

以上这 6 个函数统称为三角函数. 在微积分中, 三角函数的自变量 x 一律用弧度单位 (rad) 表示. 弧度与度数之间的换算公式为:

$$360° = 2\pi \ \text{rad}, \qquad 1° = \frac{\pi}{180} \ \text{rad}, \ 1 \ \text{rad} = \frac{180°}{\pi},$$

$\sin x$ 是奇函数, $\cos x$ 是偶函数, 它们都是周期为 2π 的函数, 定义域为 $(-\infty, +\infty)$, 值域为 $[-1, 1]$, 其图形分别如图 1-16、图 1-17 所示.

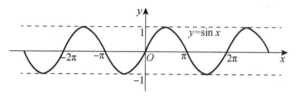

图 1-16

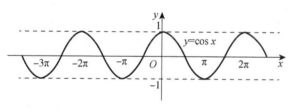

图 1-17

$\tan x$ 与 $\cot x$ 都是奇函数, 且周期都为 π, $\tan x$ 的定义域为 $\left\{ x \left| x \in \mathbf{R}, x \neq k\pi + \dfrac{\pi}{2}, k \right. \right.$ 为整数$\Big\}$, $\cot x$ 的定义域为 $\{x \mid x \in \mathbf{R}, x \neq k\pi, k \ \text{为整数}\}$, 它们的图形如图 1-18 所示.

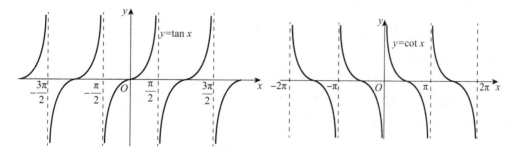

图 1-18

6. 反三角函数

由于三角函数都是周期函数, 对于值域中的任何值, 自变量都有无穷多个值与之对应, 故在整个定义域上三角函数不存在反函数. 但是, 如果限制取值区间, 使三角函数在选取的区间上为单调函数, 则可考虑三角函数的反函数.

(1) 反正弦函数 $y = \arcsin x$.

正弦函数 $y = \sin x$ 在区间 $\left[-\dfrac{\pi}{2}, \dfrac{\pi}{2}\right]$ 上单调增加, 值域为 $[-1, 1]$. 将 $y = \sin x$ 在 $\left[-\dfrac{\pi}{2}, \dfrac{\pi}{2}\right]$ 上的反函数定义为反正弦函数, 记为 $y = \arcsin x$, 定义域为 $[-1, 1]$, 值域为 $\left[-\dfrac{\pi}{2}, \dfrac{\pi}{2}\right]$, 其图形如图 1-19 所示.

(2) 反余弦函数 $y = \arccos x$.

余弦函数 $y = \cos x$ 在区间 $[0, \pi]$ 上单调减少, 值域为 $[-1, 1]$. 将 $y = \cos x$ 在 $[0, \pi]$ 上的反函数定义为反余弦函数, 记为 $y = \arccos x$, 其定义域为 $[-1, 1]$, 值域为 $[0, \pi]$, 其图形如图 1-20 所示.

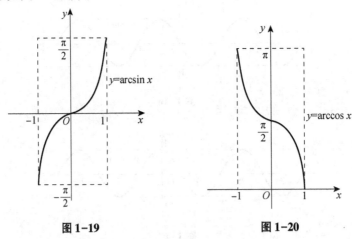

图 1-19   图 1-20

(3) 反正切函数 $y = \arctan x$.

正切函数 $y = \tan x$ 在区间 $\left(-\dfrac{\pi}{2}, \dfrac{\pi}{2}\right)$ 内单调增加, 值域为 $(-\infty, +\infty)$. 将 $y = \tan x$ 在区间 $\left(-\dfrac{\pi}{2}, \dfrac{\pi}{2}\right)$ 内的反函数定义为反正切函数, 记为 $y = \arctan x$, 其定义域为 $(-\infty, +\infty)$, 值域为 $\left(-\dfrac{\pi}{2}, \dfrac{\pi}{2}\right)$, 其图形如图 1-21 所示.

(4) 反余切函数 $y = \text{arccot } x$.

余切函数 $y = \cot x$ 在区间 $(0, \pi)$ 内单调减少, 值域为 $(-\infty, +\infty)$. 将 $y = \cot x$ 在区间 $(0, \pi)$ 内的反函数定义为反余切函数, 记为 $y = \text{arccot } x$, 其定义域为 $(-\infty, +\infty)$, 值域为 $(0, \pi)$, 其图形如图 1-22 所示.

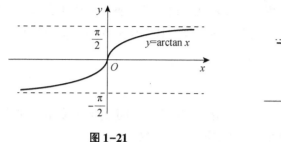

图 1-21   图 1-22

（二）初等函数

定义 4 由基本初等函数经过有限次的四则运算和有限次的函数复合步骤所构成并可用一个式子表示的函数，称为初等函数.

例如，$y = e^x \sin x + \cos x - x^2$，$y = e^{\sin x}$，$y = \ln(x + \sqrt{1 + x^2})$，$y = \ln^2 x + \sqrt[3]{\cot \dfrac{x}{2}}$ 都是初等函数.

形如 $[f(x)]^{g(x)}$ 的函数，称为幂指函数，其中 $f(x)$，$g(x)$ 均是初等函数，且 $f(x) > 0$.

由恒等式

$$[f(x)]^{g(x)} = e^{g(x) \ln f(x)}$$

可知幂指函数为初等函数.

例如，$x^x (x > 0)$，$(\tan x)^{\sin x} (\tan x > 0)$，$(1 + x)^x (x > -1)$ 等都是幂指函数，因此，它们都是初等函数.

在自变量的不同变化范围内，对应法则用不同式子来表示的函数，称为**分段函数**.

将函数

$$y = \operatorname{sgn} x = \begin{cases} 1, & x > 0 \\ 0, & x = 0 \\ -1, & x < 0 \end{cases}$$

称为符号函数，它的定义域为 $D = (-\infty, +\infty)$，值域为 $R_f = \{-1, 0, 1\}$，它的图形如图 1-23 所示.

【例 1-4】 设 x 为任一实数，不超过 x 的最大整数称为 x 的整数部分，记作 $[x]$，例如，$[0.013] = 0$，$[0.99] = 0$，$[\sqrt{2}] = 1$，$[\pi] = 3$，$[-1] = -1$，$[-3.5] = -4$，

把 x 看作变量，则函数

$$y = [x]$$

的定义域为 $D = (-\infty, +\infty)$，值域 $R_f = \mathbf{Z}$. 它的图形如图 1-24 所示，这个图形称为阶梯曲线. 在 x 为整数处，图形发生跳跃，跃度为 1，该函数称为取整函数.

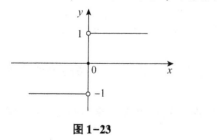

图 1-23

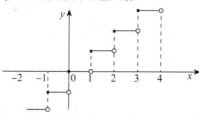

图 1-24

一般地，分段函数为非初等函数，因为其在定义域内由多个解析表达式表示.

但分段函数在其定义域的各分段区间上的表达式常由初等函数表示，故仍可通过初等函数来研究它们.

六、常用经济函数

用数学方法解决实际经济问题时，经常需要建立实际经济问题的数学模型，即建立问题涉及的各变量之间的函数关系. 这里介绍几个常用的经济函数.

(一) 成本函数、收入函数和利润函数

商家在从事生产、贸易等经营活动时，总希望尽可能降低商品的成本，增加收入与利润. 而成本、收入（亦称收益）与利润这些经济变量都与产品的产量或销售量 x 密切相关，在忽略其他次要因素影响的情况下，它们都可以看成 x 的函数，并分别称为成本函数，记为 $C(x)$；收入（收益）函数，记为 $R(x)$；利润函数，记为 $L(x)$.

通常，成本由固定成本（或称不变成本）与可变成本两部分构成. 固定成本与产量无关，如厂房、占地费用或商业店铺的租金、设备购买费用、维修费、折旧费、企业管理费等；可变成本随产量或商品销售量的增加而增加，如原材料费、动力费、劳动者工资等. 因此成本函数 $C(x)$ 是 x 的单调增加函数：

$$C(x) = C_0 + C_1(x),$$

其中，C_0 为固定成本；$C_1(x)$ 为可变成本. 当 $x = 0$ 时，$C = C_0$.

$$\overline{C}(x) = \frac{C(x)}{x}, \quad x > 0$$

称为平均成本函数.

最简单的成本函数为线性函数：

$$C(x) = C_0 + Kx,$$

其中，C_0，K 为正常数；C_0 为固定成本；Kx 为可变成本.

如果产品的单位售价为 p，销售量为 x，则收入函数为

$$R(x) = px$$

利润等于收入减去成本，故利润函数为

$$L(x) = R(x) - C(x) = px - C(x).$$

当 $L = R - C > 0$ 时，生产者盈利；

当 $L = R - C < 0$ 时，生产者亏损；

当 $L = R - C = 0$ 时，生产者盈亏平衡，使 $L(x) = 0$ 的点 x_0 称为盈亏平衡点.

【例1-5】设某厂每天生产 x 件产品的成本函数为

$$C(x) = 400 + 3x (元).$$

(1) 假设每天至少能卖出 200 件产品，为了不亏本，该产品的单位售价至少应定为多少元？

(2) 假设该厂计划利润为成本的 20%，问：每天卖出 x 件产品的单位售价应定为多少元？

解 (1) 为了不亏本，必须使每天售出 200 件产品的收入与成本相等. 设此时的单位售价为 p_1，则有

$$200p_1 = 400 + 3 \times 200 = 1\,000,$$

由此解得 $p_1 = 5$（元）. 因此, 为了不亏本, 该产品的单位售价至少应定为 5 元.

（2）设单位售价为 p_2, 则利润函数为

$$L(x) = R(x) - C(x) = p_2 x - C(x),$$

根据假设, 利润为 $0.2C(x)$, 于是有

$$0.2C(x) = p_2 x - C(x),$$

由此得

$$p_2 x = 1.2C(x) = 1.2(400 + 3x),$$

解得

$$p_2 = 3.6 + \frac{480}{x}（元）.$$

例如, 每天售出 200 件时, 单位售价为 6 元.

【例 1-6】设某超市以每千克 a 元的价格购入某种商品, 以每千克 b 元的价格出售这种商品（$a < b$）. 为了促销, 该超市规定, 若顾客一次购买 10 kg 以上, 则超出部分按 9 折的优惠价出售. 试将一次成交的销售收入 R 与利润 L 表示成销售量 x 的函数.

解　由题设可知, 一次售出 10 kg 以内的收入为

$$R = bx, \quad 0 \leqslant x \leqslant 10,$$

而一次售出 10 kg 以上的收入为

$$R = 10b + 0.9b(x - 10)$$
$$= b + 0.9bx, \quad x > 10,$$

因此, 一次成交的销售收入 R 是 x 的分段函数, 即

$$R(x) = \begin{cases} bx, & 0 \leqslant x \leqslant 10 \\ b + 0.9bx, & x > 10 \end{cases}.$$

由题设可知, 其成本函数 $C(x) = ax$, 于是, 一次成交的利润函数为

$$L(x) = R(x) - C(x)$$
$$= \begin{cases} (b - a)x, & 0 \leqslant x \leqslant 10 \\ b + (0.9b - a)x, & x > 10 \end{cases}.$$

（二）需求函数与供给函数

"需求"是指在一定价格条件下, 消费者愿意购买并且有支付能力购买的商品量.

消费者对商品的需求是由多个因素决定的, 商品的价格是影响需求的一个重要因素, 如果不考虑其他影响需求量的因素（如消费者的收入、嗜好, 其他同类商品的价格, 季节等）, 需求量 Q 可视为价格 p 的函数, 称为需求函数, 记为

$$Q = f(p).$$

需求函数的反函数 $p = f^{-1}(Q)$ 称为价格函数, 习惯上将价格函数也称为需求函数.

一般来说, 商品价格越低, 需求量越大; 商品价格越高, 需求量越小. 因此, 一般需求函数 Q 是 p 的单调减少函数. 最简单、最常见的需求函数为线性需求函数, 即

$$Q = a - bp,$$

其中, a, b 为正的常数, a 表示价格为零时的最大需求量, a/b 为最高销售价格（此时需求量为零）.

"供给"是指在一定价格条件下，生产者愿意出售并且有可供出售的商品.

一种商品的供给量 S 与商品价格 p 有密切联系. 价格上涨将刺激生产者向市场提供更多的商品，供给量增加；反之，价格下跌将使供给量减少. 类似地，供给量 S 也可视为价格 p 的函数，称为供给函数，记为

$$S = \varphi(p).$$

供给函数是价格 p 的单调增加函数. 最简单、最常见的供给函数为线性供给函数，即

$$S = \varphi(p) = -c + dp,$$

其中 c，d 为正的常数，c/d 为最低销售价格（此时供给量为零）.

使一种商品的市场需求量与供给量相等的价格，称为均衡价格. 通常记均衡价格为 p_0，对应的需求量与供给量称为均衡商品量.

当市场价格高于均衡价时，商品供过于求（供给量超过需求量），价格将下降；反之，当市场价格低于均衡价格时，商品供不应求，价格将上涨. 总之，市场上的商品价格将围绕着均衡价格上下摆动. 这就是价值规律的反映.

【例 1-7】 某电器厂生产一种新产品，根据市场调查得出的需求函数为

$$x = -900p + 45\,000,$$

该厂生产该产品的固定成本是 270 000 元，单位产品的可变成本为 10 元，为得到最大利润，出厂价格应定为多少？

解 以 x 表示产量，C 表示成本，p 表示价格，则有

$$C(x) = 10x + 270\,000,$$

而需求函数为 $x = -900p + 45\,000$，代入 C 中得

$$C(p) = -9\,000p + 720\,000,$$

收益函数为

$$R(p) = p(-900p + 45\,000) = -900p^2 + 45\,000p,$$

利润函数为

$$L(p) = R(p) - C(p) = -900(p^2 - 60p + 800)$$
$$= -900(p - 30)^2 + 90\,000.$$

容易求得，当价格 $p = 30$ 元时，利润 $L = 90\,000$ 元为最大利润，按此价格，可供销售量为

$$x = -900 \times 30 + 45\,000 = 18\,000.$$

习题 1-1

1. 解下列不等式，并用区间表示解集合.

(1) $x^2 - 3x + 2 < 0$；

(2) $|x + 3| > |x - 1|$；

(3) $0 < |x - x_0| < \delta(\delta > 0)$.

2. 求下列函数的定义域.

(1) $y = \sqrt{2 + x - x^2}$；

(2) $y = \ln \dfrac{1}{1 - x} + \sqrt{x + 2}$；

(3) $y = \dfrac{x}{\sin x}$；

(4) $y = \arcsin \dfrac{x + 1}{2}$.

3. 下列各题中，函数 $f(x)$ 与 $g(x)$ 是否相同？为什么？

(1) $f(x) = \lg x^2$，$g(x) = 2\lg x$；　　　　(2) $f(x) = x$，$g(x) = \sqrt{x^2}$；

(3) $f(x) = 1$，$g(x) = \sin^2 x + \cos^2 x$；　　(4) $f(x) = \dfrac{x^2 - 1}{x - 1}$，$g(x) = x + 1$.

4. 求解下列各题.

(1) 设 $f(x) = \arcsin x$，求 $f(0)$，$f(-1)$，$f\left(\dfrac{\sqrt{3}}{2}\right)$，$f\left(\dfrac{\sqrt{2}}{2}\right)$；

(2) 设 $\varphi(x) = \begin{cases} |\sin x|, & |x| < \dfrac{\pi}{3} \\ 0, & |x| \geqslant \dfrac{\pi}{3} \end{cases}$，求 $\varphi\left(\dfrac{\pi}{4}\right)$，$\varphi\left(-\dfrac{\pi}{6}\right)$，$\varphi(-3\pi)$.

5. 设函数 $f(x)$ 的定义域为 $(0, 1)$，求下列各函数的定义域.

(1) $f(x^2)$；　　　　　　　　　　(2) $f(\cos x)$；

(3) $f(\ln x)$；　　　　　　　　　　(4) $f\left(x - \dfrac{1}{3}\right) + f\left(x + \dfrac{1}{3}\right)$.

6. 判断下列函数的奇偶性.

(1) $y = 2x^7 - 3\sin x$；　　　　　(2) $y = x \cdot \dfrac{2^x + 2^{-x}}{3}$；

(3) $y = \ln(x + \sqrt{1 + x^2})$；　　　(4) $y = xe^x$.

7. 求下列函数的周期.

(1) $y = 3 + \cos 2x$；　　　　　　(2) $y = \tan \dfrac{x + 1}{3}$；

(3) $y = \sin^2 x$；　　　　　　　　(4) $y = |\sin x|$.

8. 试证下列函数在指定区间内的单调性.

(1) $y = \dfrac{x}{1 - x}$，$(-\infty, 1)$；　　　(2) $y = x + \ln x$，$(0, +\infty)$.

9. 证明函数 $y = x\sin x$ 在区间 $(0, +\infty)$ 内无界.

10. 求下列函数的反函数.

(1) $y = \dfrac{2x + 5}{3x - 2}$；　　　　　　　(2) $y = 1 + \lg(x - 3)$；

(3) $y = 3\cos 2x$；　　　　　　　(4) $y = \dfrac{e^x - e^{-x}}{2}$.

11. 下列函数可以看成由哪些简单函数复合而成？

(1) $y = (x^4 + 3)^3$；　　　　　　(2) $y = \sqrt{\cot \dfrac{3x - 5}{2}}$；

(3) $y = e^{\tan(1 + \sin x)}$；　　　　　(4) $y = \sqrt{\ln(1 + x^2)}$；

(5) $y = \ln \dfrac{1 + \sqrt{x}}{1 - \sqrt{x}}$；　　　　　(6) $y = (\arccos\sqrt{1 - x^2})^2$.

12. (1) 设 $f(x) = x^2 + 1$，求 $f(x^2 + 1)$，$f\left[\dfrac{1}{f(x)}\right]$；

(2) 设 $f(\sin x) = \cos 2x + 1$，求 $f(\cos x)$；

(3) 设 $f\left(x+\dfrac{1}{x}\right)=x^2+\dfrac{1}{x^2}$, 求 $f(x)$;

(4) 设 $f\left(\dfrac{1}{x}\right)=x+\sqrt{1+x^2}$, $x>0$, 求 $f(x)$;

(5) 设 $\varphi(x)=\begin{cases}x^3, & 0\leqslant x\leqslant 1 \\ 3x^2, & 1<x\leqslant 2\end{cases}$, 求 $\varphi\left(\dfrac{1}{x}\right)$.

13. (1) 已知鸡蛋的收购价为每千克 5 元时, 每月能收购 5 000 千克; 若收购价每千克提高 0.1 元, 则每月收购量可增加 500 千克. 求鸡蛋的线性供给函数.

(2) 已知鸡蛋的销售价为每千克 8 元时, 每月能销售 5 000 千克; 若销售价每千克降低 0.1 元, 则每月销售量可增加 800 千克. 求鸡蛋的线性需求函数.

14. 某玩具厂每天生产 60 个玩具的成本为 300 元, 每天生产 80 个玩具的成本为 340 元, 求其线性成本函数. 该厂每天的固定成本和生产一个玩具的可变成本各是多少?

15. 设某商品的成本函数与收入函数分别为

$$C(x)=7+2x+x^2, \quad R(x)=10x.$$

试求:

(1) 该商品的利润函数;

(2) 销售量为 4 个单位时的总利润及平均利润;

(3) 销售量为 10 个单位时是盈利还是亏损?

第二节 极限概念

一、数列极限

(一) 数列的概念和性质

定义 1 如果按照某一法则, 对每个 $n\in\mathbf{N}_+$, 对应着一个确定实数 x_n, 这些实数 x_n 按照下标 n 从小到大排列得到的一个序列

$$x_1, \ x_2, \ \cdots, \ x_n, \ \cdots$$

就叫作数列, 简记为数列 $\{x_n\}$.

数列 $\{x_n\}$ 中的每个数叫作数列的项, 第 n 项 x_n 叫作数列的通项 (或一般项). 例如:

(1) $\dfrac{1}{2}$, $\dfrac{2}{3}$, $\dfrac{3}{4}$, $\cdots$, $\dfrac{n}{n+1}$, $\cdots$;

(2) 1, 2, 3, $\cdots$, n, $\cdots$;

(3) $\dfrac{1}{2}$, $\dfrac{1}{4}$, $\dfrac{1}{8}$, $\cdots$, $\dfrac{1}{2^n}$, $\cdots$;

(4) 1, -1, 1, $\cdots$, $(-1)^{(n+1)}$, $\cdots$;

(5) 1, -2, 3, $\cdots$, $(-1)^n n$, $\cdots$;

(6) 0, $\dfrac{3}{2}$, $\dfrac{2}{3}$, $\cdots$, $1+\dfrac{(-1)^n}{n}$, $\cdots$,

都是数列，依次可以简记为 $\left\{\dfrac{n}{n+1}\right\}$，$\{n\}$，$\left\{\dfrac{1}{2^n}\right\}$，$\{(-1)^{(n+1)}\}$，$\{(-1)^n n\}$，$\left\{1+\dfrac{(-1)^n}{n}\right\}$，它们通项依次为

$$\frac{n}{n+1},\ n,\ \frac{1}{2^n},\ (-1)^{(n+1)},\ (-1)^n n,\ 1+\frac{(-1)^n}{n}.$$

对于给定的数列 $\{x_n\}$，由于其各项的取值由其下标 n 唯一确定，故数列 $\{x_n\}$ 可看作定义在正整数集 $\mathbf{N}_+$ 上的函数，即

$$x_n=f(n),\ n\in\mathbf{N}_+.$$

在几何上，数列 $\{x_n\}$ 可看作数轴上的一个动点，它依次取数轴上的点 x_1，x_2，$\cdots$，x_n，$\cdots$，如图 1-25 所示.

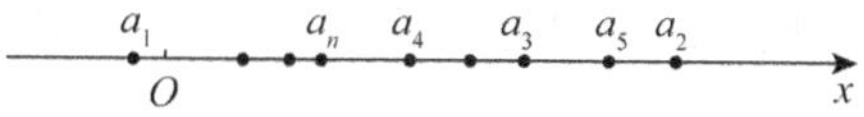

图 1-25

对于数列 $\{x_n\}$，如果存在正数 M，使得对于一切 x_n 都满足不等式

$$|x_n|\le M,$$

则称数列 $\{x_n\}$ 是有界的；否则，就称数列 $\{x_n\}$ 是无界的.

例如，数列 $\left\{\dfrac{n}{n+1}\right\}$ 是有界的，因为可取 $M=1$，而使

$$\left|\frac{n}{n+1}\right|\le 1$$

对于一切 x_n 都成立.

数列 $\{2^n\}$ 是无界的，因为不存在正数 M，使得对于一切 2^n 都有 $|2^n|\le M$.

数列 $\{x_n\}$ 若满足 $x_1\le x_2\le x_3\le\cdots\le x_n\le x_{n+1}\le\cdots$，则称数列 $\{x_n\}$ 为单调增加数列；若满足 $x_1\ge x_2\ge x_3\ge\cdots\ge x_n\ge x_{n+1}\ge\cdots$，则称数列 $\{x_n\}$ 为单调减少数列. 单调增加数列与单调减少数列统称单调数列. 例如，数列 $\left\{\dfrac{n}{n+1}\right\}$ 是单调增加数列，数列 $\left\{\dfrac{n+2}{n+1}\right\}$ 是单调减少数列.

在数列 $\{x_n\}$ 中任意抽取无限项并保持这些项在原数列 $\{x_n\}$ 中的先后次序，这样得到的一个数列称为原数列 $\{x_n\}$ 的子数列（或子列）. 例如，数列 1，3，5，$\cdots$，$2n-1$，$\cdots$ 和 2，4，6，$\cdots$，$2n$，$\cdots$ 都可以看成数列 $\{n\}$ 的子数列.

（二）数列极限的定义

对于数列 $\{x_n\}$，我们要讨论的问题是，当 n 无限增大时（即 $n\to\infty$ 时），对应的 $x_n=f(n)$ 的变化趋势.

考察数列（1）~（6）不难发现，当 n 无限增大时，通项 x_n 取值的变化可分为两类. 一类是当 n 无限增大时，x_n 无限趋近于某个常数. 例如，当 n 无限增大时，（1）和（6）中的 x_n 无限趋近于数 1，而（3）中的 x_n 无限趋近于数 0. 另一类是当 n 无限增大时，x_n 不趋近于某个常数，例如，数列（2）、（4）、（5）.

定义 2　设有数列 $\{x_n\}$，如果存在常数 a，当 n 无限增大时，x_n 无限趋近于常数 a，则

称数列 $\{x_n\}$ 的极限为 a，或称数列 $\{x_n\}$ 收敛于 a，记为

$$\lim_{n \to \infty} x_n = a \text{ 或 } x_n \to a (n \to \infty).$$

如果这样的常数 a 不存在，就说数列 $\{x_n\}$ 没有极限，或者说数列 $\{x_n\}$ 发散，习惯上也说 $\lim_{n \to \infty} x_n$ 不存在.

数列极限的精确定义如下.

*定义 3　设有数列 $\{x_n\}$，如果存在常数 a，对于任意给定的正数 ε（不论多么小），总存在正整数 N，使得当 $n > N$ 时，不等式

$$|x_n - a| < \varepsilon$$

都成立，那么就称常数 a 是数列 $\{x_n\}$ 的极限，或者称数列 $\{x_n\}$ 收敛于 a，记为

$$\lim_{n \to \infty} x_n = a \text{ 或 } x_n \to a (n \to \infty).$$

例如，(6) 中当 n 无限大时，x_n 无限趋近于 1，即数轴上动点 x_n 与定点 1 的距离（即 x_n 与 1 的差的绝对值）

$$|x_n - 1| = \left| 1 + \frac{(-1)^n}{n} - 1 \right| = \frac{1}{n}$$

可以任意小. 也就是只要 n 足够大，$|x_n - 1| = \dfrac{1}{n}$ 可以小于任意给定的正数. 例如，给定正数 $\dfrac{1}{100}$，欲使 $\dfrac{1}{n} < \dfrac{1}{100}$，只要 $n > 100$，即从第 101 项起，后面的所有项，都能使

$$|x_n - 1| < \frac{1}{100}$$

成立. 同样地，如果给定 $\dfrac{1}{10\,000}$，则从第 10\,001 项起，后面的所有项都能使

$$|x_n - 1| < \frac{1}{10\,000}$$

成立. 一般地，不论给定的正数 ε 多么小，总存在着一个正整数 N，当 $n > N$ 时，即从第 $N + 1$ 项起，后面的所有项，都能使不等式

$$|x_n - 1| < \varepsilon$$

成立. 这样的一个数 1，叫作数列 $\left\{ 1 + \dfrac{(-1)^n}{n} \right\}$ 的极限.

注：(1) 定义 3 中的 ε 是任意给定的（既是任意的，又是给定的）. ε 用来刻画 $\{x_n\}$ 与常数 a 的接近程度，ε 越小，$\{x_n\}$ 越接近于 a.

(2) 定义 3 中的正整数 N 是随 ε 而定的，用来刻画 "n 无限增大" 的程度，但不唯一.

(3) 定义 3 的几何意义：若数列 $\{x_n\}$ 的极限为 a，则在以 a 为中心，任意给定的正数 ε（不论多么小）为半径的邻域 $(a - \varepsilon, a + \varepsilon)$ 之外，至多有 N 个点 $x_1, x_2, \cdots, x_N$，而其他无限多个点 $x_{N+1}, x_{N+2}, \cdots$ 都落在该邻域之内，如图 1-26 所示.

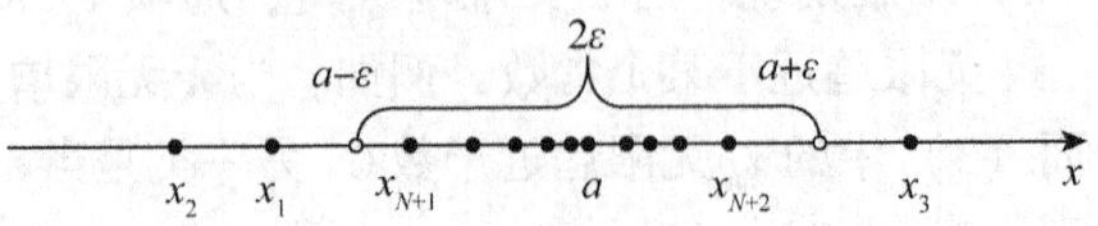

图 1-26

为了表达方便，引入记号"$\forall$"表示"对于任意给定的"或"对于每一个"，记号"$\exists$"表示"存在". 于是"对于任意给定的 $\varepsilon > 0$"写成"$\forall \varepsilon > 0$"，"存在正整数 N"写成"$\exists$ 正整数 N"，数列极限 $\lim\limits_{n \to \infty} x_n = a$ 的定义可表达为

$$\lim\limits_{n \to \infty} x_n = a \Leftrightarrow \forall \varepsilon > 0, \exists \text{ 正整数 } N, \text{ 当 } n > N \text{ 时，有 } |x_n - a| < \varepsilon.$$

*【例 1-8】 用定义证明 $\lim\limits_{n \to \infty} \dfrac{n + (-1)^n}{n} = 1$.

证明　对于任意给定的 $\varepsilon > 0$，要使不等式

$$\left| \frac{n + (-1)^n}{n} - 1 \right| = \frac{1}{n} < \varepsilon$$

成立，只需 $n > \dfrac{1}{\varepsilon}$ 成立.

因此，若取 $N = \left[\dfrac{1}{\varepsilon} \right]$，则当 $n > N$ 时，有不等式

$$\left| \frac{n + (-1)^n}{n} - 1 \right| < \varepsilon$$

成立，由定义 3 知 $\lim\limits_{n \to \infty} \dfrac{n + (-1)^n}{n} = 1$.

（三）收敛数列的性质

性质 1　（极限的唯一性）如果数列 $\{x_n\}$ 收敛，那么它的极限唯一.

性质 2　（收敛数列的有界性）如果数列 $\{x_n\}$ 收敛，那么数列 $\{x_n\}$ 一定有界.

性质 2 的逆命题不成立，即有界数列未必收敛. 例如数列

$$1, \quad -1, \quad 1, \quad -1, \quad \cdots, \quad (-1)^{(n+1)}, \quad \cdots$$

有界，但它是发散的. 所以数列有界是数列收敛的必要条件，但不是充分条件.

性质 3　（收敛数列的保号性）若 $\lim\limits_{n \to \infty} x_n = a$，且 $a > 0$（或 $a < 0$），则必存在正整数 N，当 $n > N$ 时，恒有 $x_n > 0$（或 $x_n < 0$）.

*性质 4**　（收敛数列与子数列间的关系）如果数列 $\{x_n\}$ 收敛于 a，那么它的任意子数列也收敛，且极限也是 a.

由性质 4 可知，若数列 $\{x_n\}$ 有两个子数列收敛于不同的极限，那么数列 $\{x_n\}$ 是发散的.

例如，数列

$$1, \quad -1, \quad 1-1, \quad \cdots, \quad (-1)^{n-1}, \quad \cdots$$

的子数列 $1, 1, 1, \cdots, 1, \cdots$ 收敛于 1，而子数列 $-1, -1, -1, \cdots, -1, \cdots$ 收敛于 -1，因此，数列 $\{(-1)^{n-1}\}$ 是发散的.

二、函数的极限

上文介绍了数列极限的概念和性质，此处介绍函数极限的概念和性质，主要研究两种情形：（1）自变量的绝对值 $|x|$ 无限增大即自变量趋于无穷大（记作 $x \to \infty$）时，对应的函数值 $f(x)$ 的变化情形；（2）自变量 x 趋近于有限值 x_0 时，对应的函数值 $f(x)$ 的变化情形.

（一）自变量的绝对值 $|x|$ 无限增大即自变量趋于无穷大（记作 $x \to \infty$）时，对应的函数值 $f(x)$ 的变化情形

因为数列 $\{x_n\}$ 可看作自变量为 n 的函数 $x_n = f(n)$，$n \in \mathbf{N}^+$，所以数列 $\{x_n\}$ 的极限为 a，就是当自变量 n 取正整数且无限增大（即 $n \to \infty$）时，对应的函数 $f(n)$ 无限接近于确定的常数 a，把数列极限概念中的函数 $f(n)$ 扩展为一般的函数 $f(x)$，而自变量的变化过程扩展为 $x \to \infty$，就可以引出 $x \to \infty$ 时，函数 $f(x)$ 的极限的定义.

定义4 如果在 $x \to \infty$（$|x|$ 无限增大）的过程中，对应的函数值 $f(x)$ 无限接近于某个确定的常数 A，那么 A 就叫作函数 $f(x)$ 当 $x \to \infty$ 时的极限，记作 $\lim\limits_{x \to \infty} f(x) = A$ 或 $f(x) \to A(x \to \infty)$.

如果当 $x > 0$ 且 $|x|$ 无限增大（记作 $x \to +\infty$）时，对应的函数值 $f(x)$ 无限接近于某个确定的常数 A，那么 A 就叫作函数 $f(x)$ 当 $x \to +\infty$ 时的极限，记作 $\lim\limits_{x \to +\infty} f(x) = A$ 或 $f(x) \to A(x \to +\infty)$.

如果当 $x < 0$ 且 $|x|$ 无限增大（记作 $x \to -\infty$）时，对应的函数值 $f(x)$ 无限接近于某个确定的常数 A，那么 A 就叫作函数 $f(x)$ 当 $x \to -\infty$ 时的极限，记作 $\lim\limits_{x \to -\infty} f(x) = A$ 或 $f(x) \to A(x \to -\infty)$.

例如由图 1-27 观察可知，当 $x \to \infty$ 时，函数 $f(x) = \dfrac{1}{x}$ 无限趋近于 0，这时称 $x \to \infty$ 时，函数 $f(x) = \dfrac{1}{x}$ 的极限为 0.

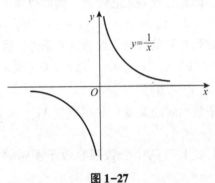

图 1-27

与数列极限类似，$x \to \infty$ 时 $f(x)$ 的极限的严格数学定义如下.

*定义5 设函数 $f(x)$ 在 $|x|$ 大于某一正数时有定义. 如果存在常数 A，对于任意给定的正数 ε（不论多么小），总存在正数 X，使得当 $|x| > X$ 时，恒有
$$|f(x) - A| < \varepsilon$$
成立，则称常数 A 为当 $x \to \infty$ 时函数 $f(x)$ 的极限，或称 $x \to \infty$ 时函数 $f(x)$ 的极限为 A，记为
$$\lim\limits_{x \to \infty} f(x) = A \text{ 或 } f(x) \to A(x \to \infty).$$

该定义可简单地表达为
$$\lim\limits_{x \to \infty} f(x) = A \Leftrightarrow \forall \varepsilon > 0,\ \exists X > 0,\ \text{当} |x| > X \text{时，有} |f(x) - A| < \varepsilon.$$

如果 $x > 0$ 且 $|x|$ 无限增大（记作 $x \to +\infty$），那么只要把上面定义中的 $|x| > X$ 改为 $x > X$，就能得到 $\lim\limits_{x \to +\infty} f(x) = A$ 的定义．同样，如果 $x < 0$ 而 $|x|$ 无限增大（记为 $x \to -\infty$）时，那么只要把 $|x| > X$ 改为 $x < -X$，便得到 $\lim\limits_{x \to -\infty} f(x) = A$ 的定义．

定理1 $\lim\limits_{x \to \infty} f(x) = A$ 的充分必要条件是 $\lim\limits_{x \to -\infty} f(x)$ 与 $\lim\limits_{x \to +\infty} f(x)$ 都存在且等于 A．即

$$\lim\limits_{x \to \infty} f(x) = A \Leftrightarrow \lim\limits_{x \to -\infty} f(x) = \lim\limits_{x \to +\infty} f(x) = A.$$

【例1-9】 讨论 $\lim\limits_{x \to \infty} \arctan x$ 是否存在．

解 如图 1-28 所示，因为 $\lim\limits_{x \to -\infty} \arctan x = -\dfrac{\pi}{2}$，$\lim\limits_{x \to +\infty} \arctan x = \dfrac{\pi}{2}$，$\lim\limits_{x \to -\infty} \arctan x$ 与 $\lim\limits_{x \to +\infty} \arctan x$ 存在但不相等，故由定理 1 可知，极限 $\lim\limits_{x \to \infty} \arctan x$ 不存在．

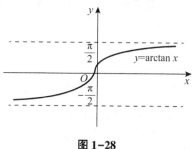

图 1-28

（二）自变量趋于有限值 x_0 时函数的极限

现在考虑自变量的变化过程为 $x \to x_0$ 的情形．

【例1-10】 考察函数 $y = f(x) = \dfrac{4x^2 - 1}{2x - 1}$，$x \in \left(-\infty, \dfrac{1}{2}\right) \cup \left(\dfrac{1}{2}, +\infty\right)$，当 $x \to \dfrac{1}{2}$ 时的变化趋势，为此列表 1-2.

表 1-2

x	0	0.1	0.4	0.49	$\cdots$	0.5	$\cdots$	0.51	0.6	0.9	1
$f(x)$	1	1.2	1.8	1.98	$\cdots$	$\times$	$\cdots$	2.02	2.2	2.8	3

从表 1-2 中可以看出，$x \to \dfrac{1}{2}$ 共有两种方式：

(1) $x < \dfrac{1}{2}$，$x \to \dfrac{1}{2}$，即 x 从点 $\dfrac{1}{2}$ 的左侧无限趋近于 $\dfrac{1}{2}$；

(2) $x > \dfrac{1}{2}$，$x \to \dfrac{1}{2}$，即 x 从点 $\dfrac{1}{2}$ 的右侧无限趋近于 $\dfrac{1}{2}$．

显然，无论 x 从点 $\dfrac{1}{2}$ 的左侧还是右侧无限趋近于 $\dfrac{1}{2}$ 时，相应的函数值都无限趋近于 2.

由于 $x < \dfrac{1}{2}$，$x \to \dfrac{1}{2}$ 和 $x > \dfrac{1}{2}$，$x \to \dfrac{1}{2}$ 包括了 $x \to \dfrac{1}{2}$ 的所有方式，而在这两种方式之下 $f(x) = \dfrac{4x^2 - 1}{2x - 1}$ 都无限趋近于 2，即当 $x \to \dfrac{1}{2}$ 时，函数 $f(x)$ 具有稳定的变化趋势，所以称函数 $f(x) = \dfrac{4x^2 - 1}{2x - 1}$ 当 $x \to \dfrac{1}{2}$ 时的极限存在，极限是 2（如图 1-29 所示）.

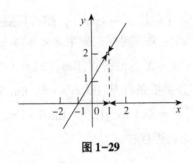

图 1-29

一般地，我们有如下的定义.

定义 6　设函数 $f(x)$ 在点 x_0 的某个去心邻域内有定义，如果在 $x \to x_0$ 的过程中，对应的函数值 $f(x)$ 无限接近于一个确定的常数 A，那么 A 就叫作函数 $f(x)$ 当 $x \to x_0$ 时的极限，记作 $\lim\limits_{x \to x_0} f(x) = A$ 或 $f(x) \to A(x \to x_0)$.

如果这样的常数 A 不存在，那么称 $x \to x_0$ 时，函数 $f(x)$ 没有极限，或者说 $f(x)$ 的极限不存在.

$x \to x_0$ 时函数 $f(x)$ 的极限的严格数学定义如下.

[*]**定义 7**　设函数在点 x_0 的某个去心邻域内有定义，A 为常数，如果对任意给定的 $\varepsilon > 0$（无论多么小），总存在 $\delta > 0$，使得当 $0 < |x - x_0| < \delta$ 时，恒有

$$|f(x) - A| < \varepsilon$$

成立，则称 A 为 $x \to x_0$ 时函数 $f(x)$ 的极限，或称 $x \to x_0$ 时函数 $f(x)$ 的极限为 A，记作

$$\lim\limits_{x \to x_0} f(x) = A \text{ 或 } f(x) \to A(x \to x_0).$$

如果这样的常数 A 不存在，那么称 $x \to x_0$ 时，函数 $f(x)$ 没有极限，或者说 $f(x)$ 的极限不存在.

定义 7 可以简单地表述为

$$\lim\limits_{x \to x_0} f(x) = A \Leftrightarrow \forall \varepsilon > 0, \exists \delta > 0, \text{ 当 } 0 < |x - x_0| < \delta \text{ 时，有 } |f(x) - A| < \varepsilon.$$

例如，在【例 1-10】中当 x 趋于 $\dfrac{1}{2}$ 时，$f(x) = \dfrac{4x^2 - 1}{2x + 1}$ 以 2 为极限严格的说法就是：当 x 越来越接近 $\dfrac{1}{2}$ 时，$f(x)$ 与 2 的差越来越接近于 0，当 x 充分接近 $\dfrac{1}{2}$ 时，$|f(x) - 2|$ 可以任意小. 因此，对于任意给定的 $\varepsilon > 0$，要使

$$|f(x) - 2| = \left| \frac{4x^2 - 1}{2x - 1} - 2 \right| = |2x - 1| = 2\left| x - \frac{1}{2} \right| < \varepsilon,$$

只要 $\left| x - \dfrac{1}{2} \right| < \dfrac{\varepsilon}{2}$ 就可以了. 这就是说，当 x 进入 $x = \dfrac{1}{2}$ 的 $\dfrac{\varepsilon}{2}$ 邻域 $\left(\dfrac{1}{2} - \dfrac{\varepsilon}{2}, \dfrac{1}{2} + \dfrac{\varepsilon}{2} \right)$ 时，$|f(x) - 2| < \varepsilon$ 恒成立.

[*]**【例 1-11】** 用定义证明

$$\lim\limits_{x \to x_0} (ax + b) = ax_0 + b,$$

其中 a, b 为已知常数.

证明　$a = 0$ 时，$ax + b = b$ 显然有 $\lim\limits_{x \to x_0} b = b$.

设 $a \neq 0$，对任意给定的 $\varepsilon > 0$，要使

$$|(ax + b) - (ax_0 + b)| = |a||x - x_0| < \varepsilon,$$

只需取 $\delta = \dfrac{\varepsilon}{|a|}$，则当 $0 < |x - x_0| < \delta$ 时，恒有

$$|(ax + b) - (ax_0 + b)| < \varepsilon.$$

于是，根据定义有

$$\lim_{x \to x_0}(ax + b) = ax_0 + b.$$

由上面的两个例子可以看出，我们研究 x 趋于 $\dfrac{1}{2}$ 时函数 $f(x)$ 的极限，是指 x 充分接近 $\dfrac{1}{2}$ 时，$f(x)$ 的变化趋势，而不是求 $x = \dfrac{1}{2}$ 时 $f(x)$ 的函数值．因此，研究 x 趋于 $\dfrac{1}{2}$ 时 $f(x)$ 的极限问题与 $x = \dfrac{1}{2}$ 时函数 $f(x)$ 是否有定义无关．

设 $f(x) = C$（C 为常数），则对任一定值 x_0，在 $x \to x_0$ 的过程中，总有 $|f(x) - C| = 0$，这表明 $f(x)$ 已无限接近于常数 C 了（如图1-30所示），即 $\lim\limits_{x \to x_0} C = C$.

设 $f(x) = x$，对任一定值 x_0，当 $x \to x_0$ 时，$f(x) = x \to x_0$（如图1-31所示），即 $\lim\limits_{x \to x_0} x = x_0$.

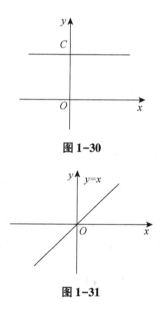

图1-30

图1-31

上述定义中 $x \to x_0$ 的方式是任意的，x 既可从 x_0 的左侧趋于 x_0，也可从 x_0 右侧趋于 x_0．但是，有时需考虑 x 仅从 x_0 的左侧（$x < x_0$）趋于 x_0（记为 $x \to x_0^-$）或仅从 x_0 的右侧（$x > x_0$）趋于 x_0（记为 $x \to x_0^+$）时，函数 $f(x)$ 的极限．于是，我们引进左极限和右极限的概念．

如果当 x 从 x_0 的左侧（$x < x_0$）趋于 x_0（记为 $x \to x_0^-$）时，函数 $f(x)$ 无限接近于某个确定的常数 A，则称常数 A 为函数 $f(x)$ 当 $x \to x_0^-$ 时的左极限，记为

$$\lim_{x \to x_0^-} f(x) = A \text{ 或 } f(x) \to A(x \to x_0^-)$$

有时简记为 $f(x_0^-) = A$.

如果当 x 从 x_0 的右侧 ($x > x_0$) 趋于 x_0 (记为 $x \to x_0^+$) 时，函数 $f(x)$ 无限接近于某个确定的常数 A，则称常数 A 为函数 $f(x)$ 当 $x \to x_0^+$ 时的右极限，记为

$$\lim_{x \to x_0^+} f(x) = A \text{ 或 } f(x) \to A (x \to x_0^+),$$

有时简记为 $f(x_0^+) = A$.

函数的左极限和右极限统称为单侧极限.

函数的左极限、右极限和函数的极限之间有如下重要关系.

定理 2　$\lim\limits_{x \to x_0} f(x) = A$ 的充分必要条件是 $\lim\limits_{x \to x_0^-} f(x)$ 和 $\lim\limits_{x \to x_0^+} f(x)$ 都存在且等于 A，即有

$$\lim_{x \to x_0} f(x) = A \Leftrightarrow \lim_{x \to x_0^-} f(x) = \lim_{x \to x_0^+} f(x) = A,$$

读者可以自己证明.

【例 1-12】 已知函数

$$f(x) = \begin{cases} x+1, & x < 0 \\ 0, & x = 0 \\ x-1, & x > 0 \end{cases},$$

讨论 $\lim\limits_{x \to 0} f(x)$ 是否存在？

解　因为 $\lim\limits_{x \to 0^-} f(x) = \lim\limits_{x \to 0^-} (x+1) = 1$，

$\lim\limits_{x \to 0^+} f(x) = \lim\limits_{x \to 0^+} (x-1) = -1$，

从而 $\lim\limits_{x \to 0^-} f(x) \neq \lim\limits_{x \to 0^+} f(x)$，

由定理 2 知，$\lim\limits_{x \to 0} f(x)$ 不存在. $f(x)$ 的图形如图 1-32 所示.

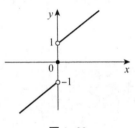

图 1-32

（三）函数极限的性质

此处仅以 $\lim\limits_{x \to x_0} f(x)$ 形式为代表，给出关于函数极限性质的一些结论.

性质 5　（函数极限的唯一性）若 $\lim\limits_{x \to x_0} f(x)$ 存在，则这极限唯一.

性质 6　（函数极限的局部有界性）若 $\lim\limits_{x \to x_0} f(x)$ 存在，则函数在 x_0 的某去心邻域内有界.

性质 7　（函数极限的局部保号性）若 $\lim\limits_{x \to x_0} f(x) = A$，且 $A > 0$（或 $A < 0$），那么存在常数 $\delta > 0$，使得当 $x \in \overset{\circ}{U}(x_0, \delta)$ 时，有 $f(x) > 0$（或 $f(x) < 0$）.

习题 1-2

1. 观察下列数列的变化趋势，判断哪些数列有极限，如果有极限，写出它们的极限.

(1) $x_n = \dfrac{1}{2^n}$；　　　　　　　　　　(2) $x_n = (-1)^n - \dfrac{1}{n}$；

(3) $x_n = (-1)^n n$；　　　　　　　　　　(4) $x_n = \dfrac{n-1}{n+1}$；

(5) $x_n = \dfrac{3^n - 1}{2^n}$；　　　　　　　　　　(6) $x_n = \cos \dfrac{1}{n}$.

*2. 对于数列 $\{x_n\} = \left\{\dfrac{n-1}{n+1}\right\}$，$N$ 取怎样的正整数，才能使得当 $n > N$ 时，$|x_n - 1| < 0.001$ 成立.

3. 求函数 $f(x) = \dfrac{x}{x}$，$\varphi(x) = \dfrac{|x|}{x}$ 当 $x \to 0$ 时的左、右极限，并判断函数 $f(x)$，$\varphi(x)$ 在 $x \to 0$ 时的极限是否存在.

第三节　极限运算法则

极限定义本身没有给出求极限的一般方法，本节讨论极限的求法，主要是建立极限的四则运算法则和复合函数的极限运算法则，利用这些法则，可以求某些函数的极限. 由极限定义可以证明如下函数极限的运算法则.

在下面的讨论中，记号"$\lim$"下面没有标明自变量的变化过程，实际上，下面的定理对 $x \to x_0$ 及 $x \to \infty$ 都是成立的.

定理1　若 $\lim f(x) = A$，$\lim g(x) = B$，则

(1) $\lim [f(x) \pm g(x)] = \lim f(x) \pm \lim g(x) = A \pm B$；

(2) $\lim kf(x) = k\lim f(x) = kA$（$k$ 为常数）；

(3) $\lim [f(x) \cdot g(x)] = \lim f(x) \cdot \lim g(x) = A \cdot B$；

(4) $\lim \dfrac{f(x)}{g(x)} = \dfrac{\lim f(x)}{\lim g(x)} = \dfrac{A}{B}(B \neq 0)$.

定理1中的（1）、（3）还可以推广到有限个函数的情形. 根据定理1，还可得到如下的推论：

(1) $\lim [f(x)]^m = [\lim f(x)]^m$（$m$ 为正整数）；

(2) $\lim [f(x)]^{\frac{1}{m}} = [\lim f(x)]^{\frac{1}{m}}$（$m$ 为正整数，$f(x) > 0$）.

定理2　如果 $\varphi(x) \geqslant \psi(x)$，而 $\lim \varphi(x) = a$，$\lim \psi(x) = b$，那么 $a \geqslant b$.

【例1-13】 求 $\lim\limits_{x \to 2}(3x^2 - 2x + 6)$.

解　$\lim\limits_{x \to 2}(3x^2 - 2x + 6) = \lim\limits_{x \to 2}3x^2 - \lim\limits_{x \to 2}2x + \lim\limits_{x \to 2}6$

$$= 3\lim\limits_{x \to 2}x^2 - 2\lim\limits_{x \to 2}x + \lim\limits_{x \to 2}6$$

$$= 3 \times 2^2 - 2 \times 2 + 6 = 14.$$

一般地，设 $P(x) = a_n x^n + a_{n-1}x^{n-1} + \cdots + a_1 x + a_0$，则

$$\lim\limits_{x \to x_0}P(x) = \lim\limits_{x \to x_0}(a_n x^n + a_{n-1}x^{n-1} + \cdots + a_1 x + a_0)$$

$$= a_n \lim\limits_{x \to x_0}x^n + a_{n-1}\lim\limits_{x \to x_0}x^{n-1} + \cdots + a_1 \lim\limits_{x \to x_0}x + \lim\limits_{x \to x_0}a_0$$

$$= a_n x_0^n + a_{n-1}x_0^{n-1} + \cdots + a_1 x_0 + a_0 = P(x_0).$$

【例1-14】 求 $\lim\limits_{x \to 1}\dfrac{x^4 - 3x - 8}{2x^3 - x^2 + 1}$.

解 因为 $\lim\limits_{x \to 1}(2x^3 - x^2 + 1) = 2 \neq 0$，所以

$$\lim_{x \to 1}\frac{x^4 - 3x - 8}{2x^3 - x^2 + 1} = \frac{\lim\limits_{x \to 1}(x^4 - 3x - 8)}{\lim\limits_{x \to 1}(2x^3 - x^2 + 1)} = -\frac{10}{2} = -5.$$

一般地，设 $F(x) = \dfrac{P(x)}{Q(x)}$，$P(x)$，$Q(x)$ 都是多项式，$\lim\limits_{x \to x_0}P(x) = P(x_0)$，$\lim\limits_{x \to x_0}Q(x) = Q(x_0)$.

如果 $\lim\limits_{x \to x_0}Q(x) \neq 0$，则

$$\lim_{x \to x_0}F(x) = \lim_{x \to x_0}\frac{P(x)}{Q(x)} = \frac{\lim\limits_{x \to x_0}P(x)}{\lim\limits_{x \to x_0}Q(x)} = \frac{P(x_0)}{Q(x_0)} = F(x_0).$$

但必须注意，若 $Q(x_0) = 0$，则关于商的极限的运算法则不能应用，那就需要特别考虑，下面举两个这样的例子.

【例 1-15】 求 $\lim\limits_{x \to 4}\dfrac{x - 4}{x^2 - 16}$.

解 因为 $\lim\limits_{x \to 4}(x^2 - 16) = 0$，不能用商的极限法则求极限，而分子、分母有公因子 $x - 4$，当 $x \to 4$ 时，$x \neq 4$，$x - 4 \neq 0$，可约去这个不为零的公因子，再求极限，所以

$$\lim_{x \to 4}\frac{x - 4}{x^2 - 16} = \lim_{x \to 4}\frac{1}{x + 4} = \frac{1}{8}.$$

【例 1-16】 求 $\lim\limits_{x \to 3}\dfrac{5x^2 - 16x + 3}{2x^2 - 5x - 3}$.

解 因为 $\lim\limits_{x \to 3}(5x^2 - 16x + 3) = 0$，$\lim\limits_{x \to 3}(2x^2 - 5x - 3) = 0$，故不能用商的极限法则求极限. 由于

$$5x^2 - 16x + 3 = (x - 3)(5x - 1),$$
$$2x^2 - 5x - 3 = (x - 3)(2x + 1),$$

可见分子、分母有公因子 $x - 3$ 且其不为零，可以约去，于是有

$$\lim_{x \to 3}\frac{5x^2 - 16x + 3}{2x^2 - 5x - 3} = \lim_{x \to 3}\frac{5x - 1}{2x + 1} = \frac{14}{7} = 2.$$

【例 1-17】 求 $\lim\limits_{x \to \infty}\dfrac{3x^3 + 2x^2 + 5}{5x^3 + 3x^2 - 2}$.

解 当 $x \to \infty$ 时，分子、分母都是无穷大，所以不能直接用商的极限的运算法则，可先用 x^3 去除分母及分子，然后求极限，即

$$\lim_{x \to \infty}\frac{3x^3 + 2x^2 + 5}{5x^3 + 3x^2 - 2} = \lim_{x \to \infty}\frac{3 + \dfrac{2}{x} + \dfrac{5}{x^3}}{5 + \dfrac{3}{x} - \dfrac{2}{x^3}} = \frac{3}{5}.$$

这是因为 $\lim\limits_{x \to \infty}\dfrac{a}{x^n} = a\lim\limits_{x \to \infty}\dfrac{1}{x^n} = a\left(\lim\limits_{x \to \infty}\dfrac{1}{x}\right)^n = 0$，其中 a 为常数，n 为正整数，$\lim\limits_{x \to \infty}\dfrac{1}{x} = 0$.

【例 1-18】 求 $\lim\limits_{x \to \infty}\dfrac{x^2 - 3x + 1}{2x^3 + 5x^2 - 4}$.

解 先用 x^3 除分母及分子，然后求极限，即

$$\lim_{x \to \infty} \frac{x^2 - 3x + 1}{2x^3 + 5x^2 - 4} = \lim_{x \to \infty} \frac{\dfrac{1}{x} - \dfrac{3}{x^2} + \dfrac{1}{x^3}}{2 + \dfrac{5}{x} - \dfrac{4}{x^3}} = 0.$$

【例 1-19】 求 $\lim\limits_{x \to \infty} \dfrac{2x^3 + 5x^2 - 4}{x^2 - 3x + 1}$.

解 应用【例 1-18】的结果，即得

$$\lim_{x \to \infty} \frac{2x^3 + 5x^2 - 4}{x^2 - 3x + 1} = \infty.$$

一般地，当 $a_0 \neq 0$，$b_0 \neq 0$，m，n 为非负数时有

$$\lim_{x \to \infty} \frac{a_0 x^m + a_1 x^{m-1} + \cdots + a_m}{b_0 x^n + b_1 x^{n-1} + \cdots + b_n} = \begin{cases} \dfrac{a_0}{b_0}, & m = n \\ 0, & n > m \\ \infty, & n < m \end{cases}.$$

【例 1-20】 求 $\lim\limits_{n \to \infty} \left(\dfrac{1}{n^2} + \dfrac{2}{n^2} + \cdots + \dfrac{n}{n^2} \right)$.

解 $\lim\limits_{n \to \infty} \left(\dfrac{1}{n^2} + \dfrac{2}{n^2} + \cdots + \dfrac{n}{n^2} \right) = \lim\limits_{n \to \infty} \dfrac{n(n+1)}{2n^2} = \dfrac{1}{2}$.

定理 3 （复合函数的极限运算法则） 设 $\lim\limits_{u \to u_0} f(u) = A$，$\lim\limits_{x \to x_0} g(x) = u_0$，当 $x \neq x_0$ 时，$g(x) \neq u_0$，且复合函数 $f[g(x)]$ 在 $\overset{\circ}{U}(x_0, \delta)$ 内有定义，则

$$\lim_{x \to x_0} f[g(x)] = \lim_{u \to u_0} f(u) = A.$$

【例 1-21】 求 $\lim\limits_{x \to 0} \dfrac{\sqrt[n]{1 + x} - 1}{x}$（$n$ 正整数）.

解 令 $t = \sqrt[n]{1 + x}$，即 $x = t^n - 1$，当 $x \to 0$ 时，$t \to 1$，于是

$$\lim_{x \to 0} \frac{\sqrt[n]{1 + x} - 1}{x} = \lim_{t \to 1} \frac{t - 1}{t^n - 1} = \lim_{t \to 1} \frac{1}{1 + t + t^2 + \cdots + t^{n-1}} = \frac{1}{n}.$$

【例 1-22】 求 $\lim\limits_{x \to 1^+} \left(\sqrt{\dfrac{1}{x - 1} + 1} - \sqrt{\dfrac{1}{x - 1} - 1} \right)$.

解 作代换 $t = \dfrac{1}{x - 1}$，则 $x \to 1^+$ 时，$t \to +\infty$，于是有

$$\lim_{x \to 1^+} \left(\sqrt{\frac{1}{x + 1} + 1} - \sqrt{\frac{1}{x - 1} - 1} \right) = \lim_{t \to +\infty} (\sqrt{t + 1} - \sqrt{t - 1})$$

$$= \lim_{t \to +\infty} \frac{2}{\sqrt{t + 1} + \sqrt{t - 1}} = 0.$$

推论（幂指函数的极限） 设 $\lim f(x) = a (a > 0)$，$\lim g(x) = b$，则

$$\lim f(x)^{g(x)} = [\lim f(x)]^{\lim g(x)} = a^b.$$

习题 1-3

1. 求下列极限.

(1) $\lim\limits_{x \to 1}(3x^2 - x + 5)$;

(2) $\lim\limits_{x \to 2}\dfrac{x^2 + 5}{x - 3}$;

(3) $\lim\limits_{x \to 1}\dfrac{x^2 - 2x + 1}{x^2 - 1}$;

(4) $\lim\limits_{x \to 1}\dfrac{2x - 3}{x^2 - 5x + 4}$;

(5) $\lim\limits_{x \to 4}\dfrac{x^2 - 6x + 8}{x^2 - 5x + 4}$;

(6) $\lim\limits_{h \to 0}\dfrac{(x + h)^2 - x^2}{h}$;

(7) $\lim\limits_{x \to \infty}\dfrac{x^2 - 1}{2x^2 - x + 1}$;

(8) $\lim\limits_{n \to +\infty}\dfrac{n^2 + n}{n^4 - 3n^2 + 1}$;

(9) $\lim\limits_{x \to \infty}\dfrac{x^2 + 4}{x - 2}$;

(10) $\lim\limits_{x \to 1}\left(\dfrac{1}{1 - x} - \dfrac{3}{1 - x^3}\right)$;

(11) $\lim\limits_{n \to +\infty}\dfrac{(n + 2)(n + 3)(n + 4)}{5n^3}$;

(12) $\lim\limits_{n \to +\infty}\dfrac{1 + 2 + 3 + \cdots + n}{n^2}$;

(13) $\lim\limits_{n \to +\infty}\left[\dfrac{1}{1 \times 2} + \dfrac{1}{2 \times 3} + \cdots + \dfrac{1}{(n - 1) \times n}\right]$.

2. (1) 已知 $\lim\limits_{x \to 1}\dfrac{x^2 + ax + b}{x - 1} = 5$，求 a, b;

(2) 已知 $\lim\limits_{x \to \infty}\left(\dfrac{4x^2 + 3}{x - 1} + ax + b\right) = 0$，求 a, b.

第四节　极限存在准则与两个重要极限

本节介绍的极限存在的两个重要准则为判断极限存在提供了两个充分条件，扩大了判断极限存在的范围，而由此列出的两个重要极限，在微积分中起着重要的作用.

1. 准则 1　夹逼准则

关于数列收敛的夹逼准则：设数列 $\{x_n\}$, $\{y_n\}$, $\{z_n\}$ 满足

(1) $y_n \leqslant x_n \leqslant z_n (n = 1, 2, 3, \cdots)$;　　(2) $\lim\limits_{n \to \infty} y_n = \lim\limits_{n \to \infty} z_n = a$,

则 $\lim\limits_{n \to \infty} x_n$ 存在且等于 a.

关于函数收敛的夹逼准则：设函数 $f(x)$, $g(x)$, $h(x)$ 满足

(1) 当 $x \in \overset{\circ}{U}(x_0, r)$（或 $|x| > M$）时，有

$$g(x) \leqslant f(x) \leqslant h(x);$$

(2) $\lim\limits_{\substack{x \to x_0 \\ (x \to \infty)}} g(x) = \lim\limits_{\substack{x \to x_0 \\ (x \to \infty)}} h(x) = A,$

则 $\lim\limits_{\substack{x \to x_0 \\ (x \to \infty)}} f(x)$ 存在且等于 A.

现在利用夹逼准则来证明重要极限 $\lim\limits_{x \to 0}\dfrac{\sin x}{x} = 1$.

作单位圆，设圆心角 $\angle AOB = x$ $\left(x$ 取弧度为单位，$0 < x < \dfrac{\pi}{2}\right)$，过点 A 的切线与 OB 的

延长线相交于 D，作 $BC \perp OA$ 于 C，如图 1-33 所示，则有

$\triangle AOB$ 的面积 $<$ 扇形 AOB 的面积 $< \triangle AOD$ 的面积，

由此得

$$\frac{1}{2}\sin x < \frac{1}{2}x < \frac{1}{2}\tan x \qquad \left(0 < x < \frac{\pi}{2}\right).$$

即

$$\sin x < x < \tan x,$$

对上式取倒数并乘以 $\sin x$，就得到

$$\cos x < \frac{\sin x}{x} < 1.$$

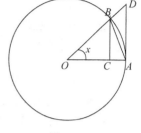

图 1-33

因为 $\cos x$，$\dfrac{\sin x}{x}$，1 均为偶函数，上式对区间 $\left(-\dfrac{\pi}{2}, 0\right)$ 也成立．由于

$$\lim_{x \to 0}\cos x = 1, \quad \lim_{x \to 0}1 = 1.$$

故由夹逼准则，就可推得

$$\lim_{x \to 0}\frac{\sin x}{x} = 1.$$

【例 1-23】 求 $\lim\limits_{x \to 0} \dfrac{\tan x}{x}$.

解 $\lim\limits_{x \to 0} \dfrac{\tan x}{x} = \lim\limits_{x \to 0} \dfrac{\sin x}{x} \cdot \dfrac{1}{\cos x} = \lim\limits_{x \to 0} \dfrac{\sin x}{x} \cdot \lim\limits_{x \to 0} \dfrac{1}{\cos x} = 1.$

【例 1-24】 求 $\lim\limits_{x \to 0} \dfrac{1 - \cos x}{x^2}$.

解 $\lim\limits_{x \to 0} \dfrac{1 - \cos x}{x^2} = \lim\limits_{x \to 0} \dfrac{2\sin^2 \dfrac{x}{2}}{x^2} = \dfrac{1}{2}\lim\limits_{x \to 0} \dfrac{\sin^2 \dfrac{x}{2}}{\left(\dfrac{x}{2}\right)^2} = \dfrac{1}{2}\lim\limits_{x \to 0} \left(\dfrac{\sin \dfrac{x}{2}}{\dfrac{x}{2}}\right)^2 = \dfrac{1}{2}.$

【例 1-25】 求 $\lim\limits_{x \to 0} \dfrac{\arcsin x}{x}$.

解 令 $t = \arcsin x$，当 $x \to 0$ 时，$t \to 0$，于是

$$\lim_{x \to 0} \frac{\arcsin x}{x} = \lim_{t \to 0} \frac{t}{\sin t} = 1.$$

【例 1-26】 求 $\lim\limits_{x \to \pi} \dfrac{\sin x}{\pi - x}$.

解 $\lim\limits_{x \to \pi} \dfrac{\sin x}{\pi - x} = \lim\limits_{x \to \pi} \dfrac{\sin(\pi - x)}{\pi - x} = 1.$

【例 1-27】 求 $\lim\limits_{n \to \infty} n \cdot \sin \dfrac{x}{n}$（$x$ 为不等于零的常数）.

解 $\lim\limits_{n \to \infty} n \cdot \sin \dfrac{x}{n} = \lim\limits_{n \to \infty} \dfrac{\sin \dfrac{x}{n}}{\dfrac{x}{n}} \cdot x = x.$

【例1-28】 求 $\lim\limits_{x\to 0}\dfrac{\tan 3x}{\sin 5x}$.

解 $\lim\limits_{x\to 0}\dfrac{\tan 3x}{\sin 5x}=\lim\limits_{x\to 0}\dfrac{\dfrac{\tan 3x}{3x}}{\dfrac{\sin 5x}{5x}}\cdot\dfrac{3x}{5x}=\dfrac{3}{5}$.

2. 准则2　单调有界数列必有极限

在第三节中曾指出，收敛数列必有界，但有界数列未必收敛．上述准则表明，如果数列不仅有界，而且是单调的，那么此数列一定有极限．

对于这个准则，我们以递增数列为例，给出如下的几何解释：在数轴上，对应于递增数列的点 x_n 只能向数轴的正方向移动，所以，只有两种可能：（1）点 x_n 沿数轴正向移向无穷远（即 $x_n\to\infty$）；（2）点 x_n 无限趋近于一个定点 A，也就是数列趋于极限 A．但是现在假定数列 $\{x_n\}$ 有上界 M，即有界数列 $\{x_n\}$ 的所有点 x_1，x_2，$\cdots$，x_n，$\cdots$ 都不能跑到 M 的右方去，那么上述第一种情况就不可能发生了．这就表示这个数列趋于一个极限，并且这个极限不超过 M，类似地，可以给出递减数列的几何解释．

作为准则2的应用，我们讨论另一个重要极限：

$$\lim_{x\to\infty}\left(1+\frac{1}{x}\right)^x=\mathrm{e}.$$

先考虑 x 取正整数 n 且趋于 $+\infty$ 的情形．

设 $x_n=\left(1+\dfrac{1}{n}\right)^n$，可以证明数列 $\{x_n\}$ 单调增加并且有界．按二项式定理有

$$x_n=\left(1+\frac{1}{n}\right)^n$$
$$=1+n\cdot\frac{1}{n}+\frac{n(n-1)}{2!}\cdot\frac{1}{n^2}+\frac{n(n-1)(n-2)}{3!}\cdot\frac{1}{n^3}+\cdots+$$
$$\frac{n(n-1)(n-2)\cdots(n-n+1)}{n!}\cdot\frac{1}{n^n}$$
$$=1+1+\frac{1}{2!}\left(1-\frac{1}{n}\right)+\frac{1}{3!}\left(1-\frac{1}{n}\right)\left(1-\frac{2}{n}\right)+\cdots+$$
$$\frac{1}{n!}\left(1-\frac{1}{n}\right)\left(1-\frac{2}{n}\right)\cdots\left(1-\frac{n-1}{n}\right),$$

同样地，有

$$x_{n+1}=\left(1+\frac{1}{n+1}\right)^{n+1}$$
$$=1+1+\frac{1}{2!}\left(1-\frac{1}{n+1}\right)+\frac{1}{3!}\left(1-\frac{1}{n+1}\right)\left(1-\frac{2}{n+1}\right)+\cdots+$$
$$\frac{1}{n!}\left(1-\frac{1}{n+1}\right)\left(1-\frac{2}{n+1}\right)\cdots\left(1-\frac{n-1}{n+1}\right)+$$
$$\frac{1}{(n+1)!}\left(1-\frac{1}{n+1}\right)\left(1-\frac{2}{n+1}\right)\cdots\left(1-\frac{n-1}{n+1}\right)\left(1-\frac{n}{n+1}\right)$$

比较 x_n 与 x_{n+1} 的展开式，除了前两项外，x_n 的每一项都小于 x_{n+1} 的对应项，而且 x_{n+1} 还多了最后一个正项，可知

$$x_n < x_{n+1} \qquad (n = 1, 2, 3, \cdots),$$

这说明数列 $\{x_n\}$ 是递增的.

又因为

$$x_n < 1 + 1 + \frac{1}{2!} + \cdots + \frac{1}{n!} < 1 + 1 + \frac{1}{2} + \cdots + \frac{1}{2^{n-1}} = 1 + \frac{1 - \frac{1}{2^n}}{1 - \frac{1}{2}} = 3 - \frac{1}{2^{n-1}} < 3,$$

这说明数列 $\{x_n\}$ 是有界的.

根据准则 2 知极限 $\lim\limits_{n \to \infty}\left(1 + \frac{1}{n}\right)^n$ 存在，用字母 e 表示这个极限，即

$$\lim_{n \to \infty}\left(1 + \frac{1}{n}\right)^n = e,$$

可以进一步证明当 x 取实数而趋于 $+\infty$ 或 $-\infty$ 时，函数 $\left(1 + \frac{1}{x}\right)^x$ 的极限存在且等于 e.

它的等价形式是 $\lim\limits_{\alpha \to 0}(1 + \alpha)^{\frac{1}{\alpha}} = e.$

数 e 是无理数，其值为 2.718 281 828 459 045$\cdots$，指数函数 $y = e^x$ 以及自然对数函数 $y = \ln x$ 中的底就是这个常数 e.

【例 1-29】 求 $\lim\limits_{x \to \infty}\left(1 - \frac{1}{x}\right)^x$.

解　令 $x = -t$，则当 $x \to \infty$ 时，有 $t \to -\infty$，于是

$$\lim_{x \to \infty}\left(1 - \frac{1}{x}\right)^x = \lim_{t \to -\infty}\left(1 + \frac{1}{t}\right)^{-t} = \lim_{t \to -\infty}\frac{1}{\left(1 + \frac{1}{t}\right)^t} = \frac{1}{e}.$$

【例 1-30】 求 $\lim\limits_{x \to 0}(1 - 2x)^{\frac{1}{x}}$.

解　$\lim\limits_{x \to 0}(1 - 2x)^{\frac{1}{x}} = \lim\limits_{x \to 0}\left[(1 - 2x)^{-\frac{1}{2x}}\right]^{-2} = e^{-2}.$

【例 1-31】 求 $\lim\limits_{x \to \infty}\left(\frac{4 + x}{2 + x}\right)^x$.

解　$\lim\limits_{x \to \infty}\left(\frac{4 + x}{2 + x}\right)^x = \lim\limits_{x \to \infty}\left(1 + \frac{2}{x + 2}\right)^x = \lim\limits_{x \to \infty}\left[\left(1 + \frac{2}{x + 2}\right)^{\frac{x+2}{2}}\right]^2 \cdot \left(1 + \frac{2}{x + 2}\right)^{-2} = e^2.$

【例 1-32】 求 $\lim\limits_{x \to 0}(1 + 2x)^{\frac{3}{\sin x}}$.

解　$\lim\limits_{x \to 0}(1 + 2x)^{\frac{3}{\sin x}} = \lim\limits_{x \to 0}\left[(1 + 2x)^{\frac{1}{2x}}\right]^{\frac{6x}{\sin x}}$，因为 $\lim\limits_{x \to 0}(1 + 2x)^{\frac{1}{2x}} = e$，$\lim\limits_{x \to 0}\frac{6x}{\sin x} = 6$，所以

$\lim\limits_{x \to 0}(1 + 2x)^{\frac{3}{\sin x}} = e^6.$

连续复利：设有一笔本金 A_0 存入银行，年利率为 r，则一年末结算时，其本息和为

$$A_1 = A_0 + A_0 r = A_0(1 + r), \tag{1-1}$$

二年末的本息和为

$$A_2 = A_1(1 + r) = A_0(1 + r)^2, \tag{1-2}$$

K 年末的本息和为

$$A_K = A_0(1 + r)^K. \tag{1-3}$$

如果一年分 n 期计息，每期利率为 $\dfrac{r}{n}$，且前一期的本息和为后一期的本金，则一年末的本息和为

$$A_n = A_0\left(1 + \frac{r}{n}\right)^n,$$

于是，到 t 年末共计复利 nt 次，其本息和为

$$A_n(t) = A_0\left(1 + \frac{r}{n}\right)^{nt}, \tag{1-4}$$

令 $n \to \infty$，则表示利息随时计入本金．因此，t 年末的本息和为

$$A(t) = \lim_{n\to\infty} A_n(t) = \lim_{n\to\infty} A_0\left(1 + \frac{r}{n}\right)^{nt} = A_0 \lim_{n\to\infty}\left[\left(1 + \frac{r}{n}\right)^{\frac{n}{r}}\right]^{rt} = A_0 e^{rt}. \tag{1-5}$$

式（1-4）称为 t 年末本息和的离散复利公式，式（1-5）称为 t 年末本息和的连续复利公式．本金 A_0 称为现在值或现值，t 年末本息和 $A_n(t)$ 或 $A(t)$ 称为未来值（或将来值）．已知现在值 A_0，求未来值 $A_n(t)$ 或 $A(t)$ 的问题称为复利问题；已知未来值 $A_n(t)$ 或 $A(t)$，求现在值 A_0 的问题称为贴现问题，这时称利率 r 为贴现率．

习题 1-4

1. 求下列极限.

（1）$\lim\limits_{x\to 0} \dfrac{\tan 3x}{x}$；

（2）$\lim\limits_{x\to 0} \dfrac{\sin 7x}{\sin 3x}$；

（3）$\lim\limits_{x\to 0} \dfrac{\arcsin x}{\sin x}$；

（4）$\lim\limits_{x\to 0} \dfrac{1 - \cos 2x}{x\sin x}$；

（5）$\lim\limits_{x\to \alpha} \dfrac{\sin x - \sin \alpha}{x - \alpha}$；

（6）$\lim\limits_{n\to \infty} \dfrac{\sin \frac{x}{n^2}}{\tan \frac{x}{n^2}}$（$x$ 为常数，且 x 不为零）.

2. 求下列极限.

（1）$\lim\limits_{x\to \infty}\left(1 + \dfrac{2}{x}\right)^{\frac{x}{3}}$；

（2）$\lim\limits_{x\to 0}(1 + 2x)^{\frac{1}{x}}$；

（3）$\lim\limits_{x\to \infty}\left(\dfrac{1 + x}{x}\right)^{2x}$；

（4）$\lim\limits_{x\to 0}(1 + 3\sin x)^{2\csc x}$；

(5) $\lim\limits_{x\to 0}(\cos x)^{\frac{2}{\sin^2 x}}$;

(6) $\lim\limits_{x\to\infty}\left(\dfrac{3x+5}{3x+1}\right)^{x+1}$.

3. 利用极限存在准则证明

$$\lim\limits_{n\to\infty}\left(\frac{1}{\sqrt{n^2+1}}+\frac{1}{\sqrt{n^2+2}}+\cdots+\frac{1}{\sqrt{n^2+n}}\right)=1.$$

4. 某公司计划发行公司债券, 规定以年利率 6.5% 的连续复利计算利息, 10 年后每份债券偿还本息 1 000 元, 问：发行时每份债券的价格应定为多少?

第五节　无穷小与无穷大

一、无穷小的概念

定义 1　极限为零的变量称为无穷小量（简称无穷小）.

此定义可以表述为

$f(x)$ 是无穷小 $\Leftrightarrow \forall\varepsilon>0$, $\exists\delta>0$, 当 $0<|x-x_0|<\delta$ 时, 有 $|f(x)|<\varepsilon$.

例如, 对于数列 $\left\{\dfrac{1}{n}\right\}$, 因为 $\lim\limits_{n\to\infty}\dfrac{1}{n}=0$, 所以 $\left\{\dfrac{1}{n}\right\}$ 称为 $n\to\infty$ 时的无穷小.

因为 $\lim\limits_{x\to 0}\sin x=0$, $\lim\limits_{x\to 0}x^2=0$, 所以 $x\to 0$ 时 $\sin x$, x^2 都是无穷小.

因为 $\lim\limits_{x\to 1}(x-1)=0$, 所以 $x\to 1$ 时 $(x-1)$ 是无穷小.

因为 $\lim\limits_{x\to\infty}\dfrac{1}{x}=0$, 所以 $x\to\infty$ 时 $\dfrac{1}{x}$ 是无穷小.

注：（1）无穷小是指在自变量的某个变化过程中极限为零的变量, 而不是绝对值很小的常量.

（2）无穷小是相对于自变量的某一具体变化过程而言的. 例如, $x\to\infty$ 时 $\dfrac{1}{x}$ 是无穷小；

而 $x\to 1$ 时, $\dfrac{1}{x}\to 1$, 就不是无穷小了.

（3）0 是唯一的常值无穷小. 因为在自变量的所有变化过程中都有 $\lim 0=0$.

定理 1　（无穷小与函数极限的关系）　在自变量的同一变化过程 $x\to x_0$（或 $x\to\infty$）中, $f(x)$ 具有极限 A 的充分必要条件是 $f(x)=A+\alpha$, 其中 α 是无穷小.

* **证明**　必要性　设 $\lim\limits_{x\to x_0}f(x)=A$, 则 $\forall\varepsilon>0$, $\exists\delta>0$, 当 $0<|x-x_0|<\delta$ 时, 有

$$|f(x)-A|<\varepsilon,$$

令 $\alpha=f(x)-A$, 则 α 是当 $x\to x_0$ 时的无穷小, 且

$$f(x)=A+\alpha.$$

充分性　设 $f(x)=A+\alpha$, 其中 A 是常数, α 是当 $x\to x_0$ 时的无穷小, 则

$$|f(x)-A|=|\alpha|,$$

因为 α 是当 $x\to x_0$ 时的无穷小, 所以 $\forall\varepsilon>0$, $\exists\delta>0$, 当 $0<|x-x_0|<\delta$ 时, 有

$$|\alpha|<\varepsilon,$$

即

$$|f(x) - A| < \varepsilon,$$

于是，根据极限定义有

$$\lim_{x \to x_0} f(x) = A.$$

类似地，可证明当 $x \to \infty$ 时的情形.

二、无穷小的性质

性质 1　有限个无穷小的和或差仍为无穷小.

性质 2　有限个无穷小的乘积仍是无穷小.

性质 3　有界函数与无穷小的乘积是无穷小.

性质 1、2 的证明不难，留给读者自己去完成.

*下面对 $x \to x_0$ 的情形证明性质 3.

证明　设 $f(x)$ 是有界函数，即存在常数 $M > 0$，使得 $|f(x)| < M$，再设 $\alpha(x)$ 为 $x \to x_0$ 时的无穷小，则对任意的 $\varepsilon > 0$，存在 $\delta > 0$，使得当 $0 < |x - x_0| < \delta$ 时，恒有

$$|\alpha(x)| < \frac{\varepsilon}{M},$$

于是有

$$|\alpha(x)f(x) - 0| = |\alpha(x)||f(x)| < \frac{\varepsilon}{M} \cdot M = \varepsilon,$$

因此，由极限定义知 $\lim_{x \to x_0} \alpha(x)f(x) = 0$，即 $x \to x_0$ 时 $\alpha(x)f(x)$ 为无穷小.

注：在运用上述结论时要注意定理的条件，例如，无穷多个无穷小之和就不一定是无穷小：

$$n \to \infty \text{ 时}, \lim_{n \to \infty} (\underbrace{\frac{1}{n} + \frac{1}{n} + \cdots + \frac{1}{n}}_{n\uparrow}) = 1,$$

即当 $n \to \infty$ 时，$(\underbrace{\frac{1}{n} + \frac{1}{n} + \cdots + \frac{1}{n}}_{n\uparrow})$ 不是无穷小. 再如无穷小与有界函数、常数、无穷小的乘积都是无穷小，但不能认为，无穷小与任何量的乘积都是无穷小. 例如，$x \to 0$ 时，$x^2 \cdot \frac{1}{x^3} = \frac{1}{x}$ 就不是无穷小.

【例 1-33】　求 $\lim_{x \to 0} \left(x\sin \frac{1}{x} \right)$.

解　由于 $\left| \sin \frac{1}{x} \right| \leq 1 (x \neq 0)$，故其在 $x = 0$ 的任一去心邻域内是有界的，而函数 x 当 $x \to 0$ 时是无穷小，由性质 3 知函数 $x\sin \frac{1}{x}$ 是 $x \to 0$ 时的无穷小，即

$$\lim_{x \to 0} \left(x\sin \frac{1}{x} \right) = 0.$$

由于 $\lim_{x \to 0} \sin \frac{1}{x}$ 不存在，因此例 1-33 不能用极限的四则运算法则进行运算.

三、无穷小的比较

由无穷小的性质可知，两个无穷小的和、差、积仍为无穷小，但它们商的情况却不同．例如，$x \to 0$ 时，x，$2x$，x^2，$x - x^2$ 都是无穷小，但它们之间比值的极限却不相同：

$$\lim_{x \to 0} \frac{x}{x} = 1, \ \lim_{x \to 0} \frac{2x}{x} = 2, \ \lim_{x \to 0} \frac{x^2}{x} = 0, \ \lim_{x \to 0} \frac{x - x^2}{x} = 1, \ \lim_{x \to 0} \frac{x}{x^2} = \infty.$$

可见，两个无穷小的商，可以是无穷小，可以是常数，也可以是无穷大．这是因为在 $x \to 0$ 的过程中，它们趋于零的快慢不同，为了比较无穷小，我们引入无穷小"阶的比较"的概念．

定义 2　设 $\alpha(x)$ 与 $\beta(x)$ 是在自变量 x 的同一变化过程中的两个无穷小（$\alpha(x) \neq 0$），且 $\lim \frac{\beta(x)}{\alpha(x)}$ 表示这个过程中的极限．

（1）如果 $\lim \frac{\beta(x)}{\alpha(x)} = 0$，则称 $\beta(x)$ 是比 $\alpha(x)$ 高阶的无穷小，或者说 $\alpha(x)$ 是比 $\beta(x)$ 低阶的无穷小，记为 $\beta(x) = o(\alpha(x))$；

（2）如果 $\lim \frac{\beta(x)}{\alpha(x)} = c$（$c$ 是一个不为零的常数），则称 $\beta(x)$ 与 $\alpha(x)$ 是同阶无穷小；

（3）如果 $\lim \frac{\beta(x)}{\alpha(x)} = 1$，则称 $\beta(x)$ 与 $\alpha(x)$ 是等价无穷小，记为 $\beta(x) \sim \alpha(x)$.

显然，等价无穷小是同阶无穷小的特殊情形，即 $c = 1$ 的情形．

由上面的讨论可知，当 $x \to 0$ 时，x^2 是比 x 高阶的无穷小，$2x$ 与 x 是同阶无穷小，$x - x^2$ 与 x 是等价无穷小（即 $x - x^2 \sim x$）.

特别地，我们已经有了当 $x \to 0$ 时的一些等价无穷小 $\sin x \sim x$，$\tan x \sim x$，$\arcsin x \sim x$，$\ln(1 + x) \sim x$，$e^x - 1 \sim x$，等等．

等价无穷小有一个重要应用，在求极限的过程中，可以对分子或分母作等价无穷小的替换，从而简化运算．

定理 2　设 $\alpha(x)$，$\tilde{\alpha}(x)$，$\beta(x)$，$\tilde{\beta}(x)$ 自变量的同一变化过程中的无穷小，且 $\alpha(x) \sim \tilde{\alpha}(x)$，$\beta(x) \sim \tilde{\beta}(x)$，如果 $\lim \frac{\tilde{\beta}(x)}{\tilde{\alpha}(x)}$ 存在，那么 $\lim \frac{\beta(x)}{\alpha(x)} = \lim \frac{\tilde{\beta}(x)}{\tilde{\alpha}(x)}$.

证明

$$\lim \frac{\beta(x)}{\alpha(x)} = \lim \left(\frac{\beta(x)}{\tilde{\beta}(x)} \cdot \frac{\tilde{\beta}(x)}{\tilde{\alpha}(x)} \cdot \frac{\tilde{\alpha}(x)}{\alpha(x)} \right)$$

$$= \lim \frac{\beta(x)}{\tilde{\beta}(x)} \cdot \lim \frac{\tilde{\beta}(x)}{\tilde{\alpha}(x)} \cdot \lim \frac{\tilde{\alpha}(x)}{\alpha(x)}$$

$$= 1 \times \lim \frac{\tilde{\beta}(x)}{\tilde{\alpha}(x)} \times 1 = \lim \frac{\tilde{\beta}(x)}{\tilde{\alpha}(x)}.$$

【例 1-34】 求 $\lim\limits_{x \to 0} \dfrac{\tan 2x}{\sin 5x}$.

解 当 $x \to 0$ 时, $\tan 2x \sim 2x$, $\sin 5x \sim 5x$, 所以

$$\lim_{x \to 0} \frac{\tan 2x}{\sin 5x} = \lim_{x \to 0} \frac{2x}{5x} = \frac{2}{5}.$$

【例 1-35】 求 $\lim\limits_{x \to 0} \dfrac{(1+x)^{\alpha} - 1}{x}$.

解 令 $(1+x)^{\alpha} - 1 = u$, 则当 $x \to 0$ 时 $u \to 0$. 在等式 $(1+x)^{\alpha} - 1 = u$ 两边取自然对数后, 得 $\alpha \ln(1+x) = \ln(1+u)$. 由于当 $x \to 0$ 时, $\ln(1+x) \sim x$, 故利用等价无穷小替换, 有

$$\lim_{x \to 0} \frac{(1+x)^{\alpha} - 1}{x} = \lim_{x \to 0} \frac{(1+x)^{\alpha} - 1}{\ln(1+x)} = \lim_{u \to 0} \frac{u}{\frac{1}{\alpha}\ln(1+u)} = \lim_{u \to 0} \frac{u}{\frac{1}{\alpha} \cdot u} = \alpha.$$

由此可得, $\lim\limits_{x \to 0} \dfrac{(1+x)^{\alpha} - 1}{\alpha x} = 1 (\alpha \neq 0)$, 于是又得到一对有用的等价无穷小, 即当 $x \to 0$ 时, $(1+x)^{\alpha} - 1 \sim \alpha x$.

注: 在求极限的过程中, 对分式中的分子或分母作无穷小替换时, 是整体替换, 一般不能对分子或分母中的某一项作等价无穷小替换.

【例 1-36】 求 $\lim\limits_{x \to 0} \dfrac{\tan x - \sin x}{x^3}$.

解 因为当 $x \to 0$ 时, $\sin x \sim x$, $1 - \cos x \sim \dfrac{1}{2}x^2$. 则

$$\lim_{x \to 0} \frac{\tan x - \sin x}{x^3} = \lim_{x \to 0} \frac{\sin x}{x} \cdot \frac{1}{\cos x} \cdot \frac{1 - \cos x}{x^2}$$

$$= \lim_{x \to 0} \frac{x}{x} \cdot \lim_{x \to 0} \frac{1}{\cos x} \cdot \lim_{x \to 0} \frac{\frac{1}{2}x^2}{x^2} = \frac{1}{2}.$$

在上例中, 如果将分子中的 $\tan x$ 与 $\sin x$ 都替换成等价无穷小 x, 使得 $\lim\limits_{x \to 0} \dfrac{\tan x - \sin x}{x^3} = 0$, 便得出了错误的结果.

四、无穷大

定义 3 在自变量 x 的某一变化过程中, 对应函数值的绝对值 $|f(x)|$ 无限地增大, 则称 $f(x)$ 为无穷大, 记为

$$\lim f(x) = \infty.$$

若 $f(x)$ 大于零而绝对值无限增大, 则称 $f(x)$ 是正无穷大; 若 $f(x)$ 小于零而绝对值无限增大, 则称 $f(x)$ 是负无穷大, 记作

$$\lim f(x) = + \infty \quad \text{与} \quad \lim f(x) = - \infty.$$

例如, 当 $x \to 1^+$ 时, $f(x) = \dfrac{1}{x-1}$ 是正无穷大, 即 $\lim\limits_{x \to 1^+} \dfrac{1}{x-1} = + \infty$; 当 $x \to 1^-$ 时,

$f(x) = \dfrac{1}{x-1}$ 是负无穷大, 即 $\lim\limits_{x \to 1^-} \dfrac{1}{x-1} = - \infty$, 如图 1-34 所示.

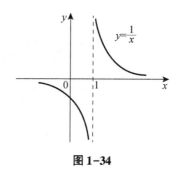

图 1-34

注：（1）无穷大不是数，而是变量，任何常数都不是无穷大，因为它的绝对值不会无限增大．

（2）无穷大是对于自变量的某个变化过程而言的，例如，当 $x \to 0$ 时，$\frac{1}{x}$ 是无穷大，而 $x \to 1$ 时，$\frac{1}{x} \to 1$，不是无穷大．

（3）用 $\lim f(x) = \infty$ 来表示 $f(x)$ 是无穷大，并不意味着 $f(x)$ 的极限存在．因为 $f(x)$ 为无穷大时，按定义，它不趋向于任何确定的常数，因而它的极限是不存在的．但是，与其他"极限不存在"的情况不同的是，无穷大有确定的变化趋势——绝对值无限增大．为了方便地表示这个变化趋势，我们借用了极限的记号来表示它．

无穷小与无穷大有十分密切的关系．

定理 3　在自变量的同一变化过程中，若 $f(x)$ 为无穷大，则 $\frac{1}{f(x)}$ 为无穷小；若 $f(x)$ 为无穷小，且 $f(x) \neq 0$，则 $\frac{1}{f(x)}$ 为无穷大．

【例 1-37】 求 $\lim\limits_{x \to 2} \dfrac{5x}{x^2 - 4}$．

解　因为 $\lim\limits_{x \to 2}(x^2 - 4) = 0$，所以不能直接利用四则运算法则求此分式的极限，由于 $\lim\limits_{x \to 2} 5x = 10 \neq 0$，因此，我们可以求出

$$\lim_{x \to 2} \frac{(x^2 - 4)}{5x} = \frac{\lim\limits_{x \to 2}(x^2 - 4)}{\lim\limits_{x \to 2} 5x} = \frac{0}{10} = 0,$$

可知当 $x \to 2$ 时，$\dfrac{x^2 - 4}{5x}$ 是无穷小，因此 $\dfrac{5x}{x^2 - 4}$ 为无穷大，即 $\lim\limits_{x \to 2} \dfrac{5x}{x^2 - 4} = \infty$．

习题 1-5

1. 当 $x \to 0$ 时，下列变量是无穷小的是（　　）．

A. $\sin \dfrac{1}{x}$　　　　B. $e^{\frac{1}{x}}$　　　　C. $\ln(1 + x^2)$　　　　D. e^x

2. 当 $x \to 0$ 时，无穷小 $2x - x^2$ 与 $x^2 - x^3$ 相比，哪一个是较高阶的无穷小？

3. 当 $x \to 1$ 时，无穷小 $1 - x$ 与 $1 - x^3$ 是否等价？是否同阶？

4. 求下列极限.

(1) $\lim\limits_{x\to 0}\dfrac{\tan 3x}{2x}$;

(2) $\lim\limits_{x\to 0}\dfrac{\sin(x^n)}{\sin^m x}$($m$, n 为正整数);

(3) $\lim\limits_{x\to 0}\dfrac{\tan x - \sin x}{\sin^3 x}$;

(4) $\lim\limits_{x\to 0}\dfrac{\ln(1 + x^n)}{\tan^m x}$($m$, n 为正整数);

(5) $\lim\limits_{x\to 0}\dfrac{\sqrt{1 + \sin x} - 1}{x}$;

(6) $\lim\limits_{x\to 0}\dfrac{e^{5x} - 1}{x}$.

5. 求下列极限.

(1) $\lim\limits_{x\to 0}x^2\sin\dfrac{1}{x}$;

(2) $\lim\limits_{x\to \infty}\dfrac{\sin x}{x}$;

(3) $\lim\limits_{x\to \infty}\dfrac{\arctan x}{x}$.

第六节　函数的连续性

一、函数的连续性

自然界中有许多现象, 如气温的变化、河水的流动、动植物的生长等都是随时间的变化而连续变化的, 其特点是: 当时间变化很微小时, 气温的变化、河水的流动、动植物的生长也很微小, 这种特点就是所谓的连续性. 我们先给出增量的概念, 然后给出函数连续性的定义.

设自变量 x 从点 x_1 变化到点 x_2, 则称 $x_2 - x_1$ 为自变量 x 的增量, 记为 Δx, 显然, 若 x 移动的方向与 x 轴的正方向一致, 则 $\Delta x > 0$, 反之 $\Delta x < 0$.

一般地, 若自变量 x 在点 x_0 取得增量 Δx, 即自变量 x 从点 x_0 变化到点 $x_0 + \Delta x$, 相应地, 函数 $y = f(x)$ 则由数值 $f(x_0)$ 变化到数值 $f(x_0 + \Delta x)$, 如图 1 - 35 所示. 在这一过程中, 当自变量 x 取得增量 Δx 时, 函数增量为

$$\Delta y = f(x_0 + \Delta x) - f(x_0).$$

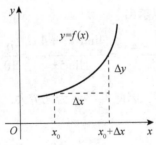

图 1-35

定义 1　设函数 $y = f(x)$ 在 x_0 的某邻域内有定义, 如果当自变量的增量 Δx 趋于零时, 函数的增量 $\Delta y = f(x_0 + \Delta x) - f(x_0)$ 也趋于零, 即

$$\lim\limits_{\Delta x\to 0}\Delta y = \lim\limits_{\Delta x\to 0}[f(x_0 + \Delta x) - f(x_0)] = 0,$$

则称函数 $y = f(x)$ 在点 x_0 处连续.

设 $x = \Delta x + x_0$, 则 $\Delta x = x - x_0$, 当 $\Delta x \to 0$ 时, $x \to x_0$, 又由于

$$\Delta y = f(x_0 + \Delta x) - f(x_0) = f(x) - f(x_0),$$

因此当 $\Delta y \to 0$ 时，$f(x) \to f(x_0)$. 于是，$y = f(x)$ 在点 x_0 处连续又可定义为：

定义 2　设函数 $y = f(x)$ 在 x_0 的某邻域内有定义，并且

$$\lim_{x \to x_0} f(x) = f(x_0),$$

则称函数 $y = f(x)$ 在点 x_0 处连续，x_0 称为函数 $f(x)$ 的连续点.

根据此定义，函数 $y = f(x)$ 在点 x_0 处连续必须同时满足下列 3 个条件：

（1）函数 $f(x)$ 在点 x_0 处有定义，即 $f(x_0)$ 存在；

（2）当 $x \to x_0$ 时，$f(x)$ 有极限，即 $\lim\limits_{x \to x_0} f(x)$ 存在；

（3）极限值等于函数值，即 $\lim\limits_{x \to x_0} f(x) = f(x_0)$.

【例 1-38】 试证函数 $f(x) = \begin{cases} x\sin\dfrac{1}{x}, & x \neq 0 \\ 0, & x = 0 \end{cases}$ 在 $x = 0$ 处连续.

证明　因为 $\lim\limits_{x \to 0} x\sin\dfrac{1}{x} = 0$，且 $f(0) = 0$，故有

$$\lim_{x \to 0} f(x) = f(0),$$

所以 $f(x)$ 在 $x = 0$ 处连续.

定义 3　若函数 $f(x)$ 在点 x_0 的某左邻域 $(x_0 - \delta, x_0)$ 内有定义，且 $\lim\limits_{x \to x_0^-} f(x) = f(x_0)$，则称 $f(x)$ 在点 x_0 处左连续；若 $f(x)$ 在点 x_0 的某右邻域 $(x_0, x_0 + \delta)$ 内有定义，且 $\lim\limits_{x \to x_0^+} f(x) = f(x_0)$，则称 $f(x)$ 在点 x_0 处右连续.

由函数在一点处极限存在的充分必要条件有：

函数 $f(x)$ 在点 x_0 处连续的充分必要条件是 $f(x)$ 在点 x_0 处既左连续又右连续. 即

$$\lim_{x \to x_0} f(x) = f(x_0) \Leftrightarrow \lim_{x \to x_0^-} f(x) = \lim_{x \to x_0^+} f(x) = f(x_0).$$

【例 1-39】 已知函数 $f(x) = \begin{cases} \mathrm{e}^x, & x < 0 \\ a + x, & x \geqslant 0 \end{cases}$ 在 $x = 0$ 处连续，求 a 的值.

解　$\lim\limits_{x \to 0^-} f(x) = \lim\limits_{x \to 0^-} \mathrm{e}^x = 1$，$\lim\limits_{x \to 0^+} f(x) = \lim\limits_{x \to 0^+} (a + x) = a$.

因为 $f(x)$ 在 $x = 0$ 处连续，故

$$\lim_{x \to 0^-} f(x) = \lim_{x \to 0^+} f(x),$$

即 $a = 1$.

如果函数 $f(x)$ 在区间 I 上的每一点都连续，则称函数 $f(x)$ 在区间 I 上连续.

函数 $f(x)$ 在区间 $[a, b]$ 上连续是指 $f(x)$ 在 (a, b) 内的每一点都连续，并且在点 a 处右连续，在点 b 处左连续.

连续函数的图形是一条连续而不间断的曲线.

【例 1-40】 证明函数 $y = \sin x$ 在 $(-\infty, +\infty)$ 内连续.

证明　任取 $x \in (-\infty, +\infty)$，则

$$\Delta y = \sin(x + \Delta x) - \sin x = 2\sin\frac{\Delta x}{2}\cos\left(x + \frac{\Delta x}{2}\right),$$

由 $\left| \cos\left(x + \dfrac{\Delta x}{2} \right) \right| \leq 1$，且对任意的 $\alpha \neq 0$，都有 $|\sin \alpha| \leq \alpha$，得

$$0 < |\Delta y| \leq 2 \left| \sin \frac{\Delta x}{2} \right| < |\Delta x|,$$

所以当 $\Delta x \to 0$ 时，由夹逼准则得 $\Delta y \to 0$，即函数 $y = \sin x$ 在任意的 $x \in (-\infty, +\infty)$ 处连续，所以 $y = \sin x$ 在 $(-\infty, +\infty)$ 内连续.

类似地，可以证明基本初等函数在其定义域内是连续的.

二、函数的间断点

如果函数 $f(x)$ 在点 x_0 处不连续，则称函数 $f(x)$ 在点 x_0 处间断，称点 x_0 为函数 $f(x)$ 的间断点.

由函数在一点连续的定义可知，如果函数 $f(x)$ 在点 x_0 处满足下列三个条件之一，则点 x_0 为函数 $f(x)$ 的间断点：

(1) 函数 $f(x)$ 在点 x_0 处没有定义；

(2) 函数 $f(x)$ 在点 x_0 处有定义，但 $\lim\limits_{x \to x_0} f(x)$ 不存在；

(3) 函数 $f(x)$ 在点 x_0 处有定义且 $\lim\limits_{x \to x_0} f(x)$ 存在，但 $\lim\limits_{x \to x_0} f(x) \neq f(x_0)$.

根据上述三个条件，函数的间断点可分为以下两类：

(一) 第一类间断点

$\lim\limits_{x \to x_0^-} f(x)$，$\lim\limits_{x \to x_0^+} f(x)$ 都存在的间断点 x_0，称为函数 $f(x)$ 的第一类间断点. 第一类间断点包括可去间断点与跳跃间断点.

1. 可去间断点

$\lim\limits_{x \to x_0^-} f(x) = \lim\limits_{x \to x_0^+} f(x)$，即 $\lim\limits_{x \to x_0} f(x)$ 存在的间断点 x_0，称为 $f(x)$ 的可去间断点.

【例 1-41】 函数 $f(x) = \dfrac{x^2 - 1}{x - 1}$ 在 $x = 1$ 处间断. 因为 $\lim\limits_{x \to 1} \dfrac{x^2 - 1}{x - 1} = \lim\limits_{x \to 1}(x + 1) = 2$，故 $x = 1$ 为 $f(x) = \dfrac{x^2 - 1}{x - 1}$ 的可去间断点，如图 1-36 所示.

若补充定义 $f(1) = 2$，则函数就在 $x = 1$ 处连续了. 因为此时

$$\lim\limits_{x \to 1} f(x) = \lim\limits_{x \to 1} \frac{x^2 - 1}{x - 1} = 2 = f(1)$$

【例 1-42】 证明函数 $f(x) = \begin{cases} x\sin \dfrac{1}{x}, & x \neq 0 \\ 1, & x = 0 \end{cases}$ 在点 $x = 0$ 处间断.

证明 $\lim\limits_{x \to 0} f(x) = \lim\limits_{x \to 0} x\sin \dfrac{1}{x} = 0 \neq f(0)$，故 $x = 0$ 为函数 $f(x)$ 的间断点.

如果重新定义 $f(0) = 0$，则函数 $f(x) = \begin{cases} x\sin \dfrac{1}{x}, & x \neq 0 \\ 0, & x = 0 \end{cases}$ 在 $x = 0$ 处连续.

2. 跳跃间断点

$\lim\limits_{x \to x_0^-} f(x) \neq \lim\limits_{x \to x_0^+} f(x)$ 的间断点称为函数 $f(x)$ 的跳跃间断点.

【**例 1-43**】证明函数 $f(x) = \begin{cases} x+1, & x > 0 \\ 0, & x = 0 \\ x-1, & x < 0 \end{cases}$ 在 $x = 0$ 处间断.

证明　因为 $\lim\limits_{x \to 0^-} f(x) = -1$，$\lim\limits_{x \to 0^+} f(x) = 1$，$\lim\limits_{x \to 0^-} f(x) \neq \lim\limits_{x \to 0^+} f(x)$，

所以 $x = 0$ 是函数 $f(x)$ 的跳跃间断点，如图 1-37 所示.

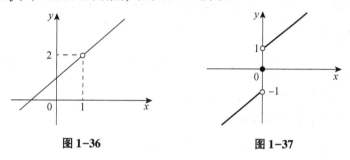

图 1-36　　　　　　　　图 1-37

（二）第二类间断点

若 $\lim\limits_{x \to x_0^-} f(x)$，$\lim\limits_{x \to x_0^+} f(x)$ 至少有一个不存在，则称点 x_0 为函数 $f(x)$ 的第二类间断点（分为无穷间断点、振荡间断点、单侧间断点等）.

正切函数 $y = \tan x$ 在 $x = \dfrac{\pi}{2}$ 处没有定义，所以点 $x = \dfrac{\pi}{2}$ 是函数 $y = \tan x$ 的间断点. 因为

$$\lim\limits_{x \to \frac{\pi}{2}} \tan x = \infty,$$

所以点 $x = \dfrac{\pi}{2}$ 为函数 $y = \tan x$ 的无穷间断点（如图 1-38 所示）.

函数 $y = \sin \dfrac{1}{x}$ 在 $x = 0$ 处无定义；又由于 $\sin \dfrac{1}{x}$ 当 $x \to 0$ 时的左、右极限都不存在，函数值在 -1 与 $+1$ 之间变动无穷多次（如图 1-39 所示），故称点 $x = 0$ 为函数 $\sin \dfrac{1}{x}$ 的振荡间断点.

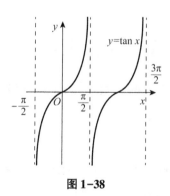 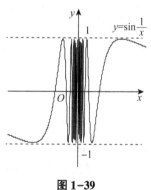

图 1-38　　　　　　　　图 1-39

三、连续函数的运算及初等函数的连续性

（一）连续函数的和、差、积、商的连续性

由函数在某点连续的定义和极限的四则运算法则，立即可得出下面的定理.

定理1　设函数 $f(x)$ 和 $g(x)$ 在点 x_0 处连续，则 $f(x) \pm g(x)$、$f(x) \cdot g(x)$、$\dfrac{f(x)}{g(x)}$（当 $g(x_0) \neq 0$ 时）都在点 x_0 处连续.

因 $\tan x = \dfrac{\sin x}{\cos x}$，$\cot x = \dfrac{\cos x}{\sin x}$，而 $\sin x$ 和 $\cos x$ 都在 $(-\infty, +\infty)$ 内连续，由定理1知 $\tan x$ 和 $\cot x$ 在它们的定义域内是连续的.

（二）反函数和复合函数的连续性

定理2　如果函数 $y = f(x)$ 在某区间上单调增加（减少）且连续，则它的反函数 $x = f^{-1}(y)$ 在相应的区间上单调增加（或减少）且连续.

由于函数 $y = \sin x$ 在闭区间 $\left[-\dfrac{\pi}{2}, \dfrac{\pi}{2}\right]$ 上单调增加且连续，由定理2可知，$y = \sin x$ 的反函数 $x = \arcsin y$ 在闭区间 $[-1, 1]$ 上单调增加且连续，因此，函数 $y = \arcsin x$ 在闭区间 $[-1, 1]$ 上单调增加且连续；类似地，函数 $y = \arccos x$，$y = \arctan x$，$y = \text{arccot} x$ 都在其定义域内连续. 总之，反三角函数在其定义域内都是连续的.

可以证明，基本初等函数在其定义域内都是连续的.

定理3　设函数 $y = f[\varphi(x)]$ 是由函数 $u = \varphi(x)$ 和函数 $y = f(u)$ 复合而成，函数 $u = \varphi(x)$ 在点 x_0 处有 $\lim\limits_{x \to x_0} \varphi(x) = u_0$，函数 $y = f(u)$ 在 $u = u_0$ 处连续，则

$$\lim_{x \to x_0} f[\varphi(x)] = f\left[\lim_{x \to x_0} \varphi(x)\right].$$

定理4　设函数 $u = \varphi(x)$ 在点 x_0 处连续且 $u_0 = \varphi(x_0)$，函数 $y = f(u)$ 在点 u_0 处连续，则复合函数 $y = f[\varphi(x)]$ 在点 x_0 处也连续，即

$$\lim_{x \to x_0} f[\varphi(x)] = f\left[\lim_{x \to x_0} \varphi(x)\right] = f\left(\varphi\left(\lim_{x \to x_0} x\right)\right) = f[\varphi(x_0)].$$

【例1-44】 讨论函数 $y = \sin \dfrac{1}{x}$ 的连续性.

解　函数 $y = \sin \dfrac{1}{x}$ 是由 $y = \sin u$ 和 $u = \dfrac{1}{x}$ 复合而成的，$\sin u$ 在 $(-\infty, +\infty)$ 内是连续的，$\dfrac{1}{x}$ 在 $(-\infty, 0) \cup (0, +\infty)$ 内是连续的，根据定理3，函数 $y = \sin \dfrac{1}{x}$ 在 $(-\infty, 0) \cup (0, +\infty)$ 内是连续的.

（三）初等函数的连续性

由基本初等函数的连续性和本节定理1和定理3可得以下重要结论：一切初等函数在其定义区间内是连续的，所谓定义区间是指包含在定义域内的区间.

例如，例1-44中函数 $f(x) = \begin{cases} x + 1, & x > 0 \\ 0, & x = 0 \\ x - 1, & x < 0 \end{cases}$ 在 $(-\infty, 0)$ 和 $(0, +\infty)$ 内是连续的.

由函数连续的定义可知，可以根据极限的存在性结论判定函数的连续性；反过来，也可以利用函数的连续性求相关的极限.

（1）若 x_0 是初等函数 $f(x)$ 的连续点，则 $\lim\limits_{x \to x_0} f(x) = f(x_0) = f(\lim\limits_{x \to x_0} x)$. 这就是说，对于连续函数，极限运算与函数运算可以交换次序.

（2）若 $u = \varphi(x)$ 在点 x_0 有极限 $\lim\limits_{x \to x_0} \varphi(x) = u_0$，$y = f(u)$ 在 $u = u_0$ 处连续，则

$$\lim\limits_{x \to x_0} f[\varphi(x)] = f[\lim\limits_{x \to x_0} \varphi(x)].$$

例如，$x = \dfrac{\pi}{2}$ 是初等函数 $y = \ln \sin x$ 定义区间 $(0, \pi)$ 内的点，因此有

$$\lim\limits_{x \to \frac{\pi}{2}} \ln \sin x = \ln \sin (\lim\limits_{x \to \frac{\pi}{2}} x) = \ln 1 = 0.$$

【例 1-45】 求下列极限.

（1）$\lim\limits_{x \to 0} \dfrac{\ln(1 + x)}{x}$；

（2）$\lim\limits_{x \to 0} \dfrac{a^x - 1}{x}(a > 0, \ a \neq 1)$；

（3）$\lim\limits_{x \to 0} \dfrac{1}{x}[(1 + x)^\alpha - 1]$（$\alpha$ 为常数）.

解　（1）由 $\lim\limits_{x \to 0}(1 + x)^{\frac{1}{x}} = e$ 和本节定理 3 得：

$$\lim\limits_{x \to 0} \dfrac{\ln(1 + x)}{x} = \lim\limits_{x \to 0} \ln (1 + x)^{\frac{1}{x}} = \ln \lim\limits_{x \to 0} (1 + x)^{\frac{1}{x}} = \ln e = 1.$$

（2）令 $u = a^x - 1$，则 $x = \dfrac{\ln(1 + u)}{\ln a}$，由指数函数的连续性知，$x \to 0$ 时，$u \to 0$. 于是，由本例（1）得

$$\lim\limits_{x \to 0} \dfrac{a^x - 1}{x} = \lim\limits_{u \to 0} \dfrac{u \ln a}{\ln(1 + u)} = (\ln a)\left[\lim\limits_{u \to 0} \dfrac{\ln(1 + u)}{u}\right]^{-1} = \ln a.$$

（3）因为 $\dfrac{(1 + x)^\alpha - 1}{x} = \dfrac{e^{\alpha \ln(1+x)} - 1}{x} = \dfrac{\alpha \ln(1 + x)}{x} \cdot \dfrac{e^{\alpha \ln(1+x)} - 1}{\alpha \ln(1 + x)}.$

由本例（1）（2）知：当 $x \to 0$ 时，有

$$\dfrac{\ln(1 + x)}{x} \to 1, \quad \dfrac{e^{\alpha \ln(1+x)} - 1}{\alpha \ln(1 + x)} \to \ln e = 1$$

所以，$\lim\limits_{x \to 0} \dfrac{(1 + x)^\alpha - 1}{x} = \alpha.$

由上例，我们又得到如下两个等价无穷小：

当 $x \to 0$ 时，$a^x - 1 \sim x \ln a (a > 0, \ a \neq 1)$，$(1 + x)^\alpha - 1 \sim \alpha x$（$\alpha \neq 0$ 为常数）.

四、闭区间上连续函数的性质

下面不加证明地介绍闭区间上连续函数的两个重要性质：最值定理和介值定理. 它们是某些理论证明的基础，在以后的学习中将会多次用到.

设函数 $f(x)$ 在区间 I 上有定义，若存在 $x_0 \in I$，对于任意的 $x \in I$，恒有

$$f(x) \leqslant f(x_0) \ \text{或} \ f(x) \geqslant f(x_0)$$

则称 $f(x_0)$ 是在 I 上的最大值（或最小值）.

定理5 （有界性与最大值、最小值定理） 在闭区间上连续的函数在该区间上有界且一定能取得它的最大值和最小值.

从几何上看，一段包含两个端点的连续曲线弧，必定有一个最高点，也有一个最低点，如图1-40所示.

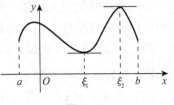

图1-40

定理6 （介值定理） 设函数 $f(x)$ 在区间 $[a, b]$ 上连续，且在这区间的端点取不同的函数值 $f(a) = A$ 及 $f(b) = B$，那么对于 A 与 B 间的任意一个数 C，在开区间 (a, b) 内至少有一点 ξ，使得

$$f(\xi) = C \ (a < \xi < b).$$

这个性质从几何上看很是明显，如图1-41所示，连续曲线 $y = f(x)$ 与直线 $y = C$ 相交于三点 ξ_1，ξ_2，ξ_3，使 $f(\xi_1) = f(\xi_2) = f(\xi_3) = C$.

推论 设函数 $f(x)$ 在闭区间 $[a, b]$ 上连续，且 $f(x)$ 在 $[a, b]$ 上的最大值为 M、最小值为 m，则对介于 m 和 M 之间的任意数值 C（即 $m < C < M$），至少存在一点 ξ，使得

$$f(\xi) = C \ (a < \xi < b).$$

定理7 （零点定理） 设函数 $f(x)$ 在闭区间 $[a, b]$ 上连续，且 $f(a)$ 与 $f(b)$ 异号，则在开区间 (a, b) 内至少存在一点，使得

$$f(\xi) = 0.$$

如图1-42所示，连续曲线 $y = f(x)(f(a) \cdot f(b) < 0)$ 与 x 轴相交于 ξ 处，$f(\xi) = 0$.

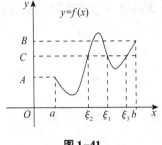

图1-41

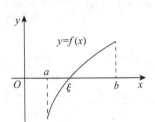

图1-42

【例1-46】 证明方程 $x^3 - 3x^2 - x + 3 = 0$ 在区间 $(-2, 0)$，$(0, 2)$，$(2, 4)$ 内各有一根.

证明 设

$$f(x) = x^3 - 3x^2 - x + 3,$$

经计算，$f(-2) = -15 < 0$，$f(0) = 3 > 0$，$f(2) = -3 < 0$，$f(4) = 15 > 0$. 根据零点定理可知，存在 $\xi_1 \in (-2, 0)$，$\xi_2 \in (0, 2)$，$\xi_3 \in (2, 4)$，使得 $f(\xi_1) = 0$，$f(\xi_2) = 0$，$f(\xi_3) = 0$.

这表明 ξ_1，ξ_2，ξ_3 为给定方程的根，由于三次方程只有三个根，因此各区间内只有一个根.

习题1-6

1. 研究下列函数的连续性，并画出函数的图形.

$$(1) \ f(x) = \begin{cases} x^2, & 0 \leqslant x \leqslant 1; \\ 2 - x, & 1 < x \leqslant 2 \end{cases}; \qquad (2) \ f(x) = \begin{cases} x, & -1 \leqslant x \leqslant 1 \\ 1, & x < -1 \ \text{或} \ x > 1 \end{cases}.$$

2. 下列函数在指出的点处间断，说明这些间断点属于哪一类．如果是可去间断点，则补充或改变函数的定义使它连续．

(1) $y = \dfrac{x^2 - 1}{x^2 - 3x + 2}$，$x = 1$，$x = 2$；　　(2) $y = \begin{cases} x - 1, & x \leqslant 1 \\ 3 - x, & x > 1 \end{cases}$，$x = 1$；

(3) $y = \dfrac{x}{\tan x}$，$x = 0$，$x = \dfrac{\pi}{2}$，$x = \pi$；　　(4) $y = \sin^2 \dfrac{1}{x}$，$x = 0$.

3. 利用函数的连续性求下列函数的极限．

(1) $\lim\limits_{x \to 1} \sqrt{x^2 - 2x + 5}$；　　(2) $\lim\limits_{x \to \frac{\pi}{4}} (\sin 2x)^3$；

(3) $\lim\limits_{x \to \frac{\pi}{6}} \ln(2\cos 2x)$；　　(4) $\lim\limits_{x \to 0} \dfrac{\ln(1 + x^2)}{\sin(1 + x^2)}$；

(5) $\lim\limits_{x \to 0} \dfrac{\sqrt{1 + \tan x} - \sqrt{1 + \sin x}}{x\sqrt{1 + \sin^2 x} - x}$；　　(6) $\lim\limits_{x \to +\infty} (\sqrt{x^2 + x} - \sqrt{x^2 - x})$.

4. 设函数 $f(x) = \begin{cases} x^2, & x < 0 \\ a + x, & x \geqslant 0 \end{cases}$，试确定 a，使函数 $f(x)$ 在 $x = 0$ 处连续．

5. 证明方程 $x^3 - 3x = 1$ 至少有一个根介于 1 和 2 之间．

6. 证明方程 $x \cdot 2^x = 1$ 至少有一个小于 1 的正根．

本章小结

函数有四种特性：有界性、单调性、奇偶性、周期性．基本初等函数有常值函数、幂函数、指数函数、对数函数、三角函数（正弦函数、余弦函数、正切函数、余切函数、正割函数、余割函数）、反三角函数（反正弦函数、反余弦函数、反正切函数、反余切函数）．初等函数是由基本初等函数经过有限次的四则运算或有限次的复合运算而构成的，能用一个式子表示的函数．常用的经济函数：成本函数、收入函数、利润函数、需求函数与供给函数．

数列极限：设有数列 $\{x_n\}$，如果存在常数 a，当 n 无限增大时，x_n 无限趋近于常数 a，则称数列 $\{x_n\}$ 的极限为 a，或称数列 $\{x_n\}$ 收敛于 a，记为 $\lim\limits_{n \to \infty} x_n = a$ 或 $x_n \to a (n \to \infty)$.

若数列 $\{x_n\}$ 收敛，则 $\{x_n\}$ 有界，且其极限唯一．

函数极限主要研究以下两种情形．

（1）自变量的绝对值 $|x|$ 无限增大即自变量趋于无穷大（记作 $x \to \infty$）时，对应的函数值 $f(x)$ 的变化情形：如果在 $x \to \infty$（$|x|$ 无限增大）的过程中，对应的函数值 $f(x)$ 无限接近于某个确定的常数 A，那么 A 就叫作函数 $f(x)$ 当 $x \to \infty$ 时的极限，记作 $\lim\limits_{x \to \infty} f(x) = A$ 或 $f(x) \to A (x \to \infty)$.

$$\lim\limits_{x \to \infty} f(x) = A \Leftrightarrow \lim\limits_{x \to -\infty} f(x) = \lim\limits_{x \to +\infty} f(x) = A$$

（2）自变量 x 趋近于有限值 x_0 时，对应的函数值 $f(x)$ 的变化情形：设函数 $f(x)$ 在点 x_0 的某个去心邻域内有定义，如果在 $x \to x_0$ 的过程中，对应的函数值 $f(x)$ 无限接近于一个确定的数值 A，那么 A 就叫作函数 $f(x)$ 当 $x \to x_0$ 时的极限，记作 $\lim\limits_{x \to x_0} f(x) = A$ 或 $f(x) \to A (x \to x_0)$.

$$\lim_{x \to x_0} f(x) = A \Leftrightarrow \lim_{x \to x_0^-} f(x) = \lim_{x \to x_0^+} f(x) = A.$$

函数 $f(x)$ 在点 x_0 处连续包括三个条件：（1）函数 $f(x)$ 在该点有定义；（2）$\lim\limits_{x \to x_0} f(x)$ 存在；（3）$\lim\limits_{x \to x_0} f(x) = f(x_0)$. 若上述三条中有一条不满足，则函数 $f(x)$ 在 x_0 处间断. 理解并应用闭区间上连续函数的性质. 基本初等函数在定义域内连续. 初等函数在定义区间上连续. 闭区间上的连续函数在该区间上有界，且能取到其最大值和最小值.

常用求极限的方法：

（1）利用极限的定义求极限；

（2）利用极限与单侧极限的关系求极限；

（3）利用极限的运算法则求极限；

（4）分解因式，约去使分母极限为零的公因式，再求极限；

（5）乘以共轭根式，约去使分母极限为零的公因式，再求极限；

（6）利用极限存在准则求极限；

（7）利用两个重要极限求极限；

（8）利用等价无穷小替换求极限；

（9）利用无穷小与无穷大的关系求极限；

（10）利用初等函数的连续性求极限.

本章重点：（1）基本初等函数和初等函数的性质；（2）利用极限的四则运算法则、两个重要极限、等价无穷小替换等求极限；（3）函数的连续性概念、函数间断点类型的判别、连续函数的性质及其应用.

本章难点：（1）分段函数在分段点处的连续性相关问题的讨论；（2）极限的分析定义；（3）闭区间上连续函数的最值定理与介值定理的综合应用.

极限之光

极限理论是微积分学的基础，极限方法为人类认识无限提供了强有力的工具. 极限和微积分的概念可以追溯到古代. 公元前 3 世纪，古希腊的阿基米德在研究解决抛物弓形的面积、球和球冠面积、螺线下面积和旋转双曲面的体积的问题中，就隐含着积分学的思想. 在我国古代也有比较清楚的论述. 例如，我国的《庄子·天下》中，记有"一尺之棰，日取其半，万世不竭"；三国时期的刘徽在割圆术中就提到"割之弥细，所失弥小，割之又割，以至于不可割，则与圆周合体而无所失矣". 这些都是朴素的、也是很典型的极限思想. 刘徽将极限方法引入数学证明，祖冲之正是继承了刘徽的极限思想，将圆周率（π）的近似值计算精确到小数点后第 7 位，这一成果比欧洲早近 1 100 年之久.

17 世纪微积分诞生后，由于推敲微积分的理论基础问题，数学界出现混乱局面，即第二次数学危机. 微积分的主要创始人牛顿在一些典型的推导过程中，第一步用了无穷小量作分母进行除法，当然无穷小量不能为零；第二步牛顿又把无穷小量看作零，去掉那些包含它的项，从而得到所要的公式，在力学和几何学上的应用证明了这些公式是正确的，但它的数学推导过程却在逻辑上自相矛盾. 焦点是：无穷小量是零还是非零？如果是零，怎么能用它作除数？如果不是零，又怎么能把包含着无穷小量的那些项去掉呢？直到 19 世纪，柯西详细而有系统地发展了极限理论. 柯西认为把无穷小量作为确定的量，即使是零，都说不过去，它会与极限的定义发生矛盾. 无穷小量应该是要怎样小就怎样小的量，因此本质上它是变量，而且是以零为极限的量，至此柯西澄清了前人的无穷小量的概念，另外 Weierstrass 创立了极限理论，加上实数理论、集合论的建立，从而把无穷小量从形而上学的束缚中解放出来，至此第二次数学危机基本解决.

总习题一 ▶▶ ▶

1. 填空题.

(1) 函数 $y = f(x)$ 与其反函数 $y = f^{-1}(x)$ 的图像关于_____对称.

(2) 在"充分""必要""充分必要"三者中选择一个正确的填入下列空格内：

数列 $\{x_n\}$ 有界是数列 $\{x_n\}$ 收敛的_____条件，数列 $\{x_n\}$ 收敛是数列 $\{x_n\}$ 有界的_____条件，函数 $f(x)$ 当 $x \to x_0$ 的左极限 $f(x_0^-)$ 与右极限 $f(x_0^+)$ 都存在且相等是 $\lim\limits_{x \to x_0} f(x)$ 存在的_____条件，$\lim\limits_{x \to x_0} f(x)$ 存在是函数 $f(x)$ 在点 x_0 处连续的_____条件.

(3) 设 $y = \dfrac{1}{1 + x}$，当 $x \to$_____时，y 是无穷小，当 $x \to$_____，y 是无穷大.

(4) 当 $x \to 0$ 时，若 $1 - \cos(e^{x^2} - 1)$ 与 $2^m x^n$ 为等价无穷小，求 m 和 n 的值.

(5) 设函数 $f(x) = \begin{cases} e^x, & x \leqslant 0 \\ 3x + b, & x > 0 \end{cases}$，则 $f(0^-) = $_____，$f(0^+) = $_____，当 $a = $_____，$b = $_____时，$f(x)$ 在定义域内连续.

2. 在以下各题所给的四个答案中选择一个正确的填在题后括号内.

(1) 设 $f(x) = 2^x + 3^x - 2$，则当 $x \to 0$ 时有 (　　).

A. $f(x)$ 与 x 是等价无穷小　　　　B. $f(x)$ 与 x 是同阶但非等价无穷小

C. $f(x)$ 是比 x 是高阶的无穷小　　D. $f(x)$ 是比 x 低阶的无穷小

(2) 设 $f(x) = \dfrac{e^{\frac{1}{x}} - 1}{e^{\frac{1}{x}} + 1}$，则 $x = 0$ 是 $f(x)$ 的 (　　).

A. 可去间断点　　　　　　　　　　B. 跳跃间断点

C. 第二类间断点　　　　　　　　　D. 连续点

3. 求下列函数的定义域.

(1) $y = \sqrt{9 - x^2} + \dfrac{1}{\ln(1 - x)}$；

(2) $y = \sqrt{\cot \dfrac{x + 3}{2}}$；

(3) $y = \dfrac{1}{\sqrt{3 - x}} + \arcsin \dfrac{3 - 2x}{5}$；

(4) $y = \dfrac{1 - \sqrt{1 - 2x}}{1 + \sqrt{1 - 2x}}$.

4. 判断下列各对函数是否相同, 并说明理由.

(1) $f(x) = \sqrt{1-x}\sqrt{2+x}$, $g(x) = \sqrt{(1-x)(2+x)}$;

(2) $f(x) = \sqrt{2\cos^2 x}$, $g(x) = \sqrt{1+\cos 2x}$;

(3) $f(x) = \ln(x^2 - 4x + 3)$, $g(x) = \ln(x-1) + \ln(x-3)$;

(4) $f(x) = \sin(\arcsin x)$, $g(x) = x$, 其中 $|x| \leq 1$.

5. 设函数 $f(x)$ 是 $(-\infty, +\infty)$ 内的奇函数, $f(1) = a$, 且对任意的 $x \in \mathbf{R}$, 有

$$f(x+2) - f(x) = f(2)$$

(1) 试用 a 表示 $f(2)$ 与 $f(5)$;

(2) 问: a 取何值时, $f(x)$ 是以 2 为周期的函数?

6. 设函数 $f(x) = \begin{cases} 1, & |x| < 1 \\ 0, & |x| = 1 \\ -1, & |x| > 1 \end{cases}$, $g(x) = e^x$, 求 $g[f(x)]$ 与 $f[g(x)]$, 并作出这两个函数的图形.

7. 设 $f(x) = \dfrac{1}{1-x^2}$, 求 $f[f(x)]$ 与 $f\left[\dfrac{1}{f(x)}\right]$.

8. 证明下列各题.

(1) 若函数 $f(x)$, $g(x)$ 在区间上单调增加 (或单调减少), 则函数 $h(x) = f(x) + g(x)$ 在区间 I 上单调增加 (或单调减少).

(2) 若函数 $f(x)$, $g(x)$ 在区间 I 上有界, 则函数 $f(x) \pm g(x)$ 与 $f(x) \cdot g(x)$ 在区间 I 上有界.

(3) 设函数 $f(x)$, $g(x)$ 是定义在对称区间 $(-l, l)$ 内的函数, 若 $f(x)$, $g(x)$ 都是偶函数 (或奇函数), 则函数 $f(x) \pm g(x)$ 是偶函数 (奇函数), 而 $f(x) \cdot g(x)$ 是偶函数.

9. 求下列极限.

(1) $\lim\limits_{n \to +\infty} (\sqrt{n^2 + n} - n)$;

(2) $\lim\limits_{x \to 0} \dfrac{\ln(1 + \sin x)}{\tan 2x}$;

(3) $\lim\limits_{x \to \infty} \left(\dfrac{2x^2 - 3}{2x^2 + 1}\right)^{x^2 + 2}$;

(4) $\lim\limits_{x \to \frac{\pi}{2}} (\sin x)^{\tan x}$.

10. 证明方程 $\sin x + x + 1 = 0$ 在 $\left(-\dfrac{\pi}{2}, \dfrac{\pi}{2}\right)$ 内至少有一个根.

11. 设函数 $f(x) = \begin{cases} \dfrac{\sin ax}{x}, & x > 0 \\ 2, & x = 0 \\ \dfrac{\ln(1-3x)}{bx}, & x < 0 \end{cases}$, 问: a, b 为何值时, 函数 $f(x)$ 在其定义域内连续.

12. 洗衣机每台售价 900 元, 成本 600 元, 厂方为鼓励销售商大量采购, 决定凡是订购量超过 100 台的, 每多订购 100 台售价就降低 10 元, 但最低价为每台 75 元.

(1) 将每台的实际售价 p 表示为订购量 x 的函数;

(2) 将厂方所获的利润 L 表示为订购量 x 的函数;

（3）某一商行订购了 100 台，厂方可获利润为多少？

13. 某电动车厂，每辆电动车售价为 1 700 元时，生产 1 000 辆以内可全部售完，超过 1 000 辆增播广告后，又可多售出 520 辆，假定支付广告费为 2 500 元，试将电动车的销售收入表示为销售量的函数.

14. 某饭店有高级客房 60 套，目前租金每天每套 200 元则完全租出，若提高租金，预计每套租金每提高 10 元会有一套房间空出来，试问：租金定为多少时，饭店房租收入最大？最多收入多少元？这时饭店将空出多少套高级客房？

第 2 章

导数与微分

函数的概念刻画了因变量随自变量变化的依赖关系，但是，仅仅知道变量之间的依赖关系是不够的．作为研究分析函数的工具和方法，微分学是微积分的重要组成部分，它主要包含两个重要的基本概念：导数与微分．其中导数反映当函数的自变量变化时，相应的函数值的变化快慢程度，即变化率问题；而微分刻画了当自变量有微小变化时，函数变化的近似值，即函数的增量问题．微分学的基本任务就是解决这两类问题：函数的变化率问题与函数的增量问题．

本章以极限概念为基础，介绍导数与微分的定义及计算方法．导数的应用及其理论基础所涉及的几个中值定理将在下一章中讨论．

第一节 导数概念

一、引例

导数概念的产生，最早来源于实际问题计算的需要．

1. 平面曲线的切线

在平面几何里，圆的切线被定义为"与圆只有一个交点的直线"，对一般的曲线来说，显然不能这样来定义曲线的切线．如抛物线 $y = x^2$ 在 $(0，0)$ 处 x 轴和 y 轴都与抛物线有一个交点，但 y 轴就不是 $y = x^2$ 的切线．下面我们给出一般曲线的切线定义．

设点 M 是曲线 L 上的一个定点，在曲线上取点 M 的一邻近点 N，作割线 MN，当点 N 沿曲线 L 趋近于点 M 时，如果割线 MN 趋近于某个极限位置 MT，那么占据这个极限位置的直线 MT 就称为曲线 L 在点 M 处的切线，如图 2-1 所示．

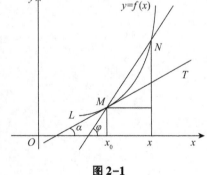

图 2-1

设曲线 L 的方程为 $y = f(x)$，点 $M(x_0, y_0)$ 为 L 上的点，则 $y_0 = f(x_0)$. 若 $N(x, y)$ 为 L 上点 M 的邻近点，设 $x = x_0 + \Delta x$，则 $y = f(x_0 + \Delta x)$，割线 MN 的斜率为

$$\tan \varphi = \frac{\Delta y}{\Delta x} = \frac{f(x_0 + \Delta x) - f(x_0)}{\Delta x},$$

其中 φ 为割线 MN 的倾斜角. 当点 N 沿曲线 L 趋向于点 M，即 $\Delta x \to 0$ 时，如果割线 MN 的极限位置 MT 的倾斜角为 α，则 MT 的斜率为

$$k = \tan \alpha = \lim_{N \to M} \tan \varphi = \lim_{\Delta x \to 0} \frac{\Delta y}{\Delta x} = \lim_{\Delta x \to 0} \frac{f(x_0 + \Delta x) - f(x_0)}{\Delta x}.$$

2. 变速直线运动的瞬时速度

设一质点做变速直线运动，它所经历的路程 s 是时间 t 的函数：$s = s(t)$，求质点在时刻 t_0 的瞬时速度.

作与切线问题类似的分析：任取接近 t_0 的时刻 $t_0 + \Delta t$，令 $\Delta s = s(t_0 + \Delta t) - s(t_0)$，则 $\bar{v} = \frac{\Delta s}{\Delta t}$ 为质点在时间段 $[t_0, t_0 + \Delta t]$ 或 $[t_0 + \Delta t, t_0]$ 内的平均速度. 显然，$|\Delta t|$ 越小，就越有理由将 $\bar{v}$ 看作质点在时刻 t_0 的瞬时速度. 因此，定义质点在时刻 t_0 的瞬时速度 $v(t_0)$ 为

$$v(t_0) = \lim_{\Delta t \to 0} \frac{\Delta s}{\Delta t} = \lim_{\Delta t \to 0} \frac{s(t_0 + \Delta t) - s(t_0)}{\Delta t}.$$

3. 产品总成本的变化率（边际成本）

设某产品的总成本 C 随产量 x 而定，即 C 是 x 的函数 $C = C(x)$，$x > 0$. 当产量 x 由 x_0 变到 $x_0 + \Delta x$ 时，产品总成本的相应增量为

$$\Delta C = C(x_0 + \Delta x) - C(x_0).$$

因此，当产量 x 由 x_0 变到 $x_0 + \Delta x$ 时，产品总成本的平均变化率为

$$\frac{\Delta C}{\Delta x} = \frac{C(x_0 + \Delta x) - C(x_0)}{\Delta x}.$$

当 $\Delta x \to 0$ 时，如果

$$\lim_{\Delta x \to 0} \frac{\Delta C}{\Delta x} = \lim_{\Delta x \to 0} \frac{C(x_0 + \Delta x) - C(x_0)}{\Delta x}$$

存在，则称此极限为产品总成本 $C(x)$ 在产量为 x_0 时的变化率.

上述三个例子虽然各有其特殊内容，但如果撇开它们具体的实际意义，单从数量关系上看，它们有个共性，都是实际问题中函数的瞬时变化率，此变化率的计算都是函数的增量与自变量增量之比的极限，即 $\lim\limits_{\Delta x \to 0} \frac{\Delta y}{\Delta x}$，这个极限运算称为函数的导数运算，运算的结果就称为函数的导数.

二、导数的定义

定义 1　设函数 $y = f(x)$ 在 x_0 的某个邻域 $U(x_0)$ 内有定义，当自变量 x 在点 x_0 处取得增量 Δx（$\Delta x = x - x_0 \neq 0$）时，函数 $f(x)$ 取得相应的增量 $\Delta y = f(x_0 + \Delta x) - f(x_0)$. 如果当 $\Delta x \to 0$ 时，

$$\lim_{\Delta x \to 0} \frac{\Delta y}{\Delta x} = \lim_{\Delta x \to 0} \frac{f(x_0 + \Delta x) - f(x_0)}{\Delta x}$$

存在，则称函数 $y = f(x)$ 在点 x_0 处可导，并称此极限为函数 $y = f(x)$ 在点 x_0 处的导数，记作 $f'(x_0)$，$y'|_{x=x_0}$，$\dfrac{\mathrm{d}y}{\mathrm{d}x}\Big|_{x=x_0}$ 或 $\dfrac{\mathrm{d}f(x)}{\mathrm{d}x}\Big|_{x=x_0}$，即

$$f'(x_0) = \lim_{\Delta x \to 0} \frac{\Delta y}{\Delta x} = \lim_{\Delta x \to 0} \frac{f(x_0 + \Delta x) - f(x_0)}{\Delta x}. \tag{2-1}$$

如果 $\lim\limits_{\Delta x \to 0} \dfrac{\Delta y}{\Delta x}$ 不存在，则称函数 $f(x)$ 在点 x_0 处不可导.

注：有时导数的定义式也采取不同的表达形式.

例如，在式（2-1）中，令 $h = \Delta x$，则函数 $y = f(x)$ 在点 x_0 处的导数可写成

$$f'(x_0) = \lim_{h \to 0} \frac{f(x_0 + h) - f(x_0)}{h}.$$

若令 $x = x_0 + \Delta x$，则函数 $y = f(x)$ 在点 x_0 处的导数又可写成

$$f'(x_0) = \lim_{x \to x_0} \frac{f(x) - f(x_0)}{x - x_0}.$$

若式（2-1）中的极限不存在，则称函数 $y = f(x)$ 在点 x_0 处不可导，称 x_0 为函数的不可导点. 如果不可导是由于式（2-1）的极限趋于无穷大，为了方便，有时也称函数 $y = f(x)$ 在点 x_0 处的导数为无穷大.

由此可见，$\dfrac{\Delta y}{\Delta x}$ 反映的是函数 $f(x)$ 在以 x_0 和 $x_0 + \Delta x$ 为端点的区间上的平均变化的程度，我们称之为函数 $f(x)$ 在该区间上的平均变化率，$\lim\limits_{\Delta x \to 0} \dfrac{\Delta y}{\Delta x} = \lim\limits_{\Delta x \to 0} \dfrac{f(x_0 + \Delta x) - f(x_0)}{\Delta x}$ 则精确地描述了函数 $f(x)$ 在点 x_0 处的瞬时变化率，并且撇开了自变量和因变量所代表的几何、物理或经济等方面的特殊意义，单纯从数量上刻画函数变化率的本质. 它反映了因变量相对于自变量的变化快慢程度.

【例 2-1】 试按导数定义分别求函数 $y = x^2$ 在 $x = 0$ 和 $x = 1$ 处的导数.

解 当 x 由 0 变到 $0 + \Delta x$ 时，函数相应的增量为 $\Delta y = (0 + \Delta x)^2 - 0^2 = (\Delta x)^2$，则 $\dfrac{\Delta y}{\Delta x} = \Delta x$，故

$$f'(0) = \lim_{\Delta x \to 0} \frac{\Delta y}{\Delta x} = \lim_{\Delta x \to 0} \Delta x = 0.$$

当 x 由 1 变到 $1 + \Delta x$ 时，函数相应的增量为 $\Delta y = (1 + \Delta x)^2 - 1^2 = 2\Delta x + (\Delta x)^2$，则 $\dfrac{\Delta y}{\Delta x} = 2 + \Delta x$，故

$$f'(1) = \lim_{\Delta x \to 0} \frac{\Delta y}{\Delta x} = \lim_{\Delta x \to 0} (2 + \Delta x) = 2.$$

定义 2 如果函数 $y = f(x)$ 在区间 (a, b) 内的每一点处都可导，则称**函数 $f(x)$ 在区间 (a, b) 内可导**.

如果 $f(x)$ 在区间 (a, b) 内可导，则对于区间 (a, b) 内的每一个 x 值，都有一个导数值 $f'(x)$ 与之对应，这就构成了一个新的函数，我们把这个函数叫作 $y = f(x)$ 的**导函数**，简称**导数**，记为 $f'(x)$，y'，$\dfrac{\mathrm{d}y}{\mathrm{d}x}$ 或 $\dfrac{\mathrm{d}f(x)}{\mathrm{d}x}$. 即

$$f'(x) = \lim_{\Delta x \to 0} \frac{\Delta y}{\Delta x} = \lim_{\Delta x \to 0} \frac{f(x + \Delta x) - f(x)}{\Delta x}, \; x \in (a, b).$$

显然 $f'(x_0) = f'(x)|_{x = x_0}$，即函数 $f(x)$ 的导数 $f'(x)$ 在 $x = x_0$ 处的函数值，就是 $f(x)$ 在点 x_0 处的导数 $f'(x_0)$.

【例 2-2】 求 $y = \sqrt{x}$ 的导数.

解 $\Delta y = f(x + \Delta x) - f(x) = \sqrt{x + \Delta x} - \sqrt{x}$，于是

$$\frac{\Delta y}{\Delta x} = \frac{\sqrt{x + \Delta x} - \sqrt{x}}{\Delta x} = \frac{1}{\sqrt{x + \Delta x} + \sqrt{x}},$$

所以

$$y' = \lim_{\Delta x \to 0} \frac{\Delta y}{\Delta x} = \lim_{\Delta x \to 0} \frac{1}{\sqrt{x + \Delta x} + \sqrt{x}} = \frac{1}{2\sqrt{x}}.$$

【例 2-3】 求解下列问题.

(1) 已知 $f'(x) = 2$，求 $\lim_{h \to 0} \dfrac{f(x + 2h) - f(x)}{h}$；

(2) 设 $f'(x_0)$ 存在，求 $\lim_{h \to 0} \dfrac{f(x_0 + h) - f(x_0 - h)}{2h}$.

解 (1) 由导数的定义 $f'(x) = \lim_{h \to 0} \dfrac{f(x + h) - f(x)}{h}$ 可知

$$\lim_{h \to 0} \frac{f(x + 2h) - f(x)}{h} = \lim_{h \to 0} \frac{f(x + 2h) - f(x)}{2 \cdot h} \cdot 2 = 2f'(x) = 4.$$

(2) $\lim_{h \to 0} \dfrac{f(x_0 + h) - f(x_0 - h)}{2h} = \lim_{h \to 0} \left[\dfrac{f(x_0 + h) - f(x_0)}{2h} + \dfrac{f(x_0 - h) - f(x_0)}{2(-h)} \right]$

$$= \frac{1}{2} f'(x_0) + \frac{1}{2} f'(x_0)$$

$$= f'(x_0).$$

三、几个基本初等函数的导数

用定义求导数值的计算是比较烦琐的，用求导公式来计算导数能避免定义求导的复杂. 下面我们运用导数的定义先推导几个简单的常用函数的导数公式.

1. 常数函数的导数

设 $y = f(x) = C$（C 为常数）.

因为对任何实数 x，恒有 $y = f(x) = C$，于是

$$\Delta y = f(x + \Delta x) - f(x) = C - C = 0,$$

$$\frac{\Delta y}{\Delta x} = \frac{0}{\Delta x} = 0,$$

所以

$$y' = (C)' = \lim_{\Delta x \to 0} \frac{\Delta y}{\Delta x} = 0,$$

即常数函数的导数为零.

2. 幂函数的导数

设 $y = x^n$（n 为正整数），则 $\Delta y = (x + \Delta x)^n - x^n$，由二项式定理可得

$$\Delta y = x^n + nx^{n-1}\Delta x + \frac{n(n-1)}{2!}x^{n-2}(\Delta x)^2 + \cdots + (\Delta x)^n - x^n$$

$$= nx^{n-1}\Delta x + \frac{n(n-1)}{2!}x^{n-2}(\Delta x)^2 + \cdots + (\Delta x)^n,$$

$$\frac{\Delta y}{\Delta x} = nx^{n-1} + \frac{n(n-1)}{2!}x^{n-2}\Delta x + \cdots + (\Delta x)^{n-1},$$

因此

$$\lim_{\Delta x \to 0}\frac{\Delta y}{\Delta x} = \lim_{\Delta x \to 0}\left[nx^{n-1} + \frac{n(n-1)}{2!}x^{n-2}\Delta x + \cdots + (\Delta x)^{n-1}\right]$$

$$= nx^{n-1},$$

即 $y' = (x^n)' = nx^{n-1}$.

可以证明，对于幂函数 $y = x^\alpha$（α 为实数，$\alpha \neq 0$），上面的公式仍成立，即

$$(x^\alpha)' = \alpha \cdot x^{\alpha-1}.$$

这就是一般幂函数的求导公式，可以很方便地求出此种类型函数的导数.

【例 2-4】 求下列函数的导数.

(1) $y = x^{-4}$；(2) $y = \sqrt{x}$；(3) $y = \dfrac{1}{\sqrt[3]{x}}$.

解 根据一般幂函数的求导公式，有

(1) $y' = (x^{-4})' = -4x^{-5}$；

(2) $y' = (\sqrt{x})' = (x^{\frac{1}{2}})' = \frac{1}{2}x^{-\frac{1}{2}}$；

(3) $y' = \left(\dfrac{1}{\sqrt[3]{x}}\right)' = (x^{-\frac{1}{3}})' = -\frac{1}{3}x^{-\frac{4}{3}}$.

3. 正弦函数与余弦函数的导数

设 $y = \sin x$，则

$$\Delta y = \sin(x + \Delta x) - \sin x = 2\cos\left(x + \frac{\Delta x}{2}\right)\sin\frac{\Delta x}{2},$$

$$\frac{\Delta y}{\Delta x} = 2\cos\left(x + \frac{\Delta x}{2}\right)\cdot\frac{\sin\frac{\Delta x}{2}}{\Delta x} = \cos\left(x + \frac{\Delta x}{2}\right)\cdot\frac{\sin\frac{\Delta x}{2}}{\frac{\Delta x}{2}},$$

于是

$$\lim_{\Delta x \to 0}\frac{\Delta y}{\Delta x} = \lim_{\Delta x \to 0}\left[\cos\left(x + \frac{\Delta x}{2}\right)\cdot\frac{\sin\frac{\Delta x}{2}}{\frac{\Delta x}{2}}\right] = \lim_{\Delta x \to 0}\cos\left(x + \frac{\Delta x}{2}\right)\cdot\lim_{\Delta x \to 0}\frac{\sin\frac{\Delta x}{2}}{\frac{\Delta x}{2}}$$

$$= \cos x \cdot 1 = \cos x,$$

即

$$(\sin x)' = \cos x.$$

类似地, 可求得

$$(\cos x)' = -\sin x.$$

对于其他三角函数的导数, 可以根据正弦函数与余弦函数的导数, 利用后面的运算法则推导出来.

4. 对数函数的导数

设 $y = \log_a x\ (a > 0,\ a \neq 1,\ x > 0)$, 则

$$\Delta y = \log_a (x + \Delta x) - \log_a x$$

$$= \log_a \frac{x + \Delta x}{x} = \log_a \left(1 + \frac{\Delta x}{x}\right),$$

$$\frac{\Delta y}{\Delta x} = \frac{\log_a \left(1 + \frac{\Delta x}{x}\right)}{\Delta x} = \frac{1}{x} \cdot \frac{x}{\Delta x} \log_a \left(1 + \frac{\Delta x}{x}\right)$$

$$= \frac{1}{x} \log_a \left(1 + \frac{\Delta x}{x}\right)^{\frac{x}{\Delta x}},$$

于是

$$y' = \lim_{\Delta x \to 0} \frac{\Delta y}{\Delta x} = \lim_{\Delta x \to 0} \left[\frac{1}{x} \log_a \left(1 + \frac{\Delta x}{x}\right)^{\frac{x}{\Delta x}}\right]$$

$$= \frac{1}{x} \log_a \left[\lim_{\Delta x \to 0} \left(1 + \frac{\Delta x}{x}\right)^{\frac{x}{\Delta x}}\right]$$

$$= \frac{1}{x} \log_a e$$

$$= \frac{1}{x \ln a},$$

即

$$(\log_a x)' = \frac{1}{x \ln a}.$$

特别地, 当 $a = e$ 时, $y = \ln x$, 就有

$$(\ln x)' = \frac{1}{x}.$$

【例 2-5】 求函数 $y = \log_{\frac{1}{2}} x$ 的导数.

解　由对数函数的导数公式, 可得

$$y' = \left(\log_{\frac{1}{2}} x\right)' = \frac{1}{x \ln \frac{1}{2}} = -\frac{1}{x \ln 2}.$$

5. 指数函数的导数

设 $y = a^x\ (a > 0,\ a \neq 1)$, 则

$$\Delta y = a^{x + \Delta x} - a^x = a^x (a^{\Delta x} - 1),$$

$$\frac{\Delta y}{\Delta x} = a^x \cdot \frac{a^{\Delta x} - 1}{\Delta x},$$

于是

$$y' = \lim_{\Delta x \to 0} \frac{\Delta y}{\Delta x} = a^x \lim_{\Delta x \to 0} \frac{a^{\Delta x} - 1}{\Delta x},$$

令 $a^{\Delta x} - 1 = \beta$，则 $\Delta x = \log_a(1 + \beta)$，又当 $\Delta x \to 0$ 时，$\beta \to 0$，于是有

$$\lim_{\Delta x \to 0} \frac{a^{\Delta x} - 1}{\Delta x} = \lim_{\beta \to 0} \frac{\beta}{\log_a(1 + \beta)} = \frac{1}{\lim_{\beta \to 0} \log_a(1 + \beta)^{\frac{1}{\beta}}} = \frac{1}{\log_a e} = \ln a \text{（此处极限求法也可用}$$

无穷小替换），所以

$$y' = (a^x)' = a^x \ln a.$$

特别地，当 $a = e$ 时，有

$$(e^x)' = e^x,$$

即以 e 为底的指数函数 e^x 的导数就是它本身，这是以 e 为底的指数函数 e^x 的一个独特的优点.

【例 2-6】 求下列函数的导数.

(1) $y = 5^x$； (2) $y = \left(\frac{2}{3}\right)^x$.

解 根据指数函数的导数公式，有

(1) $y' = (5^x)' = 5^x \ln 5$；

(2) $y' = \left[\left(\frac{2}{3}\right)^x\right]' = \left(\frac{2}{3}\right)^x \ln \frac{2}{3} = \left(\frac{2}{3}\right)^x (\ln 2 - \ln 3)$.

四、导数的几何意义

由引例中切线问题和导数的定义可知，如果函数 $y = f(x)$ 在点 x_0 处可导，则其导数 $f'(x_0)$ 就是曲线 $y = f(x)$ 在点 $M(x_0, y_0)$ 处的切线 MT 的斜率，即

$$k = \tan \alpha = f'(x_0).$$

这就是函数导数的几何意义. 或者说，函数在某点的变化率的几何意义就是曲线在该点处切线的斜率. 特别地，若 $f'(x_0) = 0$，则曲线 $y = f(x)$ 在点 $M(x_0, y_0)$ 处的切线平行于 x 轴；若 $f'(x_0)$ 不存在，且 $f'(x_0) = \infty$，则曲线 $y = f(x)$ 在点 $M(x_0, y_0)$ 处的切线垂直于 x 轴. 因此，由解析几何知识可知，曲线 $y = f(x)$ 在点 (x_0, y_0) 处的切线方程是：

当 $f'(x_0) \neq 0$，$f'(x_0) \neq \infty$ 时，$y - y_0 = f'(x_0)(x - x_0)$；

当 $f'(x_0) = 0$ 时，$y - y_0 = 0$；

当 $f'(x_0) = \infty$ 时，$x - x_0 = 0$.

而法线方程是：

当 $f'(x_0) \neq 0$，$f'(x_0) \neq \infty$ 时，$y - y_0 = -\frac{1}{f'(x_0)}(x - x_0)$；

当 $f'(x_0) = 0$ 时，$x - x_0 = 0$；

当 $f'(x_0) = \infty$ 时，$y - y_0 = 0$.

【例 2-7】求曲线 $y = \sqrt{x}$ 在点 $(1, 1)$ 处的切线方程和法线方程.

解 由幂函数的导数公式知，$y'|_{x=1} = \dfrac{1}{2}$，根据导数的几何意义，曲线 $y = \sqrt{x}$ 在点 $(1, 1)$ 处的切线斜率为 $k = y'|_{x=1} = \dfrac{1}{2}$，所以，所求的切线方程为

$$y - 1 = \frac{1}{2}(x - 1),$$

即

$$x - 2y + 1 = 0.$$

法线方程为

$$y - 1 = -2(x - 1),$$

即

$$2x + y - 3 = 0.$$

五、单侧导数

在实际中，我们经常需要研究在 x_0 一侧有定义的函数在点 x_0 或分段函数在分界点 x_0 处是否可导，因此引出了左导数与右导数的概念.

定义 3 若 $\lim\limits_{\Delta x \to 0^-} \dfrac{f(x_0 + \Delta x) - f(x_0)}{\Delta x}$ 与 $\lim\limits_{\Delta x \to 0^+} \dfrac{f(x_0 + \Delta x) - f(x_0)}{\Delta x}$ 都存在，则分别称 $f(x)$ 在点 x_0 处左可导与右可导，这两个极限分别称为 $f(x)$ 在点 x_0 处的左导数与右导数，并分别记为 $f'_-(x_0)$ 与 $f'_+(x_0)$，即

左导数 $f'_-(x_0) = \lim\limits_{\Delta x \to 0^-} \dfrac{f(x_0 + \Delta x) - f(x_0)}{\Delta x} = \lim\limits_{x \to x_0^-} \dfrac{f(x) - f(x_0)}{x - x_0}$；

右导数 $f'_+(x_0) = \lim\limits_{\Delta x \to 0^+} \dfrac{f(x_0 + \Delta x) - f(x_0)}{\Delta x} = \lim\limits_{x \to x_0^+} \dfrac{f(x) - f(x_0)}{x - x_0}$.

根据左、右极限的性质，我们有下面的定理：

定理 1 函数 $f(x)$ 在点 x_0 处可导的充分必要条件是函数 $f(x)$ 在点 x_0 处的左、右导数都存在且相等，即 $f'_-(x_0) = f'_+(x_0)$.

【例 2-8】求函数 $f(x) = |x|$ 在 $x = 0$ 处的导数.

解 $\lim\limits_{\Delta x \to 0} \dfrac{f(0 + \Delta x) - f(0)}{\Delta x} = \lim\limits_{\Delta x \to 0} \dfrac{|\Delta x|}{\Delta x}$，由于

$$\lim\limits_{\Delta x \to 0^-} \frac{\Delta y}{\Delta x} = \lim\limits_{\Delta x \to 0^-} \frac{f(0 + \Delta x) - f(0)}{\Delta x} = \lim\limits_{\Delta x \to 0^-} \frac{|\Delta x|}{\Delta x} = -1,$$

所以 $f'_-(0) = -1$；由于

$$\lim\limits_{\Delta x \to 0^+} \frac{\Delta y}{\Delta x} = \lim\limits_{\Delta x \to 0^+} \frac{f(0 + \Delta x) - f(0)}{\Delta x} = \lim\limits_{\Delta x \to 0^+} \frac{|\Delta x|}{\Delta x} = 1,$$

所以 $f'_+(0) = 1$.

显然 $f'_+(0) \neq f'_-(0)$，所以 $\lim\limits_{\Delta x \to 0} \dfrac{f(0+\Delta x)-f(0)}{\Delta x}$ 不存在，即 $f(x)=|x|$ 在 $x=0$ 处不可导.

注：函数 $f(x)=|x|$ 在 $(-\infty,+\infty)$ 内连续，但由本例可知，函数在 $x=0$ 处不可导，曲线 $f(x)=|x|$ 在原点处没有切线（如图 2-2 所示）.

图 2-2

如果函数 $f(x)$ 在开区间 (a,b) 内可导，且 $f'_+(a)$ 与 $f'_-(b)$ 都存在，那么就称 $f(x)$ 在闭区间 $[a,b]$ 上可导.

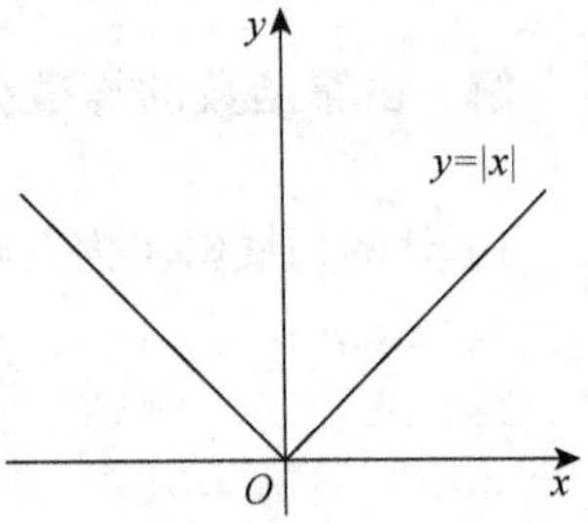

六、可导与连续的关系

函数 $y=f(x)$ 在点 x_0 处连续是指 $\lim\limits_{\Delta x \to 0}\Delta y=0$；而在点 x_0 处可导是指极限 $\lim\limits_{\Delta x \to 0}\dfrac{\Delta y}{\Delta x}$ 存在. 那么可导与连续有什么关系呢？对此，有如下定理.

定理 2 如果函数 $y=f(x)$ 在点 x_0 处可导，则函数 $y=f(x)$ 在点 x_0 处一定连续.

证明 因为函数 $y=f(x)$ 在点 x_0 处可导，所以有 $\lim\limits_{\Delta x \to 0}\dfrac{\Delta y}{\Delta x}=f'(x_0)$，由函数极限存在与无穷小的关系可知，

$$\frac{\Delta y}{\Delta x}=f'(x_0)+\alpha,$$

其中 α 为当 $\Delta x \to 0$ 时的无穷小. 上式两边乘以 Δx，得

$$\Delta y=f'(x_0)\Delta x+\alpha\Delta x,$$

所以

$$\lim\limits_{\Delta x \to 0}\Delta y=0,$$

故函数 $y=f(x)$ 在点 x_0 处连续.

反之，一个函数在某点连续，却不一定在该点可导.

这个定理说明连续是可导的必要条件，但不是充分条件，根据这个定理，如果我们已经判断出函数在某一点不连续，则立即可以得出不可导的结论；如果函数在某点连续，则不能得出可导的结论.

【例 2-9】 证明函数 $y=\sqrt[3]{x}$ 在 $x=0$ 处连续，但在 $x=0$ 处不可导.

证明 因为 $\Delta y=\sqrt[3]{0+\Delta x}-\sqrt[3]{0}=\sqrt[3]{\Delta x}$，所以 $\lim\limits_{\Delta x \to 0}\Delta y=\lim\limits_{\Delta x \to 0}\sqrt[3]{\Delta x}=0$，故函数 $y=\sqrt[3]{x}$ 在 $x=0$ 处连续.

但是，$\lim\limits_{\Delta x \to 0}\dfrac{\Delta y}{\Delta x}=\lim\limits_{\Delta x \to 0}\dfrac{\sqrt[3]{\Delta x}}{\Delta x}=\lim\limits_{\Delta x \to 0}\dfrac{1}{\sqrt[3]{(\Delta x)^2}}=\infty$. 所以，函数 $y=\sqrt[3]{x}$ 在 $x=0$ 处不可导.

【例 2-10】 求常数 a,b，使得 $f(x)=\begin{cases}e^x, & x \geq 0 \\ ax+b, & x<0\end{cases}$ 在 $x=0$ 处可导.

解 若使 $f(x)$ 在 $x=0$ 处可导，则必使之连续，故

$$\lim\limits_{x \to 0^+}f(x)=\lim\limits_{x \to 0^-}f(x)=f(0)\Rightarrow e^0=a\cdot 0+b\Rightarrow b=1,$$

又若使 $f(x)$ 在 $x = 0$ 处可导，则必使之左、右导数存在，且相等，由函数知，左、右导数是存在的，且

$$f_-'(0) = \lim_{x \to 0^-} \frac{(ax + b) - e^0}{x - 0} = a,$$

$$f_+'(0) = \lim_{x \to 0^+} \frac{e^x - e^0}{x - 0} = 1,$$

所以若有 $a = 1$，则 $f_-'(0) = f_+'(0)$，此时 $f(x)$ 在 $x = 0$ 处可导，所以所求常数为 $a = b = 1$.

习题 2-1

1. 举例说明函数的可导性和连续性之间的关系.

2. 做直线运动的质点，它所经过的路程与时间的关系为 $s = 3t^2 + 1$，求 $t = 2$ 时质点的运动速度.

3. 设 $y = 5x^2$，根据导数的定义求 $\left. \dfrac{dy}{dx} \right|_{x = -1}$.

4. 用导数的定义证明 $(\cos x)' = -\sin x$.

5. 已知 $f'(x_0)$ 存在，求下列极限.

(1) $\lim\limits_{\Delta x \to 0} \dfrac{f(x_0 + 2\Delta x) - f(x_0)}{\Delta x}$;

(2) $\lim\limits_{\Delta x \to 0} \dfrac{f(x_0 - \Delta x) - f(x_0)}{\Delta x}$;

(3) $\lim\limits_{h \to 0} \dfrac{f(x_0 + h) - f(x_0 - h)}{h}$.

6. 求下列函数的导数.

(1) $y = x^5$;

(2) $y = \sqrt{x^3}$;

(3) $y = x^{1.8}$;

(4) $y = \dfrac{1}{\sqrt{x}}$;

(5) $y = \dfrac{1}{x^2}$;

(6) $y = \dfrac{x^2 \cdot \sqrt[5]{x}}{\sqrt{x^3}}$.

7. 讨论下列函数在 $x = 0$ 处的连续性和可导性.

(1) $y = |\sin x|$;

(2) $f(x) = \begin{cases} x^2 \sin \dfrac{1}{x}, & x \neq 0 \\ 0, & x = 0 \end{cases}$.

8. 设 $g(x) = |(x - 1)^2 (x - 2)|$，试用导数的定义讨论 $g(x)$ 在 $x_0 = 1$，$x_1 = 2$ 处的可导性.

9. 如果 $f(x)$ 为偶函数，且 $f'(0)$ 存在，用导数定义证明 $f'(0) = 0$.

10. 求曲线 $y = \dfrac{1}{x}$ 上 $\left(2, \dfrac{1}{2} \right)$ 处的切线方程和法线方程.

11. 设某产品生产 x 个单位时的总收入为 $R(x) = 200x - 0.01x^2$，求生产 100 个产品时的总收入、平均收入及当生产第 100 个产品时，总收入的变化率.

12. 证明：双曲线 $xy = a^2$ 上任一点处的切线与两坐标轴构成的三角形面积都等于 $2a^2$.

第二节　函数的求导法则

在上一节，我们以几个实际问题为背景引出了函数导数的概念，不仅阐明了导数概念的实质，而且也给出了根据导数定义求函数导数的方法和步骤. 这一节将介绍求导的几个基本法则和其他一些常用函数的求导公式，这些法则和基本初等函数求导公式的合理运用，将便于求出常见的初等函数的导数.

一、函数的和、差、积、商的求导法则

定理 1　设函数 $u = u(x)$、$v = v(x)$ 都在点 x 处可导，则它们的和、差、积、商（分母不为零）也在点 x 处可导，并且

（1）和差的求导法则：
$$[u(x) \pm v(x)]' = u'(x) \pm v'(x),$$

（2）积的求导法则：
$$[u(x) \cdot v(x)]' = u'(x) \cdot v(x) + u(x) \cdot v'(x),$$

（3）商的求导法则：
$$\left[\frac{u(x)}{v(x)}\right]' = \frac{u'(x)v(x) - u(x)v'(x)}{[v(x)]^2} \ (v(x) \neq 0).$$

证明　（1）由导数定义不难证明，略.

（2）令 $y = u(x) \cdot v(x)$，$\Delta u(x) = u(x + \Delta x) - u(x)$，$\Delta v(x) = v(x + \Delta x) - v(x)$，则

$$\begin{aligned}
\Delta y &= u(x + \Delta x) \cdot v(x + \Delta x) - u(x)v(x) \\
&= [u(x + \Delta x) - u(x)]v(x + \Delta x) + u(x)[v(x + \Delta x) - v(x)] \\
&= \Delta u(x)v(x + \Delta x) + u(x)\Delta v(x)
\end{aligned}$$

注意到当 $v(x)$ 可导时，$v(x)$ 连续，于是

$$\begin{aligned}
y' &= [u(x)v(x)]' = \lim_{\Delta x \to 0} \frac{\Delta y}{\Delta x} \\
&= \lim_{\Delta x \to 0}\left[\frac{\Delta u(x)}{\Delta x}v(x + \Delta x) + u(x)\frac{\Delta v(x)}{\Delta x}\right] \\
&= \lim_{\Delta x \to 0}\frac{\Delta u(x)}{\Delta x} \cdot \lim_{\Delta x \to 0}v(x + \Delta x) + u(x)\lim_{\Delta x \to 0}\frac{\Delta v(x)}{\Delta x} \\
&= u'(x)v(x) + u(x)v'(x).
\end{aligned}$$

（3）证法与（2）的证法类似，略.

注：用数学归纳法很容易将法则（1）推广到任意有限个函数的代数和的情形.

法则（2）中，当 $u(x) = c$（c 为常数）时，有 $[cv(x)]' = c \cdot v'(x)$，即常数因子可以移到导数符号外面，并且函数乘积的求导公式也可以推广到有限多个可导函数的乘积的情形，例如：

$$[u_1(x)u_2(x)u_3(x)]' = u_1'(x)u_2(x)u_3(x) + u_1(x)u_2'(x)u_3(x) + u_1(x)u_2(x)u_3'(x).$$

法则（3）中，当 $u(x) = 1$ 时，$\left[\dfrac{1}{v(x)}\right]' = -\dfrac{v'(x)}{v^2(x)}$.

【例 2-11】 求函数 $y = x^3 - \sin x + 10$ 的导数.

解 $y' = (x^3 - \sin x + 10)' = (x^3)' - (\sin x)' + (10)' = 3x^2 - \cos x.$

【例 2-12】 求 $y = x^2\cos x$ 的导数.

解 $y' = (x^2\cos x)' = (x^2)'\cos x + x^2(\cos x)'$
$= 2x\cos x - x^2\sin x.$

【例 2-13】 求 $y = 3\log_a x + \sqrt{x}\sin x$ 的导数.

解 $y' = (3\log_a x + \sqrt{x}\sin x)' = (3\log_a x)' + (\sqrt{x}\sin x)'$

$= \dfrac{3}{x\ln a} + (\sqrt{x})'\sin x + \sqrt{x}(\sin x)'$

$= \dfrac{3}{x\ln a} + \dfrac{1}{2\sqrt{x}}\sin x + \sqrt{x}\cos x.$

【例 2-14】 求函数 $y = \tan x$ 的导数.

解 $y' = (\tan x)' = \left(\dfrac{\sin x}{\cos x}\right)' = \dfrac{(\sin x)'\cos x - \sin x \cdot (\cos x)'}{\cos^2 x}$

$= \dfrac{\cos^2 x + \sin^2 x}{\cos^2 x} = \dfrac{1}{\cos^2 x} = \sec^2 x.$

即 $(\tan x)' = \sec^2 x.$

【例 2-15】 求正割函数 $y = \sec x$ 的导数.

解 $y' = (\sec x)' = \left(\dfrac{1}{\cos x}\right)' = \dfrac{(1)'\cos x - 1 \cdot (\cos x)'}{\cos^2 x} = \dfrac{\sin x}{\cos^2 x} = \sec x \cdot \tan x,$

即 $(\sec)' = \sec x \cdot \tan x.$

用类似的方法, 可求得

$$(\cot x)' = -\csc^2 x,$$
$$(\csc x)' = -\csc x \cdot \cot x.$$

熟记并灵活运用这些运算法则和一些基本初等函数的导数公式, 对于掌握函数的求导十分重要.

【例 2-16】 求下列函数的导数.

(1) $y = \dfrac{x\sin x}{1 + \cos x}$;

(2) $y = \dfrac{2x^3 - 4x + 1}{\sqrt{x}}.$

解 (1) $y' = \left(\dfrac{x\sin x}{1 + \cos x}\right)' = \dfrac{(x\sin x)'(1 + \cos x) - x\sin x \cdot (1 + \cos x)'}{(1 + \cos x)^2}$

$= \dfrac{(\sin x + x\cos x)(1 + \cos x) - x\sin x \cdot (-\sin x)}{(1 + \cos x)^2}$

$= \dfrac{\sin x(1 + \cos x) + x\cos x + x\cos^2 x + x\sin^2 x}{(1 + \cos x)^2}$

$= \dfrac{\sin x(1 + \cos x) + x\cos x + x}{(1 + \cos x)^2} = \dfrac{x + \sin x}{1 + \cos x}.$

(2) 本题直接利用商的求导法则, 比较麻烦, 且容易出错. 实际上, 对于分母是单项幂函数的分式, 可以化简后再求导.

先化简得

$$y = 2x^{\frac{5}{2}} - 4x^{\frac{1}{2}} + x^{-\frac{1}{2}},$$

于是

$$y' = 2 \cdot \frac{5}{2} \cdot x^{\frac{3}{2}} - 4 \cdot \frac{1}{2} \cdot x^{-\frac{1}{2}} + \left(-\frac{1}{2}\right) \cdot x^{-\frac{3}{2}}$$

$$= 5x^{\frac{3}{2}} - \frac{2}{\sqrt{x}} - \frac{1}{2\sqrt{x^3}}.$$

二、反函数的求导法则

在第一章里我们已经知道,严格单调函数一定存在反函数,而且它的反函数同样也是单调函数. 如果函数 $y = f(x)$ 是 $x = \varphi(y)$ 的反函数,且 $x = \varphi(y)$ 在某点 y 处可导,那么函数 $x = \varphi(y)$ 的反函数 $y = f(x)$ 在对应点 x 处是否可导呢? 如果可导,是否一定要解出反函数 $y = f(x)$ 才可以求导呢? 下面的定理较好地解决了这些问题.

定理 2 如果函数 $x = \varphi(y)$ 在某区间 I_y 内单调、可导且 $\varphi'(y) \neq 0$,则它的反函数 $y = f(x)$ 在对应点 x 处也一定可导,且

$$f'(x) = \frac{1}{\varphi'(y)}, \quad \text{或} \quad \frac{\mathrm{d}y}{\mathrm{d}x} = \frac{1}{\dfrac{\mathrm{d}x}{\mathrm{d}y}}, \quad \text{或} \quad y'_x = \frac{1}{x'_y}.$$

*证明 任取 $x \in I_x$,给 x 以增量 $\Delta x (\Delta x \neq 0, \ x + \Delta x \in I_x)$,由 $y = f(x)$ 是单调的,可得

$$\Delta y = f(x + \Delta x) - f(x) \neq 0,$$

于是有

$$\frac{\Delta y}{\Delta x} = \frac{1}{\dfrac{\Delta x}{\Delta y}},$$

因为 $y = f(x)$ 连续,所以当 $\Delta x \to 0$ 时,必有 $\Delta y \to 0$,从而有

$$\lim_{\Delta x \to 0} \frac{\Delta y}{\Delta x} = \frac{1}{\lim\limits_{\Delta y \to 0} \dfrac{\Delta x}{\Delta y}} = \frac{1}{\varphi'(y)},$$

这说明反函数 $y = f(x)$ 在点 x 处可导,且

$$f'(x) = \frac{1}{\varphi'(y)}.$$

这个法则说明:反函数的导数等于直接函数的导数的倒数.

这样,求反函数的导数,可以不必解出反函数 $y = f(x)$,而是通过直接函数 $x = \varphi(y)$ 的导数 $\varphi'(y)$ 即可求出.

【例 2-17】 求函数 $y = \arcsin x$ 的导数.

解 因为 $y = \arcsin x$ 是 $x = \sin y \left(-\dfrac{\pi}{2} < y < \dfrac{\pi}{2}\right)$ 的反函数,$\varphi'(y) = x'_y = \cos y \neq 0$,所以

$$y_x' = \frac{1}{x_y'} = \frac{1}{(\sin y)'} = \frac{1}{\cos y} = \frac{1}{\sqrt{1 - \sin^2 y}} = \frac{1}{\sqrt{1 - x^2}},$$

即

$$(\arcsin x)' = \frac{1}{\sqrt{1 - x^2}}.$$

类似地，可得

$$(\arccos x)' = -\frac{1}{\sqrt{1 - x^2}}.$$

【例 2-18】 求函数 $y = \arctan x$ 的导数.

解　$y = \arctan x$ 是 $x = \tan y\left(-\frac{\pi}{2} < y < \frac{\pi}{2}\right)$ 的反函数，且 $\varphi'(y) = x_y' = \sec^2 y \neq 0$，所以

$$y_x' = \frac{1}{x_y'} = \frac{1}{(\tan y)'} = \frac{1}{\sec^2 y} = \frac{1}{1 + \tan^2 y} = \frac{1}{1 + x^2},$$

即

$$(\arctan x)' = \frac{1}{1 + x^2}.$$

类似地，可得

$$(\text{arccot } x)' = -\frac{1}{1 + x^2}.$$

三、复合函数的求导法则

应用导数的四则运算法则和一些基本初等函数的导数公式，虽然可以求出一些比较复杂的初等函数的导数，但是，在实际中我们还会遇到大量的复合函数求导问题，如 $y = \ln\sin x$、$y = e^{\sin\frac{1}{x}}$、$y = \sqrt{\frac{1 + x}{1 - x}}$ 等，它们是否可导？如果可导，又怎样求导？要解决这些问题，就需要掌握下面复合函数的求导法则.

定理 3　设函数 $y = f[\varphi(x)]$ 由 $y = f(u)$ 和 $u = \varphi(x)$ 复合而成，如果函数 $u = \varphi(x)$ 在点 x 处可导，$y = f(u)$ 在对应点 $u = \varphi(x)$ 处可导，那么复合函数 $y = f[\varphi(x)]$ 在点 x 处也可导，并且其导数为

$$\frac{dy}{dx} = f'(u) \cdot \varphi'(x) = f'[\varphi(x)] \cdot \varphi'(x),$$

或

$$\frac{dy}{dx} = \frac{dy}{du} \cdot \frac{du}{dx}, \quad 或 \ y_x' = y_u' \cdot u_x'.$$

*证明　给 x 以增量 $\Delta x \neq 0$，则函数 $u = \varphi(x)$ 有增量 $\Delta u = \varphi(x + \Delta x) - \varphi(x)$（注意，$\Delta u$ 有可能为 0），又由 Δu 得函数 $y = f(u)$ 的增量 $\Delta y = f(u + \Delta u) - f(u)$.

当 $\Delta u \neq 0$ 时，有 $\frac{\Delta y}{\Delta x} = \frac{\Delta y}{\Delta u} \cdot \frac{\Delta u}{\Delta x}$，因为 $u = \varphi(x)$ 可导，则必连续，所以当 $\Delta x \to 0$ 时，$\Delta u \to 0$.

因此

$$\lim_{\Delta x \to 0} \frac{\Delta y}{\Delta x} = \lim_{\Delta x \to 0} \frac{\Delta y}{\Delta u} \cdot \lim_{\Delta x \to 0} \frac{\Delta u}{\Delta x}$$

$$= \lim_{\Delta u \to 0} \frac{\Delta y}{\Delta u} \cdot \lim_{\Delta x \to 0} \frac{\Delta u}{\Delta x}.$$

显然函数 $y = f(u)$ 在点 u 处可导，有 $\lim_{\Delta u \to 0} \frac{\Delta y}{\Delta x} = y_u'$. 函数 $u = \varphi(x)$ 在点 x 处可导，有 $\lim_{\Delta x \to 0} \frac{\Delta u}{\Delta x} = u_x'$. 所以

$$\frac{dy}{dx} = f'(u) \cdot \varphi'(x) = f'[\varphi(x)] \cdot \varphi'(x) \text{ 或 } y_x' = y_u' \cdot u_x'.$$

当 $\Delta u = 0$ 时，可以证明公式 $y_x' = y_u' \cdot u_x'$ 仍然成立.

这个法则说明：复合函数的导数等于复合函数对中间变量的导数，乘以中间变量对自变量的导数. 也可记为一句口诀：从外往里层层求导，不重复，也不遗漏.

定理3推广到有限次函数复合的情况，结论仍然成立.

例如设 $y = f(u)$，$u = \varphi(v)$，$v = \psi(x)$，则复合函数 $y = f\{\varphi[\psi(x)]\}$ 对 x 的导数为

$$\frac{dy}{dx} = \frac{dy}{du} \cdot \frac{du}{dv} \cdot \frac{dv}{dx} = f'(u) \cdot \varphi'(v) \cdot \psi'(x)$$

$$\text{或 } y_x' = y_u' \cdot u_v' \cdot v_x'.$$

由于复合函数的求导公式，像链条一样，一环扣一环，因此我们通常形象地称之为链式法则.

【例2-19】求下列函数的导数.

(1) $y = \sin(2x + 1)$； (2) $y = (1 + 3x)^{20}$；

(3) $y = e^{\sin\frac{1}{x}}$； (4) $y = \ln\cos e^x$.

解 (1) 函数 $y = \sin(2x + 1)$ 可看作由函数 $y = \sin u$，$u = 2x + 1$ 复合而成，其中 u 为中间变量，由复合函数求导的链式法则得

$$\frac{dy}{dx} = \frac{dy}{du} \cdot \frac{du}{dx} = \cos u \cdot 2 = 2\cos(2x + 1)，$$

即

$$y' = 2\cos(2x + 1).$$

(2) 函数 $y = (1 + 3x)^{20}$ 可看作由函数 $y = u^{20}$，$u = 1 + 3x$ 复合而成，其中 u 为中间变量，由复合函数求导的链式法则得

$$y_x' = y_u' \cdot u_x' = 20 \cdot u^{19} \cdot 3 = 60(1 + 3x)^{19}，$$

即

$$y' = 60(1 + 3x)^{19}.$$

(3) 函数 $y = e^{\sin\frac{1}{x}}$ 可看作由函数 $y = e^u$，$u = \sin v$，$v = \frac{1}{x}$ 复合而成，其中 u、v 为中间变量，由复合函数求导的链式法则得

$$y_x' = y_u' \cdot u_v' \cdot v_x' = e^u \cdot \cos v \cdot \left(-\frac{1}{x^2}\right) = e^{\sin\frac{1}{x}} \cdot \cos\frac{1}{x} \cdot \left(-\frac{1}{x^2}\right)$$

$$= -\frac{1}{x^2}e^{\sin\frac{1}{x}}\cos\frac{1}{x}，$$

即

$$y' = -\frac{1}{x^2}\mathrm{e}^{\sin\frac{1}{x}}\cos\frac{1}{x}.$$

（4）函数 $y = \ln\cos\mathrm{e}^x$ 可看作由函数 $y = \ln u$，$u = \cos v$，$v = \mathrm{e}^x$ 复合而成，其中 u、v 为中间变量，由复合函数求导的链式法则得

$$y'_x = y'_u \cdot u'_v \cdot v'_x = \frac{1}{u} \cdot (-\sin v) \cdot \mathrm{e}^x = \frac{1}{\cos\mathrm{e}^x} \cdot (-\sin\mathrm{e}^x) \cdot \mathrm{e}^x$$

$$= -\mathrm{e}^x\tan\mathrm{e}^x.$$

注：在 y' 的最终表达式中，不允许保留中间变量，而要用相应的 x 的表达式代替.

通过上面的例子可以看出，求复合函数导数的关键是把函数分解为若干个简单函数的复合，所谓简单函数通常是指常数函数和基本初等函数，这样便可求其导数.

对复合函数的分解比较熟练之后，求导时中间变量可以不写出来，只要按照复合的前后顺序，直接写出函数对中间变量的求导结果即可，但必须清楚每一步是对哪个变量求导的.

【例 2-20】 求下列函数的导数.

（1）$y = \ln\left(x + \sqrt{x^2 - a^2}\right)$；　　　　　　（2）$y = \sin^n x \cdot \cos nx$；

（3）$y = \sqrt{\dfrac{1+x}{1-x}}$.

解　（1）$y' = \dfrac{1}{x + \sqrt{x^2 - a^2}} \cdot \left[1 + \dfrac{1}{2} \cdot (x^2 - a^2)^{-\frac{1}{2}} \cdot (2x - 0)\right]$

$$= \frac{1}{x + \sqrt{x^2 - a^2}} \cdot \left(1 + \frac{x}{\sqrt{x^2 - a^2}}\right) = \frac{1}{\sqrt{x^2 - a^2}}.$$

（2）$y' = (\sin^n x)' \cdot \cos nx + \sin^n x \cdot (\cos nx)'$

$$= n\sin^{n-1} x \cdot (\sin x)' \cdot \cos nx + \sin^n x \cdot (-\sin nx)(nx)'$$

$$= n\sin^{n-1} x \cdot \cos x \cdot \cos nx - n\sin^n x \cdot \sin nx$$

$$= n\sin^{n-1} x(\cos x \cdot \cos nx - \sin x \cdot \sin nx)$$

$$= n\sin^{n-1} x \cdot \cos[(n+1)x].$$

（3）$y' = \dfrac{1}{2} \cdot \left(\dfrac{1+x}{1-x}\right)^{-\frac{1}{2}} \cdot \dfrac{1 \cdot (1-x) - (1+x) \cdot (-1)}{(1-x)^2} = \dfrac{1}{2} \cdot \sqrt{\dfrac{1-x}{1+x}} \cdot \dfrac{2}{(1-x)^2}$

$$= \frac{1}{(1-x)\sqrt{1-x^2}}.$$

最后，我们利用复合函数求导的链式法则来证明一般幂函数的导数公式.

【例 2-21】 求幂函数 $y = x^\alpha$（α 为实数，$\alpha \neq 0$）的导数.

解　由对数的性质知 $y = x^\alpha = \mathrm{e}^{\alpha\ln x}$，令 $\alpha\ln x = u$，则

$$y' = \mathrm{e}^u \cdot (\alpha\ln x)' = \mathrm{e}^{\alpha\ln x} \cdot \alpha \cdot \frac{1}{x} = x^\alpha \cdot \alpha \cdot \frac{1}{x} = \alpha \cdot x^{\alpha-1}.$$

四、基本求导法则与导数公式

至此，我们已经求出了所有基本初等函数的导数，建立了函数的和、差、积、商的求导法则以及复合函数和反函数的求导法则等. 这样，运用这些公式和法则就解决了初等函数的

求导问题. 为了便于查阅, 现将这些基本初等函数的导数公式和函数的求导法则归纳如下.

1. 基本初等函数的导数公式

(1) $(C)' = 0 (C$ 为常数$)$;

(2) $(x^\alpha)' = \alpha x^{\alpha-1} (\alpha$ 为任意实数$)$;

(3) $(a^x)' = a^x \ln a (a > 0, a \neq 1)$, $(e^x)' = e^x$;

(4) $(\log_a x)' = \dfrac{1}{x \ln a} (a > 0, a \neq 1)$, $(\ln x)' = \dfrac{1}{x}$;

(5) $(\sin x)' = \cos x$;

(6) $(\cos x)' = -\sin x$;

(7) $(\tan x)' = \sec^2 x = \dfrac{1}{\cos^2 x}$;

(8) $(\cot x)' = -\csc^2 x = -\dfrac{1}{\sin^2 x}$;

(9) $(\sec x)' = \sec x \cdot \tan x$;

(10) $(\csc x)' = -\csc x \cdot \cot x$;

(11) $(\arcsin x)' = \dfrac{1}{\sqrt{1 - x^2}}$;

(12) $(\arccos x)' = -\dfrac{1}{\sqrt{1 - x^2}}$;

(13) $(\arctan x)' = \dfrac{1}{1 + x^2}$;

(14) $(\text{arccot } x)' = -\dfrac{1}{1 + x^2}$.

2. 导数的四则运算法则

设 $u = u(x)$, $v = v(x)$ 都是可导函数, c 为常数, 则

(1) $(u \pm v)' = u' \pm v'$;

(2) $(uv)' = u'v + uv'$;

(3) $(cv)' = cv'$;

(4) $\left(\dfrac{u}{v}\right)' = \dfrac{u'v - uv'}{v^2} (v \neq 0)$, $\left(\dfrac{1}{v}\right)' = -\dfrac{v'}{v^2} (v \neq 0)$.

3. 反函数的求导法则

设 $y = f(x)$ 是 $x = \varphi(y)$ 的反函数, 则 $f'(x) = \dfrac{1}{\varphi'(y)} (\varphi'(y) \neq 0)$, 或 $\dfrac{\mathrm{d}y}{\mathrm{d}x} = \dfrac{1}{\dfrac{\mathrm{d}x}{\mathrm{d}y}} \left(\dfrac{\mathrm{d}x}{\mathrm{d}y} \neq 0\right)$,

或 $y_x' = \dfrac{1}{x_y'} (x_y' \neq 0)$.

4. 复合函数的求导法则

设 $y = f(u)$, $u = \varphi(x)$ 都是可导函数, 则复合函数 $y = f[\varphi(x)]$ 的导数为 $\dfrac{\mathrm{d}y}{\mathrm{d}x} = \dfrac{\mathrm{d}y}{\mathrm{d}u} \cdot \dfrac{\mathrm{d}u}{\mathrm{d}x}$,

或 $\{f[\varphi(x)]\}' = f'(u) \cdot \varphi'(x) = f'[\varphi(x)] \cdot \varphi'(x)$, 或 $y_x' = y_u' \cdot u_x'$.

习题 2-2

1. 求下列函数的导数.

(1) $y = 3x^4 - \dfrac{1}{x^2} + 5$;　　　　　　(2) $y = 3e^x + 2\ln x$;

(3) $y = (x - a)(x - b)$;　　　　　　(4) $y = 5\sqrt{x} - \dfrac{1}{x}$;

(5) $y = \dfrac{x^2 + 1}{\sqrt{x}}$;　　　　　　(6) $y = (x^2 + 1)\ln x$;

(7) $y = \cos x + x^2\sin x$;　　　　　　(8) $y = x\tan x - \cot x$;

(9) $y = x^2 + 2^x + 2^2$;　　　　　　(10) $y = \dfrac{\ln x}{x}$;

(11) $y = e^x(3x^2 - x + 1)$;　　　　　　(12) $y = \dfrac{10^x - 1}{10^x + 1}$;

(13) $y = \dfrac{\cos x + \sin x}{x}$;　　　　　　(14) $y = \dfrac{2x}{1 - x^2}$;

(15) $y = \dfrac{2\csc x}{1 + x^2}$;　　　　　　(16) $y = x\sin x \cdot \ln x$;

(17) $y = e^x(\cos x + x\sin x)$;　　　　　　(18) $y = x\tan x - 2\sec x$;

(19) $y = \dfrac{\cot x}{1 + \sqrt{x}}$;　　　　　　(20) $y = \dfrac{1}{1 + \sqrt{x}} - \dfrac{1}{1 - \sqrt{x}}$.

2. 设 $f(x) = \dfrac{3}{5 - x} + \dfrac{x^2}{5}$, 求 $f'(0)$ 和 $f'(2)$.

3. 求曲线 $y = \dfrac{x^2 - 3x + 6}{x^2}$ 在横坐标 $x = 3$ 处的法线方程.

4. 求曲线 $y = x - e^x$ 上的一点, 使该点处的切线与 x 轴平行.

5. 求曲线 $y = x\ln x$ 的平行于直线 $2x - 2y + 3 = 0$ 的法线方程.

6. 以初速度 v_0 竖直上抛的物体, 其上升高度 h 与时间 t 的关系是 $h = v_0 t - \dfrac{1}{2}gt^2$, 求:

(1) 该物体的速度 $v(t)$;

(2) 该物体达到最高点的时刻.

7. 求下列函数的导数.

(1) $y = (3x + 2)^2$;　　　　　　(2) $y = \sin(3 - 2x)$;

(3) $y = e^{-x^2}$;　　　　　　(4) $y = (\arctan x)^2$;

(5) $y = \arcsin e^x$;　　　　　　(6) $y = \log_2(x^2 + x + 1)$;

(7) $y = (4 + \cos x)^{\sqrt{3}}$;　　　　　　(8) $y = \tan\dfrac{1}{x}$;

(9) $y = \ln(1 + x^2)$;　　　　　　(10) $y = \arcsin\sqrt{\sin x}$;

(11) $y = \sqrt{4 - x^2}$;　　　　　　(12) $y = \dfrac{1}{\sqrt{x^2 + 1}}$;

(13) $y = \ln(x - \sqrt{x^2 - 1})$; (14) $y = \arctan \dfrac{x + 1}{x - 1}$;

(15) $y = x^2 \ln x$; (16) $y = \sec^2 x$;

(17) $y = \sqrt{\dfrac{1 + x}{1 - x}}$; (18) $y = \operatorname{arccot} \dfrac{1}{x}$;

(19) $y = e^{-3x} \sin 4x$; (20) $y = \ln(\csc x - \cot x)$;

(21) $y = e^{\arctan \sqrt{x}}$; (22) $y = \ln[\ln(\ln x)]$;

(23) $y = \dfrac{\sqrt{1 + x} - \sqrt{1 - x}}{\sqrt{1 + x} + \sqrt{1 - x}}$; (24) $y = \arcsin \sqrt{\dfrac{1 - x}{1 + x}}$.

8. 设 $f(x)$ 可导, 求下列函数的导数.

(1) $y = f(x^2)$;

(2) $y = f(\sqrt{x} + 1)$;

(3) $y = \ln[1 + f^2(x)]$;

(4) $y = f(\sin^2 x) + f(\cos^2 x)$;

(5) $y = f(e^x) e^{f(x)}$.

9. 求曲线 $y = e^{2x} + x^2$ 过点 $(0, 1)$ 的切线方程和法线方程.

10. 设质点做直线运动, 其运动规律为 $s = e^{-2t} \sin(\omega t + \varphi)$ (ω、φ 为常数), 求 $t = \dfrac{1}{2}$ 时质点的运动速度.

第三节 隐函数的导数

一、隐函数的导数

在用解析法表示函数时, 通常可以采用两种形式. 一种是直接把函数 y 表示成含自变量 x 的数学式, 如 $y = \sin(2x + 1)$, $y = \ln(x + 1)$ 等, 这样的函数称为显函数. 前面我们所遇到的函数大多都是显函数. 另一种是函数 y 与自变量 x 之间的对应关系通过一个含有 x, y 的方程

$$F(x, y) = 0$$

来确定, 即 y 与 x 的函数关系隐含在方程 $F(x, y) = 0$ 中, 而且这个方程未将 y 解出, 则我们就说, 方程 $F(x, y) = 0$ 确定了一个 y 关于 x 的隐函数. 如方程 $x^2 - y + 5 = 0$, $e^y - xy + e^x = 0$ 等都表示 y 是 x 的隐函数. 如果把一个隐函数化成一个显函数, 则称为隐函数的显化.

显然, 有些隐函数可以化成显函数, 如方程 $x^2 - y + 5 = 0$ 所确定的隐函数, 可解出 $y = x^2 + 5$. 但有很多隐函数不能或不易化成显函数, 如方程 $e^y - xy + e^x = 0$ 所确定的隐函数. 因此, 我们需要研究隐函数的求导方法.

由于隐函数隐含在方程 $F(x, y) = 0$ 中, 要求出 $\dfrac{\mathrm{d}y}{\mathrm{d}x}$ 或 y_x', 不需要先化为显函数 $y = f(x)$, 可以利用复合函数的求导运算法则直接对隐函数方程求导, 具体方法: 按照复合函数的求导法则, 将方程两边分别对 x 求导, 把 y 看成 x 的函数, 遇到含有 y 的项, 把它看成 x 的复合

函数（y 是中间变量），先对 y 求导，再乘以 y 对 x 的导数 y'，得到一个含有 y' 的方程式，解出 y' 即可．下面通过例子介绍这种方法．

【例 2-22】 求由方程 $x^2 + y^2 - a^2 = 0$ 所确定的隐函数的导数 y'．

解　因为 y 是 x 的函数，所以把 y^2 看成 x 的复合函数．将方程两边分别对 x 求导，得

$$2x + 2y \cdot y' - (a^2)' = 0, \quad 即\ 2x + 2y \cdot y' = 0$$

解出 y'，得

$$y' = -\frac{x}{y}.$$

在这个例子中，y 可以解出来，得到的函数是 $y = \pm\sqrt{a^2 - x^2}$，如果我们采用 $y = \pm\sqrt{a^2 - x^2}$ 直接求导，也会得出同样的结果．值得注意的是，在求出的 y' 的表达式中允许含有 y，这一点与显函数的导数不同．

【例 2-23】 求由方程 $xy = e^x + e^y$ 所确定的隐函数的导数 y'．

解　将方程两边分别对 x 求导，把 e^y 看成 x 的复合函数，得

$$y + x \cdot y' = e^x + e^y \cdot y',$$

由上式解出 y'，得

$$y' = \frac{e^x - y}{x - e^y}.$$

【例 2-24】 求曲线 $x^2 + xy + y^2 = 3$ 在 $(1, 1)$ 处的切线方程．

解　将方程两边分别对 x 求导，得

$$2x + y + x \cdot y' + 2y \cdot y' = 0,$$

解出 y'，得

$$y' = -\frac{2x + y}{x + 2y}.$$

根据导数的几何意义可知，曲线在 $(1, 1)$ 处切线的斜率为 $k = y'\Big|_{\substack{x=1 \\ y=1}} = -1$，于是所求的切线方程为

$$y - 1 = (-1) \cdot (x - 1),$$

即 $x + y - 2 = 0$．

【例 2-25】 利用隐函数的求导法则推导指数函数 $y = a^x (a > 0, a \neq 1)$ 的导数公式．

解　两边取自然对数，得

$$\ln y = x \ln a,$$

所以

$$\frac{1}{y} \cdot y' = \ln a,$$

即 $y' = y \cdot \ln a = a^x \cdot \ln a$．

二、对数求导法

有些函数直接求导是很困难的，需要先将函数两边取对数化成隐函数，然后再按隐函数的求导法则求导，这种方法称之为**对数求导法**．它特别适合于像幂指函数 $y = u(x)^{v(x)}$ 以及由几个因子幂的连乘积组成的函数的求导．下面举例说明．

【例 2-26】 求函数 $y = x^{\sin x} (x > 0)$ 的导数.

解 此题直接求导比较麻烦，两边取自然对数，得

$$\ln y = \sin x \cdot \ln x,$$

两边对 x 求导，有

$$\frac{1}{y} \cdot y' = \cos x \cdot \ln x + \sin x \cdot \frac{1}{x},$$

所以

$$y' = x^{\sin x} \left(\cos x \cdot \ln x + \frac{1}{x} \sin x \right).$$

【例 2-27】 求函数 $y = \sqrt{\dfrac{(x+1)(x+2)}{(x-3)(x-4)}}$ $(x > 4)$ 的导数.

解 此题可用复合函数求导法则进行求导，但是比较麻烦，下面我们利用对数求导法进行求导. 两边取自然对数，有

$$\ln y = \frac{1}{2} [\ln (x+1) + \ln (x+2) - \ln (x-3) - \ln (x-4)],$$

两边对 x 求导，得

$$\frac{1}{y} \cdot y' = \frac{1}{2} \left(\frac{1}{x+1} + \frac{1}{x+2} - \frac{1}{x-3} - \frac{1}{x-4} \right),$$

所以

$$y' = \frac{1}{2} \sqrt{\frac{(x+1)(x+2)}{(x-3)(x-4)}} \left(\frac{1}{x+1} + \frac{1}{x+2} - \frac{1}{x-3} - \frac{1}{x-4} \right),$$

可以验证，当 $x < -2$ 及 $-1 < x < 3$ 时，可得到同样的结果.

需要注意的是，利用对数求导法进行求导时，y' 的最终结果的表达式中，不允许保留 y，而要用相应的 x 的表达式代替.

习题 2-3

1. 求由下列方程所确定的隐函数 $y = y(x)$ 的导数.

(1) $y = \cos (x + y)$;　　　　　　　(2) $xy = e^{x+y}$;

(3) $\dfrac{1}{x} + \dfrac{1}{y} = 2$;　　　　　　　(4) $x^3 + y^3 - 3axy = 0$;

(5) $\ln(x^2 + y^2) = x + y - 1$;　　　(6) $1 + \sin (x + y) = e^{-xy}$.

2. 证明：曲线 $\sqrt{x} + \sqrt{y} = \sqrt{a}$ 上任一点的切线所截两坐标轴的截距之和等于 a.

3. 求由下列方程所确定隐函数 y 的二阶导数.

(1) $x^2 - y^2 = 1$;　　　　　　　(2) $y = 1 + xe^y$.

4. 用对数求导法求下列函数的导数.

(1) $y = (x-1)(x-2)^2 (x-3)^3$;　　(2) $y = x \sqrt{\dfrac{1-x}{1+x^2}}$;

(3) $y = (\sin x)^{\cos x}$;　　　　　　(4) $y = \sqrt[5]{\dfrac{x-5}{\sqrt[5]{x^2+2}}}$.

5. 注水入深 8 m、上顶直径 8 m 的正圆锥形容器中，其速率为 4 m³/min，当水深为 5 m 时，其表面上升的速率为多少？

第四节 高阶导数

由前文我们可以知道，如果函数 $y=f(x)$ 在区间 (a, b) 内可导，那么函数 $y=f(x)$ 在区间 (a, b) 内的导函数 $f'(x)$ 仍是 x 的函数. 如果导函数 $f'(x)$ 仍然可导，则称 $f'(x)$ 在点 x 处的导数为函数 $f(x)$ 在点 x 处的二阶导数，记作

$$f''(x),\ y'',\ \frac{\mathrm{d}^2 y}{\mathrm{d}x^2},\ \frac{\mathrm{d}^2 f}{\mathrm{d}x^2},\ \text{或}\ \frac{\mathrm{d}}{\mathrm{d}x}\left(\frac{\mathrm{d}y}{\mathrm{d}x}\right).$$

类似地，二阶导数 $f''(x)$ 的导数就称为函数 $f(x)$ 的三阶导数，记作 $f'''(x)$. 一般地，可以用 $(n-1)$ 阶导数来定义 n 阶导数：

$$f^{(n)}(x) = \lim_{\Delta x \to 0} \frac{f^{(n-1)}(x + \Delta x) - f^{(n-1)}(x)}{\Delta x},$$

即 $f(x)$ 的 $(n-1)$ 阶导数的导数，便称为 $f(x)$ 的 n 阶导数，记作

$$f^{(n)}(x),\ y^{(n)},\ \frac{\mathrm{d}^n y}{\mathrm{d}x^n},\ \text{或}\ \frac{\mathrm{d}^n f}{\mathrm{d}x^n}.$$

我们把二阶和二阶以上的导数统称为高阶导数. 四阶和四阶以上的导数记作

$$f^{(k)}(x)(k \geq 4),$$

显然，函数 $y=f(x)$ 在点 x_0 处的各阶导数就是函数 $f(x)$ 的各阶导函数在点 x_0 处的函数值，即

$$f''(x_0),\ f'''(x_0),\ f^{(4)}(x_0),\ \cdots,\ f^{(n)}(x_0).$$

根据高阶导数的定义可知，求函数的高阶导数并不需要新的方法，只要按照求导法则和求导公式逐次求导，直到求出所求阶数的导数即可.

【例 2-28】 求下列函数的二阶导数.

(1) $y = x^3 - 2x^2 + 3x - 11$；

(2) $y = \mathrm{e}^x \cos x$.

解 (1) $y' = 3x^2 - 4x + 3$，$y'' = 6x - 4$；

(2) $y' = \mathrm{e}^x \cos x - \mathrm{e}^x \sin x$，$y'' = \mathrm{e}^x \cos x - \mathrm{e}^x \sin x - (\mathrm{e}^x \sin x + \mathrm{e}^x \cos x) = -2\mathrm{e}^x \sin x$.

【例 2-29】 求函数 $f(x) = \ln(1 + x)$ 的三阶导数，并求 $f'''(1)$.

解
$$f'(x) = \frac{1}{1+x} = (1+x)^{-1},$$
$$f''(x) = -(1+x)^{-2},$$
$$f'''(x) = 1 \cdot 2 \cdot (1+x)^{-3},$$
$$f'''(1) = 1 \cdot 2 \cdot 2^{-3} = \frac{1}{4}.$$

【例 2-30】 求函数 $y = a^x$ 的 n 阶导数.

解 $y = a^x$，$y' = a^x \ln a$，$y'' = a^x \ln^2 a$，$y''' = a^x \ln^3 a$，$\cdots$，$y^{(n)} = a^x \ln^n a$，即

$$(a^x)^{(n)} = a^x \ln^n a,$$

特别地，当 $a = \mathrm{e}$ 时，就有

$$y^{(n)} = \mathrm{e}^x, \quad 即 \ (\mathrm{e}^x)^{(n)} = \mathrm{e}^x.$$

【例 2-31】 求函数 $f(x) = \sin x$ 的 n 阶导数.

解
$$f'(x) = \cos x = \sin \left(x + \frac{\pi}{2} \right),$$

$$f''(x) = -\sin x = \cos \left(x + \frac{\pi}{2} \right) = \sin \left(x + 2 \cdot \frac{\pi}{2} \right),$$

$$f'''(x) = -\cos x = \cos \left(x + 2 \cdot \frac{\pi}{2} \right) = \sin \left(x + 3 \cdot \frac{\pi}{2} \right),$$

$$f^{(4)}(x) = \sin x = \cos \left(x + 3 \cdot \frac{\pi}{2} \right) = \sin \left(x + 4 \cdot \frac{\pi}{2} \right),$$

以此类推，可以得到

$$f^{(n)}(x) = \cos \left[x + (n-1) \cdot \frac{\pi}{2} \right] = \sin \left(x + n \cdot \frac{\pi}{2} \right),$$

即

$$(\sin x)^{(n)} = \sin \left(x + n \cdot \frac{\pi}{2} \right) \qquad (n = 1, 2, \cdots).$$

用类似的方法，可得

$$(\cos x)^{(n)} = \cos \left(x + n \cdot \frac{\pi}{2} \right) \qquad (n = 1, 2, \cdots).$$

根据高阶导数的定义，求复合函数、隐函数等的高阶导数，只需重复应用一阶导数的求导公式与法则即可.

*【例 2-32】 求 $y = (1 + x^2)^\alpha$ 的二阶导数.

解
$$y' = \alpha(1 + x^2)^{\alpha-1} \cdot 2x,$$
$$y'' = \alpha(\alpha - 1)(1 + x^2)^{\alpha-2} \cdot 4x^2 + 2\alpha(1 + x^2)^{\alpha-1},$$
$$= 2\alpha(1 - x^2 + 2\alpha x^2)(1 + x^2)^{\alpha-2}.$$

*【例 2-33】 求由方程 $y = x\mathrm{e}^y + 1$ 所确定的隐函数 $y = f(x)$ 的二阶导数.

解 将方程 $y = x\mathrm{e}^y + 1$ 的两边对 x 求导，得

$$y' = \mathrm{e}^y + x\mathrm{e}^y \cdot y', \tag{1}$$

从中解得

$$y' = \frac{\mathrm{e}^y}{1 - x\mathrm{e}^y}, \tag{2}$$

同时将式（1）两端对 x 求导，可得

$$y'' = \mathrm{e}^y \cdot y' + \mathrm{e}^y \cdot y' + x\mathrm{e}^y \cdot (y')^2 + x\mathrm{e}^y \cdot y'',$$

从中解出二阶导数 y''，得

$$y'' = \frac{\mathrm{e}^y \cdot y'(2 + xy')}{1 - x\mathrm{e}^y},$$

将式（2）代入上式，整理后得

$$y'' = \frac{e^{2y} \cdot (2 - xe^y)}{(1 - xe^y)^3}.$$

最后，结合高阶导数，介绍一个在实际决策中的简单例子.

【例 2-34】 某公司在项目决策中有两个方案可供选择，其利润函数 L 分别为

$$L_1(t) = t^2 + 5t - 2, \quad L_2(t) = 2t^2 + 3t - 1,$$

试比较这两个方案哪个更好？（L 的单位为百万元，t 的单位为年）

解　当时间 $t = 1$ 时，$L_1(1) = L_2(1) = 4$，即两个方案的利润额相同.

下面利用一阶导数来比较两个方案的利润增长率（即边际利润）：

$$L_1'(t) = 2t + 5, \quad L_2'(t) = 4t + 3,$$

当 $t = 1$ 时，$L_1'(1) = L_2'(1) = 7$，这说明两个方案的利润增长率仍是相同的.

为此，我们需要利用二阶导数，进一步考察这两个方案利润增长率的变化率：

$$L_1''(t) = 2, \quad L_2''(t) = 4,$$

这说明第一个方案的利润增长率的变化率小于第二个方案的利润增长率的变化率，即一年后，第二个方案的利润增长率要比第一个方案的利润增长率增加得快，因此，第二个方案优于第一个方案.

当然，在实际决策中的分析，一般要比上面的复杂. 在财务分析中，作为思考问题的方法，通常要考虑一个方案的年利润、利润增长率以及增长率的变化率的情况等.

习题 2-4

1. 求下列函数的二阶导数.

(1) $y = 2x^2 + \ln x$；
(2) $y = \cos^3 x$；

(3) $y = e^{-x} \cos x$；
(4) $y = \ln(1 - x^2)$；

(5) $y = x^2 e^x$；
(6) $y = x \arctan x$；

(7) $y = \dfrac{\sin x}{x}$；
(8) $y = x\sqrt{2x - 3}$；

(9) $y = \sqrt{a^2 - x^2}$；
(10) $y = \dfrac{e^x}{x}$；

(11) $y = \ln(x + \sqrt{1 + x^2})$；
(12) $y = \cos^2 x \cdot \ln x$.

2. 验证函数 $y = e^x \sin x$ 满足 $y'' - 2y' + 2y = 0$.

3. 一质点做直线运动，其路程函数为 $s(t) = \dfrac{1}{2}(e^t - e^{-t})$，证明其加速度 $a(t) = s(t)$.

4. 设 $y = x\cos x$，求 y''，y'''.

5. 设 $f(x) = e^{2x-1}$，求 $f''(0)$.

6. 设 $y = x^3 \ln x$，求 $y^{(4)}$.

7. 设 $f''(x)$ 存在，求下列函数的二阶导数.

(1) $y = f(\sin x)$；
(2) $y = \ln[f(x)]$.

第五节 函数的微分

微分学包含两个基本概念：一个是导数，它描述了函数的局部变化的快慢程度，即函数变化率问题；另一个是与导数有密切联系的微分，它描述的是当自变量有微小变化时，函数增量的近似值．两者都是研究函数变化的局部性质的．

一、函数微分的概念

在第一节中我们学习了导数的概念，它表示函数 $y = f(x)$ 在点 x 处的变化率，即函数在点 x 处变化的快慢程度．但在实际问题中，常常需要考虑当自变量 x 有一个微小的增量 Δx 时，函数 $y = f(x)$ 相应的增量 Δy．然而，一般来说，直接计算函数的增量 Δy 的精确值是比较困难的．因此，往往需要找出一个简便的近似计算方法，用它的近似值来代替 Δy，既便于计算，又有较好的近似程度．这就需要引进一个新的概念——微分．

我们先看一个具体的例子．

设一块正方形的金属薄片受温度变化的影响，其边长由 x_0 变到了 $x_0 + \Delta x$（如图 2-3 所示），问：此薄片的面积改变了多少？

容易计算出此薄片在温度变化前后面积的增量为

$$\Delta S = S(x_0 + \Delta x) - S(x_0) = (x_0 + \Delta x)^2 - x_0^2 = 2x_0\Delta x + (\Delta x)^2.$$

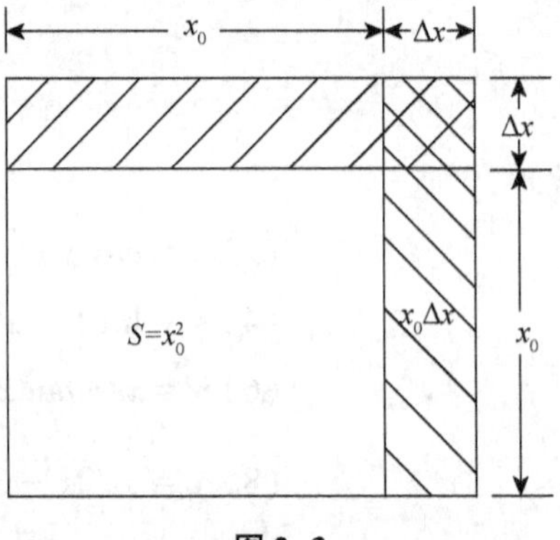

图 2-3

这个增量由两部分组成：第一部分 $2x_0\Delta x$ 是 Δx 的线性函数（图中无交叉的斜线部分的面积）；第二部分是 $(\Delta x)^2$（图中有交叉斜线的小正方形的面积）．其中，第二部分当 $\Delta x \to 0$ 时是一个比 Δx 高阶的无穷小，即 $(\Delta x)^2 = o(\Delta x)(\Delta x \to 0)$．因此，当边长的增量 $|\Delta x|$ 很小时，面积的增量 ΔS 可以近似地用第一部分 $2x_0\Delta x$ 来代替，并且 $|\Delta x|$ 越小，近似程度也越好，即

$$\Delta S \approx 2x_0\Delta x.$$

在实际中还有许多类似的问题，它们可归结为如下情况．

对于函数 $y = f(x)$，当给自变量的取值 x_0 一个增量 Δx 时，相应地，函数 $y = f(x)$ 得到一个增量 $\Delta y = f(x_0 + \Delta x) - f(x_0)$，这个增量可以表示为两部分之和：一部分为 Δx 的线性函数 $A\Delta x$；另一部分为一个当 $\Delta x \to 0$ 时比 Δx 高阶的无穷小 $o(\Delta x)$．因此，当 Δx 很小时，我们称第一项 $A\Delta x$ 为 Δy 的线性主要部分（"线性"是因为 $A \cdot \Delta x$ 是 Δx 的一次函数，"主要"

是因为 $A \cdot \Delta x$ 起主要作用），简称线性主部，也叫作函数 $f(x)$ 在点 x_0 处的微分，其定义如下：

定义　设函数 $y = f(x)$ 在 x_0 的邻域内有定义，当自变量 x 在点 x_0 处取得增量 Δx 时（$x_0 + \Delta x$ 也在该邻域内），如果函数对应的增量 Δy 可以表示为

$$\Delta y = A \cdot \Delta x + o(\Delta x),$$

其中 A 是与 Δx 无关的常数，$o(\Delta x)$ 是比 Δx 高阶的无穷小（$\Delta x \to 0$ 时），则称**函数 $y = f(x)$ 在点 x_0 处可微**，并称 $A \cdot \Delta x$ 为**函数 $y = f(x)$ 在点 x_0 处的微分**，记为 $\mathrm{d}y|_{x=x_0}$，即

$$\mathrm{d}y|_{x=x_0} = A \cdot \Delta x.$$

现在我们来确定 A 的值，由于 $\Delta y = A \cdot \Delta x + o(\Delta x)$，因此有

$$\frac{\Delta y}{\Delta x} = A + \frac{o(\Delta x)}{\Delta x},$$

而 $\lim\limits_{\Delta x \to 0} \dfrac{o(\Delta x)}{\Delta x} = 0$，故

$$y' = \lim_{\Delta x \to 0} \frac{\Delta y}{\Delta x} = A,$$

即 $A = f'(x_0)$.

由此可见，如果函数 $y = f(x)$ 在点 x_0 处可微，那么它在点 x_0 处一定可导，并且

$$\mathrm{d}y|_{x=x_0} = f'(x_0)\Delta x,$$

反之，如果函数 $y = f(x)$ 在点 x_0 处可导，那么它在点 x_0 处也一定可微．事实上，如果 $f'(x_0) = \lim\limits_{\Delta x \to 0} \dfrac{\Delta y}{\Delta x}$ 存在，那么根据极限与无穷小的关系，有 $\dfrac{\Delta y}{\Delta x} = f'(x_0) + \alpha$，其中 $\alpha \to 0$（当 $\Delta x \to 0$ 时），所以

$$\Delta y = f'(x_0)\Delta x + \alpha \Delta x,$$

由于 $f'(x_0)\Delta x$ 是 Δx 的线性函数，$f'(x_0)$ 是与 Δx 无关的常数，$\alpha \Delta x$ 是比 Δx 高阶的无穷小，根据函数可微的定义，函数 $y = f(x)$ 在点 x_0 处可微，并且 $\mathrm{d}y|_{x=x_0} = f'(x_0)\Delta x$.

根据以上讨论，我们可以得到如下结论.

定理　函数 $f(x)$ 在点 x_0 处可微的充分必要条件是函数 $f(x)$ 在点 x_0 处可导，并且

$$\mathrm{d}y|_{x=x_0} = f'(x_0)\Delta x,$$

这个定理说明，一元函数的可微性与可导性是等价的.

如果函数 $y = f(x)$ 在区间 (a, b) 内的每一点处都可微，则称函数 $f(x)$ 在区间 (a, b) 内可微．函数 $f(x)$ 在区间 (a, b) 内任意一点 x 处的微分就称为函数 $f(x)$ 的微分，记作

$$\mathrm{d}y = f'(x)\Delta x,$$

如果将自变量 x 看作自己的函数 $y = x$，则 $\mathrm{d}y = (x')\Delta x = \Delta x$，即 $\mathrm{d}x = \Delta x$，也就是说**自变量的微分 $\mathrm{d}x$ 等于自变量的增量 Δx**，因此

$$\mathrm{d}y = f'(x)\mathrm{d}x,$$

于是

$$\frac{\mathrm{d}y}{\mathrm{d}x} = f'(x).$$

也就是说函数的微分与自变量的微分之商等于函数的导数，因此，导数也称为微商．以后我

们可以把导数符号 $\dfrac{\mathrm{d}y}{\mathrm{d}x}$ 看作一个分式符号.

【例 2-35】 求函数 $y = x^2$ 当 x 由 1 变到 1.01 时函数的增量与微分.

解　$\Delta x = 1.01 - 1 = 0.01$，$x = 1$，于是

$$\Delta y = (1 + 0.01)^2 - 1^2 = 0.020\,1,$$

由于 $\mathrm{d}y = f'(x)\Delta x = 2x\Delta x$，因此

$$\mathrm{d}y = 2 \times 1 \times 0.01 = 0.02,$$

由此可见

$$\mathrm{d}y \approx \Delta y.$$

【例 2-36】 求函数 $y = \mathrm{e}^{-x}$ 的微分.

解　$\mathrm{d}y = (\mathrm{e}^{-x})' \cdot \mathrm{d}x = \mathrm{e}^{-x} \cdot (-x)' \cdot \mathrm{d}x$
　　　　$= -\mathrm{e}^{-x}\mathrm{d}x.$

二、微分的几何意义

为了对微分有一个比较直观的了解，现在来说明微分的几何意义.

如图 2-4 所示，在曲线 $y = f(x)$ 上取一点 $M_0(x_0, y_0)$，过点 M_0 作曲线的切线 M_0T，切线倾角为 α，则由导数的几何意义知

$$f'(x_0) = \tan \alpha .$$

当函数的自变量在点 x_0 处有一个微小的增量 Δx 时，就得到曲线上的另外一点 $M(x_0 + \Delta x, y_0 + \Delta y)$，此时函数的增量 Δy 就是曲线纵坐标相应的增量 NM，设 $y = f(x)$ 在点 x_0 处可微，根据微分的定义，并由图 2-4 易知

$$\mathrm{d}y\big|_{x=x_0} = f'(x_0)\Delta x = \tan \alpha \cdot \Delta x = \tan \alpha \cdot M_0N = NT.$$

此时，NT 正是曲线上点 M_0 处切线纵坐标相应的增量. 图中 TM 表示的是 Δy 与 $\mathrm{d}y$ 之差，它是比 Δx 高阶的无穷小.

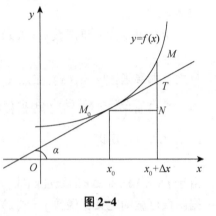

图 2-4

由此可见，函数微分的几何意义：微分 $\mathrm{d}y\big|_{x=x_0} = f'(x_0)\Delta x$ 表示当自变量 x 有增量 Δx 时，曲线 $y = f(x)$ 在 (x_0, y_0) 处的切线纵坐标的增量.

三、微分的运算法则

根据函数微分的表达式 $\mathrm{d}y = f'(x)\mathrm{d}x$，求函数的微分 $\mathrm{d}y$，只要求出函数的导数 $f'(x)$，再乘以自变量的微分 $\mathrm{d}x$ 即可. 所以，根据导数的运算法则和公式，就能得到相应的微分公式和运算法则.

1. 微分基本公式

(1) $\mathrm{d}(C) = 0$（C 为常数）；

(2) $\mathrm{d}(x^\alpha) = \alpha x^{\alpha-1}\mathrm{d}x$（$\alpha$ 为任意实数）；

(3) $\mathrm{d}(a^x) = a^x\ln a \cdot \mathrm{d}x$（$a > 0$，$a \neq 1$），$\mathrm{d}(\mathrm{e}^x) = \mathrm{e}^x\mathrm{d}x$；

(4) $\mathrm{d}(\log_a x) = \dfrac{1}{x\ln a}\mathrm{d}x$（$a > 0$，$a \neq 1$），$\mathrm{d}(\ln x) = \dfrac{1}{x}\mathrm{d}x$；

(5) $\mathrm{d}(\sin x) = \cos x \cdot \mathrm{d}x$;

(6) $\mathrm{d}(\cos x) = -\sin x \cdot \mathrm{d}x$;

(7) $\mathrm{d}(\tan x) = \sec^2 x \cdot \mathrm{d}x = \dfrac{1}{\cos^2 x}\mathrm{d}x$;

(8) $\mathrm{d}(\cot x) = -\csc^2 x \cdot \mathrm{d}x = -\dfrac{1}{\sin^2 x}\mathrm{d}x$;

(9) $\mathrm{d}(\sec x) = \sec x \cdot \tan x \cdot \mathrm{d}x$;

(10) $\mathrm{d}(\csc x) = -\csc x \cdot \cot x \cdot \mathrm{d}x$;

(11) $\mathrm{d}(\arcsin x) = \dfrac{1}{\sqrt{1-x^2}}\mathrm{d}x$;

(12) $\mathrm{d}(\arccos x) = -\dfrac{1}{\sqrt{1-x^2}}\mathrm{d}x$;

(13) $\mathrm{d}(\arctan x) = \dfrac{1}{1+x^2}\mathrm{d}x$;

(14) $\mathrm{d}(\operatorname{arccot} x) = -\dfrac{1}{1+x^2}\mathrm{d}x$.

2. 微分运算法则

设 $u = u(x)$，$v = v(x)$ 都是可微函数，c 为常数，则

(1) $\mathrm{d}(u \pm v) = \mathrm{d}u \pm \mathrm{d}v$;

(2) $\mathrm{d}(uv) = v\mathrm{d}u + u\mathrm{d}v$;

(3) $\mathrm{d}(cv) = c\mathrm{d}v$;

(4) $\mathrm{d}\left(\dfrac{u}{v}\right) = \dfrac{v\mathrm{d}u - u\mathrm{d}v}{v^2}(v \neq 0)$，$\mathrm{d}\left(\dfrac{1}{v}\right) = -\dfrac{\mathrm{d}v}{v^2}(v \neq 0)$.

四、微分形式的不变性

设 $y = f(u)$，$u = \varphi(x)$ 都是可微函数，则复合函数 $y = f[\varphi(x)]$ 的微分为
$$\mathrm{d}y = \{f[\varphi(x)]\}'\mathrm{d}x,$$
根据复合函数的求导公式，则 $\{f[\varphi(x)]\}' = f'(u) \cdot \varphi'(x)$，所以
$$\mathrm{d}y = f'(u)\varphi'(x)\mathrm{d}x,$$
由于 $\mathrm{d}u = \mathrm{d}\varphi(x) = \varphi'(x)\mathrm{d}x$，因此
$$\mathrm{d}y = f'(u)\mathrm{d}u.$$

由此可见，对于函数 $y = f(u)$ 来说，不论 u 是自变量还是中间变量，它的微分 $\mathrm{d}y$ 的形式保持不变．微分的这一性质称为一阶微分形式的不变性．这使得利用一阶微分形式的不变性求复合函数的微分有时比较方便．

【例 2-37】 设 $y = \cos\sqrt{x}$，求 $\mathrm{d}y$.

解法一　由微分公式 $\mathrm{d}y = f'(x)\mathrm{d}x$，得
$$\mathrm{d}y = \left(\cos\sqrt{x}\right)'\mathrm{d}x = -\dfrac{1}{2\sqrt{x}}\sin\sqrt{x} \cdot \mathrm{d}x.$$

解法二　利用一阶微分形式的不变性 $\mathrm{d}y = f'(u)\mathrm{d}u$，令 $u = \sqrt{x}$ 可得

$$dy = (\cos u)' \cdot du = -\sin u \cdot d(\sqrt{x}) = -\sin\sqrt{x} \cdot \frac{1}{2\sqrt{x}}dx$$

$$= -\frac{1}{2\sqrt{x}}\sin\sqrt{x} \cdot dx.$$

【例 2-38】 求由方程 $y = e^{-\frac{x}{y}}$ 所确定的隐函数 $y = f(x)$ 的微分.

解 对方程两边同时求微分, 可得

$$dy = d(e^{-\frac{x}{y}}) = e^{-\frac{x}{y}}d\left(-\frac{x}{y}\right) = y \cdot \frac{-ydx + xdy}{y^2} = -dx + \frac{x}{y}dy,$$

于是 $\left(\dfrac{x}{y} - 1\right)dy = dx$, 所以 $dy = \dfrac{dx}{\dfrac{x}{y} - 1} = \dfrac{y}{x - y}dx.$

这道题也可以先计算 y', 再由微分的计算公式 $dy = y'dx$ 得出上述结论.

五、微分的应用

由本节微分的定义及定理可知, 当 $|\Delta x|$ 很小时, 有近似公式

$$\Delta y \approx dy = f'(x_0)\Delta x,$$

由这个公式, 可以直接计算函数增量 Δy 的近似值. 一般来说, $|\Delta x|$ 越小, 近似程度越好. 因为计算 dy 要比计算 Δy 简单得多, 所以这个近似公式有一定的实用价值.

由于 $\Delta y = f(x_0 + \Delta x) - f(x_0)$, 故有 $f(x_0 + \Delta x) - f(x_0) \approx f'(x_0)\Delta x$, 由此可得函数 $y = f(x)$ 在点 $x_0 + \Delta x$ 处的函数值的近似计算公式:

$$f(x_0 + \Delta x) \approx f(x_0) + f'(x_0)\Delta x.$$

这个公式可以用来计算函数在某一点附近的函数值的近似值.

【例 2-39】 求 $\sqrt[3]{1.02}$ 的近似值.

解 这个问题可以看成求函数 $f(x) = \sqrt[3]{x}$ 在点 $x = 1.02$ 处的函数值的近似值问题. 根据上面的近似计算公式可得

$$f(x_0 + \Delta x) \approx f(x_0) + f'(x_0)\Delta x = \sqrt[3]{x_0} + \frac{1}{3\sqrt[3]{x_0^2}}\Delta x,$$

令 $x_0 = 1$, $\Delta x = 0.02$, 则

$$\sqrt[3]{1.02} \approx \sqrt[3]{1} + \frac{1}{3\sqrt[3]{1^2}} \times 0.02 \approx 1.006\ 7.$$

【例 2-40】 求 $\cos 59°$ 的近似值.

解 将 $59°$ 化成弧度, 得

$$59° = 60° - 1° = \frac{\pi}{3} - \frac{\pi}{180},$$

设 $f(x) = \cos x$, 利用近似计算公式 $f(x_0 + \Delta x) \approx f(x_0) + f'(x_0)\Delta x$, 可得

$$\cos(x_0 + \Delta x) \approx \cos x_0 - \sin x_0 \cdot \Delta x,$$

令 $x_0 = \dfrac{\pi}{3}$, $\Delta x = -\dfrac{\pi}{180}$, 则

$$\cos 59° = \cos \left(\frac{\pi}{3} - \frac{\pi}{180} \right) \approx \cos \frac{\pi}{3} - \sin \frac{\pi}{3} \cdot \left(-\frac{\pi}{180} \right)$$

$$= \frac{1}{2} + \frac{\sqrt{3}}{2} \times \frac{\pi}{180} \approx 0.515\ 1.$$

这两个例子告诉我们，要利用微分计算近似值，首先应根据实际问题假设函数 $y = f(x)$，依条件确定点 x_0 和自变量，其中的 x_0 假设要使得 $f(x_0)$ 容易计算，再由公式 $f(x_0 + \Delta x) \approx f(x_0) + f'(x_0) \Delta x$，将各个量代入，求得近似解.

在近似计算公式 $f(x_0 + \Delta x) \approx f(x_0) + f'(x_0) \Delta x$ 中，如果令 $x = x_0 + \Delta x$，即 $\Delta x = x - x_0$，则近似公式可以改写为

$$f(x) \approx f(x_0) + f'(x_0)(x - x_0),$$

这就是函数 $f(x)$ 在点 x_0 处附近的函数值的近似计算公式.

当 $x_0 = 0$ 时，可得

$$f(x) \approx f(0) + f'(0)x.$$

当 $|x|$ 很小时，用它可推出以下几个常用的近似计算公式：

(1) $(1 + x)^{\alpha} \approx 1 + \alpha x$，（$\alpha$ 为实数）；　　(2) $\sin x \approx x$；

(3) $\tan x \approx x$；　　　　　　　　　　　　　(4) $e^x \approx 1 + x$；

(5) $\ln(1 + x) \approx x$.

习题 2-5

1. 已知 $y = x^3 - x$，当 $x = 2$ 时分别计算 $\Delta x = 1,\ 0.1,\ 0.01$ 时的 Δy 和 dy.

2. 函数 $y = f(x)$ 在点 x 处的增量为 $\Delta x = 0.2$，对应的函数增量的线性主部为 0.8，求其在点 x 处的导数.

3. 求下列函数的微分.

(1) $y = 3x^2$；　　　　　　　　　　　(2) $y = \sqrt{1 - x^2}$；

(3) $y = \cos 2x$；　　　　　　　　　　(4) $y = \tan \dfrac{x}{2}$；

(5) $y = 1 + xe^x$；　　　　　　　　　(6) $y = \ln \cos x$；

(7) $y = 5^{\tan x}$；　　　　　　　　　　(8) $y = \cos(x^2)$；

(9) $y = \dfrac{1 + x}{1 - x}$；　　　　　　　　(10) $y = \arctan \dfrac{1 - x^2}{1 + x^2}$；

(11) $y = \arcsin(\sqrt{1 - x^2})$；　　　(12) $y = \tan^2(1 + 2x^2)$.

4. 用适当的函数填入下列各括号中，使等式成立.

(1) $4x^3 dx = d(\quad)$；　　　　　　(2) $\dfrac{1}{1 + x^2} dx = d(\quad)$；

(3) $2\cos 2x dx = d(\quad)$；　　　　(4) $\sec x \tan x dx = d(\quad)$；

(5) $\dfrac{1}{1 + x} dx = d(\quad)$；　　　　(6) $e^{-2x} dx = d(\quad)$；

(7) $\dfrac{1}{\sqrt{x}} dx = d(\quad)$；　　　　(8) $\sec^2 3x dx = d(\quad)$.

5. 求下列方程所确定的隐函数 $y = y(x)$ 的微分.

(1) $xy = e^{x+y}$;   (2) $y = x + \arctan y$;

(3) $x^2 + y^2 = 9$;   (4) $xy = a$.

6. 计算下列函数值的近似值.

(1) $\tan 136°$;   (2) $\arcsin 0.5002$.

7. 当 $|x|$ 较小时, 证明下列近似公式.

(1) $\ln(1 + x) \approx x$;   (2) $\dfrac{1}{1+x} \approx 1 - x$.

本章小结

本章首先以光滑曲线的斜率与非匀速直线运动的瞬时速度为背景, 引出导数的概念, 导数定义的常见的几种形式:

① $f'(x_0) = \lim\limits_{\Delta x \to 0} \dfrac{f(x + \Delta x) - f(x_0)}{\Delta x}$;

② $f'(x_0) = \lim\limits_{h \to 0} \dfrac{f(x_0 + h) - f(x_0)}{h}$;

③ $f'(x_0) = \lim\limits_{x \to x_0} \dfrac{f(x) - f(x_0)}{x - x_0}$.

根据导数的定义, 求函数 $f(x)$ 的导数 $f'(x)$ 可分为三个步骤:

(1) 写出函数的增量 $\Delta y = f(x + \Delta x) - f(x)$;

(2) 计算比值 $\dfrac{\Delta y}{\Delta x}$;

(3) 求 $\lim\limits_{\Delta x \to 0} \dfrac{\Delta y}{\Delta x}$.

函数导数的几何意义: 如果函数 $y = f(x)$ 在点 x_0 处可导, 则其导数 $f'(x_0)$ 就是曲线 $y = f(x)$ 在点 $M(x_0, y_0)$ 处的切线 MT 的斜率.

函数可导的条件:

(1) 函数 $y = f(x)$ 在点 x_0 处可导的必要条件是 $y = f(x)$ 在点 x_0 处连续;

(2) 函数 $y = f(x)$ 在点 x_0 处可导的充分必要条件是函数 $y = f(x)$ 在点 x_0 处的左、右导数都存在且相等, 即 $f'_-(x_0) = f'_+(x_0)$;

(3) 函数 $y = f(x)$ 在点 x_0 处可导的充分必要条件是函数 $y = f(x)$ 在点 x_0 处可微.

若函数 $y = f(x)$ 可微, 则 $\mathrm{d}y = f'(x)\mathrm{d}x$.

本章的重点: (1) 导数定义, 导数的几何意义, 曲线的切线与法线方程; (2) 复合函数求导法则, 隐函数求导; (3) 微分的概念与计算.

本章的难点: (1) 利用导数的定义计算分段函数在分段点处的导数; (2) 复合函数的导数; (3) 高阶导数的计算, 特别是隐函数和由参数方程所确定的函数的高阶导数.

 延伸阅读 ▶▶ ▶

导数的发展简史

（一）早期导数概念——特殊的形式

大约在 1629 年，法国数学家费马研究了作曲线的切线和求函数极值的方法；1637 年左右，他写一篇手稿《求最大值与最小值的方法》．在作切线时，他构造了差分 $f(A + E) - f(A)$，发现的因子 E 就是我们现在所说的导数 $f'(A)$．

（二）17 世纪——广泛使用的"流数术"

17 世纪生产力的发展推动了自然科学和技术的发展，在前人创造性研究的基础上，大数学家牛顿、莱布尼茨等从不同的角度开始系统地研究微积分．牛顿的微积分理论被称为"流数术"，他称变量为流量，称变量的变化率为流数，相当于我们所说的导数．牛顿的有关"流数术"的主要著作是《求曲边形面积》《运用无穷多项方程的计算法》和《流数术和无穷级数》，流数理论的实质概括为：重点在于一个变量的函数而不在于多变量的方程，在于自变量的变化与函数的变化的比的构成，最在于决定这个比当变化趋于零时的极限．

（三）19 世纪导数——逐渐成熟的理论

1750 年达朗贝尔在为法国科学家院出版的《百科全书》第 4 版写的"微分"条目中提出了关于导数的一种观点，可以用现代符号简单表示：$\dfrac{\mathrm{d}y}{\mathrm{d}x} = \lim\limits_{\Delta x \to 0} \dfrac{\Delta y}{\Delta x}$．1823 年，柯西在他的《无穷小分析概论》中定义导数：如果函数 $f(x)$ 在变量 x 的两个给定的界限之间保持连续，并且我们为这样的变量指定一个包含在这两个不同界限之间的值，那么是使变量得到一个无穷小增量．19 世纪 60 年代以后，魏尔斯特拉斯创造了 $\varepsilon - \delta$ 语言，对微积分中出现的各种类型的极限重新加以表达，导数的定义也就获得了今天常见的形式．

导数概念的建立是一个漫长而曲折的过程，在这个过程中也发生了很多有趣的故事．通过导数的发展历程可以看出任何理论的形成都不是一蹴而就的，都是实践累积的结果．也正是有这些伟人的坚持付出，才大大推动了数学的快速发展．

 总习题二 ▶▶ ▶

1. 已知 $f'(x_0) = 1$，求 $\lim\limits_{x \to 0} \dfrac{x}{f(x_0 - 3x) - f(x_0 + x)}$．

2. 设 $f(x) = \begin{cases} x^2, & x \leqslant 1 \\ ax + b, & x > 1 \end{cases}$，$a$、$b$ 取何值时，$f(x)$ 在 $x = 1$ 处连续且可导？

3. 设 $f(x)$ 在 $x = 2$ 处连续，且 $\lim\limits_{x \to 2} \dfrac{f(x)}{x - 2} = 5$，求 $f'(2)$．

4. 设 $f(x) = (x - a)\varphi(x)$，且 $\varphi(x)$ 在 $x = a$ 处连续，求 $f'(a)$．

5. 设 $y = f\left(\dfrac{3x - 2}{3x + 2}\right)$，$f'(x) = \arctan x^2$，求 $\left.\dfrac{\mathrm{d}y}{\mathrm{d}x}\right|_{x=0}$．

6. 设 $f(x + 3) = x^5$，求 $f'(x)$，$f'(x + 3)$．

7. 设 $f(x) = x^{a^a} + a^{x^a} + a^{a^x}$，求 $f'(x)$．

8. 设 $f(x) = \ln(\ln x)$，求 $f'(e)$．

9. 设 $f\left(\dfrac{x}{2}\right) = \sin x$，求 $f'[f(x)]$．

10. 设 $f(x) = xe^{-x}$，求 $f^{(n)}(x)$．

11. 设 $y = f(x + y)$，其中 f 具有二阶导数，其一阶导数不等于 1，求 $\dfrac{\mathrm{d}^2 y}{\mathrm{d}x^2}$．

12. 已知 $f(x)$ 具有任意阶导数，且 $f'(x) = [f(x)]^2$，求 $f^{(n)}(x)$ $(n = 3, 4, 5, \cdots)$．

第 3 章

微分中值定理与导数的应用

上一章我们学习了导数和微分的概念及其计算方法. 本章中, 我们首先介绍微分中值定理, 然后介绍导数在研究函数的性态和实际问题中的应用. 微分中值定理是沟通导数概念与导数应用的桥梁, 是导数应用的理论基础.

第一节 微分中值定理

微分中值定理是微分学的基本定理, 它揭示了函数在某区间的变化性态与该区间内部某一点的导数之间的关系, 对实际问题的解决起着重要作用.

一、罗尔定理

定理1 (罗尔定理) 若函数 $y = f(x)$ 满足下列三个条件:

(1) 在闭区间 $[a, b]$ 上连续;

(2) 在开区间 (a, b) 内可导;

(3) 在区间端点的函数值相等, 即 $f(a) = f(b)$.

则至少存在一点 $\xi \in (a, b)$, 使得 $f'(\xi) = 0$.

证明 因为函数 $f(x)$ 在闭区间 $[a, b]$ 上连续, 由闭区间上连续函数的性质可知, $f(x)$ 在 $[a, b]$ 上必取得最大值和最小值, 分别设为 M 和 m, 且 $m \leq M$. 下面我们分情况讨论.

(1) 若 $M = m$, 则 $m \leq f(x) \leq M$, 得 $f(x) = f(a) = f(b)$ (常数), 故 $f'(x) \equiv 0$, $\forall x \in (a, b)$. 于是 $\forall \xi \in (a, b)$, 均有 $f'(\xi) = 0$.

(2) 若 $m < M$, 这时最大值 M 和最小值 m 至少有一个在 (a, b) 内部取得. 不妨设 $M \neq f(a) = f(b)$, 即至少有一点 $\xi \in (a, b)$, 使得 $f(\xi) = M$. 对于任何增量 Δx, $\Delta y = f(\xi + \Delta x) - f(\xi) \leq 0$, 又因为 $f(x)$ 在 (a, b) 内可导, 所以 $f'(\xi)$ 一定存在.

当 $\Delta x < 0$ 时, $\dfrac{\Delta y}{\Delta x} = \dfrac{f(\xi + \Delta x) - f(\xi)}{\Delta x} \geq 0$;

当 $\Delta x > 0$ 时，$\dfrac{\Delta y}{\Delta x} = \dfrac{f(\xi + \Delta x) - f(\xi)}{\Delta x} \le 0$.

因为 $f(x)$ 在 (a, b) 内可导和函数极限的保号性，所以

$$\lim_{\Delta x \to 0^-} \frac{\Delta y}{\Delta x} = f'_-(\xi) \ge 0, \quad \lim_{\Delta x \to 0^+} \frac{\Delta y}{\Delta x} = f'_+(\xi) \le 0,$$

因为 $f'(\xi)$ 存在的充要条件是 $f'_-(\xi)$，$f'_+(\xi)$ 存在且 $f'_-(\xi) = f'_+(\xi)$，所以 $f'_-(\xi) = f'_+(\xi) = 0$，$f'(\xi) = 0$. 定理得证.

罗尔定理的几何意义：在两端高度相同的连续曲线弧 $\overset{\frown}{AB}$ 上，除端点 A，B 外，在 $\overset{\frown}{AB}$ 上每一点都可作不垂直于 x 轴的切线，则曲线至少有一条水平切线，如图 3-1 所示.

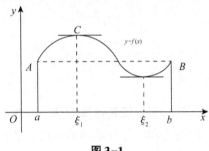

图 3-1

罗尔定理中的三个条件是其结论成立的充分条件，而非必要条件. 换言之，三个条件中有一个，甚至全部不满足时，定理结论仍可能成立. 罗尔定理的结论仅告诉我们点 ξ 的存在性，而对于具体位置未作说明，并且 ξ 不唯一.

【例 3-1】 验证罗尔定理对 $f(x) = \ln\sin x$ 在 $\left[\dfrac{\pi}{6}, \dfrac{5}{6}\pi\right]$ 上的正确性.

解 $f(x) = \ln\sin x$ 的定义域为 $\{x \mid 2n\pi < x < (2n+1)\pi, \; n = 0, \; \pm1, \; \pm2, \cdots\}$，因为初等函数在定义域内连续，所以该函数在 $\left[\dfrac{\pi}{6}, \dfrac{5}{6}\pi\right]$ 上连续. 又因为 $f'(x) = \cot x$ 在 $\left(\dfrac{\pi}{6}, \dfrac{5}{6}\pi\right)$ 内处处存在，并且 $f\left(\dfrac{\pi}{6}\right) = f\left(\dfrac{5}{6}\pi\right) = -\ln 2$，可知函数在 $\left[\dfrac{\pi}{6}, \dfrac{5}{6}\pi\right]$ 上满足罗尔定理的条件. $f'(x) = \cot x = 0$ 在 $\left(\dfrac{\pi}{6}, \dfrac{5}{6}\pi\right)$ 内显然有解 $x = \dfrac{\pi}{2}$，取 $\xi = \dfrac{\pi}{2}$，则 $f'(\xi) = 0$.

【例 3-2】 不用求出函数 $f(x) = (x-1)(x-2)(x-3)(x-4)$ 的导数，说明方程 $f'(x) = 0$ 有几个实根，并指出它们所在的区间.

解 由于 $f(x)$ 为多项式函数，因此 $f(x)$ 在定义域内是连续的、可导的，且 $f(1) = f(2) = f(3) = f(4) = 0$，故 $f(x)$ 在 $[1, 2]$，$[2, 3]$，$[3, 4]$ 上均满足罗尔定理条件.

因此在 $(1, 2)$ 内至少存在一点 ξ_1，使 $f'(\xi_1) = 0$，ξ_1 是 $f'(x) = 0$ 的一个实根；在 $(2, 3)$ 内至少存在一点 ξ_2，使 $f'(\xi_2) = 0$，ξ_2 也是 $f'(x) = 0$ 的一个实根；在 $(3, 4)$ 内至少存在一点 ξ_3，使 $f'(\xi_3) = 0$，ξ_3 也是 $f'(x) = 0$ 的一个实根.

而 $f'(x)$ 为三次多项式，最多只能有三个实根，故 ξ_1，ξ_2，ξ_3 为 $f'(x) = 0$ 的三个实根，它们分别在区间 $(1, 2)$，$(2, 3)$，$(3, 4)$ 内.

二、拉格朗日中值定理

定理2　（拉格朗日中值定理）若函数 $y = f(x)$ 满足：

（1）在闭区间 $[a, b]$ 上连续；

（2）在开区间 (a, b) 内可导，

则至少存在一点 $\xi \in (a, b)$，使得 $f(b) - f(a) = f'(\xi)(b - a)$. 也可以改写成

$$f'(\xi) = \frac{f(b) - f(a)}{(b - a)}.$$

拉格朗日中值定理的几何解释：若连续曲线弧 $\overset{\frown}{AB}$ 上每一点都有不垂直于 x 轴的切线，则至少有一条切线平行于 AB，如图 3-2 所示.

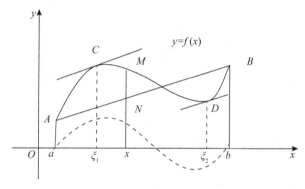

图 3-2

证明　设函数 $g(x)$ 在平面上过点 A 和 B，则弦 AB 的方程为

$$g(x) = f(a) + \frac{f(b) - f(a)}{b - a}(x - a),$$

构造辅助函数：

$$F(x) = f(x) - g(x) = f(x) - \left[f(a) + \frac{f(b) - f(a)}{b - a}(x - a) \right].$$

容易验证函数 $F(x)$ 在 $[a, b]$ 上满足罗尔定理，从而至少存在一点 $\xi \in (a, b)$，使得 $F'(\xi) = 0$，得

$$F'(\xi) = f'(\xi) - \frac{f(b) - f(a)}{b - a} = 0, \ f'(\xi) = \frac{f(b) - f(a)}{b - a},$$

整理可得

$$f(b) - f(a) = f'(\xi)(b - a). \tag{3-1}$$

通常称拉格朗日中值定理为微分中值定理，称（3-1）式为拉格朗日中值公式，其常改写成如下等价形式：

$$f(b) = f(a) + f'(\xi)(b - a), \ \xi \in (a, b);$$

$$f(b) = f(a) + f'[a + \theta(b - a)](b - a), \ \theta \in (0, 1);$$

$$f(x + \Delta x) = f(x) + f'(x + \theta \Delta x)\Delta x, \ \theta \in (0, 1).$$

罗尔定理为拉格朗日中值定理的一个特殊情形. 拉格朗日中值定理是微积分中重要的基

本定理，有很多应用．这里先利用拉格朗日中值定理证明两个推论．

推论 1　若函数 $f(x)$ 在区间 I 上的导数恒为零，则 $f(x)$ 在区间 I 上是一个常数．

证明　在区间 I 上任取 x_1，x_2，函数 $f(x)$ 在区间 $[x_1, x_2]$ 上显然满足拉格朗日中值定理，则必有

$$f(x_2) - f(x_1) = f'(\xi)(x_2 - x_1),$$

又因为 $f'(x) = 0$，则 $f(x_2) - f(x_1) = 0$，即 $f(x_2) = f(x_1)$．

推论 2　若函数 $f(x)$ 和 $g(x)$ 在区间 I 上恒有 $f'(x) = g'(x)$，则在区间 I 上 $f(x) = g(x) + C$（C 为常数）．

证明　设 $F(x) = f(x) - g(x)$，$F'(x) = f'(x) - g'(x) = 0$．

由推论 1 可知

$$F(x) = C(\forall x \in I),$$

所以 $f(x) - g(x) = C$，即 $f(x) = g(x) + C(\forall x \in I)$．

【例 3-3】 证明：对任意实数 x_1，x_2，恒有 $|\sin x_2 - \sin x_1| \leqslant |x_2 - x_1|$．

证明　显然在任何有限区间上，函数 $f(x) = \sin x$ 满足拉格朗日中值定理的条件．

于是有

$$\sin x_2 - \sin x_1 = (x_2 - x_1)\cos \xi,$$

其中 ξ 在 x_1，x_2 之间，所以

$$|\sin x_2 - \sin x_1| = |x_2 - x_1||\cos \xi| \leqslant |x_2 - x_1|.$$

【例 3-4】 当 $a > b > 0$ 时，$\dfrac{a-b}{a} < \ln \dfrac{a}{b} < \dfrac{a-b}{b}$．

证明　设 $f(x) = \ln x$，在区间 $[b, a]$ 上使用拉格朗日中值定理得

$$\ln a - \ln b = \frac{1}{\xi}(a - b),$$

其中 $\xi \in (b, a)$．由 $b < \xi < a$ 得 $\dfrac{1}{a} < \dfrac{1}{\xi} < \dfrac{1}{b}$．故 $\dfrac{a-b}{a} < \ln \dfrac{a}{b} < \dfrac{a-b}{b}$．

【例 3-5】 设函数 $f(x)$ 在闭区间 $[a, b]$ 上连续，在开区间 (a, b) 内可导，试证明：至少存在一点 $\xi \in (a, b)$，使得

$$f(\xi) + \xi f'(\xi) = \frac{bf(b) - af(a)}{b - a}.$$

证明　作辅助函数 $F(x) = xf(x)$，则 $F(x)$ 在 $[a, b]$ 上满足拉格朗日中值定理的条件，从而在 (a, b) 内至少存在一点 ξ，使 $F'(\xi) = \dfrac{F(b) - F(a)}{b - a}$．即

$$f(\xi) + \xi f'(\xi) = \frac{bf(b) - af(a)}{b - a}.$$

三、柯西中值定理

定理 3　（柯西中值定理）若函数 $f(x)$ 与 $g(x)$ 满足：

(1) 在闭区间 $[a, b]$ 上连续；

(2) 在开区间 (a, b) 内可导；

（3）在 (a, b) 内每一点处 $g'(x) \neq 0$，

则至少存在一点 $\xi \in (a, b)$，使得 $\dfrac{f(b) - f(a)}{g(b) - g(a)} = \dfrac{f'(\xi)}{g'(\xi)}$.

证明　首先证明 $g(b) - g(a) \neq 0$. 若不然，设 $g(b) = g(a)$，则 $g(x)$ 满足罗尔定理的全部条件，于是，至少存在一点 $\xi \in (a, b)$，使得 $g'(\xi) = 0$，显然这与假设矛盾.

可作辅助函数

$$F(x) = f(x) - \frac{f(b) - f(a)}{g(b) - g(a)} g(x),$$

则 $F(x)$ 在 $[a, b]$ 上连续，在 (a, b) 内可导，且有

$$F(a) = F(b) = \frac{f(a)g(b) - f(b)g(a)}{g(b) - g(a)}.$$

于是 $F(x)$ 在 $[a, b]$ 上满足罗尔定理的全部条件. 故至少存在一点 $\xi \in (a, b)$，使得

$$F'(\xi) = f'(\xi) - \frac{f(b) - f(a)}{g(b) - g(a)} g'(\xi) = 0,$$

由此可得结论.

注：当 $g(x) = x$ 时，柯西中值定理即为拉格朗日中值定理，因此，柯西中值定理是拉格朗日中值定理的推广.

【例 3-6】 设 $b > a > 0$，函数 $f(x)$ 在 $[a, b]$ 上连续，在 (a, b) 内可导，试证明：至少存在一点 $\xi \in (a, b)$，使得

$$f(\xi) - \xi f'(\xi) = \frac{bf(a) - af(b)}{b - a}.$$

证明　将上式等式右端改写为

$$\frac{bf(a) - af(b)}{b - a} = \frac{\dfrac{f(b)}{b} - \dfrac{f(a)}{a}}{\dfrac{1}{b} - \dfrac{1}{a}},$$

由上式右端可知，若令

$$F(x) = \frac{f(x)}{x}, \quad G(x) = \frac{1}{x},$$

则 $F(x)$，$G(x)$ 在 $[a, b]$ 上满足柯西中值定理的条件. 于是，至少存在一点 $\xi \in (a, b)$，使得

$$\frac{F'(\xi)}{G'(\xi)} = \frac{F(b) - F(a)}{G(b) - G(a)} = \frac{bf(a) - af(b)}{b - a}.$$

将 $F'(x) = \dfrac{xf'(x) - f(x)}{x^2}$，$G'(x) = -\dfrac{1}{x^2}$ 代入上式，即得

$$f(\xi) - \xi f'(\xi) = \frac{bf(a) - af(b)}{b - a}.$$

习题 3-1

1. 求函数 $f(x) = x\sqrt{3-x}$ 在区间 $[0, 3]$ 上满足罗尔定理的 ξ.

2. 求函数 $f(x) = \arctan x$ 在区间 $[0, 1]$ 上满足拉格朗日中值定理的 ξ.

3. 证明不等式：$\arctan x_2 - \arctan x_1 \leqslant x_2 - x_1 (x_1 < x_2)$.

4. 证明恒等式：$\arcsin x + \arccos x = \dfrac{\pi}{2} (-1 \leqslant x \leqslant 1)$.

5. 设 $a > b > 0$，$n > 1$，证明：$nb^{n-1}(a-b) < a^n - b^n < na^{n-1}(a-b)$.

6. 若函数 $f(x)$ 在 (a, b) 内具有二阶导数，且 $f(x_1) = f(x_2) = f(x_3)$，其中 $a < x_1 < x_2 < x_3 < b$，证明：在 (x_1, x_3) 内至少存在一点 ξ，使得 $f''(\xi) = 0$.

7. 设函数 $f(x)$ 在 $[0, 1]$ 上连续，在 $(0, 1)$ 内可导，且 $f(1) = 0$. 求证：存在 $\xi \in (0, 1)$，使得 $f'(\xi) = -\dfrac{f(\xi)}{\xi}$.

8. 设函数 $y = f(x)$ 在 $x = 0$ 的某邻域内有 n 阶导数，且 $f(0) = f'(0) = \cdots = f^{(n-1)}(0) = 0$，试用柯西中值定理证明：

$$\frac{f(x)}{x^n} = \frac{f^{(n)}(\theta x)}{n!} (0 < \theta < 1).$$

第二节　洛必达法则

前一节介绍了微分学的基本定理，它是本章的理论基础. 这一节我们利用柯西中值定理推导出求极限的一种非常有效的方法.

如果 $\lim f(x) = \lim g(x) = 0$ 或 ∞，则 $\lim \dfrac{f(x)}{g(x)}$ 可能存在也可能不存在，称这种类型的 $\lim \dfrac{f(x)}{g(x)}$ 为 $\dfrac{0}{0}$ 型未定式或 $\dfrac{\infty}{\infty}$ 型未定式. 例如：$\lim\limits_{x \to 0} \dfrac{\sin x}{x}$ 存在且等于 1，而 $\lim\limits_{x \to 0} \dfrac{\sin x}{x^2}$ 不存在. 对于这种未定式极限的计算，不能用函数商的极限运算法则，本节介绍的洛必达法则是求解这种类型的一个重要而又简便的方法.

一、$\dfrac{0}{0}$ 型未定式

定理 1　（洛必达法则）若函数 $f(x)$ 与 $g(x)$ 满足下列条件：

（1）$\lim\limits_{x \to a} f(x) = \lim\limits_{x \to a} g(x) = 0$；

（2）在点 a 的某去心邻域内可导，且 $g'(x) \neq 0$；

（3）$\lim\limits_{x \to a} \dfrac{f'(x)}{F'(x)}$ 存在（或为无穷大）.

则

$$\lim_{x \to a} \frac{f(x)}{F(x)} = \lim_{x \to a} \frac{f'(x)}{F'(x)}.$$

证明　由于 $\lim\limits_{x \to a} \dfrac{f(x)}{g(x)}$ 存在与否，与函数 $f(a)$，$g(a)$ 取何值无关，故不妨补充定义

$f(a) = g(a) = 0.$ 于是，由条件（1）、（2）可知，函数 $f(x)$、$g(x)$ 在点 a 的某邻域内连续. 在该邻域内任取一点 $x \neq a$，则由条件（2）可知，$f(x)$、$g(x)$ 在区间 $[a, x]$ 或 $[x, a]$ 上满足柯西中值定理的条件. 于是，至少存在一点 $\xi \in (a, x)$ 或 (x, a)，使得

$$\frac{f(x)}{g(x)} = \frac{f(x) - f(a)}{g(x) - g(a)} = \frac{f'(\xi)}{g'(\xi)},$$

注意到 $x \to a$ 时，必有 $\xi \to a$，将上式两端取极限，由定理中条件（3），得

$$\lim_{x \to a} \frac{f(x)}{g(x)} = \lim_{\xi \to a} \frac{f'(\xi)}{g'(\xi)} = \lim_{x \to a} \frac{f'(x)}{g'(x)}.$$

应用洛必达法则之前，必须判定所求极限为 $\frac{0}{0}$ 型未定式. 极限过程 $x \to a$ 可改写为 $x \to a^-$，$x \to a^+$，$x \to \infty$，$x \to -\infty$，$x \to +\infty$，只需将条件（2）作适当修改，则定理仍适用. 若 $\lim \frac{f'(x)}{g'(x)}$ 仍为 $\frac{0}{0}$ 型未定式，可再次使用洛必达法则，直至求出极限. 使用洛必达法则之前，应尽可能用其他方法简化所求极限. 例如，有极限为非零常数的因子应先求出或运用等价无穷小替换以简化求导过程.

【例 3-7】 求 $\lim\limits_{x \to 0} \dfrac{\sqrt[3]{1+x} - 1}{x}$.

解 这是 $\frac{0}{0}$ 型未定式. 由洛必达法则，得

$$原式 = \lim_{x \to 0} \frac{(\sqrt[3]{1+x} - 1)'}{(x)'} = \lim_{x \to 0} \frac{\frac{1}{3} \cdot \frac{1}{\sqrt[3]{(1+x)^2}}}{1} = \frac{1}{3}.$$

【例 3-8】 求 $\lim\limits_{x \to 1} \dfrac{2x^3 - 6x + 4}{x^3 - x^2 - x + 1}$.

解 这是 $\frac{0}{0}$ 型未定式. 由洛必达法则，得

$$原式 = \lim_{x \to 1} \frac{(2x^3 - 6x + 4)'}{(x^3 - x^2 - x + 1)'} = \lim_{x \to 1} \frac{6x^2 - 6}{3x^2 - 2x - 1} = \lim_{x \to 1} \frac{12x}{6x - 2} = 3.$$

【例 3-9】 求 $\lim\limits_{x \to 0} \dfrac{e^x - e^{-x} - 2x}{x - \sin x}$.

解 这是 $\frac{0}{0}$ 型未定式. 由洛必达法则，得

$$原式 = \lim_{x \to 0} \frac{(e^x - e^{-x} - 2x)'}{(x - \sin x)'} = \lim_{x \to 0} \frac{e^x + e^{-x} - 2}{1 - \cos x}$$

$$= \lim_{x \to 0} \frac{e^x - e^{-x}}{\sin x} = \lim_{x \to 0} \frac{e^x + e^{-x}}{\cos x} = 2.$$

【例 3-10】 求 $\lim\limits_{x \to 0} \dfrac{e^{x - \sin x} - 1}{\arcsin x^3}$.

解 这是 $\frac{0}{0}$ 型未定式. 由洛必达法则，得

$$原式 = \lim_{x \to 0} \frac{e^{x - \sin x} - 1}{x^3} = \lim_{x \to 0} \frac{(e^{x - \sin x} - 1)'}{(x^3)'} = \lim_{x \to 0} \frac{e^{x - \sin x}(1 - \cos x)}{3x^2}$$

$$= \lim_{x \to 0} \frac{1 - \cos x}{3x^2} = \lim_{x \to 0} \frac{\sin x}{6x} = \frac{1}{6}.$$

【例 3-11】 求 $\lim_{x \to 0} \dfrac{(1 - \cos x)^2 \sin x^2}{x^6}$.

解 这是 $\dfrac{0}{0}$ 型未定式，先将所求极限作如下变形：

$$原式 = \lim_{x \to 0} \left(\frac{1 - \cos x}{x^2} \right)^2 \frac{\sin x^2}{x^2}$$

$$= \left(\lim_{x \to 0} \frac{1 - \cos x}{x^2} \right)^2 \lim_{x \to 0} \frac{\sin x^2}{x^2},$$

其中 $\lim_{x \to 0} \dfrac{\sin x^2}{x^2} = 1$，$\lim_{x \to 0} \dfrac{1 - \cos x}{x^2} = \lim_{x \to 0} \dfrac{\sin x}{2x} = \dfrac{1}{2}$，所以

$$原式 = \left(\frac{1}{2} \right)^2 \times 1 = \frac{1}{4}.$$

二、$\dfrac{\infty}{\infty}$ 型未定式

定理 2 （洛必达法则）若函数 $f(x)$ 与 $g(x)$ 满足下列条件：

(1) $\lim_{x \to a} f(x) = \lim_{x \to a} g(x) = \infty$；

(2) 在点 a 的某去心邻域内可导，且 $g'(x) \neq 0$；

(3) $\lim_{x \to a} \dfrac{f'(x)}{F'(x)}$ 存在（或为无穷大），

则

$$\lim_{x \to a} \frac{f(x)}{F(x)} = \lim_{x \to a} \frac{f'(x)}{F'(x)}.$$

证明略.

极限过程 $x \to a$ 可改写为 $x \to a^-$，$x \to a^+$，$x \to \infty$，$x \to -\infty$，$x \to +\infty$，只需将条件 (2) 作适当修改，则定理仍适用.

【例 3-12】 求 $\lim_{x \to +\infty} \dfrac{\ln x}{x^\alpha} (\alpha > 0)$.

解 这是 $\dfrac{\infty}{\infty}$ 型未定式. 由洛必达法则，得

$$原式 = \lim_{x \to +\infty} \frac{x^{-1}}{\alpha x^{\alpha - 1}} = \lim_{x \to +\infty} \frac{1}{\alpha x^\alpha} = 0.$$

【例 3-13】 求 $\lim_{x \to \infty} \dfrac{x + \sin x}{x - \sin x}$.

解 这是 $\dfrac{\infty}{\infty}$ 型未定式. 由于

$$\lim_{x \to \infty} \frac{(x + \sin x)'}{(x - \sin x)'} = \lim_{x \to \infty} \frac{1 + \cos x}{1 - \cos x}.$$

右边极限不存在，也不为 ∞，故不能用洛必达法则.

注意到，为 $x \to \infty$ 时，$\dfrac{1}{x}$ 为无穷小，$\sin x$ 为有界量. 于是，有 $\lim\limits_{x \to \infty} \dfrac{1}{x} \sin x = 0$，从而得

$$\lim_{x \to \infty} \frac{x + \sin x}{x - \sin x} = \lim_{x \to \infty} \frac{1 + x^{-1} \sin x}{1 - x^{-1} \sin x} = 1.$$

注：若极限 $\lim \dfrac{f'(x)}{g'(x)}$ 不存在，也不为 ∞，则洛必达法则失效. 这时，极限 $\lim \dfrac{f(x)}{g(x)}$ 是否存在，需用其他方法判断或求解.

【例 3-14】 求 $\lim\limits_{x \to \frac{\pi}{2}^+} \dfrac{\ln\left(x - \dfrac{\pi}{2}\right)}{\tan x}$.

解　这是 $\dfrac{\infty}{\infty}$ 型未定式. 由洛必达法则，得

$$原式 = \lim_{x \to \frac{\pi}{2}^+} \frac{\dfrac{1}{x - \dfrac{\pi}{2}}}{\sec^2 x} = \lim_{x \to \frac{\pi}{2}^+} \frac{\cos^2 x}{x - \dfrac{\pi}{2}}$$

$$= \lim_{x \to \frac{\pi}{2}^+} (-2\cos x \sin x) = -\lim_{x \to \frac{\pi}{2}^+} \sin 2x = 0.$$

三、其他类型的未定式

除了 $\dfrac{0}{0}$ 型、$\dfrac{\infty}{\infty}$ 型未定式外，还有 $0 \cdot \infty$ 型、$\infty - \infty$ 型、0^0 型、1^∞ 型和 ∞^0 型五种类型的未定式. 求解这些类型的未定式极限的关键是先将它们转化为 $\dfrac{0}{0}$ 型或 $\dfrac{\infty}{\infty}$ 型未定式，然后再利用洛必达法则或其他方法求解.

【例 3-15】 求 $\lim\limits_{x \to 0^+} x \ln \sin x$.

解　这是 $0 \cdot \infty$ 型未定式，可化为 $\dfrac{\infty}{\infty}$ 型未定式，即

$$原式 = \lim_{x \to 0^+} \frac{\ln \sin x}{\dfrac{1}{x}} = \lim_{x \to 0^+} \frac{\cot x}{-x^{-2}} = \lim_{x \to 0^+} \frac{x^2 \cos x}{\sin x} = 0.$$

【例 3-16】 求 $\lim\limits_{x \to 0} \left(\dfrac{1}{x} - \dfrac{1}{e^x - 1} \right)$.

解　这是 $\infty - \infty$ 型未定式，可化为 $\dfrac{0}{0}$ 型未定式，即

$$原式 = \lim_{x \to 0} \frac{e^x - 1 - x}{x(e^x - 1)} = \lim_{x \to 0} \frac{e^x - 1}{e^x - 1 + x e^x}$$

$$= \lim_{x \to 0} \frac{e^x}{2e^x + x e^x} = \frac{1}{2}.$$

【例 3-17】 求 $\lim\limits_{x \to 0^+} x^{\sin x}$.

解 这是 0^0 型未定式,先将它变形为

$$\lim_{x \to 0^+} x^{\sin x} = e^{\lim\limits_{x \to 0^+} \sin x \cdot \ln x},$$

上述表达式指数部分为 $0 \cdot \infty$ 型未定式,用洛必达法则求解,即

$$\lim_{x \to 0^+} x^{\sin x} = e^{\lim\limits_{x \to 0^+} \sin x \cdot \ln x} = e^{\lim\limits_{x \to 0^+} \frac{\ln x}{\csc x}} = e^{\lim\limits_{x \to 0^+} \frac{\frac{1}{x}}{-\csc x \cdot \cot x}} = e^0 = 1.$$

【例 3-18】 求 $\lim\limits_{x \to 0^+} \left(\ln \dfrac{1}{x}\right)^x$.

解 这是 ∞^0 型未定式,先将它变形后再用洛必达法则求解,即

$$\lim_{x \to 0^+} \left(\ln \frac{1}{x}\right)^x = e^{\lim\limits_{x \to 0^+} x \cdot \ln \ln \frac{1}{x}} = e^0 = 1.$$

【例 3-19】 求 $\lim\limits_{x \to +\infty} \left(\dfrac{2}{\pi}\arctan x\right)^x$.

解 这是 1^∞ 型未定式,先将它变形后再用洛必达法则求解,即

$$\lim_{x \to +\infty} \left(\frac{2}{\pi}\arctan x\right)^x = e^{\lim\limits_{x \to +\infty} x \ln\left(\frac{2}{\pi}\arctan x\right)} = e^{\lim\limits_{x \to +\infty} \frac{\ln\frac{2}{\pi} + \ln \arctan x}{x^{-1}}}$$

$$= e^{\lim\limits_{x \to +\infty} \frac{\frac{1}{\arctan x} \cdot \frac{1}{1+x^2}}{-x^{-2}}} = e^{-\lim\limits_{x \to +\infty} \frac{1}{\arctan x} \cdot \frac{x^2}{1+x^2}} = e^{-\frac{2}{\pi}}.$$

小结 洛必达法则是求解未定式极限的一个有效方法,但不是万能的. 当极限 $\lim \dfrac{f'(x)}{g'(x)}$ 不存在,也不为 ∞ 时,不能使用洛必达法则. 在使用时,注意与其他方法相结合,以便简化计算.

习题 3-2

1. 利用洛必达法则求下列极限.

(1) $\lim\limits_{x \to \frac{\pi}{2}} \dfrac{\cos 5x}{\cos 3x}$;

(2) $\lim\limits_{x \to 0} \dfrac{2^x + 2^{-x} - 2}{x^2}$;

(3) $\lim\limits_{x \to +\infty} \dfrac{\dfrac{\pi}{2} - \arctan x}{\dfrac{1}{x}}$;

(4) $\lim\limits_{x \to +\infty} \dfrac{e^x}{\ln x}$;

(5) $\lim\limits_{x \to \frac{\pi}{2}^-} \dfrac{\ln \cot x}{\tan x}$;

(6) $\lim\limits_{x \to +\infty} \dfrac{\ln(x \ln x)}{x^a}$ $(a > 0)$.

2. 求下列极限.

(1) $\lim\limits_{x \to 1}\left(\dfrac{1}{x-1} - \dfrac{1}{\ln x}\right)$;

(2) $\lim\limits_{x \to \infty} x(e^{\frac{1}{x}} - 1)$;

(3) $\lim\limits_{x \to 0^+} (\cot x)^{\frac{1}{\ln x}}$;

(4) $\lim\limits_{x \to 0^+} x^{\tan x}$;

(5) $\lim\limits_{n \to \infty} n(a^{\frac{1}{n}} - 1)$ $(a > 0)$;

(6) $\lim\limits_{x \to 0} (\cos x)^{\frac{1}{\ln(1+x^2)}}$.

3. 求下列极限.

(1) $\lim\limits_{x\to 0}\dfrac{\sqrt{1+x^3}-1}{1-\cos\sqrt{x-\sin x}}$;

(2) $\lim\limits_{x\to 0}\dfrac{\sqrt{1+\tan x}-\sqrt{1+\sin x}}{x\ln(1+x)-x^2}$.

第三节　函数的单调性与极值

前面一节, 我们介绍了洛必达法则, 用以求解某些未定式的极限. 本节利用导数可以有效研究函数的性态, 判断函数在区间上的单调性, 求出函数的极值.

一、函数的单调性

在第一章中已经介绍了函数在区间上单调的概念. 函数 $f(x)$ 在区间 (a,b) 内任取两点 x_1, x_2, $x_2 > x_1$, 若 $f(x_2) > f(x_1)$, 则称函数 $f(x)$ 在区间 (a,b) 内单调增加; 若 $f(x_2) < f(x_1)$, 则称函数 $f(x)$ 在区间 (a,b) 内单调减少.

从图形上观察, 函数 $y = f(x)$ 的单调增减性表现为沿 x 轴正方向, 曲线上的点上升或下降, 如图 3-3 所示.

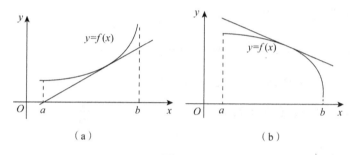

（a）　　　　　　　　　　　　（b）

图 3-3

在图 3-3（a）中, 曲线为上升曲线, 曲线上各点处切线的斜率为正; 在图 3-3（b）中, 曲线为下降曲线, 曲线上各点处切线的斜率为负. 由此可知, 函数的单调性与其导数的符号有密切的关系.

定理 1　（函数单调性判别定理）若函数 $y = f(x)$ 在闭区间 $[a,b]$ 上连续, 在开区间 (a,b) 内可导:

(1) 若 $f'(x) > 0$, $x \in (a,b)$, 则 $f(x)$ 在区间 $[a,b]$ 内单调增加;

(2) 若 $f'(x) < 0$, $x \in (a,b)$, 则 $f(x)$ 在区间 $[a,b]$ 内单调减少.

证明　在 $[a,b]$ 内任取两点 x_1, x_2, 且 $x_2 > x_1$. 函数 $f(x)$ 在 $[x_1,x_2]$ 内满足拉格朗日中值定理的条件, 则至少存在一点 $\xi \in (x_1,x_2)$, 使得

$$f(x_2) - f(x_1) = f'(\xi)(x_2 - x_1).$$

对于 (1), 由 $f'(x) > 0$, $x_2 - x_1 > 0$ 和上式, 得 $f(x_2) > f(x_1)$, 故 $f(x)$ 在区间 $[a,b]$ 内单调增加.

对于 (2), 由 $f'(x) < 0$, $x_2 - x_1 > 0$ 和上式, 得 $f(x_2) < f(x_1)$, 故 $f(x)$ 在区间 $[a,b]$ 内单调减少.

将定理 1 中区间 $[a,b]$ 换成其他各种区间（包括无穷区间）, 结论仍成立. 判定一个

函数 $f(x)$ 的单调区间的步骤：

（ⅰ）求导数 $f'(x)$，求出使 $f'(x) = 0$ 的点（称为驻点）和使 $f'(x)$ 不存在的点（称为尖点）；

（ⅱ）以（ⅰ）中求出的点划分函数的定义域，分成若干个子区间；

（ⅲ）讨论 $f'(x)$ 在各个区间内的符号，从而由定理 1 确定 $f(x)$ 在各个区间内的单调性.

【例 3-20】 确定函数 $f(x) = 2x^3 - 9x^2 + 12x - 3$ 的单调区间.

解 函数的定义域为 $(-\infty, +\infty)$. 其导数为

$$f'(x) = 6x^2 - 18x + 12 = 6(x-1)(x-2).$$

解方程 $f'(x) = 0$，即 $6(x-1)(x-2) = 0$，得出它在函数定义域 $(-\infty, +\infty)$ 内的两个根 $x_1 = 1$，$x_2 = 2$. 这两个根把 $(-\infty, +\infty)$ 分成三个区间 $(-\infty, 1)$，$[1, 2]$ 及 $(2, +\infty)$.

在区间 $(-\infty, 1)$ 内，$x - 1 < 0$，$x - 2 < 0$，所以 $f'(x) > 0$，因此函数 $f(x)$ 在 $(-\infty, 1)$ 内单调增加. 在区间 $(1, 2)$ 内，$x - 1 > 0$，$x - 2 < 0$，所以 $f'(x) < 0$，因此函数 $f(x)$ 在 $[1, 2]$ 内单调减少. 在区间 $(2, +\infty)$ 内，$x - 1 > 0$，$x - 2 > 0$，所以 $f'(x) > 0$. 因此，函数 $f(x)$ 在 $(2, +\infty)$ 内单调增加.

【例 3-21】 证明：当 $x > 0$ 时，$\sin x > x - \dfrac{x^3}{6}$.

证明 令 $f(x) = \sin x - x + \dfrac{x^3}{6}$，则 $f'(x) = \cos x - 1 + \dfrac{1}{2}x^2$.

$f(x)$ 在 $[0, +\infty)$ 内连续，在 $(0, +\infty)$ 内 $f'(x) > 0$，因此在 $[0, +\infty)$ 内 $f(x)$ 单调增加，从而当 $x > 0$ 时，$f(x) > f(0) = 0$，即 $\sin x > x - \dfrac{x^3}{6}$.

二、函数的极值

定义 设函数 $f(x)$ 在点 x_0 的某邻域内有定义.

（1）若对于去心邻域 $\overset{\circ}{U}(x_0)$ 内的任一点 x，恒有 $f(x) < f(x_0)$，则称 $f(x_0)$ 为函数 $f(x)$ 的极大值，点 x_0 为 $f(x)$ 的极大值点；

（2）若对于去心邻域 $\overset{\circ}{U}(x_0)$ 内的任一点 x，恒有 $f(x) > f(x_0)$，则称 $f(x_0)$ 为函数 $f(x)$ 的极小值，点 x_0 为 $f(x)$ 的极小值点.

函数的极大值和极小值统称为函数的极值，极大值点、极小值点统称为极值点.

观察图 3-4 可知，在极值点处，曲线有水平切线（如点 x_1，x_3），或切线不存在（如点 x_4）. 但是，有水平切线的点不一定是极值点（如点 x_2），切线不存在的点也不一定是极值点（如点 x_5）. 因此，如何寻找极值点和判断极值点，就是一个需要解决的问题.

定理 2 （极值点的必要条件）设函数 $f(x)$ 在点

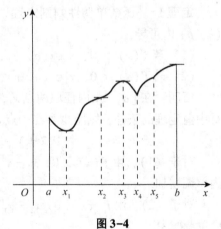

图 3-4

x_0 的某邻域内有定义，点 x_0 是 $f(x)$ 极值点的必要条件是：$f'(x_0) = 0$ 或 $f(x)$ 在点 x_0 不可导.

证明　若 $f'(x_0)$ 不存在，则 $f(x)$ 在点 x_0 处不可导，故定理结论自然成立.

下面设 $f'(x_0)$ 存在，且 x_0 为 $f(x)$ 的极大值点. 则对点 x_0 某邻域内的任意点 $x \neq x_0$，恒有 $f(x) < f(x_0)$. 于是：当 $x < x_0$ 时，$\dfrac{f(x) - f(x_0)}{x - x_0} > 0$；当 $x > x_0$ 时，$\dfrac{f(x) - f(x_0)}{x - x_0} < 0$.

由于 $f'(x_0)$ 存在，故有

$$f'(x_0) = f_-'(x_0) = \lim_{x \to x_0^-} \frac{f(x) - f(x_0)}{x - x_0} \geqslant 0;$$

$$f'(x_0) = f_+'(x_0) = \lim_{x \to x_0^+} \frac{f(x) - f(x_0)}{x - x_0} \leqslant 0,$$

从而 $f'(x_0) = 0$.

类似可证，x_0 为 $f(x)$ 的极小值点时，亦有 $f'(x_0) = 0$. 定理得证.

注：函数的极值点应在函数的驻点（$f'(x) = 0$ 的点）或导数不存在的点中寻找. 至于函数的驻点或导数不存在的点是否为极值点，需要建立判定极值点的充分条件.

定理 3　（极值点的第一充分条件）设函数 $f(x)$ 在点 x_0 处连续，且在 x_0 的去心邻域 $\overset{\circ}{U}(x_0, \delta)$ 内可导.

（1）若当 $x \in (x_0 - \delta, x_0)$ 时，$f'(x) > 0$，而 $x \in (x_0, x_0 + \delta)$ 时，$f'(x) < 0$，则 $f(x)$ 在点 x_0 处取得极大值；

（2）若当 $x \in (x_0 - \delta, x_0)$ 时，$f'(x) < 0$，而 $x \in (x_0, x_0 + \delta)$ 时，$f'(x) > 0$，则 $f(x)$ 在点 x_0 处取得极小值；

（3）若 $x \in \overset{\circ}{U}(x_0, \delta)$，$f'(x)$ 的符号保持不变，则 $f(x)$ 在点 x_0 处无极值.

证明　根据函数单调性的判别法，由（1）中条件可知，$f(x)$ 在 x_0 的左邻域内单调增加，在 x_0 的右邻域内单调减少，而且 $f(x)$ 在点 x_0 处连续，故由极大值的定义可知，$f(x_0)$ 是 $f(x)$ 的极大值，即 x_0 是 $f(x)$ 的极大值点.

同理可证（2）. 至于（3），因为 $f(x)$ 在点 x_0 的左、右邻域内同为单调增加或单调减少，故 x_0 不可能为极值点.

定理 4　（极值点的第二充分条件）设 x_0 是函数 $f(x)$ 的驻点，二阶导数 $f''(x_0)$ 存在，且 $f''(x_0) \neq 0$，则

（1）当 $f''(x_0) < 0$ 时，x_0 是 $f(x)$ 的极大值点；

（2）当 $f''(x_0) > 0$ 时，x_0 是 $f(x)$ 的极小值点.

证明　由 $f'(x_0) = 0$ 和二阶导数定义，可知

$$f''(x_0) = \lim_{x \to x_0} \frac{f'(x) - f'(x_0)}{x - x_0} = \lim_{x \to x_0} \frac{f'(x)}{x - x_0}.$$

在（1）的条件下，$f''(x_0) < 0$，由极限的性质可知在 x_0 的某去心邻域内，有 $\dfrac{f'(x)}{x - x_0} < 0$，于是，在该去心邻域内，$f'(x)$ 与 $x - x_0$ 的符号相反，即在 x_0 的左邻域内，因 $x - x_0 < 0$，故有 $f'(x) > 0$；在 x_0 的右邻域内，因 $x - x_0 > 0$，故有 $f'(x) < 0$. 因此，由定理 3 可知，x_0 是 $f(x)$ 的极大值点. 类似可证，在（2）的条件下，x_0 是 $f(x)$ 的极小值点.

定理 3 和定理 4 都是充分条件. 第一充分条件对驻点和导数不存在的点均适用. 第二充

分条件用起来方便但是适用范围小, 对下面三种情况不适用:

(1) $f(x)$ 在点 x 处不可导;

(2) 导数 $f'(x)$ 存在, 但 $f'(x)$ 不存在;

(3) 当 $f'(x_0) = 0$ 且 $f''(x_0) = 0$ 时, x_0 是否为极值点不能确定, 需作进一步判别.

求函数极值的一般步骤:

(1) 求导数 $f'(x)$;

(2) 由 $f'(x) = 0$ 求出 $f(x)$ 的全部驻点和导数不存在的点;

(3) 由第一充分条件验证 (2) 中求出的各点是否为极值点, 或由第二充分条件验证驻点是否为极值点 (通常此步结果用表格方式表达出来);

(4) 求出函数在每个极值点处的极值.

【例 3-22】 求函数 $f(x) = (x - 1)\sqrt[3]{x^2}$ 的极值.

解 函数 $f(x)$ 的定义域为 $(-\infty, +\infty)$, 当 $x \neq 0$ 时, 有

$$f'(x) = \sqrt[3]{x^2} + (x - 1)\frac{2}{3}x^{-\frac{1}{3}} = \frac{5x - 2}{3\sqrt[3]{x}}.$$

令 $f'(x) = 0$, 得 $x = \dfrac{2}{5}$; 另外, 当 $x = 0$ 时, $f'(x)$ 不存在, 列表 3-1 讨论.

表 3-1

x	$(-\infty, 0)$	0	$\left(0, \dfrac{2}{5}\right)$	$\dfrac{2}{5}$	$\left(\dfrac{2}{5}, +\infty\right)$
$f'(x)$	+	不存在	−	0	+
$f(x)$	↗	极大值	↘	极小值	↗

所以, 函数的极大值为 $f(0) = 0$; 极小值为 $f\left(\dfrac{2}{5}\right) = -\dfrac{3}{5}\sqrt[3]{\dfrac{4}{25}}$.

【例 3-23】 求函数 $y = x^3 - 3x^2 - 9x - 5$ 的极值.

解 $y' = 3x^2 - 6x - 9$, 令 $y' = 0$, 即 $3x^2 - 6x - 9 = 3(x^2 - 2x - 3) = 0$. 得 $x_1 = -1$, $x_2 = 3$.

$$y'' = 6x - 6, \quad y''|_{x=-1} = -12 < 0, \quad y''|_{x=3} = 12 > 0.$$

由定理 4 知, 函数在 $x = 3$ 处取得极小值 -32, 在 $x = -1$ 处取得极大值 0.

【例 3-24】 求函数 $f(x) = (x^2 - 1)^3 + 1$ 的极值.

解 $f'(x) = 6x(x^2 - 1)^2$, 令 $f'(x) = 0$, 求得驻点 $x_1 = -1$, $x_2 = 0$, $x_3 = 1$. 又

$$f''(x) = 6(x^2 - 1)(5x^2 - 1).$$

因为 $f''(0) = 6 > 0$, 所以 $f(x)$ 在 $x = 0$ 处取得极小值, 极小值 $f(0) = 0$. 而 $f''(-1) = f''(1) = 0$, 故用定理 3 无法判别, 需考察一阶导数 $f'(x)$ 在驻点 $x_1 = -1$ 及 $x_3 = 1$ 左右邻近的符号.

当 $x \in (-\infty, -1)$ 时, $f'(x) < 0$; 当 $x \in (-1, 0)$ 时, $f'(x) < 0$; $f'(x)$ 符号没有改变, 所以 $f(x)$ 在 $x_1 = -1$ 处没有极值. 同理, $f(x)$ 在 $x_3 = 1$ 处也没有极值.

习题 3-3

1. 当 a 取何值时, 函数 $f(x) = 2x^3 - 9x^2 + 12x - a$ 恰有两个不同的零点?

2. 求 a 的范围，使函数 $f(x) = x^3 + 3ax^2 - ax - 1$ 既无极大值又无极小值.

3. 当常数 k 取何值时，函数 $f(x) = k\sin x + \dfrac{1}{3}\sin 3x$ 在 $x = \dfrac{\pi}{3}$ 处取得极值？它是极大值还是极小值？并求此极值.

4. 求下列函数的极值.

$(1)\ f(x) = 2x^3 - 6x^2 - 18x + 7$；

$(2)\ f(x) = (x-4)\sqrt[3]{(x+1)^2}$；

$(3)\ f(x) = (x^2-1)^3 + 1$；

$(4)\ f(x) = x - \ln(1+x)$；

$(5)\ f(x) = x + \sqrt{1-x}$；

$(6)\ f(x) = e^x \cos x$；

$(7)\ f(x) = 3 - 2\sqrt[3]{(x+1)}$；

$(8)\ f(x) = x + \tan x$.

第四节　函数的最值

一、函数在某区间上的最值

一般而言，函数的最值与极值是两个不同的概念. 最值是对整个区间而言的，是全局的；极值是对极值点的邻域而言的，是局部性的. 最值可以在区间端点取得，而极值只能在区间的内点取得. 根据连续函数的最值定理，闭区间上的连续函数必能取得在该区间上的最大值和最小值. 求连续函数 $f(x)$ 在闭区间 $[a, b]$ 上的最值的步骤如下：

（1）求出 $f(x)$ 在开区间 (a, b) 内的驻点和导数不存在的点；

（2）计算 $f(x)$ 在驻点、导数不存在点以及端点 a 和 b 处的函数值；

（3）比较（2）中各函数值的大小，其中最大者为 $f(x)$ 在 $[a, b]$ 上的最大值，最小者为 $f(x)$ 在 $[a, b]$ 上的最小值.

【例 3-25】求函数 $f(x) = (x+1)(x-1)^{1/3}$ 在 $[-2, 2]$ 上的最值.

解　求导数：

$$f'(x) = (x-1)^{1/3} + \dfrac{1}{3}(x+1)(x-1)^{-2/3}$$

$$= \dfrac{2}{3}(2x-1)(x-1)^{-2/3}.$$

令 $f'(x) = 0$，得驻点 $x_1 = \dfrac{1}{2}$；显然，$x_2 = 1$ 为导数不存在的点.

计算 $f(x)$ 在点 x_1，x_2 和区间 $[-2, 2]$ 端点处的函数值：

$$f\left(\dfrac{1}{2}\right) = -\dfrac{3}{2} \times \left(\dfrac{1}{2}\right)^{1/3} \approx -1.19,\ f(1) = 0,\ f(-2) = (3)^{1/3} \approx 1.44,\ f(2) = 3,$$

比较可得最大值 $f(2) = 3$，最小值 $f\left(\dfrac{1}{2}\right) \approx -1.19$.

【例 3-26】求 $f(x) = 2x^3 + 3x^2 - 12x + 14$ 在 $[-3, 4]$ 上的最大值与最小值.

解　求导数 $f'(x) = 6x^2 + 6x - 12 = 6(x-1)(x+2)$，令 $f'(x) = 0$，得驻点 $x_1 = -2$，$x_2 = 1$.

计算 $f(x)$ 在点 $x_1 = -2$，$x_2 = 1$ 和区间 $[-3, 4]$ 端点处的函数值：

$$f(-2) = 34,\ f(1) = 7,\ f(-3) = 23,\ f(4) = 142,$$

比较可得最大值 $f(4) = 142$，最小值 $f(1) = 7$.

二、简单函数实际问题的最值

在工农业生产、工程技术及科学实验中，常常会遇到求最值这类问题：在一定条件下，如何使"产品最多""用料最省""成本最低""效率最高"等问题，在数学上可归结为求某一函数（通常称为目标函数）的最大值或最小值问题.

求函数最值时，经常遇到仅有一个极值点的情形.

定理　函数 $f(x)$ 在闭区间 $[a, b]$ 上连续，且 $f(x)$ 在开区间 (a, b) 内仅有一个极值点 x_0，则当 x_0 为 $f(x)$ 的极大值点（极小值点）时，$f(x_0)$ 就是 $f(x)$ 在 $[a, b]$ 上的最大值（最小值），而 $f(x)$ 在 $[a, b]$ 上的最小值（最大值）将在 $[a, b]$ 的两个端点之一取得.

上述结论从几何直观上看是明显的，如图 3-5 所示.

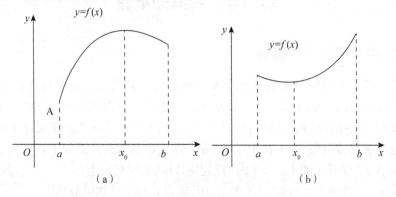

（a）　　　　　　　　　　（b）

图 3-5

定理中的唯一的极值点，可以是驻点，也可以是导数不存在的点. 例如：$f(x) = |x|$ 在 $[-1, 1]$ 上有唯一的极小值点 $x_0 = 0$，$f(0) = 0$ 是 $|x|$ 在 $[-1, 1]$ 上的最小值，但 $|x|$ 在 $x_0 = 0$ 处不可导. 在求解实际极值问题时，经常会用到上述定理. 而且定理中的闭区间改为其他形式的区间时，定理的结论仍成立.

【例 3-27】 如图 3-6 所示，已知工厂 C 与铁路线的垂直距离 AC 为 20 km，点 A 到火车站 B 的距离为 100 km，欲修一条从工厂到铁路线的公路 CD，已知铁路与公路每千米运费之比是 $3:5$，问：为了使火车站 B 与工厂 C 间的运费最省，点 D 应选在铁路线上何处？

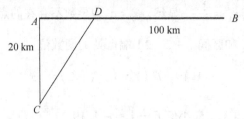

图 3-6

解　设 $AD = x$ km，那么 $DB = 100 - x$，$CD = \sqrt{20^2 + x^2} = \sqrt{400 + x^2}$.

由于铁路上每千米运费与公路上每千米运费之比为 $3:5$，不妨设铁路上每千米的运费为 $3k$，公路上每千米的运费为 $5k$（k 为某个正数，因它与本题的解无关，所以不必定出）.

设从点 B 到点 C 需要的总费用为 y，那么
$$y = 5k \cdot CD + 3k \cdot DB,$$
即
$$y = 5k\sqrt{400 + x^2} + 3k(100 - x) \quad (0 \leq x \leq 100).$$
现在问题就归结为：x 在 $[0,\ 100]$ 内取何值时目标函数 y 的值最小.

先求 y 对 x 的导数：
$$y' = k\left(\frac{5x}{\sqrt{400 + x^2}} - 3\right),$$
解方程 $y' = 0$，得 $x = 15$.

由于 $y|_{x=0} = 400k$，$y|_{x=15} = 380k$，$y|_{x=100} = 500k\sqrt{1 + \frac{1}{5^2}}$，其中以 $y|_{x=15} = 380k$ 为最小，因此当 $AD = x$ km $= 15$ km 时，总运费最省.

【例 3-28】作半径为 r 的球的外切正圆锥，问：此圆锥的高 h 为何值时，其体积 V 最小？并求出该最小值.

解 设圆锥底面圆半径为 R，如图 3-7 所示，则

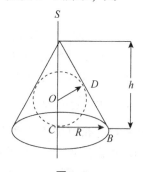

图 3-7

$$SC = h,\ OC = OD = r,\ BC = R,$$
因 $\dfrac{BC}{SC} = \dfrac{OD}{SD}$，故 $\dfrac{R}{h} = \dfrac{r}{\sqrt{(h-r)^2 - r^2}}$，从而 $R = \dfrac{rh}{\sqrt{h^2 - 2hr}}$.

于是圆锥体积为
$$V(h) = \frac{\pi}{3}R^2 h = \frac{\pi r^2}{3}\frac{h^2}{h - 2r} \quad (2r < h < +\infty),$$
因 $V'(h) = \dfrac{\pi r^2}{3}\dfrac{h^2 - 4rh}{(h - 2r)^2}$，故解 $V'(h) = 0$ 得 $h = 4r$，$h = 0$（舍去）.

由于圆锥的最小体积一定存在，且 $h = 4r$ 是 $V(h)$ 在 $(2r,\ +\infty)$ 内的唯一驻点，因此当 $h = 4r$ 时 V 取得最小值，即
$$V(4r) = \frac{\pi r^2}{3}\frac{(4r)^2}{4r - 2r} = \frac{8\pi r^3}{3}.$$

习题 3-4

1. 求函数 $f(x) = e^{|x-3|}$ 在区间 $[-5,\ 5]$ 上的最值.

2. 函数 $f(x) = 2x^3 - 6x^2 - 18x - 7 (1 \leqslant x \leqslant 4)$ 在何处取得最大值?

3. 函数 $f(x) = \dfrac{x}{x^2 + 1} (x \geqslant 0)$ 在何处取得最大值?

4. 求下列函数的最大值、最小值.

(1) $f(x) = x^4 - 2x^2 + 5, \ x \in [-2, 2]$;

(2) $f(x) = \sin 2x - x, \ x \in \left[-\dfrac{\pi}{2}, \dfrac{\pi}{2}\right]$;

(3) $f(x) = x + \sqrt{1 - x}, \ x \in [-5, 1]$.

5. 某车间靠墙壁要盖一间长方形小屋,现有存砖只够砌 20 m 长的墙壁,问:应围成怎样的长方形才能使这间小屋的面积最大?

6. 欲围一块面积为 216 m² 的矩形场地,并在中间用一堵墙把矩形场地隔成两块,问:矩形场地长、宽各为多少时,才能使筑墙用料最省?

第五节　曲线的凹凸性与拐点

一、曲线的凹凸性

利用一阶导数的符号可以判断函数在区间上的单调性. 函数的单调性反映在图形上,就是曲线的上升或下降. 但是,曲线在上升或下降的过程中,还有一个弯曲方向的问题.

先观察曲线弧 $y = f(x)$ 的凹凸形态,如图 3-8 所示:两条光滑曲线弧,虽然均是上升的,但是 $\overset{\frown}{ACB}$ 是向上凸的曲线弧,称为凸;$\overset{\frown}{ADB}$ 是向下凹的曲线弧,称为凹. 从几何上观察,在 $\overset{\frown}{ADB}$ 上任取两点,则连接这两点的弦总位于这两点间弧段的上方;而在 $\overset{\frown}{ACB}$ 上任取两点,连接这两点的弦总位于这两点间弧段的下方,曲线的这种性质称为曲线的凹凸性. 利用连接曲线弧上任意两点的弦的中点与曲线弧上具有相同横坐标的点的位置关系来给出定义.

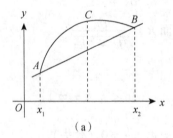
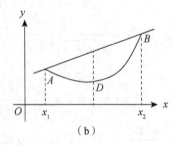

图 3-8

定义　设函数 $f(x)$ 在区间 I 上连续,如果对 I 上任意两点 x_1,x_2,恒有

$$f\left(\frac{x_1 + x_2}{2}\right) < \frac{f(x_1) + f(x_2)}{2},$$

那么称 $f(x)$ 在 I 上的图形是(向上)凹的(或凹弧);如果恒有

$$f\left(\frac{x_1 + x_2}{2}\right) > \frac{f(x_1) + f(x_2)}{2},$$

那么称 $f(x)$ 在 I 上的图形是（向上）凸的（或凸弧）.

如果函数 $f(x)$ 在区间 I 内具有二阶导数，那么可以利用二阶导数的符号来判定曲线的凹凸性.

定理　设函数 $f(x)$ 在 $[a, b]$ 上连续，在 (a, b) 内具有一阶和二阶导数，那么

(1) 若在 (a, b) 内 $f''(x) > 0$，则 $f(x)$ 在 $[a, b]$ 上是凹的；

(2) 若在 (a, b) 内 $f''(x) < 0$，则 $f(x)$ 在 $[a, b]$ 上是凸的.

证明　在情形 (1) 时，设 x_1 和 x_2 为 $[a, b]$ 内任意两个点，且 $x_1 < x_2$. 记 $x_0 = \dfrac{x_1 + x_2}{2}$，

并记 $x_2 - x_0 = x_0 - x_1 = h$，则 $x_1 = x_0 - h$，$x_2 = x_0 + h$，由拉格朗日中值公式，得

$$f(x_0 + h) - f(x_0) = f'(x_0 + \theta_1 h)h, \quad f(x_0) - f(x_0 - h) = f'(x_0 - \theta_2 h)h,$$

其中 $0 < \theta_1 < 1$，$0 < \theta_2 < 1$. 两式相减，即得

$$f(x_0 + h) + f(x_0 - h) - 2f(x_0) = [f'(x_0 + \theta_1 h) - f'(x_0 - \theta_2 h)]h,$$

对 $f'(x)$ 在区间 $[x_0 - \theta_2 h, x_0 + \theta_1 h]$ 上再利用拉格朗日中值公式，得

$$[f'(x_0 + \theta_1 h) - f'(x_0 - \theta_2 h)]h = f''(\xi)(\theta_1 - \theta_2)h^2,$$

其中 $x_0 - \theta_2 h < \xi < x_0 + \theta_1 h$. 按情形 (1) 的假设，$f''(\xi) > 0$，故有

$$f(x_0 + h) + f(x_0 - h) - 2f(x_0) > 0,$$

即

$$\frac{f(x_0 + h) + f(x_0 - h)}{2} > f(x_0),$$

亦即 $f\left(\dfrac{x_1 + x_2}{2}\right) < \dfrac{f(x_1) + f(x_2)}{2}$，所以 $f(x)$ 在 $[a, b]$ 上是凹的.

类似地，可证明情形 (2).

【例 3-29】求曲线 $y = x^4 + 6x^3 + 12x^2 - 10x + 10$ 的凹凸区间.

解　$y' = 4x^3 + 18x^2 + 24x - 10$，$y'' = 12x^2 + 36x + 24 = 12(x^2 + 3x + 2)$，令 $y'' = 0$，得 $x_1 = -2$，$x_2 = -1$.

以 x_1，x_2 为分界点，将函数的定义域分为三个子区间：$(-\infty, -2]$，$[-2, -1]$，$[-1, +\infty)$.

分别讨论 y'' 在这三个子区间的符号，并确定曲线在三个子区间的凹凸性，其结果列于表 3-2 中.

表 3-2

区间	$(-\infty, -2)$	$(-2, -1)$	$(-1, +\infty)$
y''	+	−	+
y	$\cup$	$\cap$	$\cup$

由表 3-2 可知，曲线的凹区间为 $(-\infty, -2]$ 和 $[-1, +\infty)$，凸区间为 $[-2, -1]$.

【例 3-30】判断曲线 $y = x^3$ 的凹凸性.

解　因为 $y' = 3x^2$，$y'' = 6x$，当 $x < 0$ 时，$y'' < 0$，所以曲线在 $(-\infty, 0]$ 内为凸弧；当 $x > 0$ 时，$y'' > 0$，所以曲线在 $[0, +\infty)$ 内为凹弧.

二、拐点

一般地，设函数 $y = f(x)$ 在区间 I 上连续，x_0 是 I 的内点（指除端点外的 I 内的点），如果曲线 $y = f(x)$ 在经过点 $(x_0, f(x_0))$ 时，曲线的凹凸性改变了，那么就称点 $(x_0, f(x_0))$ 为该曲线的**拐点**.

通过前文可知，由 $f''(x)$ 的符号可以判断区间的凹凸性，因此如果 $f''(x)$ 在 x_0 的左、右两侧邻近异号，那么点 $(x_0, f(x_0))$ 就是曲线的一个拐点. 所以要寻找拐点，只要找到 $f''(x)$ 符号发生变化的分界点即可. 如果 $f(x)$ 在区间 I 上具有二阶连续导数，那么在这样的分界点处必然有 $f''(x) = 0$；除此以外，$f''(x)$ 不存在的点也可能是 $f''(x)$ 的符号发生变化的分界点.

拐点的求法一般可分为以下三个步骤：

（1）求 $f''(x)$；

（2）令 $f''(x) = 0$，解出在定义域范围内的实根，并求出 $f''(x)$ 不存在的点；

（3）用步骤（2）求出的点将定义域划分为多个区间，检查各区间 $f''(x)$ 的符号，用本节的定理判断.

【例 3-31】求曲线 $y = x^3 - 3x^2 - 9x - 9$ 的凹凸区间及拐点.

解 $y' = 3x^2 - 6x - 9$，$y'' = 6x - 6 = 6(x - 1)$.

令 $y''(x) = 0$，得 $x = 1$，将 $(-\infty, +\infty)$ 分成两个子区间，列表 3-3 讨论如下：

表 3-3

x	$(-\infty, 1)$	1	$(1, +\infty)$
y''	−	0	+
y	$\cap$	拐点 $(1, -20)$	$\cup$

由表 3-3 可知，曲线的凸区间为 $(-\infty, 1]$，凹区间为 $[1, +\infty)$，拐点为 $(1, -20)$.

【例 3-32】求曲线 $y = \sqrt[3]{x}$ 的拐点.

解 该函数在 $(-\infty, +\infty)$ 内连续，当 $x \neq 0$ 时，有

$$y' = \frac{1}{3\sqrt[3]{x^2}}, \quad y'' = -\frac{2}{9x\sqrt[3]{x^2}}.$$

当 $x = 0$ 时，y'，y'' 都不存在. 故二阶导数在 $(-\infty, +\infty)$ 内不连续且不具有零点.

但 $x = 0$ 是 y'' 不存在的点，它把 $(-\infty, +\infty)$ 分成两个子区间：$(-\infty, 0]$，$[0, +\infty)$. 在 $(-\infty, 0)$ 内，$y'' > 0$，曲线在 $(-\infty, 0]$ 上是凹的. 在 $(0, +\infty)$ 内，$y'' < 0$，曲线在 $[0, +\infty)$ 上是凸的. 当 $x = 0$ 时，$y = 0$，故点 $(0, 0)$ 是该曲线的拐点.

【例 3-33】求曲线 $f(x) = \ln(x^2 + 1)$ 的凹凸区间及拐点.

解 $f'(x) = \frac{2x}{x^2 + 1}$，$f''(x) = \frac{(x^2 + 1) \cdot 2 - 2x \cdot 2x}{(x^2 + 1)^2} = \frac{2(1 - x^2)}{(x^2 + 1)^2}$.

令 $f''(x) = 0$，得 $1 - x^2 = 0$，解得 $x = \pm 1$. 函数无二阶导数不存在的点.

点 $x = 1$ 和 $x = -1$ 将 $(-\infty, +\infty)$ 分成三部分, 在 $(-\infty, -1)$ 和 $(1, +\infty)$ 上 $f''(x) < 0$, 曲线是凸的; 在 $(-1, 1)$ 上 $f''(x) > 0$, 曲线是凹的. 当 $x = \pm 1$ 时, $y = \ln 2$. 故 $(-1, \ln 2)$ 和 $(1, \ln 2)$ 是曲线的拐点.

习题 3-5

1. 求函数 $y = x^5 - 4x + 2$ 的凹凸区间及拐点.

2. 求曲线 $y = (x - 1)^2 (x - 3)^2$ 的拐点个数.

3. 点 $(0, 1)$ 是曲线 $y = ax^3 + bx^2 + c$ 的拐点, 则 a, b, c 满足什么条件?

4. 求曲线 $y = -6x^2 + 4x^4$ 的凹凸区间.

5. 证明: 当 $x \neq y$ 时, $\dfrac{e^x + e^y}{2} > e^{\frac{x+y}{2}}$.

第六节　函数图形的描绘

这一节先介绍曲线的渐近线, 再综合运用前几节所讨论的利用函数导数研究函数图形单调性、凹凸性变化性态, 画出函数的图形.

一、曲线的渐近线

如果曲线 $y = f(x)$ 上一动点沿曲线趋向无穷远处时, 该动点与直线 L 的距离趋于 0, 则称直线 L 为曲线 $y = f(x)$ 的渐近线.

渐近线分为水平渐近线、垂直渐近线和斜渐近线三种.

1. 水平渐近线

如果 $\lim\limits_{x \to +\infty} f(x) = C$, $\lim\limits_{x \to -\infty} f(x) = C$ 或 $\lim\limits_{x \to \infty} f(x) = C$, 则称直线 $y = C$ 为曲线 $y = f(x)$ 的水平渐近线.

例如, 由于 $\lim\limits_{x \to \infty} \dfrac{1}{x} = 0$, 所以 $y = 0$ 为双曲线 $y = \dfrac{1}{x}$ 的水平渐近线.

2. 垂直渐近线

如果 $\lim\limits_{x \to x_0^-} f(x) = \infty$ 或 $\lim\limits_{x \to x_0^+} f(x) = \infty$, 则称直线 $x = x_0$ 为曲线 $y = f(x)$ 的垂直渐近线.

例如, 由于 $\lim\limits_{x \to 0} \dfrac{1}{x} = \infty$, 所以 $x = 0$ 为双曲线 $y = \dfrac{1}{x}$ 的垂直渐近线.

3. 斜渐近线

设 a, b 为常数, 且 $a \neq 0$, 如果

$$\lim_{x \to +\infty} [f(x) - (ax + b)] = 0 \text{ 或 } \lim_{x \to -\infty} [f(x) - (ax + b)] = 0,$$

则称直线 $y = ax + b$ 为曲线 $y = f(x)$ 的斜渐近线.

如果曲线 $y = f(x)$ 有斜渐近线 $y = ax + b$, 由上式可知, 必有

$$\lim_{x \to +\infty} [f(x) - ax] = b \text{ 或 } \lim_{x \to -\infty} [f(x) - ax] = b,$$

以及

$$\lim_{x \to +\infty}\left[\frac{f(x)}{x} - a\right] = 0 \text{ 或 } \lim_{x \to -\infty}\left[\frac{f(x)}{x} - a\right] = 0,$$

即

$$\lim_{x \to +\infty}\frac{f(x)}{x} = a \text{ 或 } \lim_{x \to -\infty}\frac{f(x)}{x} = a.$$

于是我们得到求曲线 $y = f(x)$ 的斜渐近线 $y = ax + b$ 的两组公式:

$$a = \lim_{x \to +\infty}\frac{f(x)}{x}, \quad b = \lim_{x \to +\infty}[f(x) - ax];$$

$$a = \lim_{x \to -\infty}\frac{f(x)}{x}, \quad b = \lim_{x \to -\infty}[f(x) - ax].$$

【例 3-34】 求曲线 $y = \dfrac{(x + 1)^3}{(x - 1)^2}$ 的渐近线.

解 由于 $\lim\limits_{x \to 1}\dfrac{(x + 1)^3}{(x - 1)^2} = \infty$, $\lim\limits_{x \to \infty}\dfrac{(x + 1)^3}{(x - 1)^2} = \infty$, 因此该曲线有垂直渐近线 $x = 1$, 无水平渐近线. 又因

$$a = \lim_{x \to \infty}\frac{f(x)}{x} = \lim_{x \to \infty}\frac{(x + 1)^3}{x(x - 1)^2} = 1;$$

$$b = \lim_{x \to \infty}[f(x) - ax] = \lim_{x \to \infty}\left[\frac{(x + 1)^3}{(x - 1)^2} - x\right] = \lim_{x \to \infty}\frac{5x^2 + 2x + 1}{x^2 - 2x + 1} = 5,$$

故该曲线有斜渐近线: $y = x + 5$.

二、函数图形的描绘

利用导数描绘函数图形的一般步骤如下:

(1) 确定函数 $y = f(x)$ 的定义域及函数具有的性质 (如奇偶性、对称性、周期性);

(2) 求出使 $f'(x) = 0$ 与 $f''(x) = 0$ 的点以及 $f'(x)$ 与 $f''(x)$ 不存在的点;

(3) 以 (2) 中求出的点为分界点,将 $f(x)$ 的定义域划分为若干个子区间,并列表讨论 $f'(x)$ 与 $f''(x)$ 在各个子区间的符号,从而确定出曲线 $y = f(x)$ 在各个子区间内的单调性、极值点、凹凸性与拐点;

(4) 讨论曲线 $y = f(x)$ 的渐近线;

(5) 在坐标平面上描出曲线 $y = f(x)$ 的几个特殊点,并根据 (1) ~ (4) 得出的曲线特征作图.

【例 3-35】 作函数 $y = \dfrac{4(x + 1)}{x^2} - 2$ 的图形.

解 (1) 定义域: $(-\infty, 0) \cup (0, +\infty)$.

(2) 求 y', y'':

$$y' = -\frac{4(x + 2)}{x^3}, \quad y'' = \frac{8(x + 3)}{x^4},$$

令 $y' = 0$，得驻点 $x = -2$；令 $y'' = 0$，得 $x = -3$.

（3）函数的单调性、极值、凹凸性和拐点如表 3-4 所示.

表 3-4

x	$(-\infty, -3)$	-3	$(-3, -2)$	-2	$(-2, 0)$	0	$(0, +\infty)$
y'	$-$		$-$	0	$+$		$-$
y''	$-$	0	$+$		$+$		$+$
y	↘ ∩	$\left(-3,\ -\dfrac{26}{9}\right)$ 拐点	↘ ∪	-3 极小值	↗ ∪	间断	↘ ∪

（4）渐近线：

$$\lim_{x \to \pm\infty}\left[\frac{4(x+1)}{x^2} - 2\right] = -2,\quad 所以 \ y = -2 \ 是水平渐近线;$$

$$\lim_{x \to 0}\left[\frac{4(x+1)}{x^2} - 2\right] = \infty,\quad 所以 \ x = 0 \ 是垂直渐近线.$$

（5）描点：$A\left(-3,\ -\dfrac{26}{9}\right)$，$B(-1,\ -2)$，$C(1,\ 6)$，$D(2,\ 1)$，$E\left(3,\ -\dfrac{2}{9}\right)$.

作出函数的图形，如图 3-9 所示.

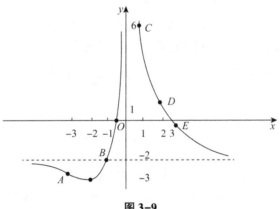

图 3-9

习题 3-6

1. 求函数 $y = \dfrac{x^3}{(x-1)^2}$ 的渐近线.

2. 当 $x > 0$ 时，求曲线 $y = x\sin\dfrac{1}{x}$ 的渐近线.

3. 运用导数的知识作函数 $y = (x+6)\mathrm{e}^{\frac{1}{x}}$ 的图形.

第七节 导数在经济学中的应用

随着市场经济的不断发展，利用数学知识解决经济问题显得越来越重要，而导数是高等数学中的重要概念，是经济分析的重要工具．把经济活动中的一些现象归纳到数学领域中，用数学知识进行解答，对很多经营决策起了非常重要的作用，如：边际分析和弹性分析．

一、边际分析

边际概念是经济学中的一个重要概念，一般指经济函数的变化率．利用导数研究经济变量的边际变化的方法，称为边际分析方法．我们有如下的定义．

定义 若函数 $y = f(x)$ 可导，则导数 $f'(x)$ 称为边际函数，有

$$\lim_{\Delta x \to 0} \frac{\Delta y}{\Delta x} = \lim_{\Delta x \to 0} \frac{f(x + \Delta x) - f(x)}{\Delta x} = f'(x).$$

1. 边际成本

由上述定义可知，成本函数 $C(x)$ （x 是产量）的导数 $C'(x)$ 称为边际成本函数．其经济意义：当产量为 x 个单位时，再多生产一个单位的产品，总成本将增加 $C'(x)$.

定义每单位产品所承担的成本费用为平均成本函数，即 $\overline{C}(x) = \dfrac{C(x)}{x}$ （x 是产量）．研究表明：当边际成本等于平均成本时，平均成本达到最小．

【例 3-36】 某厂已估算出产品的成本函数为 $C(x) = 1\ 600 + 2x + 0.01x^2$，产量多大时，平均成本最低？求出最低平均成本和相应产量的边际成本．

解 平均成本 $\overline{C}(x) = \dfrac{C(x)}{x} = \dfrac{1\ 600}{x} + 2 + 0.01x$，$\overline{C}'(x) = -\dfrac{1\ 600}{x^2} + 0.01$.

令 $\overline{C}'(x) = 0$，得 $x = 400$，又

$$\overline{C}''(x) = \frac{3\ 200}{x^2}, \quad \overline{C}''(400) = \frac{3\ 200}{400^2} > 0,$$

所以当 $x = 400$ 时，平均成本最低，最低平均成本 $\overline{C}(400) = 4 + 2 + 0.01 \times 400 = 10$.

边际成本 $C'(x) = 2 + 0.02x$，当 $x = 400$ 时，边际成本 $C'(400) = 2 + 0.02 \times 400 = 10$.

2. 边际收益

收益函数 R 是产品销售量 x 与销售单价 p 的函数，$R(x) = x \cdot p$.

收益函数的导数 $R'(x)$ 称为边际收益函数．其经济意义：当销售量为 x 时，再多销售一个单位产品，收益增加或减少的量．某一产品的销售量（假设在产销条件下，销售量即为需求量）又与销售单价 p 有关系，几个经济变量之间的关系可由下面的例题说明．

【例 3-37】 某产品的需求函数 $x = 1\ 000 - 100p$，求需求量 $x = 200$ 时的总收益、平均收益和边际收益．

解 销售 x 件价格为 p 的产品收益 $R(x) = x \cdot p$，又

$$x = 1\ 000 - 100p, \quad p = \frac{1\ 000 - x}{100},$$

$$R(x) = x \cdot p = x\left(10 - \frac{1}{100}x\right) = 10x - 0.01x^2,$$

平均收益函数为 $\overline{R}(x) = \dfrac{R(x)}{x} = 10 - 0.01x$；边际收益函数为 $R'(x) = 10 - 0.02x$.

当 $x = 200$ 时的总收益 $R(200) = 10 \times 200 - 0.01 \times 200^2 = 1\,600$，

平均收益为 $\overline{R}(200) = 10 - 0.01 \times 200 = 8$，

边际收益为 $R'(x) = 10 - 0.02 \times 200 = 6$.

3. 边际利润

利润函数 $L(x)$ 等于产品的收益函数与成本函数之差，即 $L(x) = R(x) - C(x)$.

利润函数的导数 $L'(x)$ 称为边际利润函数. 其经济意义：当产量为 x 时，产量变化一个单位，利润增加或减少的量.

【例 3-38】某产品总成本 C 为日产量 x 的函数，$C(x) = \dfrac{1}{9}x^2 + 6x + 100$，产品销售价格为 p，它与产量的关系为 $p(x) = 46 - \dfrac{1}{3}x$，问：日产量多少时，才能使得每日产品全部销售后获得的总利润最大？最大利润是多少？

解　收益函数 $R(x) = x \cdot p = x\left(46 - \dfrac{1}{3}x\right) = 46x - \dfrac{1}{3}x^2$，

利润函数 $L(x) = R(x) - C(x) = -\dfrac{4}{9}x^2 + 40x - 100$，

边际利润函数 $L'(x) = -\dfrac{8}{9}x + 40$，令 $L'(x) = 0$，得 $x = 45$，又 $L''(x) = -\dfrac{8}{9} < 0$，

所以 $x = 45$ 时，利润最大，$L(45) = 800$.

二、弹性分析

在西方微观经济学中，弹性是用来表示因变量对自变量变化的反应的敏感程度. 具体地说，当一个经济变量发生 1% 变动时，由它引起的另一个经济变量变动的百分比. 下面我们给出弹性的一般概念

设函数 $f(x)$ 在点 x_0 处可导，函数的相对改变量 $\dfrac{\Delta y}{y}$ 与自变量的相对改变量 $\dfrac{\Delta x}{x}$ 之比

$\dfrac{\Delta y / y_0}{\Delta x / x_0}$，称为函数 $f(x)$ 从 $x = x_0$ 到 $x = x_0 + \Delta x$ 两点间的相对变化率，或称为两点间的弹性.

极限 $\lim\limits_{\Delta x \to 0} \dfrac{\Delta y / y}{\Delta x / x} = \lim\limits_{\Delta x \to 0} \dfrac{\dfrac{f(x + \Delta x) - f(x)}{f(x)}}{\dfrac{\Delta x}{x}}$ 称为函数 $f(x)$ 在点 x 处的弹性（也称点弹性或点相对

变化率）. 记作：$\eta = \dfrac{Ey}{Ex}$，即 $\dfrac{Ey}{Ex} = \lim\limits_{\Delta x \to 0} \dfrac{\Delta y}{\Delta x} \cdot \dfrac{x}{y} = f'(x) \cdot \dfrac{x}{f(x)}$.

函数 $f(x)$ 在点 x 处的弹性反映了随着 x 的变化 $f(x)$ 变化幅度的大小，也就是 $f(x)$ 对 x 的变化反应的强烈程度或灵敏度.

1. 需求弹性

设需求函数 $Q = f(p)$，p 表示产品的价格，则该产品在价格为 p 时的需求弹性为

$$\eta = \eta(p) = \lim_{\Delta p \to 0} \frac{\Delta Q/Q}{\Delta p/p} = \lim_{\Delta p \to 0} \frac{\Delta Q}{\Delta p} \cdot \frac{p}{Q} = p \cdot \frac{f'(p)}{f(p)},$$

当 Δp 很小时, 有

$$\eta = p \cdot \frac{f'(p)}{f(p)} \approx \frac{p}{f(p)} \cdot \frac{\Delta Q}{\Delta p},$$

它近似地表示价格为 p 时, 价格变动 1%, 需求量变化 $\eta\%$. 通常略去 "近似" 两字.

【例 3-39】 某商品的需求函数为 $Q(p) = 12 - \dfrac{p}{2}$, 求:

(1) 需求弹性函数;

(2) 当 $p = 6$ 时的需求弹性.

解 (1) $\eta(p) = p \cdot \dfrac{Q'(p)}{Q(p)} = p \dfrac{-\dfrac{1}{2}}{12 - \dfrac{1}{2}p} = \dfrac{p}{p - 24}$;

(2) 当 $p = 6$ 时, $\eta(6) = \dfrac{6}{6 - 24} = -\dfrac{1}{3}$.

2. 需求弹性对总收益的影响

若需求函数表示为 $Q = f(p)$, 则总收益函数可写成 $R = p \cdot x = p \cdot f(p)$, 由总收益的一阶导数

$$R'(p) = f(p) + p \cdot f'(p) = f(p)\left(1 + f'(p) \cdot \frac{p}{f(p)}\right) = f(p)(1 + \eta)$$

知: (1) 若 $|\eta| < 1$, 需求变动的幅度小于价格变动的幅度, $R' > 0$, R 递增, 即价格上涨, 总收益增加; 价格下跌, 总收益减少;

(2) 若 $|\eta| > 1$, 需求变动的幅度大于价格变动的幅度, $R' < 0$, R 递减, 即价格上涨, 总收益减少; 价格下跌, 总收益增加;

(3) 若 $|\eta| = 1$, 需求变动的幅度等于价格变动的幅度, $R' = 0$, R 取得最大值.

由此可见, 总收益的变化受需求弹性的制约, 随商品需求弹性的变化而变化.

【例 3-40】 设某商品市场需求函数为 $Q = \left(10 - \dfrac{p}{2}\right)^2$ (Q 为需求量, p 为价格), 求:

(1) 当 $p = 4$ 时, 边际需求;

(2) 当 $p = 4$ 时, 需求弹性;

(3) 当 $p = 4$ 时, 若价格上涨 1%, 总收益变化百分之几? 是增加还是减少?

解 (1) 边际需求函数 $Q'(p) = \dfrac{p}{2} - 10$, 当 $p = 4$ 时的边际需求为 $Q'(4) = \dfrac{4}{2} - 10 = -8$, 它表明价格为 4 个单位时, 再上涨一个单位, 需求量将下降 8 个单位.

(2) 令 $Q = f(p)$, 则需求弹性为 $\eta = p \cdot \dfrac{f'(p)}{f(p)}$, 当 $p = 4$ 时的需求弹性为 $\eta(4) = 4 \cdot$

$\dfrac{f'(4)}{f(4)} = 4 \cdot \dfrac{\dfrac{4}{2} - 10}{\left(10 - \dfrac{4}{2}\right)^2} = \dfrac{8}{4 - 20} = -\dfrac{1}{2}$.

它说明当 $p = 4$ 时，价格上涨 1%，需求将减少 0.5%.

（3）$R(p) = p \cdot f(p) = p\left(10 - \dfrac{p}{2}\right)^2$，因为

$$R'(p) = f(p) + p \cdot f'(p) = f(p)\left(1 + f'(p) \cdot \dfrac{p}{f(p)}\right) = f(p)(1 + \eta),$$

$$R'(4) = f(4)(1 + \eta) = 32,$$

得

$$R(4) = 4\left(10 - \dfrac{4}{2}\right)^2 = 256,$$

$$\left.\dfrac{ER}{Ep}\right|_{p=4} = R'(4) \cdot \dfrac{4}{R(4)} = \dfrac{1}{2}.$$

所以当 $p = 4$ 时，价格上涨 1%，总收益将增加 0.5%.

习题 3-7

1. 设某厂每批生产某种商品 x 单位的费用为 $C(x) = 5x + 200$，得到的收益 $R(x) = 10x - 0.01x^2$，问：每批生产多少单位时才能使利润最大？

2. 设某工厂生产某种产品的总成本函数为 $C(x) = 0.5x^2 + 36x + 9\,800$（元），求平均成本最小时的产量 x，以及最小平均成本.

3. 设某种商品的需求函数为

$$Q = \dfrac{a}{p + b} - c \quad (a, b, c > 0，且 a > bc),$$

其中 p 为价格，Q 为需求量，求价格 p 为何值时收益最大.

4. 某商品的需求函数为 $Q = 75 - p^2$（Q 为需求量，p 为价格），求：

（1）当 $p = 4$ 时，边际需求；　　　　（2）当 $p = 4$ 时，需求弹性.

本章小结

微分中值定理是微分学的理论基础. 拉格朗日中值定理建立了函数值与导数之间的定量关系，其证明过程提供了一个用构造函数法证明数学命题的精彩典范，通过巧妙的数学变换，将一般化为特殊，将复杂问题化为简单问题的论证思想是重要而常用的数学思想.

用洛必达法则可以解决以前处理不了的未定式的极限问题. 在使用洛必达法则时，一定要分子、分母分别对极限过程中的自变量求导，并在每一步之后都停下来，检查所面对的极限是否仍为 $\dfrac{0}{0}$ 型未定式或 $\dfrac{\infty}{\infty}$ 型未定式.

以导数为工具对函数的单调性、极值、最值进行研究，弄清楚极值的概念、极值与最值的区别. 用一阶导数的符号研究函数的单调性，划分函数的单调区间，确定其分界点时应注意所有的驻点和使 $f'(x)$ 不存在的点，这样能保证 $f'(x)$ 在各区间内部变号，从而得到单调区间. 在求函数的极值时，尽可能把有用的信息都放到表格中，从而方便地得到所需的结论. 在求函数在闭区间上的最值时，把函数在区间端点的值与其在区间内部临界点的值加以比较，选出最值，对于求实际问题的最值，关键是建立正确的模型，然后求出函数在其有意

义的区间内的极值. 一般情况下，驻点是唯一的，并且就是所希望的点. 但它们仅反映函数变化规律的某些方面. 在函数增加或减少的过程中，还有弯曲方向的问题，即曲线的凹凸性. 利用二阶导数的符号来判定函数图形的凹凸性. 函数作图的主要步骤：求函数的定义域，研究周期性、奇偶性，求曲线与坐标轴交点，研究函数单调区间与极值，研究曲线的凹凸性与拐点，求曲线的渐近线方程，最后综合上述资料，作出函数图形.

本章重要知识点对比如下.

1）驻点和极值点的关系

首先它们的定义不同：驻点是导数为零的点，而极值点表明该点的值大于（或小于）其小邻域上任何其他的值. 驻点仅是可导函数取得极值的必要条件，即可能 x_0 是函数 $f(x)$ 的驻点，但 x_0 并不是函数的极值点. 如 $y = x^3$ 在 $x = 0$ 处 $y' = 0$，而 $x = 0$ 却不是极值点.

2）驻点和拐点定义的差异

驻点是导数为零的点，而拐点通常是二阶导数为零或二阶导数不存在的点，且它们的两侧二阶导数符号不同的点. 拐点是曲线凸弧和凹弧分界点，是研究曲线图形重要特征的依据之一，而驻点主要用来确定该点是否为极值点.

3）极值点与最值点的差异

最值点是函数在某一区间上取得最大（小）值的点，它可能是极值点，也可能是边界点；而在某一区间上可能有多个极值点，甚至于某个极小值比另一个极大值还大. 因此求某一区间的最值时，通常是求出该区间上的所有驻点、导数不存在的点以及边界点，然后将这些点的函数值予以比较，找到最值.

本章重点：（1）微分中值定理；（2）洛必达法则；（3）函数的单调性与极值、曲线的凹凸性问题；（4）函数的最值问题.

本章难点：（1）微分中值定理的应用；（2）最值问题求解；（3）利用洛必达法则求复杂未定式的极限.

中值定理背后数学巨匠

微分中值定理中的三位数学家罗尔（M. Rolle, 1652—1719），拉格朗日（J. L. Lagrange, 1736—1813），柯西（A. L. Cauchy, 1789—1857）都是法国数学家.

罗尔只受过初等教育，年轻时穷困潦倒. 1682 年解决了数学家奥扎南提出的一个数论难题，受到学术界的好评. 三年后进入法国科学院. 罗尔在数学上的成就主要在代数方面. 他于 1691 年在题为《任意次方程的一个解法的证明》的论文中指出：在多项式方程的两个相邻实根之间，其导数方程至少有一个根. 一百多年后的 1846 年，G. 伯拉维提斯将这一定理推广到可微函数，并把此定理命名为罗尔定理.

拉格朗日是 18 世纪的伟大科学家，在数学、力学和天文学三个学科中都有重大历史性的贡献，但他研究力学和天文学的目的是表现数学分析的威力，其全部著作、论文、学术报告记录、学术通讯超过 500 篇. 拉格朗日的学术生涯主要在 18 世纪后半期. 当时数学、物理学和天文学是自然科学主体. 数学的主流是由微积分发展起来的数学分析，以欧洲大陆为中心；物理学的主流是力学；天文学的主流是天体力学．数学分析的发展使力学和天体力学深化，而力学和天体力学的课题又成为数学分析发展的动力．拉格朗日是数学分析的开拓者，分析力学的创立者，天体力学的奠基者．拉格朗日科学的思想方法，也对后人产生了深远的影响．拉格朗日常数变易法，其实质就是矛盾转化法．拉格朗日解决数学问题的精妙之处，在于他能洞察到数学对象之间的深层次联系，从而创造有利条件，使问题迎刃而解．正所谓万物皆联系，任何学科都不是孤立存在的，数学更是自然学科的基础．

柯西在数学上的最大贡献是在微积分中引进了极限概念，并以极限为基础建立逻辑清晰的分析体系．这是微积分发展史上的精华．柯西利用中值定理首先严格证明了微积分基本定理．通过柯西以及魏尔斯特拉斯的艰苦工作，数学分析的基本概念得到了严格的论述，从而结束了微积分 200 多年来思想上的混乱局面，使微积分发展成现代数学最基础、最庞大的数学学科．柯西在其他领域的研究成果也很丰富：复变函数的微积分理论是由他创立的，在代数学、理论物理、光学、弹性理论等方面也有突出的贡献．柯西的数学成就不仅辉煌，而且数量惊人．柯西全集有 27 卷，其论著有 800 多篇，在数学史上是仅次于欧拉的多产数学家．

总习题三 ▶▶ ▶

1. 验证下列函数在指定区间上是否满足罗尔定理条件？若不满足，说明理由；若满足，求出定理中的点 ξ.

(1) $f(x) = \dfrac{1 + x^2}{x}$, $[-3, 3]$；　　　　(2) $f(x) = |x|$, $[-1, 1]$；

(3) $f(x) = x\sqrt{6 - x}$, $[0, 6]$；　　　　(4) $f(x) = |x|\sin|x|$, $[-\pi, \pi]$.

2. 验证函数 $f(x) = e^x$ 在区间 $[a, b]$ $(a < b)$ 上满足拉格朗日中值定理条件，并求出定理中的点 ξ.

3. 设 $f(x) = x(x-1)(x-2)(x-3)$，不用求 $f'(x)$，说明方程 $f'(x) = 0$ 有几个实根，并指出各实根所在的区间.

4. 证明方程 $x^3 + 2x + 1 = 0$ 在 $(-1, 0)$ 内存在唯一的实根.

5. 设函数 $f(x)$ 在闭区间 $[a, b]$ 上连续，在开区间 (a, b) 内可导，试证：至少存在一点 $\xi \in (a, b)$，使得

$$[nf(\xi) + \xi f'(\xi)]\xi^{n-1} = \frac{b^n f(b) - a^n f(a)}{b - a} \quad (n \geq 1).$$

6. 证明下列恒等式.

(1) $\arctan x + \operatorname{arccot} x = \dfrac{\pi}{2}$, $x \in (-\infty, +\infty)$；

(2) $2\arctan x + \arcsin \dfrac{2x}{1 + x^2} = \pi$, $x \in [1, +\infty)$.

7. 设 $0 < a < b$，函数 $f(x)$ 在闭区间 $[a, b]$ 上连续，在开区间 (a, b) 内可导．试证：至少存在一点 $\xi \in (a, b)$，使得

$$f(b) - f(a) = \xi f'(\xi)\ln\frac{b}{a}.$$

8. 求下列极限.

(1) $\lim\limits_{x \to a} \dfrac{x^m - a^m}{x^n - a^n}$;

(2) $\lim\limits_{x \to 0} \dfrac{a^x - b^x}{x}(a,\ b > 0)$;

(3) $\lim\limits_{x \to 0} \dfrac{x - \sin x}{x - \tan x}$;

(4) $\lim\limits_{x \to 0} \dfrac{\cos x - \sqrt{1 + x}}{x}$;

(5) $\lim\limits_{x \to 0} \dfrac{e^x + \sin x - 1}{\ln(1 + x)}$;

(6) $\lim\limits_{x \to 0} \dfrac{\ln \cos x}{x^2}$;

(7) $\lim\limits_{x \to 0} \dfrac{a^x - a^{\sin x}}{\sin^3 x},\ (0 < a \neq 1)$;

(8) $\lim\limits_{x \to 0^+} \dfrac{\ln \sin x}{\ln \sin 5x}$;

(9) $\lim\limits_{x \to +\infty} \dfrac{e^x - x}{e^x + x}$;

(10) $\lim\limits_{x \to 1}(x - 1)\tan \dfrac{\pi x}{2}$;

(11) $\lim\limits_{x \to \frac{\pi}{2}}(\sec x - \tan x)$;

(12) $\lim\limits_{x \to 0^+}(\tan x)^{\sin x}$;

(13) $\lim\limits_{x \to \infty}(1 + x^2)^{\frac{1}{x}}$;

(14) $\lim\limits_{x \to e}(\ln x)^{1/(1 - \ln x)}$.

9. 设函数 $f(x)$ 二阶连续可导，且 $f(0) = 0$，$f'(0) = 1$，求 $\lim\limits_{x \to 0}\dfrac{f(x) - x}{x^2}$.

10. 确定下列函数的单调区间.

(1) $f(x) = x^3 - 3x^2 - 45x + 1$;

(2) $f(x) = x + \dfrac{1}{x}$;

(3) $f(x) = (x - 1)x^{\frac{2}{3}}$;

(4) $f(x) = 2x^2 - \ln x$.

11. 利用函数的单调性，证明下列不等式.

(1) $\dfrac{x - 1}{x + 1} < \dfrac{1}{2}\ln x (x > 1)$;

(2) $x - \dfrac{1}{3}x^3 < \arctan x < x (x > 0)$;

(3) $\ln(1 + x) > \dfrac{\arctan x}{1 + x}(x > 0)$;

(4) $\ln\left(1 + \dfrac{1}{x}\right) > \dfrac{1}{1 + x}(x > 0)$.

12. 求下列函数极值.

(1) $y = x - \ln(1 + x)$;

(2) $y = x^{\frac{1}{x}}$;

(3) $y = \dfrac{x^2}{1 + x}$;

(4) $y = x - \dfrac{3}{2}(x - 2)^{\frac{2}{3}}$.

13. 求下列函数在给定区间上的最值.

(1) $y = x^4 - 8x^2 + 2$，$[-1,\ 3]$;

(2) $y = \dfrac{x}{1 + x^2}$，$(0,\ +\infty)$;

(3) $y = x^2 + \dfrac{16}{x}$，$(0,\ +\infty)$;

(4) $y = x^\alpha \ln x(\alpha > 0)$，$(0,\ +\infty)$.

14. 求下列曲线的凹凸区间及拐点.

(1) $y = (x - 3)^{\frac{5}{3}}$;

(2) $y = \dfrac{x}{(x + 1)^2}$.

15. 求下列曲线的渐近线.

(1) $y = x + \dfrac{1}{x}$;

(2) $y = \sqrt{1 + x^2}$;

（3）$y = \dfrac{1}{x}\ln(1 + x)$；　　　　　　　　（4）$y = xe^{-\frac{1}{x}}$.

16. 作下列函数图形.

（1）$y = \dfrac{1}{3}x^3 - x^2 - 3x + 1$；　　　　（2）$y = \dfrac{x^2}{x + 1}$.

17. 将边长为 $2a$ 的正方形纸板的四角各剪去一个边长相等的小正方形，然后将其作成一个无盖的纸盒，问：剪去的小正方形的边长为多少时，纸盒的容积最大？

第 4 章

不定积分

由第 2 章可知，微分法的基本问题是研究如何求一个已知函数的导函数问题，本章将讨论一个与之相反的问题：求一个可导函数，使其导函数恰好等于某一个已知函数，这是积分学的一个基本问题. 实际生活中常常会碰到这样问题，如：已知速度求路程；已知加速度求速度；已知曲线上每一点处的切线斜率求曲线方程等. 这些问题可以看作变化率的反问题，也就是本章所要研究的不定积分理论.

第一节 不定积分的概念与性质

一、原函数的概念

定义 1　如果在区间 I 上，可导函数 $F(x)$ 的导函数为 $f(x)$，即对任意 $x \in I$，都有
$$F'(x) = f(x) \quad \text{或} \quad \mathrm{d}F(x) = f(x)\mathrm{d}x \qquad (\forall x \in I),$$
则称函数 $F(x)$ 是 $f(x)$ 在区间 I 上的一个原函数.

例如，在区间 $(-\infty, +\infty)$ 内，由于 $(\sin x)' = \cos x$，因此在区间 $(-\infty, +\infty)$ 内 $\sin x$ 是 $\cos x$ 的一个原函数；

在区间 $(0, +\infty)$ 内，由于 $(\ln x)' = \dfrac{1}{x}$，因此在区间 $(0, +\infty)$ 内 $\ln x$ 是 $\dfrac{1}{x}$ 的一个原函数；

在区间 $(-\infty, +\infty)$ 内，由于 $(\arctan x)' = \dfrac{1}{1+x^2}$，因此在区间 $(-\infty, +\infty)$ 内 $\arctan x$ 是 $\dfrac{1}{1+x^2}$ 的一个原函数.

有了原函数的概念，我们自然要问：什么样的函数有原函数？或者说一个函数具备什么样的条件才能保证它的原函数一定存在？这里我们只给出一个结论，详细情况在下章介绍.

定理　（原函数存在定理）如果函数 $f(x)$ 在区间 I 上连续，那么在区间 I 上存在可导函

数 $F(x)$ ，使得对每一个 $x \in I$ ，都有 $F'(x) = f(x)$.

即连续函数一定有原函数.

如果函数 $f(x)$ 在区间 I 上有原函数 $F(x)$ ，那么它在区间 I 上就有无穷多个原函数. 因为，如果 $F(x)$ 为 $f(x)$ 在区间 I 上的一个原函数，那么对于任意常数 C ，显然有 $[F(x) + C]' = f(x)$ ，所以函数 $F(x) + C$ 都是 $f(x)$ 在区间 I 上的原函数. 而另一方面，由拉格朗日中值定理的推论可知：如果 $F(x)$ ， $G(x)$ 都是 $f(x)$ 在区间 I 上的原函数，则它们之间只差一个常数，即 $G(x) = F(x) + C$. 因此，如果 $F(x)$ 是 $f(x)$ 在区间 I 上的一个原函数，则函数 $f(x)$ 的所有原函数都可以表示为 $F(x) + C$ （其中 C 为任意常数）.

由于初等函数在其有定义的区间上都是连续的，因此每个初等函数在其定义域的任一区间内都有原函数.

二、不定积分的概念

定义 2　函数 $f(x)$ 在区间 I 上的全体原函数称为函数 $f(x)$ 在区间 I 上的不定积分，记作

$$\int f(x) \mathrm{d}x.$$

其中 $\int$ 称为积分号， $f(x)$ 称为被积函数， x 称为积分变量， $f(x)\mathrm{d}x$ 称为被积表达式.

由定义及前面的说明可知，如果 $F(x)$ 是 $f(x)$ 在区间 I 上的一个原函数，那么 $F(x) + C$ 就是 $f(x)$ 的不定积分，即 $\int f(x)\mathrm{d}x = F(x) + C$.

因此，求一个函数 $f(x)$ 的不定积分就归结为求函数 $f(x)$ 在区间 I 上的一个原函数，然后再加上任意常数 C ，其中 C 称为积分常数.

【例 4-1】　求 $\int \sin x \mathrm{d}x$.

解　由于 $(-\cos x)' = \sin x$ ，所以 $-\cos x$ 是 $\sin x$ 的一个原函数. 因此

$$\int \sin x \mathrm{d}x = -\cos x + C.$$

【例 4-2】　求 $\int \dfrac{1}{1 + x^2} \mathrm{d}x$.

解　由于 $(\arctan x)' = \dfrac{1}{1 + x^2}$ ，所以 $\arctan x$ 是 $\dfrac{1}{1 + x^2}$ 的一个原函数. 因此

$$\int \frac{1}{1 + x^2} \mathrm{d}x = \arctan x + C.$$

【例 4-3】　求 $\int \dfrac{1}{x} \mathrm{d}x$.

解　（1） $x > 0$ 时，有 $(\ln x)' = \dfrac{1}{x}$ ，所以在 $(0, +\infty)$ 内， $\ln x$ 是 $\dfrac{1}{x}$ 的一个原函数.

（2） $x < 0$ 时，有 $[\ln(-x)]' = \dfrac{1}{x}$ ，所以在 $(-\infty, 0)$ 内， $\ln(-x)$ 是 $\dfrac{1}{x}$ 的一个原函数.

所以，在 $(-\infty, 0) \cup (0, +\infty)$ 内， $\dfrac{1}{x}$ 的一个原函数是 $\ln |x|$ ，即

$$\int \frac{1}{x} \mathrm{d}x = \ln |x| + C.$$

由不定积分的定义，可推出不定积分和导数（微分）之间的关系：

（1）由于 $\int f(x) \mathrm{d}x$ 是 $f(x)$ 的原函数，因此

$$\frac{\mathrm{d}}{\mathrm{d}x} \left[\int f(x) \mathrm{d}x \right] = f(x), \quad \mathrm{d} \left[\int f(x) \mathrm{d}x \right] = f(x) \mathrm{d}x.$$

（2）由于 $F(x)$ 是 $F'(x)$ 的原函数，因此

$$\int F'(x) \mathrm{d}x = F(x) + C, \quad \int \mathrm{d}F(x) = F(x) + C.$$

因此，在允许相差一个任意常数的情况下，求不定积分与求导数（微分）互为逆运算.

【例 4-4】 已知 $\int f(x) \mathrm{d}x = x \ln x + C$，求 $f(x)$.

解 由 $\int f(x) \mathrm{d}x = x \ln x + C$，可知 $x \ln x + C$ 为 $f(x)$ 的全体原函数，所以

$$f(x) = \frac{\mathrm{d}}{\mathrm{d}x} \int f(x) \mathrm{d}x = \frac{\mathrm{d}(x \ln x + C)}{\mathrm{d}x} = \ln x + 1.$$

三、不定积分的几何意义

如果 $F(x)$ 是 $f(x)$ 的一个原函数，则称 $y = F(x)$ 的图像是 $f(x)$ 的一条积分曲线. 由于函数 $f(x)$ 的不定积分中含有任意常数 C，因此对于每一个给定的常数 C，都有一个确定的原函数，相应地就有一条积分曲线. 因此函数的不定积分在几何上表示的是一个积分曲线族（如图 4-1 所示），而 $f(x)$ 正是积分曲线的斜率. 如果在每一条积分曲线上横坐标相同的点处作切线，由于切线的斜率相同，故这些切线相互平行.

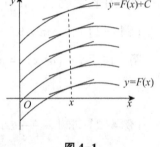

图 4-1

由于 $f(x)$ 的任意两个原函数之间相差一个常数，在几何上表现为任意两条积分曲线的纵坐标之间相差一个常数，因此，上述积分曲线族 $y = F(x) + C$ 中的每一条曲线都可以由曲线 $y = F(x)$ 沿 y 轴上下平移而得到.

【例 4-5】 设曲线通过点 $(1, 2)$，且其上任一点处的切线斜率等于这点横坐标的两倍，求此曲线的方程.

解 设所求曲线方程为 $y = f(x)$，根据所给条件，曲线上任一点 (x, y) 处的切线斜率为

$$\frac{\mathrm{d}y}{\mathrm{d}x} = 2x,$$

即 $f(x)$ 是 $2x$ 的一个原函数.

因此 $2x$ 的所有原函数可表示为：$\int 2x \mathrm{d}x = x^2 + C$.

故必有某个常数 C 使 $f(x) = x^2 + C$，即曲线方程为 $y = x^2 + C$. 又由于曲线通过点 $(1, 2)$，故 $f(1) = 2$，即 $1 + C = 2$，解得 $C = 1$，于是所求曲线方程为 $y = x^2 + 1$.

四、基本积分表

为了计算不定积分，必须掌握一些基本积分公式．由于不定积分是求导运算的逆运算，因此由基本初等函数的求导公式便可得到相应的基本积分公式，称为基本积分表．

（1）$\int k\,\mathrm{d}x = kx + C$（$k$ 为常数）；

（2）$\int x^{\mu}\,\mathrm{d}x = \dfrac{1}{1+\mu}x^{1+\mu} + C$（$\mu \neq -1$）；

（3）$\int \dfrac{1}{x}\,\mathrm{d}x = \ln|x| + C$；

（4）$\int \mathrm{e}^{x}\,\mathrm{d}x = \mathrm{e}^{x} + C$；

（5）$\int a^{x}\,\mathrm{d}x = \dfrac{1}{\ln a}a^{x} + C$；

（6）$\int \sin x\,\mathrm{d}x = -\cos x + C$；

（7）$\int \cos x\,\mathrm{d}x = \sin x + C$；

（8）$\int \sec^{2}x\,\mathrm{d}x = \int \dfrac{1}{\cos^{2}x}\,\mathrm{d}x = \tan x + C$；

（9）$\int \csc^{2}x\,\mathrm{d}x = \int \dfrac{1}{\sin^{2}x}\,\mathrm{d}x = -\cot x + C$；

（10）$\int \sec x\tan x\,\mathrm{d}x = \sec x + C$；

（11）$\int \csc x\cot x\,\mathrm{d}x = -\csc x + C$；

（12）$\int \dfrac{1}{\sqrt{1-x^{2}}}\,\mathrm{d}x = \arcsin x + C = -\arccos x + C$；

（13）$\int \dfrac{1}{1+x^{2}}\,\mathrm{d}x = \arctan x + C = -\operatorname{arccot} x + C$．

在计算不定积分时，有时需要将被积函数先作恒等变形，然后再用基本积分公式进行计算，举例如下．

【例 4-6】 求 $\int x^{2}\sqrt{x}\,\mathrm{d}x$．

解　$\int x^{2}\sqrt{x}\,\mathrm{d}x = \int x^{\frac{5}{2}}\,\mathrm{d}x = \dfrac{x^{\frac{5}{2}+1}}{\frac{5}{2}+1} + C = \dfrac{2}{7}x^{\frac{7}{2}} + C$．

【例 4-7】 求 $\int 3^{x}\mathrm{e}^{x}\,\mathrm{d}x$．

解　$\int 3^{x}\mathrm{e}^{x}\,\mathrm{d}x = \int (3\mathrm{e})^{x}\,\mathrm{d}x = \dfrac{(3\mathrm{e})^{x}}{\ln(3\mathrm{e})} + C = \dfrac{3^{x}\mathrm{e}^{x}}{1+\ln 3} + C$．

五、不定积分的性质

利用基本积分表所能计算的不定积分是非常有限的，因此有必要研究不定积分的性质，以便利用性质来帮助计算更多的不定积分. 由于积分运算与求导运算是互逆关系, 因此根据求导运算的性质可得到不定积分的下列性质.

性质1 设函数 $f(x)$ 及 $g(x)$ 的原函数存在, 则

$$\int [f(x) \pm g(x)] dx = \int f(x) dx \pm \int g(x) dx.$$

证明 由于

$$\left[\int f(x) dx \pm \int g(x) dx \right]' = \left[\int f(x) dx \right]' \pm \left[\int g(x) dx \right]' = f(x) \pm g(x).$$

这表示 $\int f(x) dx \pm \int g(x) dx$ 是 $f(x) \pm g(x)$ 的原函数, 而且上式含有不定积分记号, 因此已经含有任意常数, 故上式即为 $f(x) \pm g(x)$ 的不定积分. 证毕.

另外, 性质1对有限个函数的代数和的情形仍然成立.

性质2 设函数 $f(x)$ 的原函数存在, k 为非零常数, 则

$$\int kf(x) dx = k \int f(x) dx.$$

请读者参照性质1的证明给出该性质的证明.

利用基本积分表及以上性质, 可以求出一些简单函数的不定积分.

【例4-8】 求 $\int \dfrac{(2x-1)^2}{\sqrt{x}} dx$.

解 $\int \dfrac{(2x-1)^2}{\sqrt{x}} dx = \int (4x^{\frac{3}{2}} - 4x^{\frac{1}{2}} + x^{-\frac{1}{2}}) dx = \dfrac{8}{5} x^{\frac{5}{2}} - \dfrac{8}{3} x^{\frac{3}{2}} + 2x^{\frac{1}{2}} + C$

$$= \dfrac{8}{5} x^2 \sqrt{x} - \dfrac{8}{3} x\sqrt{x} + 2\sqrt{x} + C.$$

【例4-9】 求 $\int \dfrac{x^4}{x^2+1} dx$.

解 $\int \dfrac{x^4}{x^2+1} dx = \int \dfrac{(x^4-1)+1}{x^2+1} dx = \int \left(x^2 - 1 + \dfrac{1}{x^2+1}\right) dx = \dfrac{x^3}{3} - x + \arctan x + C.$

【例4-10】 求 $\int 2^x (e^x - 1) dx$.

解 $\int 2^x (e^x - 1) dx = \int [(2e)^x - 2^x] dx = \int (2e)^x dx - \int 2^x dx$

$$= \dfrac{1}{\ln 2e} (2e)^x - \dfrac{1}{\ln 2} 2^x + C = \dfrac{1}{1 + \ln 2} (2e)^x - \dfrac{1}{\ln 2} 2^x + C.$$

【例4-11】 求 $\int \cot^2 x dx$.

解 $\int \cot^2 x dx = \int (\csc^2 x - 1) dx = -\cot x - x + C.$

【例4-12】 求 $\int \cos^2 \dfrac{x}{2} dx$.

解 $\int \cos^2 \dfrac{x}{2} dx = \int \dfrac{1}{2} (1 + \cos x) dx = \dfrac{1}{2} (x + \sin x) + C.$

【例4-13】 求 $\int \dfrac{1}{\sin^2 x \cos^2 x} dx$.

解　$\displaystyle\int \frac{1}{\sin^2 x\cos^2 x}\mathrm{d}x = \int \frac{\sin^2 x + \cos^2 x}{\sin^2 x\cos^2 x}\mathrm{d}x = \int (\sec^2 x + \csc^2 x)\,\mathrm{d}x = \tan x - \cot x + C.$

　　说明　由于不定积分的计算方法比较灵活，采用不同的计算方法得到的结果可能不同．此时只需对积分求导，比较其求导结果是否与被积函数相同，如果相同，则积分结果就是正确的，否则就是错误的．

　　例如：$\displaystyle\int \frac{1}{\sqrt{1 - x^2}}\mathrm{d}x = -\arccos x + C,\quad \int \frac{1}{\sqrt{1 - x^2}}\mathrm{d}x = \arcsin x + C.$

　　两个结果不同，可是对二者求导，发现其导数相同，都是原题目中的被积函数，因此，两个结果都是正确的．

习题 4-1

1. 求下列不定积分.

(1) $\displaystyle\int \left(x^3 + x - \frac{\sqrt{x}}{2}\right)\mathrm{d}x$;

(2) $\displaystyle\int \frac{2x^2}{1 + x^2}\mathrm{d}x$;

(3) $\displaystyle\int (3\sin x - 2\cos x)\,\mathrm{d}x$;

(4) $\displaystyle\int (4 - \sec^2 x)\,\mathrm{d}x$;

(5) $\displaystyle\int (2\tan^2 x + 3)\,\mathrm{d}x$;

(6) $\displaystyle\int \frac{1 + \sin^2 x}{\cos^2 x}\mathrm{d}x$;

(7) $\displaystyle\int \left[2^x + \left(\frac{1}{3}\right)^x - \frac{\mathrm{e}^x}{5}\right]\mathrm{d}x$;

(8) $\displaystyle\int \mathrm{e}^{-x}\left(1 - \frac{\mathrm{e}^x}{\sqrt{x}}\right)\mathrm{d}x$;

(9) $\displaystyle\int 2^{3x}3^x\,\mathrm{d}x$;

(10) $\displaystyle\int \left(\frac{2}{\sqrt{9 - 9x^2}} + \cos x\right)\mathrm{d}x$;

(11) $\displaystyle\int \sin x(\cot x + \csc x)\,\mathrm{d}x$;

(12) $\displaystyle\int \frac{x^2 + x + 2}{x(x^2 + 2)}\mathrm{d}x$;

(13) $\displaystyle\int \frac{1 - x^2}{1 + x^2}\mathrm{d}x$;

(14) $\displaystyle\int \sin^2 \frac{x}{2}\mathrm{d}x$;

(15) $\displaystyle\int \frac{\cos 2x}{\sin^2 x\cos^2 x}\mathrm{d}x$;

(16) $\displaystyle\int \frac{\mathrm{d}x}{\sin \frac{x}{2}\cos \frac{x}{2}}$.

2. 设 e^x 是 $f(x)$ 的原函数，求 $\displaystyle\int x^2 f(\ln x)\,\mathrm{d}x$.

3. 证明函数 $\arcsin (2x - 1)$，$\arccos (1 - 2x)$ 和 $2\arctan \sqrt{\dfrac{x}{1 - x}}$ 都是 $\dfrac{1}{\sqrt{x - x^2}}$ 的原函数.

第二节　换元积分法

　　利用基本积分表和不定积分的性质可以求出一些简单函数的不定积分，但当被积函数比较复杂时，直接利用积分公式积分往往是较难的．例如求积分 $\displaystyle\int \sin (2x + 4)\,\mathrm{d}x$，不能直接用公式 $\displaystyle\int \sin x\,\mathrm{d}x = -\cos x + C$ 进行积分，这是因为被积函数是一个复合函数．我们知道，复合函数的微分法解决了许多复杂函数的求导（求微分）问题，同样，将复合函数的微分法用于求积分，即得到复合函数的积分法——换元积分法.

换元积分法分为两类：第一类换元积分法和第二类换元积分法.

一、第一类换元积分法

定理 1 设 $f(u)$ 具有原函数 $F(u)$，$u = \varphi(x)$ 具有连续的导函数，那么 $F[\varphi(x)]$ 是 $f[\varphi(x)]\varphi'(x)$ 的原函数，即

$$\int f[\varphi(x)]\varphi'(x)\mathrm{d}x = \left[\int f(u)\mathrm{d}u\right]\Bigg|_{u = \varphi(x)} = F[\varphi(x)] + C.$$

证明 由于 $F(u)$ 是 $f(u)$ 的原函数，即 $\mathrm{d}F(u) = f(u)\mathrm{d}u$，根据复合函数微分法，有

$$\mathrm{d}F[\varphi(x)] = f[\varphi(x)]\varphi'(x)\mathrm{d}x.$$

因此 $F[\varphi(x)]$ 是 $f[\varphi(x)]\varphi'(x)$ 的原函数，即

$$\int f[\varphi(x)]\varphi'(x)\mathrm{d}x = \left[\int f(u)\mathrm{d}u\right]\Bigg|_{u = \varphi(x)} = F[\varphi(x)] + C.$$

不难看出：第一类换元积分法实际上是复合函数求导法则的逆运算，$\varphi'(x)\mathrm{d}x = \mathrm{d}[\varphi(x)]$ 也是微分运算的逆运算，目的是将 $\varphi'(x)\mathrm{d}x$ 凑成中间变量 u 的微分，转化成对中间变量的积分. 因此采用第一类换元积分法计算积分 $\int g(x)\mathrm{d}x$ 时，首先要将被积表达式 $g(x)\mathrm{d}x$ 写成两因式的乘积 $f[\varphi(x)]\varphi'(x)\mathrm{d}x$，前一个因式形如 $f[\varphi(x)]$，第二个因式形如 $\mathrm{d}[\varphi(x)]$，此时，如果能够求出 $\int f(u)\mathrm{d}u = F(u) + C$，则

$$\int g(x)\mathrm{d}x = \int f[\varphi(x)]\varphi'(x)\mathrm{d}x = \int f[\varphi(x)]\mathrm{d}[\varphi(x)] = F[\varphi(x)] + C.$$

【例 4-14】 求 $\int \mathrm{e}^{5x}\mathrm{d}x$.

解 设 $u = 5x$，显然 $\mathrm{d}u = \mathrm{d}(5x) = 5\mathrm{d}x$ 或 $\mathrm{d}x = \dfrac{1}{5}\mathrm{d}u$，则

$$\int \mathrm{e}^{5x}\mathrm{d}x = \int \mathrm{e}^{u}\frac{1}{5}\mathrm{d}u = \frac{1}{5}\mathrm{e}^{u} + C = \frac{1}{5}\mathrm{e}^{5x} + C.$$

【例 4-15】 求 $\int (3x - 2)^{50}\mathrm{d}x$.

解 如将 $(3x - 2)^{50}$ 展开是很费力的，不如把 $3x - 2$ 作为中间变量，即设 $u = 3x - 2$，显然 $\mathrm{d}u = 3\mathrm{d}x$ 或 $\mathrm{d}x = \dfrac{1}{3}\mathrm{d}u$，则

$$\int (3x - 2)^{50}\mathrm{d}x = \int u^{50} \cdot \frac{1}{3}\mathrm{d}u = \frac{1}{153}u^{51} + C = \frac{1}{153}(3x - 2)^{51} + C.$$

【例 4-16】 求 $\int \cos 2x\mathrm{d}x$.

解 设 $u = 2x$，显然 $\mathrm{d}u = 2\mathrm{d}x$ 或 $\mathrm{d}x = \dfrac{1}{2}\mathrm{d}u$，则

$$\int \cos 2x\mathrm{d}x = \int \cos u \cdot \frac{1}{2}\mathrm{d}u = \frac{1}{2}\sin u + C = \frac{1}{2}\sin 2x + C.$$

【例 4-17】 求 $\int \tan x \mathrm{d}x$.

解 $\int \tan x \mathrm{d}x = \int \dfrac{\sin x}{\cos x} \mathrm{d}x = -\int \dfrac{1}{\cos x} \mathrm{d}(\cos x)$.

设 $u = \cos x$，则上式变形为

$$-\int \frac{1}{u} \mathrm{d}u = -\ln |u| + C,$$

即

$$\int \tan x \mathrm{d}x = -\ln |\cos x| + C.$$

利用同样的方法，可以计算出 $\int \cot x \mathrm{d}x = \ln |\sin x| + C$.

【例 4-18】 求 $\int \csc x \mathrm{d}x$.

解 $\int \csc x \mathrm{d}x = \int \dfrac{1}{\sin x} \mathrm{d}x = \int \dfrac{1}{2 \sin \frac{x}{2} \cos \frac{x}{2}} \mathrm{d}x = \int \dfrac{1}{\sin \frac{x}{2} \cos \frac{x}{2}} \mathrm{d}\left(\dfrac{x}{2}\right)$

$$= \int \frac{\cos^2 \frac{x}{2}}{\sin \frac{x}{2} \cos \frac{x}{2}} \cdot \frac{1}{\cos^2 \frac{x}{2}} \mathrm{d}\left(\frac{x}{2}\right) = \int \frac{1}{\tan \frac{x}{2}} \mathrm{d}\left(\tan \frac{x}{2}\right).$$

设 $u = \tan \dfrac{x}{2}$，则 $\int \csc x \mathrm{d}x = \int \dfrac{1}{u} \mathrm{d}u = \ln |u| + C = \ln \left| \tan \dfrac{x}{2} \right| + C$.

又因为 $\tan \dfrac{x}{2} = \dfrac{\sin \frac{x}{2}}{\cos \frac{x}{2}} = \dfrac{2 \sin^2 \frac{x}{2}}{2 \sin \frac{x}{2} \cos \frac{x}{2}} = \dfrac{1 - \cos x}{\sin x} = \csc x - \cot x$，因此上述不定积分又可写为

$$\int \csc x \mathrm{d}x = \ln |\csc x - \cot x| + C.$$

利用同样的方法，可以计算出

$$\int \sec x \mathrm{d}x = \ln |\sec x + \tan x| + C.$$

第一类换元积分法又称凑微分法，在解题熟练后，可以不写出代换式 $u = \varphi(x)$，只要在心中将 $\varphi(x)$ 当成一个整体 u，直接凑微分，求出结果就可以了.

【例 4-19】 求 $\int \dfrac{x}{1 + x^2} \mathrm{d}x$.

解 $\int \dfrac{x}{1 + x^2} \mathrm{d}x = \dfrac{1}{2} \int \dfrac{\mathrm{d}(x^2 + 1)}{x^2 + 1} = \dfrac{1}{2} \ln(x^2 + 1) + C$.

【例 4-20】 求 $\int x \mathrm{e}^{-x^2} \mathrm{d}x$.

解 $\int x \mathrm{e}^{-x^2} \mathrm{d}x = -\dfrac{1}{2} \int \mathrm{e}^{-x^2} \mathrm{d}(-x^2) = -\dfrac{1}{2} e^{-x^2} + C$.

【例 4-21】 求 $\int \dfrac{\mathrm{d}x}{x \ln x}$.

解 $\int \dfrac{\mathrm{d}x}{x\ln x} = \int \dfrac{\mathrm{d}(\ln x)}{\ln x} = \ln|\ln x| + C.$

【例 4-22】 求 $\int \dfrac{(\arctan x)^3}{1 + x^2}\mathrm{d}x.$

解 $\int \dfrac{(\arctan x)^3}{1 + x^2}\mathrm{d}x = \int (\arctan x)^3\mathrm{d}(\arctan x) = \dfrac{1}{4}(\arctan x)^4 + C.$

【例 4-23】 求 $\int \sin^2 x\mathrm{d}x.$

解 $\int \sin^2 x\mathrm{d}x = \int \dfrac{1}{2}(1 - \cos 2x)\mathrm{d}x = \dfrac{1}{2}\int\mathrm{d}x - \dfrac{1}{4}\int\cos 2x\mathrm{d}(2x)$

$$= \dfrac{x}{2} - \dfrac{1}{4}\sin 2x + C.$$

【例 4-24】 求 $\int \dfrac{\mathrm{d}x}{a^2 + x^2}.$

解 $\int \dfrac{\mathrm{d}x}{a^2 + x^2} = \dfrac{1}{a}\int \dfrac{1}{1 + \left(\dfrac{x}{a}\right)^2}\mathrm{d}\left(\dfrac{x}{a}\right) = \dfrac{1}{a}\arctan\dfrac{x}{a} + C.$

【例 4-25】 $\int \dfrac{1}{x^2 + 2x + 5}\mathrm{d}x.$

解 $\int \dfrac{1}{x^2 + 2x + 5}\mathrm{d}x = \int \dfrac{1}{(x+1)^2 + 2^2}\mathrm{d}x = \dfrac{1}{2}\int \dfrac{1}{1 + \left(\dfrac{x+1}{2}\right)^2}\mathrm{d}\left(\dfrac{x+1}{2}\right) = \dfrac{1}{2}\arctan\dfrac{x+1}{2} + C.$

【例 4-26】 求 $\int \dfrac{\mathrm{d}x}{\sqrt{a^2 - x^2}}(a > 0).$

解 $\int \dfrac{\mathrm{d}x}{\sqrt{a^2 - x^2}} = \int \dfrac{1}{\sqrt{1 - \left(\dfrac{x}{a}\right)^2}}\mathrm{d}\left(\dfrac{x}{a}\right) = \arcsin\dfrac{x}{a} + C.$

【例 4-27】 求 $\int \dfrac{\mathrm{d}x}{x^2 - x - 12}.$

解 $\int \dfrac{1}{x^2 - x - 12}\mathrm{d}x = \int \dfrac{1}{7}\cdot\dfrac{(x+3) - (x-4)}{(x+3)(x-4)}\mathrm{d}x = \dfrac{1}{7}\int\left(\dfrac{1}{x-4} - \dfrac{1}{x+3}\right)\mathrm{d}x$

$$= \dfrac{1}{7}\int \dfrac{\mathrm{d}(x-4)}{x-4} - \dfrac{1}{7}\int \dfrac{\mathrm{d}(x+3)}{x+3} = \dfrac{1}{7}\ln\left|\dfrac{x-4}{x+3}\right| + C.$$

由以上例题可以看出，第一类换元积分法是一种非常灵活的计算方法，在运用换元积分法时，往往需要对被积函数作适当的代数运算或三角运算，然后再凑微分，技巧性比较强，并且很难有规律可循. 因此，只有在练习过程中不断地归纳总结，积累经验，才能灵活运用. 下面给出几种常见的凑微分形式：

(1) $\int f(ax + b)\mathrm{d}x = \dfrac{1}{a}\int f(ax + b)\mathrm{d}(ax + b)$ (其中 $a \neq 0$)；

(2) $\int f(\mathrm{e}^x)\mathrm{e}^x\mathrm{d}x = \int f(\mathrm{e}^x)\mathrm{d}(\mathrm{e}^x)$；

(3) $\int f\left(\dfrac{1}{x}\right)\dfrac{1}{x^2}\mathrm{d}x = -\int f\left(\dfrac{1}{x}\right)\mathrm{d}\left(\dfrac{1}{x}\right)$;

(4) $\int f(\ln x)\dfrac{\mathrm{d}x}{x} = \int f(\ln x)\mathrm{d}(\ln x)$;

(5) $\int f(\sin x)\cos x\mathrm{d}x = \int f(\sin x)\mathrm{d}(\sin x)$;

(6) $\int f(\cos x)\sin x\mathrm{d}x = -\int f(\cos x)\mathrm{d}(\cos x)$;

(7) $\int f(\tan x)\sec^2 x\mathrm{d}x = \int f(\tan x)\mathrm{d}(\tan x)$;

(8) $\int f(\cot x)\csc^2 x\mathrm{d}x = -\int\cot x\mathrm{d}(\cot x)$;

(9) $\int f(\arcsin x)\dfrac{1}{\sqrt{1-x^2}}\mathrm{d}x = \int f(\arcsin x)\mathrm{d}(\arcsin x)$;

(10) $\int f(\arctan x)\dfrac{\mathrm{d}x}{1+x^2} = \int f(\arctan x)\mathrm{d}(\arctan x)$.

二、第二类换元积分法

上面介绍的第一类换元积分法是通过变量代换 $u = \varphi(x)$ ，将积分 $\int f[\varphi(x)]\varphi'(x)\mathrm{d}x$ 化为积分 $\int f(u)\mathrm{d}u$.

如果对于积分 $\int f(x)\mathrm{d}x$ ，凑微分目标不明确，也不能用以前的积分方法进行积分，则可先用变量置换化简被积表达式，即可以试着设 $x = \psi(t)$ ，则 $\mathrm{d}x = \psi'(t)\mathrm{d}t$ ，通过新变量的引入将积分变形为

$$\int f(x)\mathrm{d}x = \int f[\psi(t)]\mathrm{d}[\psi(t)] = \int f[\psi(t)]\psi'(t)\mathrm{d}t.$$

如果能够求出 $f[\psi(t)]\psi'(t)$ 的原函数 $\Phi(t)$ ，并且反函数 $t = \psi^{-1}(x)$ 存在，于是就能得到如下不定积分公式：

$$\int f(x)\mathrm{d}x = \int f[\psi(t)]\psi'(t)\mathrm{d}t = \Phi[\psi^{-1}(x)] + C.$$

定理 2　设 $x = \psi(t)$ 是单调、可导的函数，并且 $\psi'(t) \neq 0$ ，又设 $f[\psi(t)]\psi'(t)$ 有原函数，则

$$\int f(x)\mathrm{d}x = \int f[\psi(t)]\psi'(t)\mathrm{d}t.$$

其中 $t = \psi^{-1}(x)$ ，是 $x = \psi(t)$ 的反函数.

要注意的是，最后结果应还原为最原始的自变量.

第二类换元积分法常用于求解如下基本类型的积分问题：

最简无理函数代换法：含有根式 $\sqrt[n]{ax+b}$ 的函数的积分，可令 $\sqrt[n]{ax+b} = t$ ，即化为有理分式的积分.

【例 4-28】 求 $\int\dfrac{\mathrm{d}x}{x\sqrt{x-1}}$.

解 设 $t = \sqrt{x-1}$, 即 $x = t^2 + 1$, $dx = 2t dt$. 则

$$\int \frac{dx}{x\sqrt{x-1}} = \int \frac{2t}{(t^2+1)t} dt = 2\arctan t + C = 2\arctan \sqrt{x-1} + C.$$

【例 4-29】 求 $\int \frac{dx}{(1 + \sqrt[3]{x})\sqrt{x}}$.

解 设 $t = \sqrt[6]{x}$, 则 $x = t^6$, $dx = 6t^5 dt$, 于是

$$\int \frac{dx}{(1 + \sqrt[3]{x})\sqrt{x}} = \int \frac{6t^5 dt}{(1+t^2)t^3} = 6\int \frac{t^2}{1+t^2} dt = 6\int \left(1 - \frac{1}{1+t^2}\right) dt$$

$$= 6t - 6\arctan t + C = 6\sqrt[6]{x} - 6\arctan \sqrt[6]{x} + C.$$

三角函数代换法:

被积函数中含有 $\sqrt{a^2 - x^2}$ $(a > 0)$, 可令 $x = a\sin t$ (并约定 $t \in \left(-\frac{\pi}{2}, \frac{\pi}{2}\right)$);

被积函数中含有 $\sqrt{a^2 + x^2}$ $(a > 0)$, 可令 $x = a\tan t$ (并约定 $t \in \left(-\frac{\pi}{2}, \frac{\pi}{2}\right)$);

被积函数中含有 $\sqrt{x^2 - a^2}$ $(a > 0)$, 可令 $x = \pm a\sec t$ (并约定 $t \in \left(0, \frac{\pi}{2}\right)$),

从而将原积分化为三角有理函数的积分.

【例 4-30】 求 $\int \sqrt{a^2 - x^2} dx (a > 0)$.

解 设 $x = a\sin t$, $-\frac{\pi}{2} < t < \frac{\pi}{2}$, $dx = a\cos t dt$, 则

$$\int \sqrt{a^2 - x^2} dx = \int a\cos t \cdot a\cos t dt = a^2 \int \cos^2 t dt = \frac{a^2}{2} \int (1 + \cos 2t) dt$$

$$= \frac{a^2}{2} t + \frac{a^2}{4} \sin 2t + C = \frac{a^2}{2} t + \frac{a^2}{2} \sin t \cos t + C.$$

由 $x = a\sin t$, 易得 $\sin t = \frac{x}{a}$, $\cos t = \frac{\sqrt{a^2 - x^2}}{a}$. 所以

$$\int \sqrt{a^2 - x^2} dx = \frac{a^2}{2} \arcsin \frac{x}{a} + \frac{1}{2} x\sqrt{a^2 - x^2} + C.$$

【例 4-31】 求 $\int \frac{1}{\sqrt{a^2 + x^2}} dx (a > 0)$.

解 设 $x = a\tan t$, $-\frac{\pi}{2} < t < \frac{\pi}{2}$, 则 $dx = a\sec^2 t dt$, 则

$$\int \frac{1}{\sqrt{a^2 + x^2}} dx = \int \frac{1}{a\sec t} \cdot a\sec^2 t dt = \int \sec t dt = \ln |\sec t + \tan t| + C_1.$$

由 $x = a\tan t$, 易得 $\tan t = \frac{x}{a}$, $\sec t = \frac{\sqrt{a^2 + x^2}}{a}$. 所以

$$\int \frac{1}{\sqrt{a^2 + x^2}} dx = \ln \left(\frac{\sqrt{a^2 + x^2}}{a} + \frac{x}{a}\right) + C_1 = \ln \left(\sqrt{a^2 + x^2} + x\right) + C.$$

其中 $C = C_1 - \ln a$.

【例 4-32】 求 $\int \dfrac{\mathrm{d}x}{\sqrt{x^2 - a^2}}(a > 0)$.

解　被积函数的定义域为 $(-\infty, -a) \cup (a, +\infty)$.

（1）当 $x \in (a, +\infty)$ 时，令 $x = a\sec t$, $t \in \left(0, \dfrac{\pi}{2}\right)$, 则 $\sqrt{x^2 - a^2} = a\tan t$,
$\mathrm{d}x = a\sec t\tan t\mathrm{d}t$. 则

$$\int \frac{\mathrm{d}x}{\sqrt{x^2 - a^2}} = \int \frac{a\sec t\tan t}{a\tan t}\mathrm{d}t = \int \sec t\mathrm{d}t = \ln|\sec t + \tan t| + C_1.$$

由 $x = a\sec t$, 易得 $\sec t = \dfrac{x}{a}$, $\tan t = \dfrac{\sqrt{x^2 - a^2}}{a}$. 所以

$$\int \frac{\mathrm{d}x}{\sqrt{x^2 - a^2}} = \ln\left|\frac{x}{a} + \frac{\sqrt{x^2 - a^2}}{a}\right| + C_1 = \ln\left|x + \sqrt{x^2 - a^2}\right| + C,$$

其中 $C = C_1 - \ln a$.

（2）当 $x \in (-\infty, -a)$ 时，令 $u = -x$, 则 $u \in (a, +\infty)$. 则

$$\int \frac{\mathrm{d}x}{\sqrt{x^2 - a^2}} = -\int \frac{\mathrm{d}u}{\sqrt{u^2 - a^2}} = -\ln\left|u + \sqrt{u^2 - a^2}\right| + C_2 = -\ln\left|-x + \sqrt{x^2 - a^2}\right| + C_2$$

$$= \ln\frac{\left|-x - \sqrt{x^2 - a^2}\right|}{a^2} + C_2 = \ln\left|-x - \sqrt{x^2 - a^2}\right| + C,$$

其中 $C = C_2 - 2\ln a$.

综上所述，当 $x \in (-\infty, -a) \cup (a, +\infty)$ 时，有

$$\int \frac{\mathrm{d}x}{\sqrt{x^2 - a^2}} = \ln\left|x + \sqrt{x^2 - a^2}\right| + C.$$

在【例 4-30】、【例 4-31】、【例 4-32】中，为了将 $\sin t$、$\tan t$、$\sec t$ 转换成 x 的函数，可以借助图 4-2、图 4-3、图 4-4 中的直角三角形.

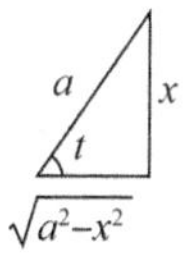

图 4-2 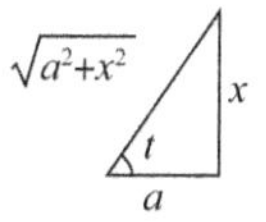　　　　图 4-3 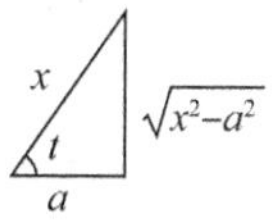　　　　图 4-4

另外，除了上述两种类型外，第二类换元积分法还可以解决很多类型的题目.

【例 4-33】 求 $\int \dfrac{\mathrm{d}x}{2 + \cos x}$.

解　令 $t = \tan\dfrac{x}{2}$, 则 $\cos x = \dfrac{1 - t^2}{1 + t^2}$, $\mathrm{d}x = \dfrac{2}{1 + t^2}\mathrm{d}t$. 则

$$\int \frac{\mathrm{d}x}{2 + \cos x} = \int \frac{1}{2 + \dfrac{1 - t^2}{1 + t^2}} \cdot \frac{2}{1 + t^2}\mathrm{d}t = \int \frac{2}{3 + t^2}\mathrm{d}t$$

$$\frac{2}{\sqrt{3}}\arctan\frac{t}{\sqrt{3}} + C = \frac{2}{\sqrt{3}}\arctan\left(\frac{1}{\sqrt{3}}\tan\frac{x}{2}\right) + C.$$

【例 4-34】 求 $\displaystyle\int \frac{\mathrm{d}x}{1 + \mathrm{e}^x}$.

解法一 令 $t = \mathrm{e}^x$，得 $x = \ln t$，$\mathrm{d}x = \dfrac{1}{t}\mathrm{d}t$. 则

$$\int \frac{\mathrm{d}x}{1 + \mathrm{e}^x} = \int \frac{1}{t(1 + t)}\mathrm{d}t = \int \left(\frac{1}{t} - \frac{1}{t + 1}\right)\mathrm{d}t = \ln \frac{t}{t + 1} + C = \ln \frac{\mathrm{e}^x}{\mathrm{e}^x + 1} + C.$$

解法二

$$\int \frac{\mathrm{d}x}{1 + \mathrm{e}^x} = \int \frac{\mathrm{e}^x}{\mathrm{e}^x(\mathrm{e}^x + 1)}\mathrm{d}x = \int \frac{1}{\mathrm{e}^x(\mathrm{e}^x + 1)}\mathrm{d}(\mathrm{e}^x) = \int \left(\frac{1}{\mathrm{e}^x} - \frac{1}{\mathrm{e}^x + 1}\right)\mathrm{d}(\mathrm{e}^x) = \ln \frac{\mathrm{e}^x}{\mathrm{e}^x + 1} + C.$$

最后，将以后经常用到的几个不定积分作为公式，添加到基本积分表中.

(14) $\displaystyle\int \tan x\,\mathrm{d}x = -\ln |\cos x| + C$;

(15) $\displaystyle\int \cot x\,\mathrm{d}x = \ln |\sin x| + C$;

(16) $\displaystyle\int \sec x\,\mathrm{d}x = \ln |\sec x + \tan x| + C$;

(17) $\displaystyle\int \csc x\,\mathrm{d}x = \ln |\csc x - \cot x| + C$;

(18) $\displaystyle\int \frac{\mathrm{d}x}{\sqrt{a^2 - x^2}} = \arcsin \frac{x}{a} + C$;

(19) $\displaystyle\int \frac{\mathrm{d}x}{a^2 + x^2} = \frac{1}{a}\arctan \frac{x}{a} + C$;

(20) $\displaystyle\int \frac{\mathrm{d}x}{x^2 - a^2} = \frac{1}{2a}\ln \left|\frac{x - a}{x + a}\right| + C$ （其中 $a \neq 0$）;

(21) $\displaystyle\int \frac{1}{\sqrt{a^2 + x^2}}\mathrm{d}x = \ln \left(\sqrt{a^2 + x^2} + x\right) + C$;

(22) $\displaystyle\int \frac{\mathrm{d}x}{\sqrt{x^2 - a^2}} = \ln \left|x + \sqrt{x^2 - a^2}\right| + C$.

习题 4-2

1. 求下列不定积分.

(1) $\displaystyle\int (1 - 2x)^3\mathrm{d}x$;

(2) $\displaystyle\int 2x\mathrm{e}^{x^2}\mathrm{d}x$;

(3) $\displaystyle\int \frac{1}{x^2}\sin \frac{1}{x}\mathrm{d}x$;

(4) $\displaystyle\int \cot (1 + 2x)\,\mathrm{d}x$;

(5) $\displaystyle\int \sin^2 3x\,\mathrm{d}x$;

(6) $\displaystyle\int \frac{1}{\sqrt{1 - 2x}}\mathrm{d}x$;

(7) $\displaystyle\int \frac{x}{1 + x^4}\mathrm{d}x$;

(8) $\displaystyle\int \frac{\mathrm{d}x}{x\ln x}$;

(9) $\displaystyle\int \frac{1}{\sqrt{9 - x^2}}\mathrm{d}x$;

(10) $\displaystyle\int \frac{\mathrm{d}x}{2x(2 + x)}$;

(11) $\int \dfrac{\mathrm{d}x}{\mathrm{e}^x + \mathrm{e}^{-x}}$;

(12) $\int \dfrac{\cos x}{\sqrt[3]{\sin x}} \mathrm{d}x$;

(13) $\int \dfrac{x+1}{x^2 + 2x + 3} \mathrm{d}x$;

(14) $\int \dfrac{\mathrm{d}x}{1 + \sqrt{3x}}$;

(15) $\int \dfrac{\mathrm{d}x}{1 + \sqrt[3]{x+1}}$;

(16) $\int \dfrac{\mathrm{d}x}{\sqrt{x} + \sqrt[4]{x}}$.

2. 设 $f(x)$ 具有一阶连续导数，求下列不定积分.

(1) $\int \dfrac{f'(x)}{1 + f^2(x)} \mathrm{d}x$;

(2) $\int \mathrm{e}^{f(x)} f'(x) \mathrm{d}x$.

3. 求下列不定积分.

(1) $\int \dfrac{x^3}{\sqrt{1-x^2}} \mathrm{d}x$;

(2) $\int \dfrac{\mathrm{d}x}{x^4 \sqrt{x^2 - 1}}$;

(3) $\int \dfrac{1}{x^2 \sqrt{x^2 + 4}} \mathrm{d}x$;

(4) $\int \dfrac{1}{x^2 \sqrt{4x^2 - 9}} \mathrm{d}x$.

4. 设 $\int x f(x) \mathrm{d}x = \arcsin x + C$ ，试求 $\int \dfrac{\mathrm{d}x}{f(x)}$.

第三节　分部积分法

前面根据复合函数的求导法则，得到了换元积分法. 现在利用两个函数乘积的求导法则来推导求不定积分的另一种基本方法——分部积分法.

设 $u = u(x)$, $v = v(x)$ 有连续的导数 $u'(x)$ 及 $v'(x)$ ，则由两个函数乘积的导数公式：

$$(uv)' = uv' + u'v,$$

移项，得

$$uv' = (uv)' - u'v,$$

对等式两边求不定积分，得

$$\int uv' \mathrm{d}x = uv - \int u'v \mathrm{d}x.$$

为简便起见，上式也可写为

$$\int u \mathrm{d}v = uv - \int v \mathrm{d}u,$$

这就是分部积分公式，如果求 $u\mathrm{d}v$ 有困难，而求 $v\mathrm{d}u$ 比较容易，分部积分公式就可以发挥作用了. 使用分部积分法的关键是正确选择 u 和 v.

本节介绍三类常见的用分部积分法求解的题目.

类型 1　如果被积函数为幂函数和指数函数的乘积，幂函数和正弦函数（或余弦函数）的乘积，即形如 $\int x^k \mathrm{e}^{ax} \mathrm{d}x$, $\int x^k \sin bx \mathrm{d}x$, $\int x^k \cos bx \mathrm{d}x$ 的不定积分可以考虑使用分部积分法，并设幂函数为 u ，即设 $u = x^k$ ，相应地, $\mathrm{d}v = \mathrm{e}^{ax} \mathrm{d}x$, $\mathrm{d}v = \sin bx \mathrm{d}x$, $\mathrm{d}v = \cos bx \mathrm{d}x$.

【例 4-35】 求 $\int x \cos x \mathrm{d}x$.

解 设 $u = x$, $dv = \cos x dx$, $v = \sin x$, 则

$$\int x\cos x dx = \int x d(\sin x) = \int u dv = uv - \int v du$$

$$= x\sin x - \int \sin x dx$$

$$= x\sin x + \cos x + C.$$

【例 4-36】 求 $\int x e^{3x} dx$.

解 设 $u = x$, $dv = e^{3x} dx$, $v = \frac{1}{3} e^{3x}$, 则

$$\int x e^{3x} dx = \int u dv = uv - \int v du$$

$$= \frac{1}{3} x e^{3x} - \frac{1}{3} \int e^{3x} dx$$

$$= \frac{1}{3} x e^{3x} - \frac{1}{9} e^{3x} + C.$$

在分部积分法使用熟练后，只要将被积表达式凑成 $uv'dx$ 或 udv 的形式，然后直接利用分部积分法进行积分即可，不必再在解题过程中明显地去设 u 和 v。

【例 4-37】 求 $\int x^2 \sin \frac{x}{3} dx$.

解 $\int x^2 \sin \frac{x}{3} dx = -3 \int x^2 d\left(\cos \frac{x}{3}\right) = -3x^2\cos \frac{x}{3} + 3\int \cos \frac{x}{3} d(x^2)$

$$= -3x^2\cos \frac{x}{3} + 6\int x\cos \frac{x}{3} dx.$$

对于 $\int x\cos \frac{x}{3} dx$ 继续使用分部积分公式，即

$$\int x\cos \frac{x}{3} dx = 3\int x d\left(\sin \frac{x}{3}\right) = 3x\sin \frac{x}{3} - 3\int \sin \frac{x}{3} dx$$

$$= 3x\sin \frac{x}{3} + 9\cos \frac{x}{3} + C.$$

于是

$$\int x^2 \sin \frac{x}{3} dx = -3x^2\cos \frac{x}{3} + 18x\sin \frac{x}{3} + 54\cos \frac{x}{3} + C.$$

类型 2 如果被积函数是幂函数和对数函数的乘积，幂函数和反三角函数的乘积，可以考虑使用分部积分法，并设对数函数、反三角函数为 u。

【例 4-38】 求 $\int x\ln x dx$.

解 设 $u = \ln x$, $x dx = dv$, 即 $du = \frac{1}{x} dx$, $dv = d\left(\frac{1}{2} x^2\right)$, 则按分部积分法，有

$$\int x\ln x dx = \int \ln x d\left(\frac{x^2}{2}\right) = \frac{x^2}{2}\ln x - \int \frac{x^2}{2} d(\ln x)$$

$$= \frac{x^2}{2}\ln x - \int \frac{x}{2} dx = \frac{x^2}{2}\ln x - \frac{x^2}{4} + C.$$

【例 4-39】 求 $\int \arccos x \mathrm{d}x$.

解　$\int \arccos x \mathrm{d}x = x\arccos x - \int x \mathrm{d}(\arccos x) = x\arccos x - \int x\left(-\dfrac{1}{\sqrt{1-x^2}}\right)\mathrm{d}x$

$$= x\arccos x + \int \dfrac{x}{\sqrt{1-x^2}}\mathrm{d}x = x\arccos x - \int \mathrm{d}(\sqrt{1-x^2})$$

$$= x\arccos x - \sqrt{1-x^2} + C.$$

类型 3　如果被积函数是指数函数和三角函数的乘积，即形如 $\int \mathrm{e}^{ax}\cos bx \mathrm{d}x$ 和 $\int \mathrm{e}^{ax}\sin bx \mathrm{d}x$ 的积分，可以考虑使用分部积分法计算，其中可以将指数函数和三角函数中的任意一个作为 u，在连续使用两次分部积分后，会出现循环，然后通过移项求解出积分．需要注意的是：在第二次使用分部积分时，仍将第一次作为 u 的那类函数作为 u.

【例 4-40】 求 $\int \mathrm{e}^{2x}\cos x \mathrm{d}x$.

解法一

$$\int \mathrm{e}^{2x}\cos x \mathrm{d}x = \int \mathrm{e}^{2x}\mathrm{d}(\sin x) = \mathrm{e}^{2x}\sin x - \int \sin x \mathrm{d}(\mathrm{e}^{2x})$$

$$= \mathrm{e}^{2x}\sin x - 2\int \mathrm{e}^{2x}\sin x \mathrm{d}x$$

$$= \mathrm{e}^{2x}\sin x + 2\int \mathrm{e}^{2x}\mathrm{d}(\cos x)$$

$$= \mathrm{e}^{2x}\sin x + 2\mathrm{e}^{2x}\cos x - 4\int \mathrm{e}^{2x}\cos x \mathrm{d}x,$$

移项，得

$$\int \mathrm{e}^{2x}\cos x \mathrm{d}x = \dfrac{1}{5}e^{2x}(\sin x + 2\cos x) + C.$$

解法二　$\int \mathrm{e}^{2x}\cos x \mathrm{d}x = \dfrac{1}{2}\int \cos x \mathrm{d}(\mathrm{e}^{2x}) = \dfrac{1}{2}\mathrm{e}^{2x}\cos x - \dfrac{1}{2}\int \mathrm{e}^{2x}\mathrm{d}(\cos x)$

$$= \dfrac{1}{2}\mathrm{e}^{2x}\cos x + \dfrac{1}{2}\int \mathrm{e}^{2x}\sin x \mathrm{d}x.$$

等式右端不定积分 $\int \mathrm{e}^{2x}\sin x \mathrm{d}x$ 与题目为同一类型的积分，因此对 $\int \mathrm{e}^{2x}\sin x \mathrm{d}x$ 继续使用分部积分法：

$$\int \mathrm{e}^{2x}\cos x \mathrm{d}x = \dfrac{1}{2}\mathrm{e}^{2x}\cos x + \dfrac{1}{2}\int \mathrm{e}^{2x}\sin x \mathrm{d}x$$

$$= \dfrac{1}{2}\mathrm{e}^{2x}\cos x + \dfrac{1}{4}\int \sin x \mathrm{d}(\mathrm{e}^{2x})$$

$$= \dfrac{1}{2}\mathrm{e}^{2x}\cos x + \dfrac{1}{4}\mathrm{e}^{2x}\sin x - \dfrac{1}{4}\int \mathrm{e}^{2x}\mathrm{d}(\sin x)$$

$$= \dfrac{1}{2}\mathrm{e}^{2x}\cos x + \dfrac{1}{4}\mathrm{e}^{2x}\sin x - \dfrac{1}{4}\int \mathrm{e}^{2x}\cos x \mathrm{d}x,$$

移项，得

$$\int e^{2x}\cos x dx = \frac{1}{5}e^{2x}(\sin x + 2\cos x) + C.$$

另外，有些题目可能同时要用到第一类换元积分法和第二类换元积分法.

【例 4-41】 求 $\int \sin\sqrt{x}\,dx$.

解 先设法去掉根号，令 $\sqrt{x} = u$ 或 $x = u^2$. 则

$$\int \sin\sqrt{x}\,dx = \int \sin u\,d(u^2) = 2\int u\sin u\,du,$$

再利用分部积分法，有

$$\int u\sin u\,du = \int u\,d(-\cos u) = u(-\cos u) - \int(-\cos u)\,du$$
$$= -u\cos u + \sin u + C_1,$$

所以

$$\int \sin\sqrt{x}\,dx = 2(-u\cos u + \sin u) + C = -2\sqrt{x}\cos\sqrt{x} + 2\sin\sqrt{x} + C,$$

其中 $C = 2C_1$.

习题 4-3

1. 求下列不定积分.

(1) $\int xe^{-x}dx$; (2) $\int x^2e^x dx$;

(3) $\int x\cos x dx$; (4) $\int x^2\sin x dx$;

(5) $\int \ln x dx$; (6) $\int \ln(1+x^2)dx$;

(7) $\int \frac{\ln x - 1}{x^2}dx$; (8) $\int \arctan x dx$;

(9) $\int \arcsin^2 x dx$; (10) $\int x\arcsin x dx$;

(11) $\int e^x\cos x dx$; (12) $\int e^{\sqrt{2x-1}}dx$;

(13) $\int x\ln^2 x dx$; (14) $\int e^{ax}\sin bx dx$(其中 $a^2 + b^2 \neq 0$).

2. 已知 $\ln^2 x$ 是 $f(x)$ 的一个原函数，试求 $\int xf'(x)dx$.

本章小结

函数的原函数与不定积分的概念不同，函数的任意两个原函数之间只差一个常数，函数的不定积分是带有任意常数的原函数，在可相差常数的前提下，求不定积分运算与求导互为逆运算. 不定积分问题的求解不仅是计算定积分的基础，也是以后计算重积分与解微分方程的基础.

关于不定积分，要熟练掌握：（1）直接积分法；（2）换元积分法；（3）分部积分法.

直接积分法是指利用基本公式或性质，或者将被积函数经适当的变换后再用公式或性质求积分的方法，这是计算不定积分的一种基本方法，其关键在于对基本积分公式的掌握.

换元积分法包括第一类换元积分法和第二类换元积分法. 第一类换元积分法又称"凑微分法"，它是复合函数求导数的逆运算，这种方法在求不定积分中经常使用，但比利用复合函数求导法则求导数要困难. 如何适当选择 $u = \varphi(x)$，把积分中 $\varphi'(x)\mathrm{d}x$ "凑"成 $\mathrm{d}u$ 没有一般规律可循，熟练掌握各种凑微分形式是关键.

第二类换元积分法的关键在于"换"，换的方法有：

（1）三角代换.

当被积函数中含有 $\sqrt{a^2 - x^2}\,(a > 0)$ 时，可令 $x = a\sin t$（并约定 $t \in \left(-\dfrac{\pi}{2}, \dfrac{\pi}{2}\right)$）；

当被积函数中含有 $\sqrt{a^2 + x^2}\,(a > 0)$ 时，可令 $x = a\tan t$（并约定 $t \in \left(-\dfrac{\pi}{2}, \dfrac{\pi}{2}\right)$）；

当被积函数中含有 $\sqrt{x^2 - a^2}\,(a > 0)$ 时，可令 $x = \pm a\sec t$（并约定 $t \in \left(0, \dfrac{\pi}{2}\right)$），

从而将二次根式有理化.

（2）根式代换. 即根指数最小公倍数代换，当被积函数含有 $\sqrt[n]{ax + b}$ 时，可令 $\sqrt[n]{ax + b} = t$；如果被积函数中含有几个根指数不同的根式，可设根指数的最小公倍数为新的变量，这样的变换能使被积函数中含有的几个根式同时有理化.

当被积函数含有两种不同类型函数的乘积时，常考虑分部积分法 $\int uv'\mathrm{d}x = uv - \int u'v\mathrm{d}x$. 分部积分法的关键在于如何恰当地选取 u 和 v，选取的基本原则是：从 v' 容易求出 v，同时 $\int v\mathrm{d}u$ 要比原积分 $\int u\mathrm{d}v$ 容易求出. 常见的分部积分习题中，u 在五种基本初等函数中的选取顺序一般为：反三角函数、对数函数、幂函数、三角函数、指数函数. 分部积分法的主要作用是逐步化简从而达到积分的目的；若产生回归现象，可通过移项化简求出积分结果；有时需建立递推公式，逐层递推再得到所求结果.

本章虽然给出了求不定积分的方法，但是需要指出的是，并非所有初等函数的不定积分或原函数都是初等函数，如 $\int \dfrac{\mathrm{d}x}{\ln x}$，$\int \dfrac{\sin x}{x}\mathrm{d}x$，$\int \dfrac{\cos x}{x}\mathrm{d}x$，$\int \cos x^2 \mathrm{d}x$，$\int \sin x^2 \mathrm{d}x$，$\int \mathrm{e}^{-x^2}\mathrm{d}x$ 等都不能用初等函数表示，这类积分通常称为"有限不可积的积分". 本章所讨论的不定积分的结果均是初等函数，所使用的方法称为初等积分法.

本章重点：（1）原函数与不定积分的概念；（2）换元积分法和分部积分法求不定积分.

本章难点：（1）变量代换的技巧；（2）分部积分法.

直觉 or 理性？

不定积分的存在为利用牛顿-莱布尼茨公式计算定积分提供了工具. 我们知道，将函数

的求导运算倒推的过程，就是求不定积分的过程．也就是我们所说的求积分和微分是互为逆运算的．

然而，在自然科学领域，看起来显而易见的现象有时却蕴含着令人震惊的结论．举个例子：把少量水放置在一个密闭的容器中并加热，受热后，水会转化为水蒸气，产生高压，进而导致容器爆炸．相反，如果在相同的密闭容器中充满蒸汽，冷却容器则会引发内爆导致容器向内挤压变形甚至破碎．这两个实验貌似描述的是互逆的过程，因为第一个是蒸汽产生时形成的向外产生扩散的推力，而第二个则是蒸汽消失时向内产生的凝聚的压力．两个不同的力，大小相等而方向相反．因此，我们认为，这两个实验的结果是相反并互逆的．然而事实上，这两者并不是完全相反的过程．科学家曾经做过这样的研究，当同样的两个实验在外太空进行时，加热该容器依旧会导致容器发生爆炸，但是，冷却该容器却并不会引发容器的变形以及破裂．这样看来，前面我们将实验解释为互逆的结论就不严谨了．

那么，求积分和微分是真的互逆的运算吗？当时有许多数学家着手探索求导运算和积分运算是互逆运算的严格证明．最终，柯西给出了证明，他对数学的最大贡献是在微积分中引进了清晰和严格的表述方法．正如著名数学家冯·诺依曼所说："严密性的统治地位基本上是由柯西重新建立起来的"．在这方面柯西写下了《分析教程》、《无穷小分析教程概论》、《微积分计算教程》．这些著作摆脱了微积分单纯的对几何、运动的直观理解和物理解释，引入了严格的分析上的叙述与论证，从而形成了微积分的现代体系．而这只是他宏图伟业中的一部分．柯西一生致力于严谨数学的证明与研究，刻苦钻研，不但为微积分学奠定了严格基础，同时也推动了整个分析学的发展，此外，他还为弹性力学的发展作出了贡献，成为数理弹性理论的奠基人之一．正所谓成功的秘诀来自毅力和决心．

总习题四 ▶▶ ▶

1. 已知函数 $f(x)$ 的一个原函数是 $(1 + \sin x)\ln x$，求 $\int x f'(x)\mathrm{d}x$．

2. 已知 $f'(\sin^2 x) = \cos 2x + \tan^2 x$，当 $0 < x < 1$ 时，求 $f(x)$．

3. 已知 $\int f(x)\mathrm{d}x = \mathrm{e}^{x^2} + C$，求 $f(x)$．

4. 求下列不定积分．

(1) $\displaystyle\int \frac{\mathrm{d}x}{8 + 9x^2}$；

(2) $\displaystyle\int \frac{\mathrm{d}x}{x^2 - x - 6}$；

(3) $\displaystyle\int \frac{\mathrm{d}x}{x^2 + 2x + 5}$；

(4) $\displaystyle\int \frac{\mathrm{d}x}{9 - 4x^2}$；

(5) $\displaystyle\int \frac{1}{\mathrm{e}^x + \mathrm{e}^{-x}}\mathrm{d}x$；

(6) $\displaystyle\int \frac{\mathrm{d}x}{\sqrt{\mathrm{e}^x - 1}}$；

(7) $\displaystyle\int \frac{\mathrm{d}x}{x(1 - \ln x)}$；

(8) $\displaystyle\int \frac{\mathrm{d}x}{x\sqrt{4 - \ln^2 x}}$；

(9) $\displaystyle\int \frac{1 - \sin x}{x + \cos x}\mathrm{d}x$；

(10) $\displaystyle\int \frac{\sin x \cos x}{1 + \cos^2 x}\mathrm{d}x$；

$(11) \int \dfrac{\mathrm{d}x}{x(1+x^n)}$;

$(12) \int \dfrac{\mathrm{d}x}{1+\sin x}$;

$(13) \int \dfrac{\mathrm{d}x}{1+\cos^2 x}$;

$(14) \int \dfrac{\mathrm{d}x}{\sqrt{2+2x-x^2}}$;

$(15) \int \dfrac{\ln x}{(1-x)^2}\mathrm{d}x$;

$(16) \int \dfrac{\mathrm{d}x}{x\sqrt{x^2+4}}$;

$(17) \int \dfrac{\sqrt{x^2-a^2}}{x}\mathrm{d}x$;

$(18) \int \dfrac{x}{1+\cos x}\mathrm{d}x.$

5. 已知曲线 $y=f(x)$ 过点 $\left(0,\ -\dfrac{1}{2}\right)$，且曲线上任意一点的切线的斜率为 $x\ln(1+x^2)$，求此曲线方程.

第 5 章

定积分

定积分是积分学中的另一个很重要的概念. 它是由人们在日常的生产、生活实践中遇到"变量求和"的问题引发出来的, 有着十分丰富的实践背景, 如求平面图形的面积、求变速直线运动的路程、求变力做功等. 定积分是作为某种和的极限引入的, 这与不定积分作为导数的逆运算是完全不同的两种概念. 17 世纪, 牛顿和莱布尼茨先后发现了定积分与不定积分的联系, 极大地推动了积分学的发展.

第一节　定积分的概念与性质

一、定积分概念的引入

1. 曲边梯形的面积

设函数 $f(x)$ 在区间 $[a, b]$ 上非负、连续. 由直线 $x=a$, $x=b$, $y=0$ 及曲线 $y=f(x)$ 所围成的图形称为曲边梯形, 其中曲线弧称为曲边, 如图 5-1 所示.

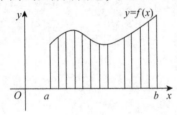

图 5-1

曲边梯形有一条边为曲线 $y=f(x)$, 它可以理解为曲边梯形的高, 由于高是变动的, 因此不能用初等数学的方法来计算面积. 我们采用"分割, 近似代替, 求和, 取极限"的思想来解决这一问题.

1) 分割

在 $[a, b]$ 内任意插入 $n-1$ 个分点, $a=x_0 < x_1 < \cdots < x_{n-1} < x_n = b$, $\Delta x_i = x_i - x_{i-1}$, 把

$[a，b]$ 分成 n 个小区间 $[x_0，x_1]$，$[x_1，x_2]$，$\cdots$，$[x_{i-1}，x_i]$，$\cdots$，$[x_{n-1}，x_n]$，每个小区间的长度为 Δx_i，过分点 x_i 作 x 轴的垂线，把曲边梯形分成 n 个小曲边梯形，第 i 个小曲边梯形的面积记作 ΔS_i，$S = \Delta S_1 + \Delta S_2 + \cdots + \Delta S_n = \sum_{i=1}^{n} \Delta S_i$.

2）近似代替

在每个小区间 $[x_{i-1}，x_i]$（$i = 1，2，\cdots，n$）上任意取一点 ξ_i，以小矩形的面积 $f(\xi_i)\Delta x_i$ 近似代替小曲边梯形的面积，即 $\Delta S_i \approx f(\xi_i)\Delta x_i$（$i = 1，2，\cdots，n$）.

3）求和

将 n 个小矩形的面积加起来，得到一个和式 $\sum_{i=1}^{n} f(\xi_i)\Delta x_i$，即为原曲边梯形面积的一个近似值，即 $S = \sum_{i=1}^{n} \Delta S_i \approx \sum_{i=1}^{n} f(\xi_i)\Delta x_i$.

4）取极限

由分割和近似代替的做法可知，和式 $\sum_{i=1}^{n} f(\xi_i)\Delta x_i$ 与区间 $[a，b]$ 的分割有关，与 ξ_i 的取法有关. 当分点非常稠密，即 n 充分大，而每个小区间的长度 Δx_i 非常小时，上述和式与曲边梯形面积的误差就会很小. 但不管 n 多大，只要是取定有限数，和式就只能是 S 的近似值，而若将区间 $[a，b]$ 无限细分并使所有小区间的长度 Δx_i 都趋于零，这时和式的极限就是曲边梯形的面积，即 $S = \lim_{\lambda \to 0} \sum_{i=1}^{n} f(\xi_i)\Delta x_i$，其中 $\lambda = \max\{\Delta x_1，\Delta x_2，\cdots，\Delta x_n\}$.

从上面可以看到，曲边梯形的面积是由一个和式的极限 $\lim_{\lambda \to 0} \sum_{i=1}^{n} f(\xi_i)\Delta x_i$ 来表示的，其计算方法为：分割、近似代替、求和、取极限，其思想是将曲边梯形分成 n 个小曲边梯形，在每一个小梯形内，以直线代替曲线，这样就得到呈阶梯形的 n 个小矩形的面积，最后通过取极限，由有限过渡到无限，得到曲边梯形的面积.

2. 变速直线运动的路程

设一质点沿直线做变速运动，其速度 $v = v(t)$，求在时间间隔 $[T_0，T]$ 内质点所走过的路程.

根据物理学知识可知，做变速直线运动的物体，速度 v 是关于时间 t 的函数，随着时间的变化而变化，因此所求路程不能直接利用计算匀速直线运动路程的方法来计算，仿照上例的方法，对时间 t 进行分割，在每一小段的时间间隔内，把速度看成不变的，然后求和取极限.

1）分割

把 $[T_0，T]$ 内插入 $n-1$ 个分点，$T_0 = t_0 < t_1 < t_2 < \cdots < t_n = T$，分成 n 个小区间 $[t_0，t_1]$，$\cdots$，$[t_{i-1}，t_i]$，$\cdots$，$[t_{n-1}，t_n]$，每个小区间的长记为 $\Delta t_i = t_i - t_{i-1}$，$i = 1，2，3，\cdots，n$.

2）近似求和

在 $[t_{i-1}，t_i]$ 内任意取一点 η_i，将做变速直线运动的质点，在每个小时间间隔内看成以速度 $v(\eta_i)$ 做匀速运动，在 Δt_i 时间内所求的路程为 $\Delta s_i \approx v(\eta_i)\Delta t_i$.

3）求和

设质点在时间间隔 $[T_0, T]$ 内所走的路程为 s，则 $s = \sum_{i=1}^{n} \Delta s_i \approx \sum_{i=1}^{n} v(\eta_i) \Delta t_i$.

4）取极限

对 $[T_0, T]$ 无限细分，使每一个小时间间隔 Δt_i 都趋于零，这时和式的极限就是变速直线运动的质点所走过的路程，即 $s = \lim_{\lambda \to 0} \sum_{i=1}^{n} v(\eta_i) \Delta t_i$，其中 $\lambda = \max\{\Delta t_1, \Delta t_2, \Delta t_3, \cdots, \Delta t_n\}$.

以上两个实际例子，一个是几何问题，求曲边梯形的问题；一个是物理问题，求变速直线运动的路程. 两例虽属范畴不同，但解决问题的方法却完全相同. 这一类问题的例子还有很多，如物理学中的变力做功，液体的侧压力，几何中的旋转体的体积，平面曲线的弧长，经济学中的收益问题等，都是采取分割、近似代替、求和、取极限的思想，数学家将这一方法加以抽象概括，得到了定积分的概念.

二、定积分的概念

1. 定积分的定义

定义 设函数 $f(x)$ 在 $[a, b]$ 上有界，在 $[a, b]$ 中任意插入若干个分点 $a = x_0 < x_1 < x_2 < \cdots < x_{n-1} < x_n = b$，把区间 $[a, b]$ 分成 n 个小区间 $[x_0, x_1]$，$[x_1, x_2]$，$\cdots$，$[x_{n-1}, x_n]$，并记第 i 个小区间的长度为 $\Delta x_i = x_i - x_{i-1}(i = 1, 2, \cdots, n)$，任取 $\xi_i \in [x_{i-1}, x_i]$ 作乘积 $f(\xi_i) \Delta x_i (i = 1, 2, \cdots, n)$，并作出和 $S = \sum_{i=1}^{n} f(\xi_i) \Delta x_i$，记 $\lambda = \max\{\Delta x_1, \Delta x_2, \cdots, \Delta x_n\}$，如果当 $\lambda \to 0$ 时，该和的极限总存在，且与闭区间 $[a, b]$ 的分法及点 ξ_i 的取法无关，那么称这个极限 I 为函数 $f(x)$ 在区间 $[a, b]$ 上的定积分，记作 $\int_a^b f(x) \, dx$，即

$$\int_a^b f(x) \, dx = I = \lim_{\lambda \to 0} \sum_{i=1}^{n} f(\xi_i) \Delta x_i,$$

其中，$f(x)$ 叫作被积函数；$f(x) \, dx$ 叫作被积表达式，x 叫作积分变量，a 叫作积分下限，b 叫作积分上限；$[a, b]$ 叫作积分区间.

说明 （1）由定积分的定义可知，它是一个和式的极限，因此表示一个数值，这个值取决于被积函数 $f(x)$ 和积分区间 $[a, b]$，而与积分变量用什么字母表示无关，故有 $\int_a^b f(x) \, dx = \int_a^b f(t) \, dt$.

（2）在定积分 $\int_a^b f(x) \, dx$ 的定义中，假定 $a < b$，但实际上，定积分的上、下限的大小是不受限制的. 规定：$\int_a^b f(x) \, dx = -\int_b^a f(x) \, dx$. 特别地，当 $a = b$ 时，规定 $\int_a^a f(x) \, dx = 0$.

（3）如果函数 $f(x)$ 在区间 $[a, b]$ 上的定积分存在，我们就说 $f(x)$ 在 $[a, b]$ 上可积，那么函数 $f(x)$ 在区间 $[a, b]$ 上满足什么条件就一定可积呢？下面不加证明地给两个函数可积的充分条件：

（I）若函数 $f(x)$ 在 $[a, b]$ 上连续，则 $f(x)$ 在 $[a, b]$ 上可积；

（II）若函数 $f(x)$ 在 $[a, b]$ 上有界，且只有有限个间断点，则 $f(x)$ 在 $[a, b]$ 上可积.

2. 定积分的几何意义

由定积分的定义可知，当 $f(x) \geqslant 0$ 时，定积分 $\int_a^b f(x)\,\mathrm{d}x$ 表示由曲线 $y = f(x)$，$x = a$，$x = b$ 和 x 轴围成的曲边梯形的面积.

当 $f(x) \leqslant 0$ 时，此时曲边梯形位于 x 轴下方，由定积分的定义可知，定积分 $\int_a^b f(x)\,\mathrm{d}x$ 在几何上表示由曲线 $y = f(x)$，$x = a$，$x = b$ 和 x 轴围成的曲边梯形的面积的负值.

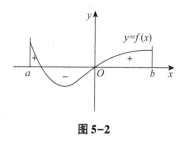

图 5-2

如图 5-2 所示，若在区间 $[a, b]$ 上 $f(x)$ 既取得正值又取得负值，所围图形的某些部分位于 x 轴的上方，而其他部分位于 x 轴的下方，因而定积分 $\int_a^b f(x)\,\mathrm{d}x$ 在几何上表示由曲线 $y = f(x)$，$x = a$，$x = b$ 和 x 轴所围成的各个部分面积的代数和.

三、定积分的性质

由于定积分的定义是作为和式极限引入的，因此，由极限的运算性质，可以证明定积分有如下性质，而这些性质在以后的定积分计算和应用中经常会用到.

性质 1　如果函数 $f(x)$，$g(x)$ 在 $[a, b]$ 上可积，则函数 $f(x) \pm g(x)$ 在 $[a, b]$ 上也可积，且 $\int_a^b [f(x) \pm g(x)]\,\mathrm{d}x = \int_a^b f(x)\,\mathrm{d}x \pm \int_a^b g(x)\,\mathrm{d}x$.

性质 2　如果函数 $f(x)$ 在 $[a, b]$ 上可积，k 为常数，则函数 $kf(x)$ 在 $[a, b]$ 上也可积，且 $\int_a^b kf(x)\,\mathrm{d}x = k\int_a^b f(x)\,\mathrm{d}x$.

由性质 1 和性质 2 可知，k_1，k_2 为任意常数，则

$$\int_a^b [k_1 f(x) + k_2 g(x)]\,\mathrm{d}x = k_1 \int_a^b f(x)\,\mathrm{d}x + k_2 \int_a^b g(x)\,\mathrm{d}x.$$

此性质称为定积分的线性性质.

性质 3　如果函数 $f(x)$ 在 $[a, b]$ 上可积，则有 $\int_a^b f(x)\,\mathrm{d}x = \int_a^c f(x)\,\mathrm{d}x + \int_c^b f(x)\,\mathrm{d}x$. 此性质称为定积分对积分区间的可加性.

证明　(1) 设 $a < c < b$，因为函数 $f(x)$ 在区间 $[a, b]$ 上可积，所以不论 $[a, b]$ 怎么分割，积分和的极限总不变，因此，在分割区间时，可以让 c 作为一个分点，则函数 $f(x)$ 在 $[a, b]$ 上的积分和等于函数 $f(x)$ 在区间 $[a, c]$ 和区间 $[c, b]$ 上的积分和的和，即

$$\sum_{[a, b]} f(\xi_i)\Delta x_i = \sum_{[a, c]} f(\xi_i)\Delta x_i + \sum_{[c, b]} f(\xi_i)\Delta x_i,$$

令 $\lambda \to 0$，上式两端取极限，即得 $\int_a^b f(x)\,\mathrm{d}x = \int_a^c f(x)\,\mathrm{d}x + \int_c^b f(x)\,\mathrm{d}x$.

(2) 若 $a < b < c$，因为 $f(x)$ 在 $[a, c]$ 上可积，由 (1) 知 $\int_a^c f(x)\,\mathrm{d}x = \int_a^b f(x)\,\mathrm{d}x + \int_b^c f(x)\,\mathrm{d}x$，则

$$\int_a^b f(x)\,\mathrm{d}x - \int_a^c f(x)\,\mathrm{d}x \quad \int_b^c f(x)\,\mathrm{d}x = \int_a^c f(x)\,\mathrm{d}x + \int_c^b f(x)\,\mathrm{d}x.$$

性质4 若函数 $f(x)$，$g(x)$ 在 $[a, b]$ 上可积，且 $f(x) \leq g(x)$，则 $\int_a^b f(x)\,\mathrm{d}x \leq \int_a^b g(x)\,\mathrm{d}x$.

证明 因为在区间 $[a, b]$ 上 $f(x) \leq g(x)$，所以有 $f(\xi_i) \leq g(\xi_i)$，$\xi_i \in [x_{i-1}, x_i]$，$i = 1, 2, \cdots, n$，又 $\Delta x_i > 0$，故有 $\sum_{i=1}^n f(\xi_i)\Delta x_i \leq \sum_{i=1}^n g(\xi_i)\Delta x_i$，令 $\lambda \to 0$，上式两端取极限，得 $\int_a^b f(x)\,\mathrm{d}x \leq \int_a^b g(x)\,\mathrm{d}x$.

推论1 若 $f(x)$ 在 $[a, b]$ 上可积，且 $f(x) \geq 0$，则 $\int_a^b f(x)\,\mathrm{d}x \geq 0$.

推论2 若 $f(x)$ 在 $[a, b]$ 上可积，则 $\left| \int_a^b f(x)\,\mathrm{d}x \right| \leq \int_a^b |f(x)|\,\mathrm{d}x$.

证明 在 $[a, b]$ 上，恒有 $-|f(x)| \leq f(x) \leq |f(x)|$，则 $-\int_a^b |f(x)|\,\mathrm{d}x \leq \int_a^b f(x)\,\mathrm{d}x \leq \int_a^b |f(x)|\,\mathrm{d}x$，从而有 $\left| \int_a^b f(x)\,\mathrm{d}x \right| \leq \int_a^b |f(x)|\,\mathrm{d}x$.

性质5 设 $f(x)$ 在 $[a, b]$ 上可积，M 和 m 分别是函数 $f(x)$ 在区间 $[a, b]$ 上的最大值和最小值，则有 $m(b-a) \leq \int_a^b f(x)\,\mathrm{d}x \leq M(b-a)$.

这条性质又称为估值定理，其证明由性质4不难得到.

证明 由于 M，m 分别是函数 $f(x)$ 在 $[a, b]$ 上的最大值和最小值，因此有 $m \leq f(x) \leq M$，由此推论得 $\int_a^b m\,\mathrm{d}x \leq \int_a^b f(x)\,\mathrm{d}x \leq \int_a^b M\,\mathrm{d}x$，即 $m(b-a) \leq \int_a^b f(x)\,\mathrm{d}x \leq M(b-a)$.

性质6 （定积分中值定理）设 $f(x)$ 在 $[a, b]$ 上连续，则至少存在一点 $\xi \in [a, b]$，使得

$$\int_a^b f(x)\,\mathrm{d}x = f(\xi)(b-a).$$

该公式称为定积分的中值公式.

证明 因为 $f(x)$ 在 $[a, b]$ 上连续，故由闭区间上连续函数的性质，$f(x)$ 在 $[a, b]$ 上存在最大值 M 和最小值 m，由性质5可知 $m(b-a) \leq \int_a^b f(x)\,\mathrm{d}x \leq M(b-a)$，从而 $m \leq \frac{1}{b-a}\int_a^b f(x)\,\mathrm{d}x \leq M$，这说明 $\frac{1}{b-a}\int_a^b f(x)\,\mathrm{d}x$ 是介于 $f(x)$ 的最大值 M 和最小值 m 之间的一个数，由闭区间上连续函数的介质定理，在 $[a, b]$ 上至少存在一点 ξ，使得 $f(\xi) = \frac{1}{b-a} \cdot \int_a^b f(x)\,\mathrm{d}x$，即 $\int_a^b f(x)\,\mathrm{d}x = f(\xi)(b-a)$.

积分中值定理的几何意义：若 $f(x)$ 在 $[a, b]$ 上连续，至少存在一点 ξ，使得以区间 $[a, b]$ 为底边，以曲线 $y = f(x)$ 为曲边的曲边梯形的面积等于同一底边而高为 $f(\xi)$ 的一个矩形面积. 由积分中值公式可得 $f(\xi) = \frac{1}{b-a}\int_a^b f(x)\,\mathrm{d}x$，函数值 $f(\xi)$ 称为 $f(x)$ 在区间 $[a, b]$ 上的平均值.

【例5-1】 比较下列积分的大小.

(1) $\int_1^2 x^2 \mathrm{d}x$ 和 $\int_1^2 x^3 \mathrm{d}x$；

(2) $\int_e^{2e} \ln x \mathrm{d}x$ 和 $\int_e^{2e} \ln^2 x \mathrm{d}x$.

解　(1) 当 $x \in [1, 2]$ 时，$x^2 \leqslant x^3$，故 $\int_1^2 x^2 \mathrm{d}x \leqslant \int_1^2 x^3 \mathrm{d}x$；

(2) 当 $x \in [e, 2e]$ 时，$1 \leqslant \ln x \leqslant \ln 2e$，$\ln x \leqslant \ln^2 x$，故 $\int_e^{2e} \ln x \mathrm{d}x \leqslant \int_e^{2e} \ln^2 x \mathrm{d}x$.

【例 5-2】 估算下列积分的值.

(1) $\int_{-1}^2 e^{x^2} \mathrm{d}x$；

(2) $\int_{-1}^1 \sqrt{1 + x^2} \mathrm{d}x$.

解　(1) 当 $x \in [-1, 2]$ 时 $x^2 \in [0, 4]$，而 $y = e^x$ 在 $(-\infty, \infty)$ 内单调增加，则 $y = e^{x^2} \in [1, e^4]$，利用性质 5 可得 $1 \times 3 \leqslant \int_{-1}^2 e^{x^2} \mathrm{d}x \leqslant e^4 \times 3$，即 $3 \leqslant \int_{-1}^2 e^{x^2} \mathrm{d}x \leqslant 3e^4$；

(2) 当 $x \in [-1, 1]$ 时，$x^2 \in [0, 1]$，$1 + x^2 \in [1, 2]$，$\sqrt{1 + x^2} \in [1, \sqrt{2}]$，利用性质 5 可得 $1 \times 2 \leqslant \int_{-1}^1 \sqrt{1 + x^2} \mathrm{d}x \leqslant \sqrt{2} \times 2$，即 $2 \leqslant \int_{-1}^1 \sqrt{1 + x^2} \mathrm{d}x \leqslant 2\sqrt{2}$.

习题 5-1

1. 根据定积分的定义将下列和式极限写成定积分的形式，假设被积函数在所指定的区间可积.

(1) $\lim\limits_{n \to \infty} \sum\limits_{i=1}^n x_i e^{x_i} \Delta x_i$，$[0, 1]$；

(2) $\lim\limits_{n \to \infty} \sum\limits_{i=1}^n \sqrt{1 + x_i} \Delta x_i$，$[0, 9]$.

2. 利用定积分的几何意义，求下列积分的值.

(1) $\int_0^\pi \cos x \mathrm{d}x$；

(2) $\int_0^1 x \mathrm{d}x$；

(3) $\int_0^1 \sqrt{1 - x^2} \mathrm{d}x$；

(4) $\int_0^{2\pi} \sin x \mathrm{d}x$；

(5) $\int_0^a \sqrt{a^2 - x^2} \mathrm{d}x$；

(6) $\int_{-\pi}^\pi \sin x \mathrm{d}x$.

3. 不计算积分，比较下列积分的大小.

(1) $\int_0^{\frac{\pi}{2}} \sin x \mathrm{d}x$ 和 $\int_0^{\frac{\pi}{2}} \sin^2 x \mathrm{d}x$；

(2) $\int_0^2 \sin x \mathrm{d}x$ 和 $\int_0^2 x \mathrm{d}x$；

(3) $\int_0^1 \frac{x}{1 + x} \mathrm{d}x$ 和 $\int_0^1 \ln(1 + x) \mathrm{d}x$；

(4) $\int_0^1 e^x \mathrm{d}x$ 和 $\int_0^1 (1 + x) \mathrm{d}x$；

(5) $\int_0^1 x \mathrm{d}x$ 和 $\int_0^1 \ln(1 + x) \mathrm{d}x$；

(6) $\int_0^{\frac{\pi}{4}} \arctan x \mathrm{d}x$ 和 $\int_0^{\frac{\pi}{4}} (\arctan x)^2 \mathrm{d}x$.

4. 估算下列积分的值.

(1) $\int_0^3 (x^2 - 2x + 3) \mathrm{d}x$；

(2) $\int_{\frac{1}{\sqrt{3}}}^{\sqrt{3}} x \arctan x \mathrm{d}x$；

(3) $\int_1^4 \frac{1}{2 + x} \mathrm{d}x$；

(4) $\int_0^2 e^{x^2 - x} \mathrm{d}x$.

第二节　微积分基本公式

上一节我们引进了定积分的概念，并举例应用定积分的定义计算积分，从中可以看出，用定积分的定义计算定积分是一件很困难的事情，因为定积分是和的极限．首先要把积分和求出来，而我们会求和的数列太少了，因此必须寻求计算定积分的方法．微积分基本公式——牛顿-莱布尼茨公式，建立了积分与微积分之间的联系并给出计算定积分的一般方法．

一、原函数

1. 变上限积分

设函数 $f(x)$ 在闭区间 $[a, b]$ 上连续，x 为 $[a, b]$ 上一点，则 $f(x)$ 在闭区间 $[a, x]$ 上也连续，因此定积分 $\int_a^x f(x)\mathrm{d}x$ 存在，这里 x 既表示定积分的上限，又表示积分变量，为防止混淆，又因定积分与积分变量的选取无关，于是上面的定积分可改写为 $\int_a^x f(t)\mathrm{d}t$．

如果积分上限 x 在区间 $[a, b]$ 上任意变动（如图 5-3 所示），对于每一个确定的 x，定积分都有一个确定的值与它对应，因此，它在区间 $[a, b]$ 上定义了一个函数 $\varPhi(x) = \int_a^x f(t)\mathrm{d}t (a \leqslant x \leqslant b)$，称为变上限积分或积分上限函数．

类似地，$\int_x^b f(t)\mathrm{d}t$ 也是一个关于 x 的函数，称其为变下限积分，变上限积分和变下限积分统称为变限积分．

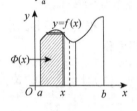

图 5-3

2. 原函数存在定理

定理 1　设 $f(x)$ 在 $[a, b]$ 上连续，则变上限积分 $\varPhi(x) = \int_a^x f(t)\mathrm{d}t (a \leqslant x \leqslant b)$ 就是 $f(x)$ 在 $[a, b]$ 上的一个原函数，且变上限积分 $\varPhi(x) = \int_a^x f(t)\mathrm{d}t$ 在 $[a, b]$ 上可导，且有

$$\varPhi'(x) = \frac{\mathrm{d}}{\mathrm{d}x}\int_a^x f(t)\mathrm{d}t = f(x) (a \leqslant x \leqslant b).$$

证明　由导数定义，只需证明 $\lim\limits_{\Delta x \to 0} \dfrac{\varPhi(x + \Delta x) - \varPhi(x)}{\Delta x} = f(x)$ 即可．

设 $x \in (a, b)$，给 x 一个改变量 Δx，使 $x + \Delta x \in [a, b]$，则 $\varPhi(x + \Delta x) = \int_a^{x+\Delta x} f(t)\mathrm{d}t$，于是

$$\varPhi(x + \Delta x) - \varPhi(x) = \int_a^{x+\Delta x} f(t)\mathrm{d}t - \int_a^x f(t)\mathrm{d}t = \int_a^x f(t)\mathrm{d}t + \int_x^{x+\Delta x} f(t)\mathrm{d}t - \int_a^x f(t)\mathrm{d}t$$

$$= \int_x^{x+\Delta x} f(t)\mathrm{d}t = f(\xi)\Delta x,$$

其中 ξ 介于 x 与 $x + \Delta x$ 之间，利用微分中值定理，等式两端同除以 Δx，当 $\Delta x \to 0$，取极限

有 $\lim\limits_{\Delta x \to 0} \dfrac{\Phi(x+\Delta x)-\Phi(x)}{\Delta x} = \lim\limits_{\Delta x \to 0} f(\xi)$.

当 $\Delta x \to 0$ 时, $x+\Delta x \to x$, 又 $f(x)$ 在 $[a, b]$ 上连续, 则 $\lim\limits_{\Delta x \to 0} f(\xi) = f(x)$, 故

$$\Phi'(x) = \frac{\mathrm{d}}{\mathrm{d}x} \int_a^x f(t)\,\mathrm{d}t = f(x).$$

该定理表明, 当 $f(x)$ 在 $[a, b]$ 上连续时, $f(x)$ 一定存在原函数, 且 $f(x)$ 的变上限积分 $\Phi(x) = \displaystyle\int_a^x f(t)\,\mathrm{d}t$ 就是 $f(x)$ 在 $[a, b]$ 上的一个原函数, 故该定理称为原函数存在定理.

推论　设 $f(x)$ 在 $[a, b]$ 上连续, $\alpha(x)$, $\beta(x)$ 在 $[a, b]$ 上可导, $a \le \alpha(x) \le b$, $a \le \beta(x) \le b$, $x \in [a, b]$, 则有 $\left[\displaystyle\int_{\alpha(x)}^{\beta(x)} f(t)\,\mathrm{d}t\right]' = f[\beta(x)] \cdot \beta'(x) - f[\alpha(x)] \cdot \alpha'(x)$.

证明　设 $\Phi(x) = \displaystyle\int_a^x f(t)\,\mathrm{d}t$, 则由定积分性质可知

$$\int_{\alpha(x)}^{\beta(x)} f(t)\,\mathrm{d}t = \int_{\alpha(x)}^a f(t)\,\mathrm{d}t + \int_a^{\beta(x)} f(t)\,\mathrm{d}t = \int_a^{\beta(x)} f(t)\,\mathrm{d}t - \int_a^{\alpha(x)} f(t)\,\mathrm{d}t = \Phi[\beta(x)] - \Phi[\alpha(x)],$$

$$\left[\int_{\alpha(x)}^{\beta(x)} f(t)\,\mathrm{d}t\right]' = \{\Phi[\beta(x)] - \Phi[\alpha(x)]\}' = \Phi'[\beta(x)] \cdot \beta'(x) - \Phi'[\alpha(x)] \cdot \alpha'(x)$$

$$= f[\beta(x)] \cdot \beta'(x) - f[\alpha(x)] \cdot \alpha'(x).$$

【例 5-3】 求 $f(x) = \displaystyle\int_0^x (1+t)^2\,\mathrm{d}t$ 的导函数.

解　$f'(x) = \dfrac{\mathrm{d}}{\mathrm{d}x} \displaystyle\int_0^x (1+t)^2\,\mathrm{d}t = (1+x)^2$.

【例 5-4】 求 $f(x) = \displaystyle\int_x^{x^2} \sin t\,\mathrm{d}t$ 的导函数.

解　$f'(x) = \dfrac{\mathrm{d}}{\mathrm{d}x} \displaystyle\int_x^{x^2} \sin t\,\mathrm{d}t = 2x\sin x^2 - \sin x$.

【例 5-5】 求下列极限.

(1) $\lim\limits_{x \to 0} \dfrac{\displaystyle\int_0^x \mathrm{e}^t\,\mathrm{d}t}{x}$;　　　　　　　　　(2) $\lim\limits_{x \to 0} \dfrac{\displaystyle\int_0^{x^2} \cos t\,\mathrm{d}t}{x \cdot \sin x}$.

解　(1) 由于函数 $F(x) = \displaystyle\int_0^x \mathrm{e}^t\,\mathrm{d}t$ 在 $x = 0$ 处连续, 因此 $\lim\limits_{x \to 0} F(x) = \lim\limits_{x \to 0} \displaystyle\int_0^x \mathrm{e}^t\,\mathrm{d}t = 0$, 由此可知, 所求极限为 $\dfrac{0}{0}$ 型, 由洛必达法则可得

$$\lim_{x \to 0} \frac{\displaystyle\int_0^x \mathrm{e}^t\,\mathrm{d}t}{x} = \lim_{x \to 0} \frac{\left(\displaystyle\int_0^x \mathrm{e}^t\,\mathrm{d}t\right)'}{x'} = \lim_{x \to 0} \frac{\mathrm{e}^x}{1} = \lim_{x \to 0} \mathrm{e}^x = 1.$$

(2) $\lim\limits_{x \to 0} \dfrac{\displaystyle\int_0^{x^2} \cos t\,\mathrm{d}t}{x \cdot \sin x} = \lim\limits_{x \to 0} \dfrac{\left(\displaystyle\int_0^{x^2} \cos t\,\mathrm{d}t\right)'}{(x \cdot \sin x)'} = \lim\limits_{x \to 0} \dfrac{(2x\cos x^2)'}{(\sin x + x\cos x)'} = \lim\limits_{x \to 0} \dfrac{2(\cos x^2 - 2x^2\sin x^2)}{\cos x + \cos x - x\sin x}$

$$= \lim_{x \to 0} \frac{2\cos x^2 - 4x^2\sin x^2}{2\cos x - x \cdot \sin x} = 1.$$

二、牛顿-莱布尼茨公式

定理2 设函数 $f(x)$ 在 $[a, b]$ 上连续,$F(x)$ 是 $f(x)$ 在区间 $[a, b]$ 上的一个原函数,则

$$\int_a^b f(x)\,\mathrm{d}x = F(x)\,\big|_a^b = F(b) - F(a).$$

这就是牛顿-莱布尼茨公式,也称为微积分基本公式.

证明 由于函数 $f(x)$ 在 $[a, b]$ 上连续,则 $\Phi(x) = \int_a^x f(t)\,\mathrm{d}t$ 是 $f(x)$ 在 $[a, b]$ 上的一个原函数. 因为 $F(x)$ 也是 $f(x)$ 在 $[a, b]$ 上的原函数,则 $F(x) - \Phi(x) = c\,(a \leqslant x \leqslant b)$,为了求出常数 c,首先令 $x = a$,则 $F(a) - \Phi(a) = c$,由于 $\Phi(a) = \int_a^a f(t)\,\mathrm{d}t = 0$,因此 $c = F(a)$,即 $F(x) - \Phi(x) = F(a)$,又因为 $\Phi(x) = \int_a^x f(t)\,\mathrm{d}t$,所以

$$\int_a^x f(t)\,\mathrm{d}t = F(x) - F(a),$$

令 $x = b$,得

$$\int_a^b f(x)\,\mathrm{d}x = F(b) - F(a).$$

为方便起见,牛顿-莱布尼茨公式又可写成 $\int_a^b f(x)\,\mathrm{d}x = [F(x)]_a^b = F(b) - F(a)$.

该定理给出了计算定积分的一个简单有效的方法,阐明了定积分与原函数的关系,即连续函数 $f(x)$ 在 $[a, b]$ 上的定积分等于它的任意一个原函数 $F(x)$ 在区间 $[a, b]$ 上的函数值的增量.

【例 5-6】 求下列定积分.

(1) $\int_0^1 x\,\mathrm{d}x$;

(2) $\int_0^\pi \sin x\,\mathrm{d}x$;

(3) $\int_e^4 \frac{1}{x}\,\mathrm{d}x$;

(4) $\int_0^1 \frac{1}{\sqrt{4 - x^2}}\,\mathrm{d}x$;

(5) $\int_1^e \frac{\ln x}{x}\,\mathrm{d}x$;

(6) $\int_{\frac{1}{2}}^{\frac{\sqrt{3}}{2}} \frac{\mathrm{d}x}{\sqrt{1 - x^2}}$.

解 (1) $\int_0^1 x\,\mathrm{d}x = \frac{1}{2}x^2\,\Big|_0^1 = \frac{1}{2}$;

(2) $\int_0^\pi \sin x\,\mathrm{d}x = -\cos x\,\Big|_0^\pi = \cos 0 - \cos \pi = 1 - (-1) = 2$;

(3) $\int_e^4 \frac{1}{x}\,\mathrm{d}x = \ln |x|\,\big|_e^4 = \ln 4 - \ln e = 2\ln 2 - 1$;

(4) $\int_0^1 \frac{1}{\sqrt{4 - x^2}}\,\mathrm{d}x = \arcsin \frac{x}{2}\,\Big|_0^1 = \arcsin \frac{1}{2} - 0 = \frac{\pi}{6}$;

(5) $\int_1^e \frac{\ln x}{x}\,\mathrm{d}x = \frac{1}{2}(\ln x)^2\,\Big|_1^e = \frac{1}{2}(\ln e)^2 - \frac{1}{2}(\ln 1)^2 = \frac{1}{2}$;

(6) $\int_{\frac{1}{2}}^{\frac{\sqrt{3}}{2}} \dfrac{\mathrm{d}x}{\sqrt{1-x^2}} = \arcsin x \Big|_{\frac{1}{2}}^{\frac{\sqrt{3}}{2}} = \arcsin \dfrac{\sqrt{3}}{2} - \arcsin \dfrac{1}{2} = \dfrac{\pi}{3} - \dfrac{\pi}{6} = \dfrac{\pi}{6}.$

【例 5-7】 计算 $\int_0^2 |1-x|\,\mathrm{d}x.$

解　由于被积函数含有绝对值，去绝对值符号后才能进行积分，因此根据定积分对积分区间的可加性，有

$$\int_0^2 |1-x|\,\mathrm{d}x = \int_0^1 (1-x)\,\mathrm{d}x + \int_1^2 (x-1)\,\mathrm{d}x = \left(x - \frac{1}{2}x^2\right)\Big|_0^1 + \left(\frac{1}{2}x^2 - x\right)\Big|_1^2 = \frac{1}{2} + \frac{1}{2} = 1.$$

习题 5-2

1. 求下列导数.

(1) $\dfrac{\mathrm{d}}{\mathrm{d}x}\int_1^{\sqrt{x}} \sin t\,\mathrm{d}t;$

(2) $\dfrac{\mathrm{d}}{\mathrm{d}x}\int_1^{x^2} \sqrt{1+t}\,\mathrm{d}t;$

(3) $\dfrac{\mathrm{d}}{\mathrm{d}x}\int_{-2x}^{3} \dfrac{t^3}{1+t^2}\,\mathrm{d}t;$

(4) $\dfrac{\mathrm{d}}{\mathrm{d}x}\int_{\frac{1}{2}}^{\frac{1}{x}} \arctan t\,\mathrm{d}t;$

(5) $\dfrac{\mathrm{d}}{\mathrm{d}x}\int_{x^3}^{\cos x} (t+\sin t)\,\mathrm{d}t;$

(6) $\dfrac{\mathrm{d}}{\mathrm{d}x}\int_1^{\sin x} \ln(1+t)\,\mathrm{d}t.$

2. 求下列极限.

(1) $\lim\limits_{x\to+\infty} \dfrac{\int_0^x \arctan t\,\mathrm{d}t}{\sqrt{1+x^2}};$

(2) $\lim\limits_{x\to 0} \dfrac{x - \int_0^x \mathrm{e}^{-t^2}\,\mathrm{d}t}{x\sin x \arcsin x};$

(3) $\lim\limits_{x\to 0} \dfrac{1}{x^3}\int_0^x \left(\dfrac{\sin t}{t} - 1\right)\mathrm{d}t;$

(4) $\lim\limits_{x\to 0} \dfrac{\left[\int_0^x \ln(1+t)\,\mathrm{d}t\right]^2}{x^4}.$

3. 计算下列定积分.

(1) $\int_{-1}^{3} x^2\,\mathrm{d}x;$

(2) $\int_1^4 x\left(\sqrt{x}+\dfrac{1}{x^2}\right)\mathrm{d}x;$

(3) $\int_{\frac{1}{\sqrt{3}}}^{\sqrt{3}} \dfrac{1}{1+x^2}\,\mathrm{d}x;$

(4) $\int_0^1 \dfrac{x^4}{x^2+1}\,\mathrm{d}x;$

(5) $\int_{\frac{1}{\sqrt{3}}}^{1} \dfrac{1+2x^2}{1+x^2}\,\mathrm{d}x;$

(6) $\int_0^2 \dfrac{1}{4+x^2}\,\mathrm{d}x;$

(7) $\int_0^{\frac{\pi}{2}} (\cos x + \sin x)\,\mathrm{d}x;$

(8) $\int_0^2 (\mathrm{e}^x + x^2)\,\mathrm{d}x;$

(9) $\int_0^2 \dfrac{1}{\sqrt{4-x^2}}\,\mathrm{d}x;$

(10) $\int_0^{\frac{\pi}{4}} \tan^2 x\,\mathrm{d}x.$

4. 设函数 $f(x) = \begin{cases} x+1, & x \le 1 \\ x^2, & x > 1 \end{cases}$，计算 $\int_0^2 f(x)\,\mathrm{d}x.$

第三节　定积分的换元积分法和分部积分法

在利用牛顿-莱布尼茨公式计算定积分时，需要先求出被积函数的一个原函数，因此要用到上一章不定积分的换元积分法和分部积分法，所不同的是在定积分的换元定积分法中，当积分变量 x 变成新的积分变量 t 时，积分的上下限（即积分区间）将会随之变化.

一、定积分的换元积分法

定理　设 $f(x)$ 在 $[a, b]$ 上连续，令 $x = \varphi(t)$，如果函数 $x = \varphi(t)$ 满足条件：

(1) $\varphi(\alpha) = a$，$\varphi(\beta) = b$；

(2) 当 $t \in [\alpha, \beta]$（或 $[\beta, \alpha]$）时，$\varphi(t) \in [a, b]$；

(3) $\varphi(t)$ 在 $[\alpha, \beta]$（或 $[\beta, \alpha]$）上具有连续导数；

则有 $\int_b^a f(x)\mathrm{d}x = \int_\alpha^\beta f[\varphi(t)]\varphi'(t)\mathrm{d}t$.

【例 5-8】 计算 $\int_0^3 \dfrac{x}{\sqrt{x+1}}\mathrm{d}x$.

解　设 $t = \sqrt{x+1}$，则 $x = t^2 - 1$，$\mathrm{d}x = 2t\mathrm{d}t$，当 $x = 0$ 时，$t = 1$；当 $x = 3$ 时，$t = 2$. 于是

$$\int_0^3 \frac{x}{\sqrt{x+1}}\mathrm{d}x = \int_1^2 \frac{t^2-1}{t} \cdot 2t\mathrm{d}t = 2\int_1^2 (t^2 - 1)\,\mathrm{d}t = 2\left(\frac{t^3}{3} - t\right)\Bigg|_1^2 = \frac{8}{3}.$$

由例 5-8 可以看出，定积分换元积分法和不定积分换元积分法的不同：（1）用 $x = \varphi(t)$ 对积分变量 x 进行换元时，积分上下限也要同时换成变量 t 的积分上下限；（2）求出 $f[\varphi(t)]\varphi'(t)$ 的一个原函数 $F(t)$ 后，不必像计算不定积分那样将 $F(t)$ 中的变量 t 转换成 x，只要将新的积分变量 t 的上下限分别代入 $F(t)$ 中，然后相减就行了.

【例 5-9】 计算 $\int_0^a \sqrt{a^2 - x^2}\,\mathrm{d}x$，其中 $a > 0$.

解　设 $x = a\sin t$，则 $\mathrm{d}x = a\cos t\mathrm{d}t$，当 $x = 0$ 时，$t = 0$；当 $x = a$ 时，$t = 0$，于是

$$\int_0^a \sqrt{a^2 - x^2}\,\mathrm{d}x = \int_0^{\frac{\pi}{2}} a\cos t \cdot a\cos t\mathrm{d}t = a^2\int_0^{\frac{\pi}{2}} \cos^2 t\mathrm{d}t = \frac{a^2}{2}\left[t + \frac{1}{2}\sin 2t\right]_0^{\frac{\pi}{2}} = \frac{\pi a^2}{4}.$$

【例 5-10】 计算 $\int_0^1 \dfrac{\mathrm{d}x}{(1 + 5x)^2}$.

解　$\displaystyle \int_0^1 \frac{\mathrm{d}x}{(1+5x)^2} = \frac{1}{5}\int_0^1 \frac{\mathrm{d}(1+5x)}{(1+5x)^2} = \frac{1}{5}\left[-\frac{1}{1+5x}\right]_0^1 = \frac{1}{6}$.

【例 5-11】 计算 $\int_0^{\frac{\pi}{2}} \sin^3 x \cdot \cos x\mathrm{d}x$.

解　$\displaystyle \int_0^{\frac{\pi}{2}} \sin^3 x \cdot \cos x\mathrm{d}x = \int_0^{\frac{\pi}{2}} \sin^3 x \cdot \mathrm{d}(\sin x) = \left[\frac{1}{4}\sin^4 x\right]_0^{\frac{\pi}{2}} = \frac{1}{4}$.

【例 5-12】

证明：（1）如果 $f(x)$ 在 $[-a, a]$ 上连续且为偶函数，则 $\int_{-a}^a f(x)\mathrm{d}x = 2\int_0^a f(x)\mathrm{d}x$；

（2）如果 $f(x)$ 在 $[-a, a]$ 上连续且为奇函数，则 $\int_{-a}^{a} f(x)\mathrm{d}x = 0$.

证明　因为 $\int_{-a}^{a} f(x)\mathrm{d}x = \int_{-a}^{0} f(x)\mathrm{d}x + \int_{0}^{a} f(x)\mathrm{d}x$，对积分 $\int_{-a}^{0} f(x)\mathrm{d}x$ 作代换，设 $x = -t$，则 $\mathrm{d}x = -\mathrm{d}t$，当 $x = -a$ 时，$t = a$；当 $x = 0$ 时，$t = 0$；于是

$$\int_{-a}^{0} f(x)\mathrm{d}x = -\int_{a}^{0} f(-t)\,\mathrm{d}t = \int_{0}^{a} f(-t)\,\mathrm{d}t = \int_{0}^{a} f(-x)\,\mathrm{d}x,$$

则

$$\int_{-a}^{a} f(x)\mathrm{d}x = \int_{-a}^{0} f(x)\mathrm{d}x + \int_{0}^{a} f(x)\mathrm{d}x = \int_{0}^{a} f(-x)\,\mathrm{d}x + \int_{0}^{a} f(x)\,\mathrm{d}x = \int_{0}^{a} [f(-x) + f(x)]\,\mathrm{d}x,$$

即

$$\int_{-a}^{a} f(x)\mathrm{d}x = \int_{0}^{a} [f(-x) + f(x)]\,\mathrm{d}x.$$

因此，（1）若 $f(x)$ 为偶函数，则 $f(x) + f(-x) = 2f(x)$，于是 $\int_{-a}^{a} f(x)\mathrm{d}x = 2\int_{0}^{a} f(x)\mathrm{d}x$；

（2）若 $f(x)$ 为奇函数，则 $f(x) + f(-x) = 0$，于是 $\int_{-a}^{a} f(x)\mathrm{d}x = 0$.

该题的结论是定积分的一个重要性质，在计算偶函数、奇函数在对称于原点的区间上的定积分时经常用来简化运算.

二、定积分的分部积分法

设函数 $u(x)$，$v(x)$ 在 $[a, b]$ 上具有连续导数，则有 $(uv)' = u'v + uv'$，移项得 $uv' = (uv)' - u'v$，等式两端分别在 $[a, b]$ 上求定积分，有

$$\int_{a}^{b} uv'\mathrm{d}x = [uv]_{a}^{b} - \int_{a}^{b} u'v\mathrm{d}x,$$

或者

$$\int_{a}^{b} u\mathrm{d}v = [uv]_{a}^{b} - \int_{a}^{b} v\mathrm{d}u.$$

上式称为定积分的分部积分公式.

【例 5-13】 求 $\int_{0}^{1} x\mathrm{e}^{x}\mathrm{d}x$.

解　$\int_{0}^{1} x\mathrm{e}^{x}\mathrm{d}x = \int_{0}^{1} x\mathrm{d}(\mathrm{e}^{x}) = [x\mathrm{e}^{x}]_{0}^{1} - \int_{0}^{1} \mathrm{e}^{x}\mathrm{d}x = \mathrm{e} - [\mathrm{e}^{x}]_{0}^{1} = 1$.

【例 5-14】 求 $\int_{0}^{1} \mathrm{e}^{\sqrt{x}}\mathrm{d}x$.

解　令 $t = \sqrt{x}$，则 $x = t^{2}$，$\mathrm{d}x = 2t\mathrm{d}t$，

$$\int_{0}^{1} \mathrm{e}^{t}2t\mathrm{d}t = 2\int_{0}^{1} t\,\mathrm{d}\mathrm{e}^{t} = 2\left(t\mathrm{e}^{t}\Big|_{0}^{1} - \int_{0}^{1} \mathrm{e}^{t}\mathrm{d}t\right) = 2\left(\mathrm{e} - \mathrm{e}^{t}\Big|_{0}^{1}\right) = 2(\mathrm{e} - \mathrm{e} + 1) = 2.$$

【例 5-15】 求 $\int_{1}^{4} \dfrac{\ln x}{\sqrt{x}}\mathrm{d}x$.

解　令 $t = \sqrt{x}$，则 $x = t^{2}$，$\mathrm{d}x = 2t\mathrm{d}t$，当 $x = 1$ 时，$t = 1$；当 $x = 4$ 时，$t = 2$；于是

$$\int_{1}^{4} \frac{\ln x}{\sqrt{x}}\mathrm{d}x = \int_{1}^{2} \frac{2\ln t}{t} \cdot 2t\mathrm{d}t = 4\int_{1}^{2} \ln t\mathrm{d}t = 4[t \cdot \ln t]_{1}^{2} - 4\int_{1}^{2} t\mathrm{d}(\ln t) = 8\ln 2 - 4.$$

【例 5-16】 求 $\int_0^{\frac{\pi}{2}} e^{2x}\cos x\,dx$.

解
$$\int_0^{\frac{\pi}{2}} e^{2x}\cos x\,dx = \int_0^{\frac{\pi}{2}} e^{2x}d(\sin x) = [e^{2x}\sin x]_0^{\frac{\pi}{2}} - \int_0^{\frac{\pi}{2}} \sin x\,d(e^{2x})$$

$$= e^{\pi} - 2\int_0^{\frac{\pi}{2}} e^{2x}\sin x\,dx = e^{\pi} + 2\int_0^{\frac{\pi}{2}} e^{2x}d(\cos x)$$

$$= e^{\pi} + 2[e^{2x}\cos x]_0^{\frac{\pi}{2}} - 2\int_0^{\frac{\pi}{2}} \cos x\,d(e^{2x})$$

$$= e^{\pi} - 2 - 4\int_0^{\frac{\pi}{2}} e^{2x}\cos x\,dx.$$

移项，等式两端同除以 5 得

$$\int_0^{\frac{\pi}{2}} e^{2x}\cos x\,dx = \frac{e^{\pi}}{5} - \frac{2}{5}.$$

习题 5-3

1. 计算下列定积分.

(1) $\int_1^8 \dfrac{dx}{\sqrt[3]{x}}$;

(2) $\int_{\frac{\pi}{4}}^{\frac{\pi}{3}} \cos 2x\,dx$;

(3) $\int_1^{e^2} \dfrac{(\ln x)^2}{x}dx$;

(4) $\int_0^{\frac{\pi}{2}} \sin^3 x\cos x\,dx$;

(5) $\int_{\frac{1}{\sqrt{3}}}^{\sqrt{3}} \dfrac{dx}{1+x^2}$;

(6) $\int_0^{\frac{1}{2}} \dfrac{dx}{\sqrt{1-x^2}}$;

(7) $\int_0^{\frac{\pi}{2}} \dfrac{\cos x}{1+\sin^2 x}dx$;

(8) $\int_0^3 \dfrac{x}{\sqrt{4+x^2}}dx$;

(9) $\int_0^2 \sqrt{4-x^2}\,dx$;

(10) $\int_0^1 \dfrac{x}{1+x^2}dx$;

(11) $\int_0^{\frac{3\pi}{2}} |\cos x|\,dx$;

(12) $\int_{\frac{\pi}{6}}^{\frac{\pi}{3}} \tan^2 x\,dx$;

(13) $\int_{-2}^0 \dfrac{x+2}{x^2+2x+2}dx$;

(14) $\int_0^{\frac{1}{2}} \dfrac{\arcsin x}{\sqrt{1-x^2}}dx$;

(15) $\int_0^{\frac{\pi}{4}} \sec^4 x\,dx$;

(16) $\int_{-\frac{\pi}{2}}^{\frac{\pi}{2}} \sqrt{\cos x - \cos^3 x}\,dx$;

(17) $\int_0^{\sqrt{2}} x\sqrt{2-x^2}\,dx$;

(18) $\int_0^8 \dfrac{1}{1+\sqrt[3]{x}}dx$;

(19) $\int_1^4 \dfrac{1}{\sqrt{x}(1+\sqrt{x})}dx$;

(20) $\int_{\frac{3}{4}}^1 \dfrac{1}{\sqrt{1-x}-1}dx$.

2. 计算下列定积分.

(1) $\displaystyle\int_0^1 xe^{-x}\,dx$;

(2) $\displaystyle\int_1^e x\ln x\,dx$;

(3) $\displaystyle\int_0^{\frac{\pi}{4}} x\cos x\,dx$;

(4) $\displaystyle\int_0^1 \arcsin x\,dx$;

(5) $\displaystyle\int_0^1 \arctan x\,dx$;

(6) $\displaystyle\int_0^1 x\arctan x\,dx$;

(7) $\displaystyle\int_0^1 x\arcsin x\,dx$;

(8) $\displaystyle\int_0^{\pi} e^x\sin x\,dx$;

(9) $\displaystyle\int_0^1 e^{\sqrt{x}}\,dx$.

3. 设 $f(x)$ 的一个原函数为 $\dfrac{\sin x}{x}$, 求 $\displaystyle\int_{\frac{\pi}{2}}^{\pi} xf'(x)\,dx$.

第四节　反常积分

在前面讨论定积分时, 我们总是假设被积函数有界, 积分区间有限, 但在实际应用和理论研究中, 常常会遇到被积函数无界或积分区间无限的积分, 因此需要对定积分的概念加以推广: (1) 有界函数在无穷区间上的积分, 称为无穷限反常积分. (2) 无界函数在有限区间上的积分, 称为瑕积分. 这两种积分统称为反常积分或广义积分.

一、无穷限反常积分

定义 1　设函数 $f(x)$ 在无穷区间 $[a, +\infty)$ 内连续, 取 $t > a$, 记 $\displaystyle\int_a^{+\infty} f(x)\,dx = \lim_{t\to+\infty}\int_a^t f(x)\,dx$, 则称 $\displaystyle\int_a^{+\infty} f(x)\,dx$ 为函数 $f(x)$ 在无穷区间 $[a, +\infty)$ 内的无穷限反常积分. 若 $\displaystyle\lim_{t\to+\infty}\int_a^t f(x)\,dx$ 存在, 则称无穷限反常积分 $\displaystyle\int_a^{+\infty} f(x)\,dx$ 收敛, 并定义此极限为该无穷限反常积分的值, 记作 $\displaystyle\int_a^{+\infty} f(x)\,dx = \lim_{t\to+\infty}\int_a^t f(x)\,dx$; 若 $\displaystyle\lim_{t\to+\infty}\int_a^t f(x)\,dx$ 不存在, 则称无穷限反常积分 $\displaystyle\int_a^{+\infty} f(x)\,dx$ 发散.

类似地, 可以定义 $f(x)$ 在 $(-\infty, b]$ 以及 $(-\infty, +\infty)$ 内的无穷限反常积分.

设函数 $f(x)$ 在 $(-\infty, b]$ 上连续, 取 $t < b$, 记 $\displaystyle\int_{-\infty}^b f(x)\,dx = \lim_{t\to-\infty}\int_t^b f(x)\,dx$, 则称其为 $f(x)$ 在区间 $(-\infty, b]$ 上的无穷限反常积分. 若该极限存在, 则称该无穷限反常积分 $\displaystyle\int_{-\infty}^b f(x)\,dx$ 收敛; 若该极限不存在, 就称该无穷限反常积分发散.

设函数 $f(x)$ 在 $(-\infty, +\infty)$ 内连续, 若对任意实数 c, 如果无穷限反常积分 $\displaystyle\int_{-\infty}^c f(x)\,dx$ 和 $\displaystyle\int_c^{+\infty} f(x)\,dx$ 都收敛, 则称无穷限反常积分 $\displaystyle\int_{-\infty}^{+\infty} f(x)\,dx$ 收敛. 若上述两个无穷限反常积分中有一个发散或两个都发散, 则称此无穷限反常积分发散.

上述的反常积分统称为无穷限的反常积分.

在计算无穷限反常积分时，为了书写方便，也可用牛顿-莱布尼茨公式的记法，即

$F'(x) = f(x)$，$x \in [a, +\infty)$，则 $\int_a^{+\infty} f(x)\mathrm{d}x = F(x)\big|_a^{+\infty} = F(+\infty) - F(a)$.

类似地 $\qquad \int_{-\infty}^b f(x)\mathrm{d}x = F(x)\big|_{-\infty}^b = F(b) - F(-\infty)$,

$$\int_{-\infty}^{+\infty} f(x)\mathrm{d}x = F(x)\big|_{-\infty}^{+\infty} = F(+\infty) - F(-\infty).$$

其中的 $F(-\infty)$，$F(+\infty)$ 应理解为极限的记号，即 $F(-\infty) = \lim\limits_{x \to -\infty} F(x)$,
$F(+\infty) = \lim\limits_{x \to +\infty} F(x)$.

【例 5-17】 讨论下列无穷限反常积分的敛散性.

(1) $\int_{-\infty}^{+\infty} \dfrac{\mathrm{d}x}{1 + x^2}$; $\qquad\qquad$ (2) $\int_e^{+\infty} \dfrac{\mathrm{d}x}{x\ln x}$;

(3) $\int_0^{+\infty} x\mathrm{e}^{-x^2}\mathrm{d}x$; $\qquad\qquad$ (4) $\int_{-\infty}^0 \sin x\mathrm{d}x$.

解 (1) $\int_{-\infty}^{+\infty} \dfrac{\mathrm{d}x}{1 + x^2} = \arctan x\big|_{-\infty}^{+\infty} = \lim\limits_{x \to +\infty} \arctan x - \lim\limits_{x \to +\infty} \arctan x = \dfrac{\pi}{2} - \left(-\dfrac{\pi}{2}\right) = \pi$,

故 $\int_{-\infty}^{+\infty} \dfrac{\mathrm{d}x}{1 + x^2}$ 收敛;

(2) $\int_e^{+\infty} \dfrac{\mathrm{d}x}{x\ln x} = \int_e^{+\infty} \dfrac{\mathrm{d}(\ln x)}{\ln x} = \ln|\ln x|\big|_e^{+\infty} = \lim\limits_{x \to +\infty} \ln|\ln x| - \ln\ln e = +\infty$, 故 $\int_e^{+\infty} \dfrac{\mathrm{d}x}{x\ln x}$
发散;

(3) $\int_0^{+\infty} x\mathrm{e}^{-x^2}\mathrm{d}x = -\dfrac{1}{2}\int_0^{+\infty} \mathrm{e}^{-x^2}\mathrm{d}(-x^2) = -\dfrac{1}{2}\mathrm{e}^{-x^2}\big|_0^{+\infty}$

$$= \lim\limits_{x \to +\infty} \left(-\dfrac{1}{2}\mathrm{e}^{-x^2}\right) - \left(-\dfrac{1}{2}\right) = \dfrac{1}{2},$$

故 $\int_0^{+\infty} x\mathrm{e}^{-x^2}\mathrm{d}x$ 收敛;

(4) $\int_{-\infty}^0 \sin x\mathrm{d}x = -\cos x\big|_{-\infty}^0 = -1 - \lim\limits_{x \to -\infty}(-\cos x)$，因为 $\lim\limits_{x \to -\infty}(-\cos x)$ 发散，所以 $\int_{-\infty}^0 \sin x\mathrm{d}x$
发散.

【例 5-18】 讨论下列无穷限反常积分的敛散性.

(1) $\int_1^{+\infty} \dfrac{1}{x^p}\mathrm{d}x$; $\qquad\qquad$ (2) $\int_1^{+\infty} \dfrac{\mathrm{d}x}{x + x^2}$.

解 (1) 对于不同的 p 值分别讨论:

当 $p = 1$ 时，$\int_1^{+\infty} \dfrac{\mathrm{d}x}{x} = \ln x\big|_1^{+\infty} = +\infty$，发散;

当 $p \neq 1$ 时，$\int_1^{+\infty} \dfrac{\mathrm{d}x}{x^p} = \dfrac{x^{1-p}}{1-p}\big|_1^{+\infty} = \begin{cases} +\infty, & p \leqslant 1 \\ \dfrac{1}{p-1}, & p > 1 \end{cases}$.

故 $\int_1^{+\infty} \dfrac{\mathrm{d}x}{x^p}$，当 $p \leqslant 1$ 时发散，当 $p > 1$ 时收敛于 $\dfrac{1}{p-1}$,

即 $\int_1^{+\infty} \dfrac{\mathrm{d}x}{x^p} = \begin{cases} +\infty, & p \leqslant 1 \\[2mm] \dfrac{1}{p-1}, & p > 1 \end{cases}$.

(2) $\displaystyle\int_1^{+\infty} \dfrac{\mathrm{d}x}{x+x^2} = \int_1^{+\infty} \dfrac{\mathrm{d}x}{x(1+x)} = \int_1^{+\infty} \left(\dfrac{1}{x} - \dfrac{1}{1+x} \right) \mathrm{d}x = \ln \dfrac{x}{1+x} \Big|_1^{+\infty} = \ln 2$,

故 $\displaystyle\int_1^{+\infty} \dfrac{\mathrm{d}x}{x+x^2}$ 收敛.

二、无界函数的反常积分

定义 2　设函数 $f(x)$ 在区间 $(a, b]$ 上有定义, 且对 $\forall \varepsilon > 0$, $0 < \varepsilon < b - a$, $f(x)$ 在 $[a+\varepsilon, b]$ 上可积, 但当 $x \to a^+$ 时 $f(x) \to \infty$, 则称 a 为 $f(x)$ 的瑕点, 称 $\displaystyle\int_a^b f(x)\mathrm{d}x$ 为 $f(x)$ 在区间 $(a, b]$ 上的反常积分 (也称为瑕积分).

若 $\displaystyle\lim_{\varepsilon \to 0^+} \int_{a+\varepsilon}^b f(x)\mathrm{d}x$ 存在, 则称反常积分 $\displaystyle\int_a^b f(x)\mathrm{d}x$ 收敛, 并以此极限作为其值, 即 $\displaystyle\int_a^b f(x)\mathrm{d}x = \lim_{\varepsilon \to 0^+} \int_{a+\varepsilon}^b f(x)\mathrm{d}x$; 若 $\displaystyle\lim_{\varepsilon \to 0^+} \int_{a+\varepsilon}^b f(x)\mathrm{d}x$ 不存在, 则称反常积分 $\displaystyle\int_a^b f(x)\mathrm{d}x$ 发散.

类似地, 可以定义点 b 为瑕点时的反常积分, 即当 $x \to b^-$ 时函数 $f(x) \to \infty$ 时反常积分 $\displaystyle\int_a^b f(x)\mathrm{d}x$ 的敛散性:

若 $\displaystyle\lim_{\varepsilon \to 0^+} \int_a^{b-\varepsilon} f(x)\mathrm{d}x$ 存在, 则称反常积分 $\displaystyle\int_a^b f(x)\mathrm{d}x$ 收敛, 并定义其值为极限值, 即 $\displaystyle\int_a^b f(x)\mathrm{d}x = \lim_{\varepsilon \to 0^+} \int_a^{b-\varepsilon} f(x)\mathrm{d}x$; 若极限 $\displaystyle\lim_{\varepsilon \to 0^+} \int_a^{b-\varepsilon} f(x)\mathrm{d}x$ 不存在, 则称反常积分 $\displaystyle\int_a^b f(x)\mathrm{d}x$ 发散.

若 $f(x)$ 在 $[a, b]$ 内有一点 c, $a < c < b$, 使得 $\displaystyle\lim_{x \to c} f(x) = \infty$, 即 c 为瑕点时, 则规定两个反常积分 $\displaystyle\int_a^c f(x)\mathrm{d}x$ 与 $\displaystyle\int_c^b f(x)\mathrm{d}x$ 均收敛时, 积分 $\displaystyle\int_a^b f(x)\mathrm{d}x$ 收敛, 且

$$\int_a^b f(x)\mathrm{d}x = \int_a^c f(x)\mathrm{d}x + \int_c^b f(x)\mathrm{d}x = \lim_{\varepsilon \to 0^+} \int_a^{c-\varepsilon} f(x)\mathrm{d}x + \lim_{\varepsilon \to 0^+} \int_{c+\varepsilon}^b f(x)\mathrm{d}x.$$

否则称反常积分 $\displaystyle\int_a^b f(x)\mathrm{d}x$ 发散.

计算无界函数的反常积分时, 也可用牛顿-莱布尼茨公式的记法. 即

设 $x = a$ 为 $f(x)$ 的瑕点, 在 $(a, b]$ 上存在 $F'(x) = f(x)$, 如果极限 $\displaystyle\lim_{x \to a^+} F(x)$ 存在, 则反常积分 $\displaystyle\int_a^b f(x)\mathrm{d}x = F(b) - \lim_{x \to a^+} F(x) = F(b) - F(a^+)$.

若 $\displaystyle\lim_{x \to a^+} F(x)$ 不存在, 则称反常积分 $\displaystyle\int_a^b f(x)\mathrm{d}x$ 发散.

【例 5-19】 判别下列反常积分的敛散性.

(1) $\displaystyle\int_0^2 \dfrac{\mathrm{d}x}{\sqrt{4-x^2}}$;　　　　　　　　(2) $\displaystyle\int_0^1 \ln x \mathrm{d}x$;

(3) $\displaystyle\int_0^2 \dfrac{\mathrm{d}x}{(x-1)^2}$.

解 (1) $x = 2$ 为瑕点，且

$$\int_0^2 \frac{dx}{\sqrt{4-x^2}} = \arcsin\frac{x}{2}\Big|_0^2 = \lim_{x \to 2^-}\arcsin\frac{x}{2} - 0 = \frac{\pi}{2},$$

故反常积分 $\int_0^2 \frac{dx}{\sqrt{4-x^2}}$ 收敛.

(2) $x = 0$ 为瑕点，且

$$\int_0^1 \ln x\,dx = x\ln x\Big|_0^1 - \int_0^1 x\,d(\ln x) = \ln 1 - \lim_{x \to 0^+}x\ln x - \int_0^1 dx = -\lim_{x \to 0^+}x\ln x - 1 = -1,$$

故反常积分 $\int_0^1 \ln x\,dx$ 收敛.

(3) $x = 1$ 为瑕点，且

$$\int_0^2 \frac{dx}{(x-1)^2} = \int_0^1 \frac{d(x-1)}{(x-1)^2} + \int_1^2 \frac{d(x-1)}{(x-1)^2} = \left(\frac{-1}{x-1}\Big|_0^1\right) + \left(-\frac{1}{x-1}\Big|_1^2\right) = -2 + \infty = +\infty,$$

故反常积分 $\int_0^2 \frac{dx}{(x-1)^2}$ 发散.

若此题忽略了 $x = 1$ 是瑕点，而直接利用牛顿 - 莱布尼茨公式计算 $\int_0^2 \frac{dx}{(x-1)^2} = -\frac{1}{x-1}\Big|_0^2 = -\left(\frac{1}{2-1} - \frac{1}{0-1}\right) = -2$，即错误.

【例 5-20】讨论反常积分 $\int_0^1 \frac{dx}{x^p}$ 的敛散性.

解 当 $p = 1$ 时，$\int_0^1 \frac{dx}{x} = \ln|x|\,\big|\big|_0^1 = +\infty$；

当 $p \neq 1$ 时，$\int_0^1 \frac{dx}{x^p} = \left[\frac{x^{1-p}}{1-p}\right]_0^1 = \frac{1}{1-p} - \lim_{x \to 0^+}\frac{x^{1-p}}{1-p} = \begin{cases} \dfrac{1}{1-p}, & p < 1 \\ +\infty, & p > 1 \end{cases}$.

因此，当 $p < 1$ 时，反常积分 $\int_0^1 \frac{dx}{x^p}$ 收敛于 $\frac{1}{1-p}$；当 $p \geq 1$ 时，反常积分 $\int_0^1 \frac{dx}{x^p}$ 发散.

习题 5-4

1. 判断下列无穷限反常积分的敛散性，如果收敛，计算反常积分的值.

(1) $\int_1^{+\infty} x^{-\frac{3}{2}}dx$；

(2) $\int_{-\infty}^{+\infty} xe^{-x^2}dx$；

(3) $\int_{-\infty}^0 xe^x dx$；

(4) $\int_1^{+\infty} \frac{dx}{x(1+x^2)}$；

(5) $\int_2^{+\infty} \frac{dx}{x^2+x-2}$；

(6) $\int_1^{+\infty} \frac{1}{x^2(1+x)}dx$.

2. 判断下列瑕积分的敛散性，如果收敛，计算反常积分的值.

(1) $\int_0^1 \frac{x}{\sqrt{1-x^2}}dx$；

(2) $\int_0^1 \frac{dx}{1-x^2}$；

(3) $\int_1^2 \frac{x}{\sqrt{x-1}}dx$；

(4) $\int_0^1 \ln^2 x\,dx$；

$(5) \int_1^e \dfrac{\mathrm{d}x}{x\sqrt{1-\ln^2 x}}$;

$(6) \int_0^2 \dfrac{\mathrm{d}x}{\sqrt{2x-x^2}}$.

3. 计算反常积分 $\int_0^1 \ln x \mathrm{d}x$.

第五节　定积分在几何学中的应用

本节我们将应用前面学过的定积分理论来分析和解决一些几何及经济方面的问题. 通过这些例子, 其目的不仅在于建立计算这些几何和经济问题的公式, 而且更重要的还在于介绍运用微元法将一个量表达成定积分的分析方法.

一、定积分的微元法

在现实问题中有很多都可以利用定积分来解决. 这些能够利用定积分来解决的问题一般具有一定的特征:(1) 所求量 A 与区间有关;(2) 所求量 A 关于区间有可加性. 即如果所求量 A 与区间 $[a, b]$ 有关, 就把区间 $[a, b]$ 分成许多分区间, 则所求量相应地分成许多分量, 而所求量等于所有分量之和, 这一性质称为所求量 A 对于区间 $[a, b]$ 具有可加性.

利用定积分解决问题首先要得到积分表达式, 建立积分表达式最常用的是微元法. 下面为了很好地说明这种方法, 我们通过求曲边梯形面积的方法介绍微元法的思想和方法.

设 $f(x)$ 在区间 $[a, b]$ 上连续, 且 $f(x) \geq 0$, 求以曲线 $y = f(x)$ 为曲边的 $[a, b]$ 上的曲边梯形的面积 A. 把这个面积 A 表示为定积分 $A = \int_a^b f(x)\mathrm{d}x$, 求面积 A 的思路是 "分割、近似代替、求和、取极限", 即

(1) 分割: $A = \sum\limits_{i=1}^n \Delta A_i$;

(2) 近似代替: $\Delta A_i \approx f(\xi_i) \Delta x_i$, $x_{i-1} \leq \xi_i \leq x_i (i = 1, 2, \cdots, n)$;

(3) 求和: $A \approx \sum\limits_{i=1}^n f(\xi_i) \Delta x_i$;

(4) 取极限: 记 $\lambda = \max\{\Delta x_1, \Delta x_2, \cdots, \Delta x_n\}$, 当 $\lambda \to 0$ 时, 取极限得

$$A = \lim_{\lambda \to 0} \sum_{i=1}^n f(\xi_i) \Delta x_i = \int_a^b f(x) \mathrm{d}x.$$

前面我们由实际问题引出定积分的定义, 介绍了定积分的基本性质与计算方法. 下面利用定积分解决一些应用方面的问题.

二、平面图形的面积

根据定积分的几何意义, 我们可以求出下面几类平面图形的面积.

(1) 曲线 $y = f(x)$, $f(x) \geq 0$, $x = a$, $x = b$ 及 x 轴所围成图形 (如图 5-4 所示), 面积为 $A = \int_a^b f(x)\mathrm{d}x$.

(2) 由上下两条曲线 $y = f(x)$, $y = g(x)$ $(f(x) \geq g(x))$, 以及 $x = a$, $x = b$ 所围成的图形 (如图 5-5 所示), 面积为 $A = \int_a^b [f(x) - g(x)]\mathrm{d}x$.

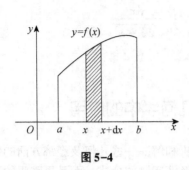

图 5-4

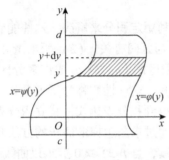

图 5-5

（3）由左右两条曲线 $x = \psi(y)$，$x = \varphi(y)$，以及 $y = c$，$y = d$ 所围成图形（如图 5-6 所示），面积为 $A = \int_c^d [\varphi(y) - \psi(y)] \mathrm{d}y$.

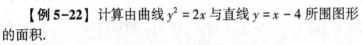

图 5-6

【例 5-21】 计算由两条抛物线：$y^2 = x$，$y = x^2$ 所围成的图形的面积.

解 如图 5-7 所示，解方程组 $\begin{cases} y^2 = x \\ y = x^2 \end{cases}$，得交点 $(0, 0)$ 和 $(1, 1)$，在区间 $[0, 1]$ 上作定积分，即阴影部分的面积为 $A = \int_0^1 (\sqrt{x} - x^2) \mathrm{d}x = \dfrac{1}{3}$.

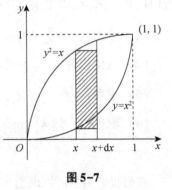

图 5-7

【例 5-22】 计算由曲线 $y^2 = 2x$ 与直线 $y = x - 4$ 所围图形的面积.

解方程组 $\begin{cases} y^2 = 2x \\ y = x - 4 \end{cases}$，得交点 $(2, -2)$ 和 $(8, 4)$.

解法一 选 x 为积分变量（如图 5-8 所示），则 x 的变化范围为 $[0, 8]$，则阴影部分的面积为

$$A = \int_0^2 [\sqrt{2x} - (-\sqrt{2x})] \mathrm{d}x + \int_2^8 [\sqrt{2x} - (x - 4)] \mathrm{d}x$$

$$= 2\sqrt{2} \int_0^2 \sqrt{x} \, \mathrm{d}x + \int_2^8 (\sqrt{2x} - x + 4) \mathrm{d}x = 18.$$

解法二 若选 y 为积分变量（如图 5-9 所示），y 的变化范围为 $[-2, 4]$，则阴影部分的面积为

$$A = \int_{-2}^4 \left[y + 4 - \frac{1}{2} y^2 \right] \mathrm{d}y = \left[\frac{1}{2} y^2 + 4y - \frac{1}{6} y^3 \right]_{-2}^4 = 18.$$

比较两种解法可看到，积分变量选择适当，可使计算简便.

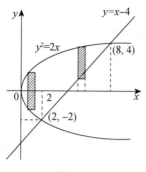

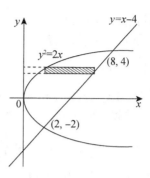

图 5-8　　　　　　　　　　　　图 5-9

【例 5-23】 求椭圆 $\dfrac{x^2}{a^2} + \dfrac{y^2}{b^2} = 1$ 所围成图形的面积.

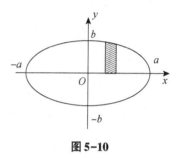

解　如图 5-10 所示，因为该椭圆关于两坐标轴对称，所以

$$A = 4\int_0^a y\mathrm{d}x = \frac{4b}{a}\int_0^a \sqrt{a^2 - x^2}\,\mathrm{d}x$$

$$= \frac{4b}{a} \cdot \frac{1}{4}\pi a^2 = \pi ab.$$

图 5-10

三、旋转体的体积

一平面图形绕该平面内的一条直线旋转一周所围成的立体称为旋转体，这条直线称为旋转轴.

下面我们来求旋转体的体积：

（1）求由曲线 $y = f(x)$，直线 $x = a$，$x = b$ 和 x 轴围成的曲边梯形绕 x 轴旋转而成的旋转体的体积 V（如图 5-11 所示）.

旋转体的体积公式为：$V_x = \displaystyle\int_a^b \mathrm{d}V = \pi\int_a^b [f(x)]^2\mathrm{d}x$.

（2）由曲线 $x = \varphi(y)$，直线 $y = c$，$y = d$ 和 y 轴围成的曲边梯形（如图 5-12 所示）绕 y 轴旋转而成的旋转体的体积为 $V_y = \pi\displaystyle\int_c^d [\varphi(y)]^2\mathrm{d}y$.

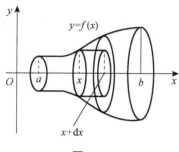

图 5-11

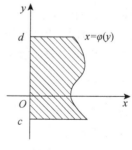

图 5-12

（3）由连续曲线 $y=f(x)$，$x=a$，$x=b(0<a<b)$ 及 x 轴所围成的平面图形绕 y 轴旋转一周所形成的旋转体的体积公式为 $V_y=2\pi\int_a^b x\mid f(x)\mid \mathrm{d}x.$

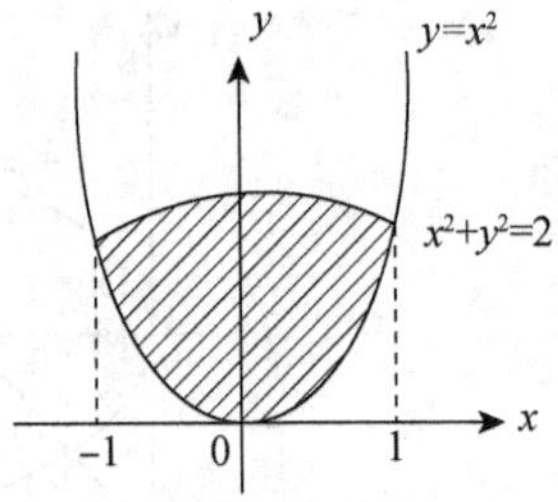

【例 5-24】 求由 $x^2+y^2=2$ 和 $y=x^2$ 所围成的图形（如图 5-13 所示）绕 x 轴旋转而成的旋转体的体积.

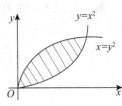

图 5-13

解 选 x 为积分变量，解方程组 $\begin{cases} x^2+y^2=2 \\ y=x^2 \end{cases}$，得交点 $(-1，1)$ 和 $(1，1)$，从而积分区间为 $[-1，1]$.

所求旋转体的体积为

$$V_x=\int_{-1}^1 \pi[(2-x^2)-x^4]\mathrm{d}x=2\pi\left(2x-\frac{x^3}{3}-\frac{x^5}{5}\right)\Big|_0^1=\frac{44}{15}\pi.$$

【例 5-25】 求由 $y=x^2$ 与 $y^2=x$ 所围成的图形绕 y 轴旋转所成的旋转体的体积（如图 5-14 所示）.

解 由于绕 y 轴旋转，故选 y 为积分变量. 解方程组 $\begin{cases} y=x^2 \\ y^2=x \end{cases}$，得交点 $(0，0)$ 和 $(1，1)$，则积分区间为 $[0，1]$，所求旋转体的体积为

图 5-14

$$V_y=\int_0^1 \pi(y-y^4)\mathrm{d}y=\pi\left(\frac{y^2}{2}-\frac{y^5}{5}\right)\Big|_0^1=\frac{3}{10}\pi.$$

【例 5-26】 求曲线 $y=\sin x(x\in[0，\pi])$ 与 x 轴所围平面图形分别绕 x 轴和 y 轴旋转所得的旋转体的体积.

解 （1）绕 x 轴旋转，选 x 为积分变量，因此绕 x 轴旋转所得的旋转体的体积为

$$V_x=\pi\int_0^\pi (\sin x)^2\mathrm{d}x=\frac{\pi}{2}\int_0^\pi (1-\cos 2x)\mathrm{d}x=\frac{\pi^2}{2}.$$

（2）绕 y 轴旋转，选 x 为积分变量，因此绕 y 轴旋转所得的旋转体的体积为

$$V_y=2\pi\int_0^\pi x\cdot\sin x\mathrm{d}x=-2\pi\int_0^\pi x\mathrm{d}(\cos x)=2\pi^2.$$

【例 5-27】 求椭圆 $\frac{x^2}{a^2}+\frac{y^2}{b^2}=1$（$a>b>0$）分别绕 x 轴和 y 轴旋转一周而成的旋转体的体积.

解 如图 5-15 所示，根据对称性，可先求椭圆右半部的体积，右半部是曲边梯形 OAB 绕 x 轴旋转而成的. 曲边 AB 的方程为 $y=\frac{b}{a}\sqrt{a^2-x^2}$.

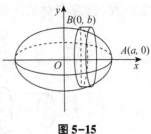

图 5-15

选 x 为积分变量，积分区间为 $[0，a]$.
所求旋转体的体积为

$$V_x=2\pi\int_0^a \frac{b^2}{a^2}(a^2-x^2)\mathrm{d}x=2\pi\frac{b^2}{a^2}\int_0^a (a^2-x^2)\mathrm{d}x$$

$$=2\pi\frac{b^2}{a^2}\left(a^2 x-\frac{x^3}{3}\right)\Big|_0^a=2\pi\frac{b^2}{a^2}\left(a^3-\frac{a^3}{3}\right)=\frac{4}{3}\pi ab^2.$$

同理，由 a，b 和 x，y 的对称性可知，绕 y 轴旋转的旋转体的体积为 $V_y = \dfrac{4}{3}\pi a^2 b.$

习题 5-5

1. 求下列各曲线所围成的平面图形的面积.

（1）$y = \ln x$ 与 $x = 0$，$y = \ln a$，$y = \ln b\,(b > a > 0)$；

（2）$y = x^3$ 与 $y = \sqrt{x}$；

（3）$y = \dfrac{1}{x}$，$y = x$ 与 $y = 2$；

（4）$y = \cos x$ 与 $y = 0$，$x \in \left[\dfrac{\pi}{2}, \dfrac{3\pi}{2}\right]$；

（5）$y = x$ 与 $y = \sqrt{x}$；

（6）$y = x^3$，$y = 1$ 与 $x = 0$；

（7）$x = y^2$ 与 $x = 1$；

（8）$x = y^2 + 1$，$y = -1$，$y = 1$ 与 $x = 0$.

2. 求下列曲线所围成的图形，按指定的轴旋转产生的旋转体的体积.

（1）$y = x$，$x = 1$，$y = 0$ 绕 x 轴；

（2）$y = e^x$，$x = 0$，$x = 1$，$y = 0$ 绕 x 轴；

（3）$y = \sqrt{x}$，$x = 4$，$y = 0$ 绕 x 轴；

（4）$y = x^3$，$y = 1$，$x = 0$ 绕 y 轴；

（5）$y = x^2$，$y = 4$，$x = 0$ 绕 y 轴；

（6）$y = x^2$，$x = -1$，$x = 1$，$y = 0$ 绕 y 轴.

3. 求由抛物线 $y = x^2$，直线 $x = 1$ 及 $y = 0$ 所围成的平面图形绕 y 轴旋转所形成的旋转体体积.

第六节　定积分在经济学中的应用

一、由边际函数求原函数

在导数应用部分，我们介绍了边际函数的概念，即如果某个经济指标 y 与影响指标的因素 x 之间具有函数关系 $y = f(x)$，则导数 $f'(x)$ 就是 $f(x)$ 的边际函数. 在经济学中还会遇到已知边际函数求解总函数的问题，这就涉及积分问题. 一般地，由边际函数求解总函数，可以采用不定积分解决；如果要求解总函数在某个范围的改变量，则可以采用定积分解决.

设经济函数为 $f(x)$，则其边际函数为 $f'(x)$，如果已知边际函数 $f'(x)$，求经济函数 $f(x)$，则有

$$f(x) = \int f'(x)\,\mathrm{d}x.$$

当求 x 在 $[x_1, x_2]$ 的经济增量时，可以利用下式求解：

$$\int_{x_0}^{x_1} f'(x)\,\mathrm{d}x = f(x_1) - f(x_0).$$

当 x 允许从 0 开始变化时，经济函数 $f(x)$ 可以利用下式求解：

$$\int_0^x f'(t)\,\mathrm{d}t = f(x) - f(0).$$

将上式变形，则有

$$f(x) = f(0) + \int_0^x f'(t)\,\mathrm{d}t.$$

对于不同的经济量，上式中的 $f(0)$ 具有不同的含义．如已知边际成本，求总成本时，$f(0)$ 表示固定成本．

1. 已知边际成本，求总成本

如果 $C'(x)$ 表示产品产量为 x 时的边际成本，当产量为 0 时的成本为 $C(0)$（即固定成本），则产量为 x 时的总成本为

$$C(x) = C(0) + \int_0^x C'(t)\,\mathrm{d}t.$$

【**例 5-28**】 设生产某产品 x 单位的总成本为 $C(x)$，固定成本为 20 万元，边际成本为 $C'(x) = 3x^2 - 2x + 10$，求总成本 $C(x)$．

解 固定成本为 20 万元，即 $C(0) = 20$，于是

$$C(x) = C(0) + \int_0^x C'(t)\,\mathrm{d}t = 20 + \int_0^x (3t^2 - 2t + 10)\,\mathrm{d}t$$

$$= x^3 - x^2 + 10x + 20.$$

2. 已知边际收益，求总收益

如果已知边际收益 $R'(x)$，则销售量为 x 时的总收益为

$$R(x) = \int_0^x R'(t)\,\mathrm{d}t,$$

其中 $R(0) = 0$，即销售量为零时，总收益为零．

如果已知边际收益 $R'(x)$，则销售量由 a 增加到 b 时总收益增加量为 $\int_a^b R'(x)\,\mathrm{d}x$．

【**例 5-29**】 设某产品的边际收益为 $R'(x) = 20 - \dfrac{x}{10}$，求：

（1）销售 40 个单位产品时的总收益；

（2）销售量从 40 个单位增加到 60 个单位时的总收益增加量．

解 （1）销售 40 个单位产品时的总收益为

$$R = \int_0^{40} R'(x)\,\mathrm{d}x = \int_0^{40}\left(20 - \frac{x}{10}\right)\mathrm{d}x = \left[20x - \frac{x^2}{20}\right]_0^{40} = 720;$$

（2）销售量从 40 个单位增加到 60 个单位时的总收益增加量为

$$R = \int_{40}^{60} R'(x)\,\mathrm{d}x = \int_{40}^{60}\left(20 - \frac{x}{10}\right)\mathrm{d}x = \left[20x - \frac{x^2}{20}\right]_{40}^{60} = 300.$$

习题 5-6

1. 设某产品的固定成本为 $1\,000$，当产量为 x 时的边际成本 $C'(x) = 3x^2 - 20x + 35$，求总成本．

2. 已知生产某产品 x 的边际成本和边际收益分别为 $C'(x) = 4 + 0.25x$ 和 $R'(x) = 80 - x$，如果固定成本 $C(0) = 10$（万元），试求：

（1）总成本、总收益和总利润；

（2）当产量从 10 万台增加到 50 万台时总成本和总收益的改变量；

（3）产量为多少时可以获得最大利润？

3. 已知某产品的固定成本为 10，边际成本和边际收益分别为 $C'(x) = x^2 - 13x + 45$，$R'(x) = 35 - 2x$，试确定产量为多少时总利润最大，最大利润是多少？

本章小结

本章介绍了定积分的定义，定积分的实质是一个和式极限，它是一个数，仅与被积函数和积分区间有关，而与积分变量的符号无关.

微积分基本公式——牛顿-莱布尼茨公式，使用该公式时一定要注意定理的条件，即函数在区间上连续，否则将会得到错误的结果. 推导微积分基本公式，主要是利用积分上限函数及其导数公式，掌握变上限积分函数求导公式还要注意其他情形.

计算定积分的两个重要方法——定积分的换元积分法和分部积分法.

对于两类反常积分，要注意理解反常积分敛散性的概念，计算时要先作定积分再取极限. 对于无界函数的反常积分要特别注意，一定要先检查函数在区间上是否有无穷间断点，如果有即为反常积分，否则是定积分.

对于定积分的几何应用部分，要熟练掌握在直角坐标系下面积的计算公式，理解并会应用在直角坐标系下曲边梯形绕坐标轴旋转所得的旋转体的体积公式及平行截面面积为已知的立体体积计算公式.

本章重点：（1）定积分的概念，变限积分函数及其导数，微积分基本公式；（2）定积分的换元积分法和分部积分法；（3）定积分的几何应用.

本章难点：（1）变限积分函数求导；（2）利用微元法把实际问题转化为定积分；（3）反常积分.

科学史上著名公案：牛顿与莱布尼茨之争

牛顿（1643—1727）出生于一个纯粹的农民家庭，父亲早亡之后母亲又迫于生计改嫁给一个牧师，之后牛顿便和祖母一起生活，残酷的家庭处境造成了牛顿沉默寡言又倔强的性格. 1665 年夏天，因为英国爆发鼠疫，剑桥大学暂时关闭. 刚刚获得学士学位准备留校任教的牛顿被迫离校到他母亲的农场住了一年多，牛顿对三大运动定律、万有引力定律和光学的研究都开始于这个时期，在研究这些问题的过程中他发现了他称为"流数术"的微积分. 他在 1666 年写下了一篇关于流数术的短文，之后又写了几篇相关文章，但是这些文章当时都没有公开发表，只是在一些英国科学家中流传.

莱布尼茨（1646—1716）出生于德国莱比锡，他的研究领域遍及数学、物理、哲学、历史、生物学、机械、神学等，是人类历史上罕见的大才和全才，首次发表有关微积分研究论文的是莱布尼茨. 莱布尼茨在 1675 年已发现了微积分，但是也不急于发表，只是在手稿和通信中提及这些发现. 1684 年，莱布尼茨正式发表他对微分的发现，两年后，他又发表了有关积分的研究. 在瑞士人伯努利兄弟的大力推动下，莱布尼茨的方法很快传遍了欧洲.

究竟是谁首先发现了微积分，就成了一个需要解决的问题. 1711 年，苏格兰科学家、英国王家学会会员约翰·凯尔指责莱布尼茨剽窃了牛顿的成果，只不过用不同的符号表示法. 同样身为王家学会会员的莱布尼茨提出抗议，要求王家学会禁止凯尔的诽谤. 王家学会组成一个委员会调查此事，在次年发布的调查报告中认定牛顿首先发现了微积分，并谴责莱布尼茨有意隐瞒他知道牛顿的研究工作. 争论并未因为这个偏向性极为明显的调查报告的出笼而平息，事实上这场争论一直延续到了现在. 没有人，包括莱布尼茨本人，否认牛顿首先发现了微积分，问题是莱布尼茨是否独立地发现了微积分？莱布尼茨是否剽窃了牛顿的发现？后人通过研究莱布尼茨的手稿发现，莱布尼茨和牛顿是从不同的思路创建微积分的，牛顿是为解决运动问题，先有导数概念，后有积分概念；莱布尼茨则反过来，受其哲学思想的影响，先有积分概念，后有导数概念. 牛顿仅仅是把微积分当作物理研究的数学工具，而莱布尼茨则意识到了微积分将会给数学带来一场革命. 这些似乎又表明莱布尼茨是独立地创建微积分的，即使莱布尼茨不是独立地创建微积分，他也对微积分的发展作出了重大贡献. 莱布尼茨对微积分表述得更清楚，采用的符号比牛顿的更直观、更合理，被普遍采纳沿用至今，因此现在的教科书一般把牛顿和莱布尼茨共同列为微积分的创建者.

作为当代大学生，我们要有坚忍不拔之毅力，勇攀高峰之精神，不断创新，追求真理，在探索科学的道路上不断挑战，不断突破.

总习题五 ▶▶ ▶

1. 计算下列积分.

(1) $\int_{e^{\frac{1}{2}}}^{e^{\frac{3}{4}}} \dfrac{dx}{x\sqrt{\ln x(1-\ln x)}}$;

(2) $\int_{-1}^{1} \dfrac{x+3}{x^2+2x+5}dx$;

(3) $\int_{0}^{1} \dfrac{\sqrt{e^x}}{\sqrt{e^x+e^{-x}}}dx$;

(4) $\int_{0}^{1} x^2 e^{-x}dx$;

(5) $\int_{0}^{a} x^2\sqrt{a^2-x^2}dx$;

(6) $\int_{-1}^{1} (x+|x|)e^{-|x|}dx$;

(7) $\int_{0}^{\pi} \sqrt{1+\cos 2x}\,dx$;

(8) $\int_{0}^{1} x\arctan x\,dx$;

(9) $\int_{e}^{e^6} \dfrac{\sqrt{3\ln x - 2}}{x}dx$;

(10) $\int_{e}^{e^2} \dfrac{\ln x}{(x-1)^2}dx$.

2. 利用函数的奇偶性计算下列积分.

(1) $\int_{-1}^{1} \dfrac{1}{\sqrt{2-x^2}}\left(\dfrac{1}{1+e^x}-\dfrac{1}{2}\right)dx$;

(2) $\int_{-\frac{\pi}{3}}^{\frac{\pi}{3}} \left[1+\ln\left(x+\sqrt{1+x^2}\right)\right]\sin^2 x\,dx$.

3. 设 $f(x)=\int_{1}^{x} \dfrac{\ln(1+t)}{t}dt$, 求 $f(x)+f\left(\dfrac{1}{x}\right)$.

4. 计算下列反常积分.

(1) $\displaystyle\int_{1}^{+\infty} \dfrac{\mathrm{d}x}{\mathrm{e}^{x} + \mathrm{e}^{2-x}}$;

(2) $\displaystyle\int_{0}^{+\infty} \dfrac{x\mathrm{e}^{-x}}{(1 + \mathrm{e}^{-x})^{2}}\mathrm{d}x$;

(3) $\displaystyle\int_{0}^{+\infty} x^{3}\mathrm{e}^{-x^{2}}\mathrm{d}x$;

(4) $\displaystyle\int_{1}^{+\infty} \dfrac{\arctan x}{x^{2}}\mathrm{d}x$;

(5) $\displaystyle\int_{0}^{1} \dfrac{\arccos \sqrt{x}}{\sqrt{x}}\mathrm{d}x$;

(6) $\displaystyle\int_{0}^{1} \dfrac{\mathrm{d}x}{(2 - x)\sqrt{1 - x}}$.

5. 求下列曲线所围图形的面积.

(1) $xy = 3$，$x + y = 4$；

(2) $y = \dfrac{x^{2}}{2}$，$x^{2} + y^{2} = 8$（$y > 0$ 的部分）；

(3) $y = x(x - 1)(x - 2)$，$y = 0$；

(4) $y = x\ln x$，$y = x$，$y = 0$.

6. 过原点作曲线 $y = \ln x$ 的切线，求切线、x 轴及曲线 $y = \ln x$ 所围成的平面图形的面积.

第 6 章

多元函数微积分

在此之前我们讨论的都是只有一个自变量的函数，这种函数称为一元函数．但在许多实际问题中，我们往往要考虑多个变量之间的关系，反映到数学上，就是要考虑一个变量（因变量）与另外多个变量（自变量）的相互依赖关系．由此引入了多元函数以及多元函数的微积分问题．本章将在一元函数微积分学的基础上，进一步讨论多元函数的微积分学．讨论中将以二元函数为主要对象，因为从一元函数到二元函数会出现新的问题，而从二元及二元以上的多元函数大都可以类推．

第一节　空间解析几何简介

正如平面解析几何的知识对学习一元函数微积分是不可缺少的一样，空间解析几何的知识对学习多元函数微积分也是必要的．

一、空间直角坐标系

1. 空间中点的直角坐标

在平面解析几何中，我们建立了平面直角坐标系，并通过平面直角坐标系，把平面上的点与二元有序数组 (x, y) 对应起来．同样，为了把空间中的任一点与一个三元有序数组 (x, y, z) 对应起来，我们来建立空间直角坐标系．

过空间定点 O 作三条互相垂直的数轴，它们都以 O 为原点，并且通常取相同的长度单位．这三条数轴分别称为 x 轴、y 轴、z 轴，统称为坐标轴．各轴正向之间的顺序通常按下述法则确定：以右手握住 z 轴，让右手的四指从 x 轴的正向以 $\frac{\pi}{2}$ 的角度转向 y 轴的正向，这时大拇指所指的方向就是 z 轴的正向．这个法则叫作右手法则（如图 6-1 所示）．这样就组成了一个空间直角坐标系，O 称为坐标原点．

三条坐标轴的任意两条可以确定一个平面，这样定出的三个平面统称为坐标面，例如 x 轴与 y 轴所确定的坐标面称为 xOy 面．类似地，有 yOz 面和 xOz 面．这些坐标面把空间分成八个部分，每一部分称为一个卦限（如图 6-2 所示）. x、y、z 轴的正半轴的卦限称为第 I 卦限，从第 I 卦限开始，从 z 轴的正向向下看，按逆时针方向，先后出现的卦限依次称为第 II、III、IV 卦限，第 I、II、III、IV 卦限下方的空间部分依次称为第 V、VI、VII、VIII 卦限.

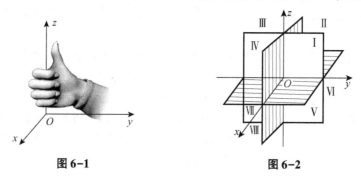

图 6-1　　　　　　　　图 6-2

取定了空间直角坐标系后，就可以建立起空间上的点与数组之间的对应关系.

设 M 为空间的一点，若过点 M 分别作垂直于三坐标轴的平面，与三坐标轴分别相交于 P，Q 和 R 三点，且这三点在 x 轴、y 轴、z 轴上的坐标依次为 x、y、z，则点 M 唯一地确定了一个有序数组 (x, y, z). 反之，设给定一个有序数组 (x, y, z)，且它们分别在 x 轴、y 轴和 z 轴上依次对应于 P，Q 和 R 点，若过 P，Q 和 R 点分别作平面垂直于所在坐标轴，则这三个平面确定了唯一的交点. 这样，空间的点就与一个有序数组 (x, y, z) 之间建立了一一对应关系（如图 6-3 所示）. 有序数组 (x, y, z) 就称为点 M 的直角坐标，记为 $M(x, y, z)$，并依次称 x，y，z 为点 M 的横坐标、纵坐标和竖坐标.

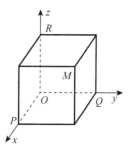

图 6-3

显然，原点 O 的坐标为 $(0, 0, 0)$，坐标轴上的点至少有两个坐标为 0，坐标面上的点至少有一个坐标为 0. 例如，在 x 轴上的点，均有 $y = z = 0$；在 xOy 坐标面上的点，均有 $z = 0$.

2. 空间两点间的距离

设空间两点 $M_1(x_1, y_1, z_1)$，$M_2(x_2, y_2, z_2)$，求它们之间的距离 $d = |M_1M_2|$.

过点 M_1，M_2 作三个平面分别垂直于三个坐标轴，形成如图 6-4 所示的长方体. 易知

$$\begin{aligned} d^2 = |M_1M_2|^2 &= |M_1Q|^2 + |QM_2|^2 \\ &= |M_1P|^2 + |PQ|^2 + |QM_2|^2 \\ &= |M_1'P'|^2 + |P'M_2'|^2 + |QM_2|^2 \\ &= (x_2 - x_1)^2 + (y_2 - y_1)^2 + (z_2 - z_1)^2, \end{aligned}$$

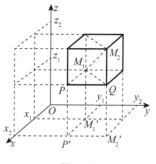

图 6-4

所以

$$d = \sqrt{(x_2 - x_1)^2 + (y_2 - y_1)^2 + (z_2 - z_1)^2}. \tag{6-1}$$

特别地，点 $M(x, y, z)$ 与原点 $O(0, 0, 0)$ 的距离为

$$d = |OM| = \sqrt{x^2 + y^2 + z^2}.$$

二、曲面及其方程

前面我们已经建立了空间中的一点与一个三元有序数组之间的对应关系. 与平面解析几何中建立曲线与方程的对应关系一样, 也可建立空间曲面与包含三个变量的方程 $F(x, y, z) = 0$ 之间的对应关系.

我们把空间曲面看成具有某种性质的点的集合, 这种性质是此曲面上的一切点所共同具有的. 若以 x, y, z 表示曲面 S 上的任意一点关于给定的空间直角坐标系的坐标, 我们就可以用具有 x, y, z 之间关系的一个方程 $F(x, y, z) = 0$ 来表示这个曲面上所有点的共同性质.

若曲面 S 上的点 $M(x, y, z)$ 的坐标满足某一个三元方程 $F(x, y, z) = 0$, 反过来, 坐标满足这个方程的点 $M(x, y, z)$ 都在曲面 S 上, 则称方程 $F(x, y, z) = 0$ 为曲面 S 的方程, 而曲面 S 称为该方程的图形 (如图 6-5 所示).

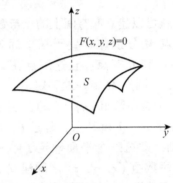

图 6-5

如果空间曲面方程 $F(x, y, z) = 0$ 关于 x, y, z 都是一次的, 则它所对应的曲面就是一个平面. 如果方程是二次的, 则它所对应的曲面称为二次曲面.

一般来说, 关于曲面与方程, 大致有两种类型的问题: 一类是把已知曲面看成点的几何轨迹, 建立这个曲面的方程; 另一类是已知曲面方程, 作出与此方程对应的图形.

对于第一类问题, 可以建立适当的直角坐标系, 然后记曲面上的动点为 $M(x, y, z)$, 再将已知条件改写成关于 x, y, z 的方程就行了. 对于第二类问题, 如果所给的方程形式比较简单或比较熟悉, 则可以直接画出已给方程的图形. 此外, 还可以采用 "截痕法", 即用一些平行于坐标面的平面与曲面相截, 考察其交线的形状, 然后加以综合, 进而了解曲面的全貌. 对于一些比较复杂的曲面, 特别是二次曲面用这种方法往往是很有效的.

如果从曲面方程 $F(x, y, z) = 0$ 中解出 z 来, 则可得到形如 $z = f(x, y)$ 的曲面方程. 在后面关于二次函数问题的讨论中可以知道: $z = f(x, y)$ 在几何上表示的是一个空间曲面.

【例 6-1】一个动点与两个定点 $A(-1, 2, 3)$ 及 $B(1, -2, -1)$ 等距离, 求动点的轨迹方程.

解 设动点为 $M(x, y, z)$, 依题意有

$$|MA| = |MB|,$$

由空间两点间距离公式得

$$\sqrt{(x+1)^2 + (y-2)^2 + (z-3)^2} = \sqrt{(x-1)^2 + (y+2)^2 + (z+1)^2}.$$

化简后便得动点的轨迹方程为

$$x - 2y - 2z + 2 = 0.$$

由几何学可知，此动点轨迹是线段 AB 的垂直平分面，所以上面所得到的方程就是该平面的方程.

一般来说，空间中任意一个平面的方程都可以用三元一次方程

$$Ax + By + Cz + D = 0 \tag{6-2}$$

来表示，其中 A、B、C、D 均为常数，且 A、B、C 不同时为 0. 式（6-2）称为平面的一般方程.

下列方程为具有特殊位置的平面方程.

（1）过坐标原点的平面：$Ax + By + Cz = 0$；

（2）平行于 z 轴的平面：$Ax + By + D = 0$，

平行于 y 轴的平面：$Ax + Cz + D = 0$，

平行于 x 轴的平面：$By + Cz + D = 0$；

（3）平行于 xOy 面的平面：$Cz + D = 0$，

平行于 yOz 面的平面：$Ax + D = 0$，

平行于 xOz 面的平面：$By + D = 0$.

一般地，在平面解析几何中，一次方程表示一条直线；在空间解析几何中，一次方程表示一个平面.

【例 6-2】 求球心为 $M_0(x_0, y_0, z_0)$，半径为 R 的球面方程.

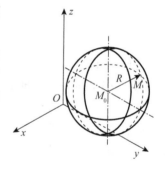

图 6-6

解 设球面上任一点 M 的坐标为 (x, y, z)，根据球面上点的特征即球面上任一点 M 到球心 M_0 的距离等于半径 R，有 $|M_0M| = R$，如图 6-6 所示，根据两点间距离公式（6-1），球面上任一点的坐标满足：

$$\sqrt{(x - x_0)^2 + (y - y_0)^2 + (z - z_0)^2} = R.$$

显然，球面上点的坐标满足该方程，同时，满足该方程的 x，y，z 形成的点 (x, y, z) 在球面上.

因此，所求的球面方程为 $(x - x_0)^2 + (y - y_0)^2 + (z - z_0)^2 = R^2$.

【例 6-3】 求作曲面 $x^2 + y^2 = R^2$ 的图形.

解 此方程形式上与 xOy 平面上的以原点为圆心、以 R 为半径的圆的方程完全相同. 但这里给出的方程是作为关于 x、y、z 的空间曲面方程. 由于其中不含 z，这表示空间点的竖坐标 z 不论怎么取，只要它的横坐标 x 与纵坐标 y 能满足方程：

$$x^2 + y^2 = R^2,$$

那么这些点就在该曲面上. 这就是说，凡是通过 xOy 平面内圆 $x^2 + y^2 = R^2$ 上一点 $M(x, y, 0)$，且平行于 z 轴的直线 L 都在该曲面上. 因此该曲面可以看作平行于 z 轴的直线 L 沿 xOy 平面上的圆 $x^2 + y^2 = R^2$ 移动而形成的. 这个曲面称为圆柱面，如图 6-7（a）所示. 其中 xOy 平面上的圆 $x^2 + y^2 = R^2$ 称为它的**准线**，平行于 z 轴的直线 L 称为它的**母线**.

一般而言，以 xOy 面上的曲线 $F(x, y) = 0$ 为准线，母线平行于 z 轴的柱面（如图 6-7 所示）方程为 $F(x, y) = 0$.

类似地，准线为 xOz 平面上的定曲线 $G(x, z) = 0$，母线平行于 y 轴的柱面方程为 $G(x, z) = 0$；准线为 yOz 平面上的定曲线 $H(y, z) = 0$，母线平行于 x 轴的柱面方程为 $H(y, z) = 0$.

总之，在空间直角坐标系 $O-xyz$ 下，只有两个坐标变量的方程一定是柱面方程，而且该柱面的母线平行于另一个坐标轴.

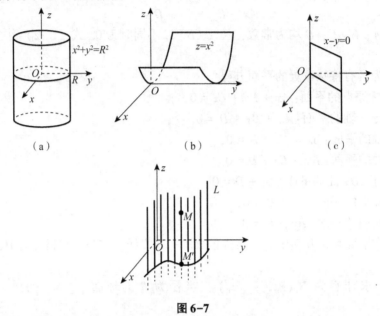

图 6-7

【例 6-4】 作方程 $z = x^2 + y^2$ 的图形.

解 用平面 $z = c$ 截曲面，所得截痕为圆 $x^2 + y^2 = c$. 当 $c = 0$ 时，只有原点 $(0, 0, 0)$ 满足此方程；当 $c > 0$ 时，其截痕为以 $(0, 0, c)$ 为圆心、$\sqrt{c}$ 为半径的圆，若 c 逐渐增大，则截痕圆也逐渐增大；当 $c < 0$ 时，没有截痕. 如果用 $x = a$ 或 $y = b$ 去截曲面 $z = x^2 + y^2$，则截痕为抛物线. 由此可知：曲面 $z = x^2 + y^2$ 是一个旋转抛物面，其形状如图 6-8 所示.

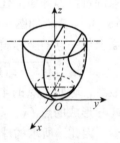

图 6-8

一般来说，将平面曲线 C 绕同一平面上的定直线 L 旋转所形成的图形称为**旋转曲面**，曲线 C 称为旋转曲面的母线，定直线 L 称为旋转曲面的**轴**. 如曲面 $z = x^2 + y^2$ 就是 xOz 面上的抛物线 $z = x^2$（或 yOz 面上的抛物线 $z = y^2$）绕 z 轴旋转一周而形成的.

在实际问题中，我们经常遇到的二次曲面还有以下 5 种.

（1）椭球面

$$\frac{x^2}{a^2} + \frac{y^2}{b^2} + \frac{z^2}{c^2} = 1.$$

它所表示的曲面称为椭球面，a，b，c 均大于 0.（如图 6-9 所示）

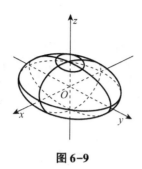

图 6-9

若 $a = b$，则方程变为 $\dfrac{x^2}{a^2} + \dfrac{y^2}{a^2} + \dfrac{z^2}{c^2} = 1$，由旋转曲面的知识知，这个方程表示 xOz 面上的椭圆 $\dfrac{x^2}{a^2} + \dfrac{z^2}{c^2} = 1$ 绕 z 轴旋转而成的旋转椭球面.

若 $a = b = c$，则方程变为 $x^2 + y^2 + z^2 = a^2$，它表示一个球心在原点、半径为 a 的球面.

（2）椭圆抛物面

$$\frac{x^2}{2p} + \frac{y^2}{2q} = z(p, \ q \text{ 同号}).$$

它所表示的曲面称为椭圆抛物面.（如图 6-10 所示）

若 $p = q$，则方程变为 $\dfrac{x^2}{2p} + \dfrac{y^2}{2p} = z$，它是由 xOz 面上曲线 $z = \dfrac{x^2}{2p}$ 绕 z 轴旋转而成的旋转抛物面.

（3）单叶双曲面

$$\frac{x^2}{a^2} + \frac{y^2}{b^2} - \frac{z^2}{c^2} = 1.$$

它所表示的曲面称为单叶双曲面，其中 a，b，c 均大于 0.（如图 6-11 所示）

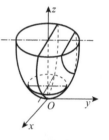

图 6-10

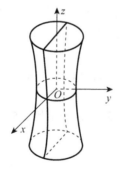

图 6-11

（4）双叶双曲面

$$\frac{x^2}{a^2} - \frac{y^2}{b^2} + \frac{z^2}{c^2} = -1$$

它所表示的曲面称为双叶双曲面，用截痕法讨论可知其形状，如图 6-12 所示.

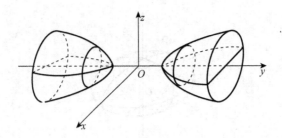

图 6-12

（5）双曲抛物面（马鞍面）

$$-\frac{x^2}{2p}+\frac{y^2}{2q}=z\,(\,p,\;q\text{ 同号}\,).$$

它所表示的曲面称为双曲抛物面（鞍形曲面），用截痕法进行讨论可知双曲抛物面的形状，如图 6-13 所示.

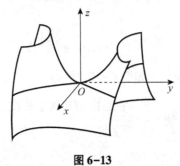

图 6-13

习题 6-1

1. 在空间直角坐标系中，确定出下列各点的位置：

$A(1,\,3,\,2)$，$B(1,\,2,\,1)$，$C(1,\,2,\,3)$，$D(0,\,2,\,0)$，$E(3,\,0,\,1)$.

2. 试证明以三点 $A(4,\,1,\,9)$，$B(10,\,-1,\,6)$，$C(2,\,4,\,3)$ 为顶点的三角形是等腰直角三角形.

3. 给定两点：$M(-2,\,0,\,1)$，$N(2,\,3,\,0)$，在 x 轴上有一点 A，满足 $|AM|=|AN|$，求点 A 的坐标.

4. 方程 $x^2+y^2+z^2-2x+4y+2z=0$ 表示什么曲面？

5. 求下列旋转曲面的方程：

（1）$\begin{cases}\dfrac{x^2}{3}+\dfrac{y^2}{4}=1\\z=0\end{cases}$ 绕 x 轴及 y 轴旋转；

（2）$\begin{cases}x^2-z^2=1\\y=0\end{cases}$ 绕 x 轴及 z 轴旋转.

第二节　多元函数的基本概念

一、多元函数的概念

1. 平面区域的概念

1）平面区域

所谓平面区域可以是整个 xOy 平面或者是 xOy 平面上有一条或几条曲线所围成的部分. 围成区域的曲线称为该区域的边界，边界上的点称为区域的边界点.

平面区域可以分类如下：包括边界点在内的区域称为闭区域；不包括边界点在内的区域称为开区域；如果区域延伸到无穷远，则称之为无界区域，否则称为有界区域.

2）平面点的 δ 邻域

设 $P_0(x_0, y_0)$ 是 xOy 平面上的点，δ 是某一正数，满足

$$\left| \sqrt{(x - x_0)^2 + (y - y_0)^2} \right| < \delta$$

的点 $P(x, y)$ 的全体称为点 $P_0(x_0, y_0)$ 的 δ 邻域，记为 $U(P_0, \delta)$.

$$\left\{(x, y) \,\middle|\, \left| \sqrt{(x - x_0)^2 + (y - y_0)^2} \right| < \delta \right\} - \{P_0\}$$ 称为点 $P_0(x_0, y_0)$ 的 δ 去心邻域，记为 $\mathring{U}(P_0, \delta)$.

2. 多元函数的概念

定义 1　设 D 是 $\mathbf{R}^2$ 的一个非空子集，如果存在一个对应法则 f，使得对任意的 $P(x, y) \in D$，按照法则 f，都有唯一确定实数 z 与之对应，则称法则 f 建立了一个定义在 D 上的二元函数. 通常记为

$$z = f(x, y), \ (x, y) \in D,$$

或

$$z = f(P), \ P \in D.$$

其中点集 D 称为该函数的定义域；x 和 y 称为自变量；z 称为因变量.

函数值 $f(x, y)$ 的全体所构成的集合 $\{z \mid z = f(x, y), (x, y) \in D\}$ 称为该函数的值域，记为 $f(D)$.

类似地，可以给出三元以及三元以上函数的定义，二元及二元以上的函数统称为多元函数.

【例 6-5】　求函数 $z = \arcsin(x^2 + y^2)$ 的定义域.

解　函数 $z = \arcsin(x^2 + y^2)$ 的定义域为 $\{(x, y) \mid x^2 + y^2 \leqslant 1\}$，这是一个闭区域.

【例 6-6】　求函数 $z = \ln(y - x)\dfrac{\sqrt{x}}{\sqrt{1 - x^2 - y^2}}$ 的定义域 D，并画出 D 的图形.

解　要使函数的解析式有意义，必须满足

$$\begin{cases} y - x > 0, \\ x \geqslant 0, \\ 1 - x^2 - y^2 > 0, \end{cases}$$

即 $D: \{(x, y), \ x \geqslant 0, \ x < y, \ x^2 + y^2 < 1\}$，如图 6-14 中阴影部分所示.

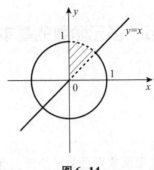

图 6-14

设函数 $z = f(x, y)$ 的定义域为 D. 对于任意取定的点 $p(x, y) \in D$，对应的函数值为 $z = f(x, y)$. 这样，以 x 为横坐标、y 为纵坐标、$z = f(x, y)$ 为竖坐标在空间就确定一点 $M(x, y, z)$. 当 (x, y) 取遍 D 的一切点时，就得到一个空间点集

$$\{(x, y, z) \mid z = f(x, y), (x, y) \in D\},$$

这个点集称为二元函数 $z = f(x, y)$ 的图形. 通常我们也说二元函数的图形是一个曲面.

二、二元函数的极限

在描述一元函数 $y = f(x)$ 的极限时，我们使用自变量 x 在某种变化趋势下函数 $f(x)$ 的变化趋势. 现在我们来讨论当点 $P(x, y)$ 趋近于定点 $P_0(x_0, y_0)$ 时，函数 $z = f(x, y)$ 的变化趋势，即二元函数的极限问题.

定义 2 设二元函数 $z = f(x, y)$ 在区域 D 内有定义，当点 $P(x, y) \in D$ 沿任意路径无限趋于点 $P_0(x_0, y_0)(P_0 \neq P)$ 时，$f(x, y)$ 无限趋近于一个确定的常数 A，则称函数 $z = f(x, y)$ 当 P 趋于 P_0 时存在极限，并称 A 是它的极限，记为

$$\lim_{(x, y) \to (x_0, y_0)} f(x, y) = A \quad \text{或} \quad \lim_{P \to P_0} f(x, y) = A$$

或 $f(x, y) \to A \quad ((x, y) \to (x_0, y_0))$.

为了区别一元函数与二元函数的极限，把二元函数的极限称为二重极限.

二元函数 $\lim\limits_{P \to P_0} f(x, y) = A$ 的几何意义：对任给的正数 ε，总存在点 P_0 的一个 δ 邻域，在此邻域内（除点 P_0 外）函数的图形总在平面 $z = A + \varepsilon$ 及 $z = A - \varepsilon$ 之间.

这里，二元函数的极限定义可以用 $\varepsilon \to \delta$ 方法描述如下：

若 $\forall \varepsilon > 0$，$\exists \delta > 0$，使得当 $0 < \left| \sqrt{(x - x_0)^2 + (y - y_0)^2} \right| < \delta$ 时，有

$$\left| f(x, y) - A \right| < \varepsilon$$

成立，则称函数 $z = f(x, y)$ 当 P 趋于 P_0 时存在极限，并称 A 是它的极限. 记为

$$\lim_{(x, y) \to (x_0, y_0)} f(x, y) = A \quad \text{或} \quad \lim_{P \to P_0} f(x, y) = A.$$

需要注意的是，上面定义中所说的沿任意路径动点 $P(x, y)$ 趋近于定点 $P_0(x_0, y_0)$ 时函数以 A 为极限，是指 $P(x, y)$ 以任何方式趋于 $P_0(x_0, y_0)$，因为动点在平面区域上趋于定点的方式可以是任意的（可以是直线也可以是曲线）.

【例 6-7】 设 $f(x, y) = \begin{cases} \dfrac{xy}{x^2 + y^2}, & x^2 + y^2 \neq 0 \\ 0, & x^2 + y^2 = 0 \end{cases}$，判断 $\lim\limits_{(x, y) \to (0, 0)} f(x, y)$ 是否存在.

解　当点 $P(x, y)$ 沿 x 轴趋于点 $(0, 0)$ 时，有 $y = 0$，于是

$$\lim_{(x, y) \to (0, 0)} f(x, y) = \lim_{x \to 0} \frac{0}{x^2 + 0^2} = 0;$$

当点 $P(x, y)$ 沿 y 轴趋于点 $(0, 0)$ 时，有 $x = 0$，于是

$$\lim_{(x, y) \to (0, 0)} f(x, y) = \lim_{y \to 0} \frac{0}{0^2 + y^2} = 0.$$

但不能因为点 $P(x, y)$ 以上述两种特殊方式趋于点 $(0, 0)$ 时的极限存在且相等，就断定所考查的二重极限存在.

因为当点 $P(x, y)$ 沿直线 $y = kx(k \neq 0)$ 趋于点 $(0, 0)$ 时，有

$$\lim_{(x, y) \to (0, kx)} f(x, y) = \lim_{x \to 0} \frac{kx^2}{(1 + k)^2 x^2} = \frac{k}{1 + k^2},$$

这个极限随 k 不同而变化，故 $\lim\limits_{(x, y) \to (0, 0)} f(x, y)$ 不存在.

以上关于二元函数的极限概念，可以推广到三元或三元以上函数的情形. 关于多元函数的极限运算，有与一元函数类似的运算法则.

【例 6-8】 求下列极限.

(1) $\lim\limits_{(x, y) \to (0, 0)} \dfrac{2 - \sqrt{xy + 4}}{xy}$; $\qquad$ (2) $\lim\limits_{(x, y) \to (1, 0)} \dfrac{\ln(1 + xy)}{y\sqrt{x^2 + y^2}}$.

解　(1) $\lim\limits_{(x, y) \to (0, 0)} \dfrac{2 - \sqrt{xy + 4}}{xy}$

$$= \lim_{(x, y) \to (0, 0)} \frac{-xy}{xy(2 + \sqrt{xy + 4})}$$

$$= \lim_{(x, y) \to (0, 0)} \frac{1}{2 + \sqrt{xy + 4}} = -\frac{1}{4}.$$

(2) $\lim\limits_{(x, y) \to (1, 0)} \dfrac{\ln(1 + xy)}{y\sqrt{x^2 + y^2}}$

$$= \lim_{(x, y) \to (1, 0)} \frac{xy}{y\sqrt{x^2 + y^2}}$$

$$= \lim_{(x, y) \to (1, 0)} \frac{x}{\sqrt{x^2 + y^2}}$$

$$= 1.$$

三、二元函数的连续性

定义 3　设二元函数 $z = f(x, y)$ 在点 $P_0(x_0, y_0)$ 的某一邻域内有定义，若对于该邻域内任意一点 $P(x, y)$ 都有

$$\lim_{(x, y) \to (x_0, y_0)} f(x, y) = f(x_0, y_0),$$

则称二元函数 $z = f(x, y)$ 在点 $P_0(x_0, y_0)$ 连续. 若函数在点 $P_0(x_0, y_0)$ 不连续，则称 $P_0(x_0, y_0)$ 为函数的间断点.

特别地，在有界闭区域 D 上连续的二元函数也有类似于一元连续函数在闭区间上所满

足的定理及结论:

若二元函数 $f(x, y)$, $g(x, y)$ 在点 $P_0(x_0, y_0)$ 连续, 则二元函数 $f(x, y) \pm g(x, y)$, $f(x, y) \cdot g(x, y)$, $\dfrac{f(x, y)}{g(x, y)} (g(x_0, y_0) \neq 0)$ 在点 $P_0(x_0, y_0)$ 连续.

【例 6-9】 求 $\lim\limits_{(x, y) \to (0, 1)} \dfrac{e^x + y}{x + y}$.

解 因初等函数 $f(x, y) = \dfrac{e^x + y}{x + y}$ 在 $(0, 1)$ 处连续, 故 $\lim\limits_{(x, y) \to (0, 1)} \dfrac{e^x + y}{x + y} = \dfrac{e^0 + 1}{0 + 1} = 2$.

与一元函数在闭区间上连续的性质类似, 在有界闭区域 D 上的二元连续函数, 在 D 上必能取得它的最大值和最小值.

习题 6-2

1. 求下列函数的定义域, 并画出其示意图.

(1) $z = \sqrt{x - \sqrt{y}}$;

(2) $z = \dfrac{1}{\ln(x - y)}$.

2. 讨论下列函数在点 $(0, 0)$ 处的极限是否存在.

(1) $z = \dfrac{x^2 y^2}{x^2 y^2 + (x - y)^2}$;

(2) $z = \dfrac{x + y}{x - y}$.

3. 求下列极限:

(1) $\lim\limits_{(x, y) \to (0, 0)} \dfrac{\sin xy}{x}$;

(2) $\lim\limits_{(x, y) \to (0, 1)} \dfrac{1 - xy}{x^2 + y^2}$;

(3) $\lim\limits_{(x, y) \to (0, 0)} \dfrac{xy}{\sqrt{xy + 1} - 1}$;

(4) $\lim\limits_{(x, y) \to (\infty, \infty)} \dfrac{\sin xy}{x^2 + y^2}$.

第三节 偏导数

一、偏导数的定义与计算

在研究一元函数的时候, 我们从研究函数的变化率引入了导数概念. 对于多元函数, 同样需要讨论它的变化率. 但是多元函数的自变量不止一个, 因变量与自变量的关系要比一元函数复杂得多. 在这一节里, 我们首先考虑多元函数关于其中一个自变量的变化率. 例如 $z = f(x, y)$, 如果只有变量 x 变化, 而 y 保持不变 (即将 y 看作常量), 这时它就是 x 的一元函数, 这时对 x 的导数, 就称为二元函数 $z = f(x, y)$ 关于 x 的偏导数.

定义 设函数 $z = f(x, y)$ 在点 (x_0, y_0) 的某一邻域内有定义, 当 y 固定在 y_0 而 x 在 x_0 处有增量 Δx 时, 相应函数有增量:
$$f(x_0 + \Delta x, y_0) - f(x_0, y_0).$$
如果 $\lim\limits_{\Delta x \to 0} \dfrac{f(x_0 + \Delta x, y_0) - f(x_0, y_0)}{\Delta x}$ 存在, 则称此极限为函数 $z = f(x, y)$ 在点 (x_0, y_0) 处对 x 的偏导数, 记为

$$\frac{\partial z}{\partial x}\bigg|_{\substack{x=x_0\\y=y_0}},\ \frac{\partial f}{\partial x}\bigg|_{\substack{x=x_0\\y=y_0}},\ z_x\bigg|_{\substack{x=x_0\\y=y_0}}\quad \text{或}\quad f'_x(x_0,\ y_0).$$

例如，有

$$f'_x(x_0,\ y_0)=\lim_{\Delta x\to 0}\frac{f(x_0+\Delta x,\ y_0)-f(x_0,\ y_0)}{\Delta x}.$$

类似地，函数 $z=f(x,\ y)$ 在点 $(x_0,\ y_0)$ 处对 y 的偏导数为

$$\lim_{\Delta y\to 0}\frac{f(x_0,\ y_0+\Delta y)-f(x_0,\ y_0)}{\Delta y},$$

记为

$$\frac{\partial z}{\partial y}\bigg|_{\substack{x=x_0\\y=y_0}},\ \frac{\partial f}{\partial y}\bigg|_{\substack{x=x_0\\y=y_0}},\ z_y\bigg|_{\substack{x=x_0\\y=y_0}}\quad \text{或}\quad f'_y(x_0,\ y_0).$$

由上述可见：$f'_x(x_0,\ y_0)$ 和 $f'_y(x_0,\ y_0)$ 可以看作函数 $z=f(x,\ y)$ 在点 $(x_0,\ y_0)$ 处沿两个特殊方向（即分别平行于 x 轴方向和平行于 y 轴方向）的变化率.

如果函数 $z=f(x,\ y)$ 在平面区域 D 内每一点处都有偏导数 $f'_x(x,\ y)$ 和 $f'_y(x,\ y)$，则它们一般也是关于 x 和 y 的二元函数，称为函数 $z=f(x,\ y)$ 的偏导函数，简称为偏导数.

上述定义表明，在求多元函数对某个自变量的偏导数时，只需把其余自变量看作常量，然后直接利用一元函数的求导公式及复合函数求导法则来计算.

三元及三元以上的多元函数的偏导数，完全可以类似地定义和计算，这里就不讨论了.

【例 6-10】 求 $z=f(x,\ y)=x^2+3xy+y^2$ 在 $(1,\ 2)$ 处的偏导数.

解　把 y 看作常量，对 x 求导得到

$$f'_x(x,\ y)=2x+3y,$$

把 x 看作常量，对 y 求导得到

$$f'_y(x,\ y)=3x+2y,$$

故所求偏导数为

$$f'_x(1,\ 2)=2\times 1+3\times 2=8,$$
$$f'_y(1,\ 2)=3\times 1+2\times 2=7.$$

特别注意的是：在前面已经说过，对偏导数而言，$\frac{\partial z}{\partial x}$ 是整体看作一个符号，不能看作两个变量微分之商，这是与一元函数的区别.

【例 6-11】 求 $r=\sqrt{x^2+y^2+z^2}$ 的偏导数.

解　把 y 和 z 看作常量，对 x 求导得

$$\frac{\partial r}{\partial x}=\frac{x}{\sqrt{x^2+y^2+z^2}}=\frac{x}{r},$$

利用函数关于自变量的对称性，可得

$$\frac{\partial r}{\partial y}=\frac{y}{r},\ \frac{\partial r}{\partial z}=\frac{z}{r}.$$

由以上定义和一元函数导数的几何意义可以知道二元函数偏导数的几何意义：

因为函数 $z=f(x,\ y)$ 在空间直角坐标系下的图形是一个曲面，设 $M_0(x_0,\ y_0,\ f(x_0,\ y_0))$

是曲面上一点，当自变量 y 取定值 y_0 时，$\begin{cases} y = y_0 \\ z = f(x, y) \end{cases}$ 则表示一条曲线，它是曲面 $z = f(x, y)$

与平面 $y = y_0$ 的交线. 偏导数 $f_x'(x_0, y_0)$ 就是一元函数 $f(x, y_0)$ 在点 x_0 处的导数，所以

$f_x'(x, y_0)$ 就是曲线 $\begin{cases} y = y_0 \\ z = f(x, y) \end{cases}$ 在点 $M_0(x_0, y_0, f(x_0, y_0))$ 处切线对 x 轴的斜率，同理，

偏导数 $f_y'(x_0, y)$ 的几何意义就是曲线 $\begin{cases} x = x_0 \\ z = f(x, y) \end{cases}$ 在点 $M_0(x_0, y_0, f(x_0, y_0))$ 处的切线对

y 轴的斜率. （如图 6-15 所示）

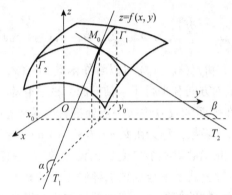

图 6-15

【例 6-12】讨论函数

$$z = f(x, y) = \begin{cases} \dfrac{xy}{x^2 + y^2}, & x^2 + y^2 \neq 0 \\ 0, & x^2 + y^2 = 0 \end{cases}$$

在 $(0, 0)$ 处的两个偏导数是否存在.

解 $f_x'(0, 0) = \lim\limits_{\Delta x \to 0} \dfrac{f(0 + \Delta x, 0) - f(0, 0)}{\Delta x}$

$= \lim\limits_{\Delta x \to 0} \dfrac{\dfrac{(0 + \Delta x) \times 0}{(0 + \Delta x)^2 + 0^2} - 0}{\Delta x} = 0.$

同样有 $f_y'(0, 0) = 0$. 这表明 $f(x, y)$ 在 $(0, 0)$ 处对 x 和对 y 的偏导数存在.

二、高阶偏导数

设函数 $z = f(x, y)$ 在区域 D 内具有偏导数：

$$\frac{\partial z}{\partial x} = f_x'(x, y), \quad \frac{\partial z}{\partial y} = f_y'(x, y),$$

那么在 D 内 $f_x'(x, y)$、$f_y'(x, y)$ 都是 x, y 的函数. 如果这两个函数的偏导数也存在，则称它们是函数 $z = f(x, y)$ 的二阶偏导数. 按照对变量求导次序的不同有下列 4 个二阶偏导数：

$$\frac{\partial}{\partial x}\left(\frac{\partial z}{\partial x}\right) = \frac{\partial^2 z}{\partial x^2} = f_{xx}''(x, y), \qquad \frac{\partial}{\partial y}\left(\frac{\partial z}{\partial x}\right) = \frac{\partial^2 z}{\partial x \partial y} = f_{xy}''(x, y),$$

$$\frac{\partial}{\partial x}\left(\frac{\partial z}{\partial y}\right) = \frac{\partial^2 z}{\partial y \partial x} = f_{yx}''(x, \ y), \qquad \frac{\partial}{\partial y}\left(\frac{\partial z}{\partial y}\right) = \frac{\partial^2 z}{\partial y \partial y} = f_{yy}''(x, \ y).$$

其中第二、三个偏导数称为**混合偏导数**. 同样可得三阶、四阶, 以及 n 阶偏导数.

二阶及二阶以上的偏导数统称为**高阶偏导数**.

【**例 6-13**】设 $z = x^3 y^2 - 3xy^3 - xy + 1$, 求 $\dfrac{\partial^2 z}{\partial x^2}, \dfrac{\partial^2 z}{\partial x \partial y}, \dfrac{\partial^2 z}{\partial y \partial x}, \dfrac{\partial^2 z}{\partial y^2}$.

解　$\dfrac{\partial z}{\partial x} = 3x^2 y^2 - 3y^3 - y$, $\qquad\qquad \dfrac{\partial z}{\partial y} = 2x^3 y - 9xy^2 - x$,

$\dfrac{\partial^2 z}{\partial x^2} = 6xy^2$, $\qquad\qquad\qquad\qquad \dfrac{\partial^2 z}{\partial y \partial x} = 6x^2 y - 9y^2 - 1$,

$\dfrac{\partial^2 z}{\partial x \partial y} = 6x^2 y - 9y^2 - 1$, $\qquad\qquad \dfrac{\partial^2 z}{\partial y^2} = 2x^3 - 18xy$.

我们看到上例中两个二阶混合偏导数相等, 即 $\dfrac{\partial^2 z}{\partial x \partial y} = \dfrac{\partial^2 z}{\partial y \partial x}$, 这不是偶然的. 事实上, 我们有下述定理.

定理　如果函数 $z = f(x, \ y)$ 的两个二阶混合偏导数 $\dfrac{\partial^2 z}{\partial y \partial x}$ 及 $\dfrac{\partial^2 z}{\partial x \partial y}$ 在区域 D 内连续, 那么在该区域内这两个二阶混合偏导数必相等.

换句话说, 二阶混合偏导数在连续的条件下与求导的次序无关.

对于二元以上的函数, 我们也可以类似地定义高阶偏导数, 而且高阶混合偏导数在偏导数连续的条件下也与求导的次序无关.

【**例 6-14**】验证函数 $z = \ln \sqrt{x^2 + y^2}$ 满足方程:

$$\frac{\partial^2 z}{\partial x^2} + \frac{\partial^2 z}{\partial y^2} = 0.$$

证明　因为 $z = \ln \sqrt{x^2 + y^2} = \dfrac{1}{2} \ln(x^2 + y^2)$, 所以

$$\frac{\partial z}{\partial x} = \frac{x}{x^2 + y^2}, \qquad \frac{\partial z}{\partial y} = \frac{y}{x^2 + y^2},$$

$$\frac{\partial^2 z}{\partial x^2} = \frac{(x^2 + y^2) - x \cdot 2x}{(x^2 + y^2)^2} = \frac{y^2 - x^2}{(x^2 + y^2)^2},$$

$$\frac{\partial^2 z}{\partial y^2} = \frac{(x^2 + y^2) - y \cdot 2y}{(x^2 + y^2)^2} = \frac{x^2 - y^2}{(x^2 + y^2)^2},$$

因此

$$\frac{\partial^2 z}{\partial x^2} + \frac{\partial^2 z}{\partial y^2} = \frac{y^2 - x^2}{(x^2 + y^2)^2} + \frac{x^2 - y^2}{(x^2 + y^2)^2} = 0.$$

习题 6-3

1. 求下列各函数的偏导数.

(1) $z = x^3 y - y^3 x$;

(2) $z = \ln \left(\dfrac{y}{x}\right)$.

2. 验证 $z = e^{-\left(\frac{1}{x}+\frac{1}{y}\right)}$ 满足 $x^2 \frac{\partial z}{\partial x} + y^2 \frac{\partial z}{\partial y} = 2z$.

3. 已知 $z = e^x \cdot \cos y$ 求 z''_{xy} 及 z''_{yy}.

4. 设 $u = e^{xyz}$, 求 u'''_{xyz}.

第四节　全微分

前面, 在讨论了一元函数的导数问题之后, 我们引入了微分的概念. 在一元函数问题中, y 对 x 的微分 dy 是自变量 x 的增量 Δx 的线性函数, 且当 $\Delta x \to 0$ 时, dy 与函数值的增量 Δy 的差是一个比 Δx 高阶的无穷小.

在实际问题中, 人们常常需要了解二元函数 (或多元函数) 在两个自变量 (或在多个自变量) 都有微小变化时函数的变化情况, 全微分就是解决这类问题的有力工具.

定义 1　如果函数 $z = f(x, y)$ 在点 $P_0(x_0, y_0)$ 的某邻域内有定义, 并设 $P(x_0 + \Delta x, y_0 + \Delta y)$ 为该邻域内的另一点, 则称

$$f(x_0 + \Delta x, y_0 + \Delta y) - f(x_0, y_0)$$

为函数在点 P_0 处对应于自变量增量 Δx, Δy 的全增量, 记为 Δz, 即

$$\Delta z = f(x + \Delta x, y + \Delta y) - f(x, y).$$

一般来说, 计算全增量比较复杂. 与一元函数的情形类似, 我们也希望利用关于自变量增量 Δx, Δy 的线性函数来近似地代替函数的全增量 Δz, 由此引入如下定义.

定义 2　设函数 $z = f(x, y)$ 在点 (x, y) 的某邻域内有定义, 如果函数在点 (x, y) 处的全增量

$$\Delta z = f(x + \Delta x, y + \Delta y) - f(x, y)$$

可以表示为

$$\Delta z = A\Delta x + B\Delta y + o(\rho),$$

其中 A, B 不依赖于 Δx, Δy 而仅与 x, y 有关, $\rho = \sqrt{(\Delta x)^2 + (\Delta y)^2}$. 则称函数 $z = f(x, y)$ 在点 (x, y) 处**可微分**, $A\Delta x + B\Delta y$ 称为函数 $z = f(x, y)$ 在点 (x, y) 处的**全微分**, 记为 dz, 即

$$dz = Adx + Bdy.$$

若函数在区域 D 内各点处可微分, 则称该函数在 D 内**可微分** (简称可微).

下面讨论函数 $z = f(x, y)$ 在点 (x, y) 处可微的条件.

定理 1　(必要条件) 若函数 $z = f(x, y)$ 在点 $P(x, y)$ 处可微, 则函数 $z = f(x, y)$ 在点 $P(x, y)$ 处的偏导数 $\frac{\partial z}{\partial x}$, $\frac{\partial z}{\partial y}$ 必存在, 且函数在点 (x, y) 处的全微分为

$$dz = \frac{\partial z}{\partial x}\Delta x + \frac{\partial z}{\partial y}\Delta y.$$

证明　因函数 $z = f(x, y)$ 在点 $P(x, y)$ 处可微, 所以有

$$\Delta z = A\Delta x + B\Delta y + o(\rho).$$

记 $\Delta_x z = f(x + \Delta x, y) - f(x, y)$, 表示函数 $z = f(x, y)$ 关于变量 x 的偏增量. 当 $\Delta y = 0$ 时, 有

$$\Delta z = A\Delta x + o(\rho) = A\Delta x + o(\,|\,\Delta x\,|\,),$$

所以

$$\lim_{\Delta x \to 0} \frac{\Delta z}{\Delta x} = \lim_{\Delta x \to 0} \frac{A\Delta x + o(\,|\,\Delta x\,|\,)}{\Delta x} = A = \frac{\partial z}{\partial x}.$$

同理可得

$$\frac{\partial z}{\partial y} = B,$$

故

$$\mathrm{d}z = \frac{\partial z}{\partial x}\Delta x + \frac{\partial z}{\partial y}\Delta y.$$

在一元函数里，可微和可导是等价的，定理 1 告诉我们，二元函数可微一定存在偏导数，反过来，是否成立呢？也就是说，若二元函数 $z = f(x, y)$ 在点 $P(x, y)$ 处存在偏导数，那么二元函数 $z = f(x, y)$ 在点 $P(x, y)$ 处是否可微呢？

由此看出，偏导数存在是二元函数可微的必要条件，而不一定是充分条件. 在什么样的情况下，偏导数存在，二元函数才可微呢？下面的定理回答了这个问题.

定理 2（充分条件）若函数 $z = f(x, y)$ 在点 (x, y) 处的两个偏导数 $\dfrac{\partial z}{\partial x}$，$\dfrac{\partial z}{\partial y}$ 存在，且它们在该点连续，则函数在该点处可微.

证明略.

此定理告诉了我们，只有当二元函数的两个偏导数在该点连续，才能保证其可微.

习惯上，我们把自变量的增量 Δx，Δy 分别记作 $\mathrm{d}x$，$\mathrm{d}y$，并称为自变量的微分. 所以二元函数的全微分可以表示为 $\mathrm{d}z = \dfrac{\partial z}{\partial x}\mathrm{d}x + \dfrac{\partial z}{\partial y}\mathrm{d}y$.

显然，二元函数的全微分等于它的两个偏微分之和，这种情况又称为二元函数的微分符合**叠加原理**.

类似地，二元函数的微分及性质可以推广到三元以及三元以上的函数.

【例 6-15】求函数 $z = 4xy^3 + 5x^2 y^6$ 的全微分.

解 因为

$$\frac{\partial z}{\partial x} = 4y^3 + 10xy^6, \quad \frac{\partial z}{\partial y} = 12xy^2 + 30x^2 y^5,$$

故

$$\mathrm{d}z = (4y^3 + 10xy^6)\,\mathrm{d}x + (12xy^2 + 30x^2 y^5)\,\mathrm{d}y.$$

【例 6-16】求函数 $z = \ln\sqrt{1 + x^2 + y^2}$ 在 $(1, 1)$ 处的全微分.

解 因为

$$\frac{\partial z}{\partial x} = \frac{x}{1 + x^2 + y^2},$$

$$\frac{\partial z}{\partial y} = \frac{y}{1 + x^2 + y^2},$$

所以

$$\left.\frac{\partial z}{\partial x}\right|_{(1,\ 1)} = \frac{1}{3},\quad \left.\frac{\partial z}{\partial y}\right|_{(1.1)} = \frac{1}{3}.$$

因此全微分 $dz = \dfrac{1}{3}dx + \dfrac{1}{3}dy$.

【例 6-17】 计算函数 $u = x + \sin \dfrac{y}{2} + e^{yz}$ 的全微分.

解 因为

$$\frac{\partial u}{\partial x} = 1,\ \frac{\partial u}{\partial y} = \frac{1}{2}\cos\frac{y}{2} + ze^{yz},\ \frac{\partial u}{\partial z} = ye^{yz},$$

所以

$$du = dx + \left(\frac{1}{2}\cos\frac{y}{2} + ze^{yz}\right)dy + ye^{yz}dz.$$

习题 6-4

1. 求下列函数的全微分.

(1) $z = e^{x} \cdot \cos y$;

(2) $z = xy + \dfrac{x}{y}$;

(3) $z = \dfrac{y}{\sqrt{x^2 + y^2}}$;

(4) $z = \ln(x^2 + y^2 + z^2)$.

2. 求下列函数在已知条件下的全微分.

(1) $z = x^2 y^3$, $x = 2$, $y = -1$, $\Delta x = 0.02$, $\Delta y = -0.01$;

(2) $z = e^{xy}$, $x = 1$, $y = 1$, $\Delta x = 0.15$, $\Delta y = 0.1$.

3. 求函数 $z = \ln(1 + x^2 + y^2)$ 当 $x = 1$, $y = 2$ 时的全微分.

第五节 复合函数微分法与隐函数的微分法

一、复合函数的微分法

在讨论一元函数问题的时候,复合函数的微分法是一个很重要的方法. 在多元函数的问题中,复合函数的微分法也占据着重要地位.

1. 链式法则及几种常见复合形式

1) 两个中间变量,一个自变量的情形

定理 1 设函数 $z = f(u, v)$ 在 (u, v) 处具有关于 u, v 的一阶连续偏导数,函数 $u = \varphi(x)$, $v = \psi(x)$ 对点 x 的导数存在,则复合函数 $z = f[\varphi(x), \psi(x)]$ 在对应的点 x 处也可导,且

$$\frac{dz}{dx} = \frac{\partial f}{\partial u}\frac{du}{dx} + \frac{\partial f}{\partial v}\frac{dv}{dx}.$$

自变量只有一个的复合函数,如果该函数对自变量的导数存在,则称该导数为全导数. 上面公式可借助图 6-16 来记.

图 6-16

【例 6-18】 设 $z = uv + \sin t$，而 $u = e^t$，$v = \cos t$，求导数 $\dfrac{\mathrm{d}z}{\mathrm{d}t}$.

解 $\dfrac{\mathrm{d}z}{\mathrm{d}t} = \dfrac{\partial z}{\partial u} \cdot \dfrac{\mathrm{d}u}{\mathrm{d}t} + \dfrac{\partial z}{\partial v} \cdot \dfrac{\mathrm{d}v}{\mathrm{d}t} + \dfrac{\partial z}{\partial t} = v e^t - u \sin t + \cos t$

$\qquad = e^t \cos t - e^t \sin t + \cos t = e^t (\cos t - \sin t) + \cos t.$

2）多个中间变量，一个自变量的情形

一般地，设 $z = f(u_1, u_2, \cdots, u_n)$，$u_n = \varphi_n(x)(n = 1, 2, \cdots)$，$z = f(u_1, u_2, \cdots, u_n)$ 存在关于 $u_n (n = 1, 2, \cdots)$ 的偏导数，$u_n = \varphi_n(x)(n = 1, 2, \cdots)$ 存在关于 x 的导数，则复合函数 $z = f[u_1(x), u_2(x), \cdots, u_n(x)]$ 的全导数为

$$\frac{\mathrm{d}z}{\mathrm{d}x} = \frac{\partial f}{\partial u_1} \frac{\mathrm{d}u_1}{\mathrm{d}x} + \frac{\partial f}{\partial u_2} \frac{\mathrm{d}u_2}{\mathrm{d}x} + \cdots + \frac{\partial f}{\partial u_n} \frac{\mathrm{d}u_n}{\mathrm{d}x} = \sum_{k=1}^{n} \frac{\partial f}{\partial u_k} \frac{\mathrm{d}u_k}{\mathrm{d}x}.$$

【例 6-19】 设 $\omega = \sqrt{u^2 + v^2} + \ln h$，$u = \sin x$，$v = e^{2x}$，$h = x^2$，求全导数 $\dfrac{\mathrm{d}\omega}{\mathrm{d}x}$.

解 由定理 1 得

$$\frac{\mathrm{d}\omega}{\mathrm{d}x} = \frac{\partial \omega}{\partial u} \frac{\mathrm{d}u}{\mathrm{d}x} + \frac{\partial \omega}{\partial v} \frac{\mathrm{d}v}{\mathrm{d}x} + \frac{\partial \omega}{\partial h} \frac{\mathrm{d}h}{\mathrm{d}x}$$

$$= \frac{u}{\sqrt{u^2 + v^2}} \cos x + 2 \frac{v}{\sqrt{u^2 + v^2}} e^{2x} + 2 \frac{1}{h} x$$

$$= \frac{\sin x \cos x}{\sqrt{\sin^2 x + e^{4x}}} + \frac{2 e^{4x}}{\sqrt{\sin^2 x + e^{4x}}} + \frac{2}{x}.$$

3）x 既是中间变量又是自变量的情形

设函数 $z = f(u, v)$，$u = x$，$v = \psi(x)$，即 $z = f[x, \psi(x)]$，则全导数为

$$\frac{\mathrm{d}z}{\mathrm{d}x} = \frac{\partial f}{\partial u} \frac{\mathrm{d}u}{\mathrm{d}x} + \frac{\partial f}{\partial v} \frac{\mathrm{d}v}{\mathrm{d}x} = \frac{\partial f}{\partial x} + \frac{\partial f}{\partial v} \frac{\mathrm{d}\psi(x)}{\mathrm{d}x}.$$

注： $\dfrac{\mathrm{d}z}{\mathrm{d}x}$，$\dfrac{\partial f}{\partial x}$ 都是 z 对自变量 x 的导数，而 $\dfrac{\mathrm{d}z}{\mathrm{d}x}$ 是被看作一元函数的 $z = f(x, \psi(x))$ 对 x 的导数，而 $\dfrac{\partial f}{\partial x}$ 是被看作二元函数的 $z = f(x, v)$ 对 x 的偏导数.

4）两个中间变量，两个自变量的情形

定理 2 设函数 $z = f(u, v)$ 在 (u, v) 处具有关于 u，v 的一阶连续偏导数，而函数 $u = \varphi(x, y)$，$v = \psi(x, y)$ 在 (x, y) 处具有关于 x，y 的一阶偏导数；则复合函数 $z = f[\varphi(x, y), \psi(x, y)]$ 在 (x, y) 处具有关于 x，y 的一阶偏导数，且

$$\frac{\partial z}{\partial x} = \frac{\partial z}{\partial u} \frac{\partial u}{\partial x} + \frac{\partial z}{\partial v} \frac{\partial v}{\partial x},$$

$$\frac{\partial z}{\partial y} = \frac{\partial z}{\partial u} \frac{\partial u}{\partial y} + \frac{\partial z}{\partial v} \frac{\partial v}{\partial y}.$$

证明略.

上面讲过的几个公式可以通过图6-17来记.

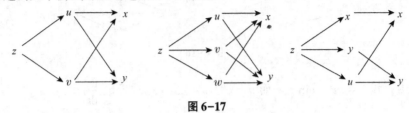

图6-17

【例6-20】 设 $z = e^u \sin v$，而 $u = xy$，$v = x + y$，求 $\dfrac{\partial z}{\partial x}$ 和 $\dfrac{\partial z}{\partial y}$.

解 $\dfrac{\partial z}{\partial x} = \dfrac{\partial z}{\partial u} \cdot \dfrac{\partial u}{\partial x} + \dfrac{\partial z}{\partial v} \cdot \dfrac{\partial v}{\partial x} = e^u \sin v \cdot y + e^u \cos v \cdot 1$

$\qquad\qquad = e^u(y\sin v + \cos v) = e^{xy}[y\sin(x+y) + \cos(x+y)]$,

$\dfrac{\partial z}{\partial y} = \dfrac{\partial z}{\partial u} \cdot \dfrac{\partial u}{\partial y} + \dfrac{\partial z}{\partial v} \cdot \dfrac{\partial v}{\partial y} = e^u \sin v \cdot x + e^u \cos v \cdot 1$

$\qquad\qquad = e^u(x\sin v + \cos v) = e^{xy}[x\sin(x+y) + \cos(x+y)]$.

二、隐函数的微分法

在一元微分学中，我们曾引入了隐函数的概念，并介绍了不经过显化而直接由方程
$$F(x, y) = 0$$
来求它所确定的隐函数的导数的方法. 这里将进一步从理论上阐明隐函数的存在性，并通过多元复合函数求导的链式法则建立隐函数的求导公式，给出一套所谓的"隐式"求导法.

定理3 设函数 $F(x, y) = 0$ 在点 $P(x_0, y_0)$ 的某一邻域内具有连续的偏导数，且 $F'_y(x_0, y_0) \neq 0$，$F(x_0, y_0) = 0$，则方程 $F(x, y) = 0$ 在点 $P(x_0, y_0)$ 的某一邻域内恒能唯一确定连续且具有连续导数的函数 $y = f(x)$，它满足 $y_0 = f(x_0)$，并有
$$\frac{dy}{dx} = -\frac{F'_x}{F'_y}.$$

定理4 设函数 $F(x, y, z)$ 在点 $P(x_0, y_0, z_0)$ 的某一邻域内有连续的偏导数，且
$$F(x_0, y_0, z_0) = 0, \quad F'_z(x_0, y_0, z_0) \neq 0,$$
则方程 $F(x, y, z) = 0$ 在点 $P(x_0, y_0, z_0)$ 的某一邻域内恒能唯一确定连续且具有连续偏导数的函数 $z = f(x, y)$，它满足 $z_0 = f(x_0, y_0)$，并有
$$\frac{\partial z}{\partial x} = -\frac{F'_x}{F'_z}, \quad \frac{\partial z}{\partial y} = -\frac{F'_y}{F'_z}.$$

【例6-21】 设方程 $(x^2 + y^2)^2 - 2(x^2 - y^2) = 0$ 确定了函数 $y = f(x)$，求 $\dfrac{dy}{dx}$.

解 设 $F(x, y) = (x^2 + y^2)^2 - 2(x^2 - y^2)$，则
$$F'_x = 4x(x^2 + y^2) - 4x, \quad F'_y = 4y(x^2 + y^2) + 4y,$$
所以
$$\frac{dy}{dx} = -\frac{x(x^2 + y^2) - x}{y(x^2 + y^2) + y}.$$

【例6-22】 已知 $e^{-xy} - 2z + e^z = 0$，求 $\dfrac{\partial z}{\partial x}$ 和 $\dfrac{\partial z}{\partial y}$.

解 因为 $d(e^{-xy} - 2z + e^z) = 0$，

所以

$$e^{-xy}d(-xy) - 2dz + e^z dz = 0,$$

$$(e^z - 2)dz = e^{-xy}(xdy + ydx),$$

$$dz = \frac{ye^{-xy}}{e^z - 2}dx + \frac{xe^{-xy}}{e^z - 2}dy.$$

故所求偏导数为

$$\frac{\partial z}{\partial x} = \frac{ye^{-xy}}{e^z - 2}, \quad \frac{\partial z}{\partial y} = \frac{xe^{-xy}}{e^z - 2}.$$

【例 6-23】 设 $x + y + z = e^{(x+y^2+z)}$，求 $\frac{\partial z}{\partial x}$, $\frac{\partial z}{\partial y}$.

解 设 $F(x, y, z) = x + y + z - e^{(x+y^2+z)}$，则

$$\frac{\partial F}{\partial x} = 1 - e^{(x+y^2+z)}, \quad \frac{\partial F}{\partial y} = 1 - 2ye^{(x+y^2+z)}, \quad \frac{\partial F}{\partial z} = 1 - e^{(x+y^2+z)},$$

所以

$$\frac{\partial z}{\partial x} = -\frac{F_x'}{F_z'} = -1, \quad \frac{\partial z}{\partial y} = -\frac{F_y'}{F_z'} = -\frac{1 - 2ye^{(x+y^2+z)}}{1 - e^{(x+y^2+z)}}.$$

习题 6-5

1. 设 $z = u^2 \ln v$, $u = \frac{x}{y}$, $v = 3x - 2y$, 求 $\frac{\partial z}{\partial x}$, $\frac{\partial z}{\partial y}$.

2. 设 $z = \ln(e^x + e^y)$, $y = x^2$, 求 $\frac{dz}{dx}$.

3. 设 $z = \frac{y}{x}$, $x = e^t$, $y = 1 - e^{2t}$, 求 $\frac{dz}{dt}$.

4. 设 $z = (3x^2 + y^2)^{2x+3y}$, 求 $\frac{\partial z}{\partial x}$, $\frac{\partial z}{\partial y}$.

5. 设 $z = f(x^2 - y^2, e^{xy})$, f 可微, 求 $\frac{\partial z}{\partial x}$, $\frac{\partial z}{\partial y}$.

6. 已知 f 可微, 且 $z = f(x^2 + y^2)$, 求证: $y\frac{\partial z}{\partial x} - x\frac{\partial z}{\partial y} = 0$.

7. 求由下列方程所确定的函数 $y = f(x)$ 的导数 $\frac{dy}{dx}$.

(1) $x^2 y + 2xy + y^2 - 5 = 0$;   (2) $\sin y + e^x - xy^2 = 0$.

8. 设 $2\sin(x + 2y - 3z) = x + 2y - 3z$, 证明: $\frac{\partial z}{\partial x} + \frac{\partial z}{\partial y} = 1$.

第六节　多元函数的极值及其求法

一、多元函数的极值及其应用

在实际问题中，我们会遇到大量求多元函数的最大值、最小值的问题．与一元函数的情形类似，多元函数的最大值、最小值与极大值、极小值有着密切的联系．下面我们以二元函数为例来讨论多元函数的极值问题．

1. 多元函数的极值

类似一元函数的极值概念，我们有多元函数的极值概念．

定义 1　设函数 $z = f(x, y)$ 在点 (x_0, y_0) 的某一邻域内有定义，对于该邻域内异于 (x_0, y_0) 的任意一点 (x, y)，如果

$$f(x, y) < f(x_0, y_0),$$

则称函数在点 (x_0, y_0) 处有极大值；如果

$$f(x, y) > f(x_0, y_0),$$

则称函数在点 (x_0, y_0) 处有极小值；极大值、极小值统称为极值，使函数取得极值的点称为极值点．

二元函数 $z = f(x, y)$ 在区域 D 上哪些点才有可能取得极值呢？也就是说函数 $z = f(x, y)$ 在点 $P_0(x_0, y_0)$ 处取得极值必须满足什么条件呢？

定理 1　（极值点的必要条件）设函数 $z = f(x, y)$ 在点 $P_0(x_0, y_0)$ 处的两个偏导数都存在，若 $P_0(x_0, y_0)$ 是函数的极值点，则

$$\begin{cases} f'_x(x_0, y_0) = 0 \\ f'_y(x_0, y_0) = 0 \end{cases}.$$

证明　由于函数 $z = f(x, y)$ 在点 $P_0(x_0, y_0)$ 处取得极值，当 $y = y_0$ 时，一元函数 $z = f(x, y_0)$ 在点 x_0 处必取得极值，由一元函数极值存在的必要条件可得

$$f'_x(x_0, y_0) = 0.$$

同理可得

$$f'_y(x_0, y_0) = 0.$$

定义 2　设函数 $z = f(x, y)$ 在点 $P_0(x_0, y_0)$ 处的两个偏导数都存在，满足

$$\begin{cases} f'_x(x, y) = 0 \\ f'_y(x, y) = 0 \end{cases}$$

的点 (x, y) 称为函数的驻点（或稳定点）．

值得注意的是，可微函数 $f(x, y)$ 的极值点一定是驻点，反过来不一定成立，即驻点不一定是极值点．如：$z = xy$，有驻点 $(0, 0)$，但 $(0, 0)$ 不是函数 $z = xy$ 的极值点；又如：函数 $z = x^2 - y^2$，有 $\frac{\partial z}{\partial x} = 2x$，$\frac{\partial z}{\partial y} = -2y$，$(0, 0)$ 是它的驻点，但它也不是函数 $z = x^2 - y^2$ 的极值点．

二元函数 $z = f(x, y)$ 的驻点在什么情况下才是函数的极值点呢？常用下面定理进行判断．

定理 2　（存在极值的充分条件）设函数 $z = f(x, y)$ 在点 $P_0(x_0, y_0)$ 的邻域内具有连续的二阶偏导数，且点 $P_0(x_0, y_0)$ 是该函数的驻点，即 $f'_x(x_0, y_0) = 0$，$f'_y(x_0, y_0) = 0$. 令

$$A = f''_{xx}(x_0, y_0),\ B = f''_{xy}(x_0, y_0),\ C = f''_{yy}(x_0, y_0),\ \Delta = B^2 - AC,$$

则（1）当 $\Delta < 0$ 时，函数 $f(x, y)$ 在点 $P_0(x_0, y_0)$ 处取得极值：

①当 $A > 0$（必有 $C > 0$）时，函数 $f(x, y)$ 在点 $P_0(x_0, y_0)$ 处取得极小值；

②当 $A < 0$（必有 $C < 0$）时，函数 $f(x, y)$ 在点 $P_0(x_0, y_0)$ 处取得极大值；

（2）当 $\Delta > 0$ 时，函数 $f(x, y)$ 在点 $P_0(x_0, y_0)$ 处没有极值；

（3）当 $\Delta = 0$ 时，函数 $f(x, y)$ 在点 $P_0(x_0, y_0)$ 处可能取得极值，也可能没有极值，需要另行讨论.

证明略.

由此，若函数 $f(x, y)$ 具有二阶连续偏导数，可给出求极值的步骤如下：

（1）解方程组 $\begin{cases} f'_x(x, y) = 0 \\ f'_y(x, y) = 0 \end{cases}$，求驻点；

（2）对每个驻点，求出定理 2 中的所有相应的 A，B，C，Δ；

（3）根据定理 2 的结论判定哪个驻点取得极值和不取得极值.

【例 6-24】 求函数 $f(x, y) = x^3 - y^3 + 3x^2 + 3y^2 - 9x$ 的极值.

解　先解方程组 $\begin{cases} f'_x(x, y) = 3x^2 + 6x - 9 = 0 \\ f'_y(x, y) = -3y^2 + 6y = 0 \end{cases}$，解得驻点为 $(1, 0)$，$(1, 2)$，$(-3, 0)$，$(-3, 2)$.

再求出二阶偏导数 $f''_{xx}(x, y) = 6x + 6$，$f''_{xy}(x, y) = 0$，$f''_{yy}(x, y) = -6y + 6$.

在 $(1, 0)$ 处，$\Delta = B^2 - AC = -12 \times 6 = -72 < 0$，$A > 0$，故函数在该点处有极小值 $f(1, 0) = -5$；

在 $(1, 2)$ 处，$(-3, 0)$ 处，$\Delta = B^2 - AC = 72 > 0$，故函数在这两点处没有极值；

在 $(-3, 2)$ 处，$\Delta = B^2 - AC = -72 < 0$，$A < 0$，故函数在该点处有极大值 $f(-3, 2) = 31$.

2. 多元函数的最大值与最小值

根据二元连续函数的性质，若二元函数在有界闭区域上连续，则它在该区域必取得最大值和最小值，如何求二元函数在闭区域上的最值呢？和一元函数讨论相似，若二元函数 $z = f(x, y)$ 在闭区域 D 上连续，先求其极值，再求函数在边界上的最大值和最小值，与极值进行比较，哪个最大（小）就是最大（小）值. 在实际应用问题中，根据题意求出函数的关系式，若只有一个驻点，则该驻点就是问题所求的最值点.

【例 6-25】 证明：函数 $z = (1 + e^y)\cos x - ye^y$ 有无穷多个极大值而无一极小值.

证明　由 $\begin{cases} z'_x = -(1 + e^y)\sin x = 0 \\ z'_y = e^y(\cos x - 1 - y) = 0 \end{cases}$，得 $\begin{cases} x = k\pi \\ y = (-1)^k - 1 \end{cases}$ $(k \in \mathbf{Z})$.

又 $A = z''_{xx} = -(1 + e^y)\cos x$，$B = z''_{xy} = -e^y\sin x$，$C = z''_{yy} = e^y(\cos x - 2 - y)$.

在 $(2n\pi, 0)$ $(n \in \mathbf{Z})$ 处，$A = -2$，$B = 0$，$C = -1$，$\Delta = B^2 - AC = -2 < 0$，$A < 0$，所以函数取得极大值；

在 $((2n+1)\pi, -2)$ $(n \in \mathbf{Z})$ 处，$A = 1 + e^{-2}$，$B = 0$，$C = -e^{-2}$，$\Delta = B^2 - AC = e^{-2} + e^{-4} > 0$，此时函数无极值.

对于实际问题，如果能根据实际情况断定最大（小）值一定在 D 的内部取得，并且函数在 D 的内部只有一个驻点的话，那么能肯定这个驻点处的函数值就是 $f(x, y)$ 在 D 上的最大（小）值.

【例 6-26】 求函数 $f(x, y) = 3x^2 + 3y^2 - x^3$ 在区域 D：$x^2 + y^2 \leq 16$ 上的最小值.

解 先求 $f(x, y)$ 在 D 内的极值. 由

$$f'_x(x, y) = 6x - 3x^2, \quad f'_y(x, y) = 6y,$$

解方程组 $\begin{cases} 6x - 3x^2 = 0 \\ 6y = 0 \end{cases}$ 得驻点 $(0, 0)$，$(2, 0)$. 由于

$$f''_{xx}(0, 0) = 6, \quad f''_{xy}(0, 0) = 0, \quad f''_{yy}(0, 0) = 6,$$
$$f''_{xx}(2, 0) = -6, \quad f''_{xy}(2, 0) = 0, \quad f''_{yy}(2, 0) = 6.$$

因此，在 $(0, 0)$ 处 $B^2 - AC = -36 < 0$，$A = 6 > 0$，故函数在 $(0, 0)$ 处有极小值 $f(0, 0) = 0$.

在 $(2, 0)$ 处 $B^2 - AC = 36 > 0$，故函数在 $(2, 0)$ 处无极值.

再求 $f(x, y)$ 在边界 $x^2 + y^2 = 16$ 上的最小值. 由于 (x, y) 在圆周 $x^2 + y^2 = 16$ 上变化，故可解出 $y^2 = 16 - x^2 (-4 \leq x \leq 4)$，代入 $f(x, y)$ 中，有

$$z = f(x, y) = 3x^2 + 3y^2 - x^3 = 48 - x^3 (-4 \leq x \leq 4),$$

这时 z 是 x 的一元函数，求得函数 $f(x, y)$ 在 $[-4, 4]$ 上的最小值 $z|_{x=4} = -16$.

最后比较可得，函数 $f(x, y) = 3x^2 + 3y^2 - x^3$ 在闭区间 D 上的最小值为 $f(4, 0) = -16$.

3. 条件极值和拉格朗日乘数法

前面所讨论的极值问题，对于函数的自变量一般只要求落在定义域内，并无其他限制条件，这类极值我们称为**无条件极值**. 但在实际问题中，常会遇到对函数的自变量还有附加条件的极值问题. 对自变量有附加条件的极值称为**条件极值**.

拉格朗日乘数法：

设二元函数 $f(x, y)$ 和 $\varphi(x, y)$ 在区域 D 内有一阶连续偏导数，则求 $z = f(x, y)$ 在 D 内满足条件 $\varphi(x, y) = 0$ 的极值问题，可以转化为求拉格朗日函数

$$L(x, y, \lambda) = f(x, y) + \lambda\varphi(x, y)$$

（其中 λ 为某一常数）的无条件极值问题.

于是，求函数 $z = f(x, y)$ 在条件 $\varphi(x, y) = 0$ 下的极值的拉格朗日乘数法的基本步骤如下：

（1）构造拉格朗日函数：

$$L(x, y, \lambda) = f(x, y) + \lambda\varphi(x, y),$$

其中 λ 为某一常数.

（2）由方程组

$$\begin{cases} L'_x = f'_x(x, y) + \lambda\varphi'_x(x, y) = 0 \\ L'_y = f'_y(x, y) + \lambda\varphi'_y(x, y) = 0 \\ L'_\lambda = \varphi(x, y) = 0 \end{cases}$$

解出 x，y，λ，其中 x，y 就是所求条件极值的可能的极值点.

注： 拉格朗日乘数法只给出函数取极值的必要条件，因此按照这种方法求出来的点是否

为极值点，还需要加以讨论．不过在实际问题中，往往可以根据问题本身的性质来判定所求的点是不是极值点．

【例 6-27】 求表面积为 a^2 的长方体的最大体积.

解　设长方体的三棱长为 x，y，z，则问题就是在

$$\varphi(x,\ y,\ z) = 2xy + 2yz + 2xz - a^2 = 0$$

条件下求函数 $V = xyz\,(x > 0,\ y > 0,\ z > 0)$ 的最大值.

作拉格朗日函数：

$$L(x,\ y,\ z,\ \lambda) = xyz + \lambda(2xy + 2yz + 2xz - a^2).$$

由

$$\begin{cases} L_x' = yz + 2\lambda(y + z) = 0 \\ L_y' = xz + 2\lambda(x + z) = 0 \\ L_z' = xy + 2\lambda(x + y) = 0 \\ L_\lambda' = 2xy + 2yz + 2xz - a^2 = 0 \end{cases}$$

得唯一可能的极值点为 $x = y = z = \sqrt{6}\,a/6$，由问题本身意义知，此点就是所求最大值点．即表面积为 a^2 的长方体中，以棱长为 $\sqrt{6}\,a/6$ 的正方体的体积为最大，最大体积 $V = \dfrac{\sqrt{6}}{36}a^3$.

【例 6-28】 设销售收入 R（单位：万元）与花费在两种广告宣传的费用 x，y（单位：万元）之间的关系为

$$R = \frac{200x}{x + 5} + \frac{100y}{10 + y},$$

利润额相当于五分之一的销售收入，并要扣除广告费用．已知广告费用总预算金是 25 万元，试问：如何分配两种广告费用使利润最大？

解　设利润为 z，有

$$z = \frac{1}{5}R - x - y = \frac{40x}{x + 5} + \frac{20y}{10 + y} - x - y,$$

条件为 $x + y = 25$.

这是条件极值问题．令

$$L(x,\ y,\ \lambda) = \frac{40x}{x + 5} + \frac{20y}{10 + y} - x - y + \lambda(x + y - 25),$$

则

$$L_x' = \frac{200}{(5 + x)^2} - 1 + \lambda = 0,\quad L_y' = \frac{200}{(10 + y)^2} - 1 + \lambda = 0,$$

即

$$(5 + x)^2 = (10 + y)^2,$$

又 $y = 25 - x$，解得 $x = 15$，$y = 10$. 根据问题本身的意义及驻点的唯一性可知，当投入两种广告的费用分别为 15 万元和 10 万元时，可使利润最大.

习题 6-6

1. 求下列函数的极值.

(1) $z = x^3 - 4x^2 + 2xy - y^2 + 3$；　　　　(2) $z = e^{2x}(x + 2y + y^2)$；

(3) $z = xy(a - x - y)$，$a \neq 0$.

2. 求函数 $z = x^3 - 4x^2 + 2xy - y^2$ 在闭区域 D：$-1 \leqslant x \leqslant 4$，$-1 \leqslant y \leqslant 1$ 上的最大值和最小值.

3. 求函数 $z = x^2 + y^2$ 在条件 $\dfrac{x}{a} + \dfrac{y}{b} = 1 (x > 0, y > 0)$ 下的条件极值.

4. 求曲线 $y = \sqrt{x}$ 上的动点到定点 $(a, 0)$ 的最小距离.

5. 把正数 a 分解成三个正数之和，使它们的乘积最大.

6. 设生产某种产品的数量 $f(x, y)$ 与所用甲、乙两种原料的数量 x，y 之间有关系式 $f(x, y) = 0.005x^2 y$，已知甲、乙两种原料的单价分别为 1 元、2 元，现用 150 元购料，问：购进两种原料各多少时，能使产量 $f(x, y)$ 最大？最大产量是多少？

7. 某厂生产甲、乙两种产品，其销售单位价分别为 10 万元和 9 万元，若生产 x 件甲产品和 y 件乙产品的总成本为：$C = 400 + 2x + 3y + 0.01(3x^2 + xy + 3y^2)$（万元）. 又已知两种产品的总产量为 100 件，求企业获得最大利润时两种产品的产量.

第七节　二重积分的概念与性质

与定积分类似，二重积分的概念也是从实践中抽象出来的，它是定积分的推广，其中的数学思想与定积分一样，也是一种"和式的极限". 所不同的是，定积分的被积函数是一元函数，积分范围是一个区间；而二重积分的被积函数是二元函数，积分范围是平面上的一个区域. 它们之间存在着密切的联系，二重积分可以通过定积分来计算.

一、二重积分的概念

1. 引例：求曲顶柱体的体积

所谓曲顶柱体，指的是以 xOy 平面上的有界闭区域 D 为底，以 D 的边界曲线作准线而母线平行于 z 轴的柱面为侧面，以曲面 $z = f(x, y)$ 为顶，这里假设 $f(x, y) \geqslant 0$，且 $f(x, y)$ 在 D 上连续，如图 6-18（a）所示.

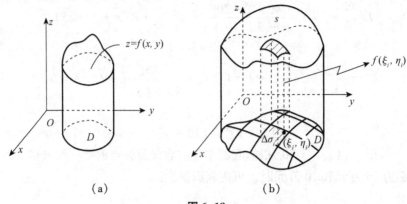

(a)　　　　　　　　　　　　(b)

图 6-18

这里我们采用类似于一元函数定积分处理曲边梯形面积的方法来考虑曲顶柱体的体积的计算问题.

（1）分割：先将区域 D 分割成 n 个小区域：$\Delta\sigma_1$，$\Delta\sigma_2$，$\cdots$，$\Delta\sigma_n$，同时也用 $\Delta\sigma_i(i=1，2，\cdots，n)$ 表示第 i 个小区域的面积.以每个小区域的边界线作准线，以平行于 z 轴的直线为母线作柱面，这样就把给定的曲顶柱体分割成了 n 个小曲顶柱体.

（2）近似代替：在 $\Delta\sigma_i$ 中任意取一点 $(\xi_i，\eta_i)$，以 $f(\xi_i，\eta_i)$ 为高，以 $\Delta\sigma_i$ 为底的小平顶柱体的体积为 $f(\xi_i，\eta_i)\Delta\sigma_i$，如图 6-18（b）所示.所以第 i 个小曲顶柱体的体积的近似值为

$$\Delta V_i \approx f(\xi_i，\eta_i)\Delta\sigma_i.$$

（3）求和：将 n 个小平顶柱体的体积相加，得曲顶柱体的体积的近似值为

$$V \approx V_n = \sum_{i=1}^{n}\Delta V_i = \sum_{i=1}^{n}f(\xi_i，\eta_i)\Delta\sigma_i.$$

（4）取极限：用 λ_i 表示第 i 个小区域内任意两点之间的距离的最大值（也称为第 i 个小区域的直径）$(i=1，2，\cdots，n)$，并记 $\lambda = \max\{\lambda_1，\lambda_2，\cdots，\lambda_n\}$.若令 $\lambda \to 0$，对 V_n 取极限，该极限就是曲顶柱体的体积 V，即

$$V = \lim_{\lambda \to 0}V_n = \lim_{\lambda \to 0}\sum_{i=1}^{n}f(\xi_i，\eta_i)\Delta\sigma_i.$$

许多实际问题都可按以上做法，归结为和式 $\sum_{i=1}^{n}f(\xi_i，\eta_i)\Delta\sigma_i$ 的极限.剔除具体问题的实际意义，可从这类问题抽象概括出它们的共同数学本质，得出二重积分的定义.

2. 二重积分的定义

定义　设 $f(x，y)$ 在有界闭区域 D 上有界，将区域 D 任意分割成 n 个小区域 $\Delta\sigma_1$，$\Delta\sigma_2$，$\cdots$，$\Delta\sigma_n$.为方便起见，我们仍然用 $\Delta\sigma_i$ 表示小区域 $\Delta\sigma_i$ 的面积.在每个小区域 $\Delta\sigma_i$ 上任取一点 $(\xi_i，\eta_i) \in \Delta\sigma_i$，作乘积

$$f(\xi_i，\eta_i)\Delta\sigma_i,$$

求和

$$\sum_{i=1}^{n}f(\xi_i，\eta_i)\Delta\sigma_i,$$

若 λ_i 表示小区域 $\Delta\sigma_i$ 的直径，$\lambda = \max_{1 \leqslant i \leqslant n}\{\lambda_i\}$，令 $\lambda \to 0$，对和式取极限，如果极限

$$\lim_{\lambda \to 0}\sum_{i=1}^{n}f(\xi_i，\eta_i)\Delta\sigma_i \tag{6-3}$$

存在，并且极限与区域的分割无关，与点 $(\xi_i，\eta_i) \in \Delta\sigma_i$ 的选取无关，则称二元函数 $f(x，y)$ 在区域 D 上可积，式（6-3）的值称为二元函数 $f(x，y)$ 在区域 D 上的二重积分，记为

$$\iint\limits_{D}f(x，y)\mathrm{d}\sigma = \lim_{\lambda \to 0}\sum_{i=1}^{n}f(\xi_i，\eta_i)\Delta\sigma_i.$$

其中，$\iint$ 为二重积分号；D 为积分区域；$f(x，y)$ 为被积函数；$\mathrm{d}\sigma$ 为面积微元；x 和 y 为积分变量；$f(x，y)\mathrm{d}\sigma$ 为被积表达式；$\sum_{i=1}^{n}f(\xi_i，\eta_i)\Delta\sigma_i$ 为积分和.

注意到上述和式极限的存在与小区域 $\Delta\sigma_i$ 无关，所以我们可以用平行于坐标轴的直线网格划分区域 D，这样除了包含边界点的小闭区域外，其余的小闭区域可以用小矩形来近似代替，此时 $\Delta\sigma_i = \Delta x_i \cdot \Delta y_i$，于是有 $d\sigma = dx \cdot dy$，称 $dx \cdot dy$ 为直角坐标系下的面积元素. 于是，在直角坐标系下有

$$\iint\limits_D f(x, y)d\sigma = \iint\limits_D f(x, y)dxdy.$$

当 $f(x, y) \geq 0$ 时，二重积分 $\iint\limits_D f(x, y)d\sigma$ 在几何上表示：以区域 D 为底，以曲面 $z = f(x, y)$ 为顶的曲顶柱体的体积，这就是二重积分的几何意义.

二、二重积分的性质

二重积分有与定积分类似的性质. 为了叙述简便，假设以下提到的二重积分都存在.

性质 1 $\iint\limits_D kf(x, y)d\sigma = k\iint\limits_D f(x, y)d\sigma.$

性质 2 若 α, β 为常数，则

$$\iint\limits_D [\alpha f(x, y) + \beta g(x, y)]d\sigma = \alpha\iint\limits_D f(x, y)d\sigma + \beta\iint\limits_D g(x, y)d\sigma.$$

性质 3 若在 D 上，$f(x, y) \equiv 1$，σ 为区域 D 的面积，则

$$\sigma = \iint\limits_D 1d\sigma = \iint\limits_D d\sigma.$$

几何意义：高为 1 的平顶柱体的体积在数值上等于柱体的底面积.

性质 4 若积分区域 D 由 D_1，D_2 组成（其中 D_1 与 D_2 除边界外无公共点），则

$$\iint\limits_D f(x, y)d\sigma = \iint\limits_{D_1} f(x, y)d\sigma + \iint\limits_{D_2} f(x, y)d\sigma.$$

性质 5 如果在区域 D 上总有 $f(x, y) \leq g(x, y)$，则

$$\iint\limits_D f(x, y)d\sigma \leq \iint\limits_D g(x, y)d\sigma.$$

特别地，有

$$\left|\iint\limits_D f(x, y)d\sigma\right| \leq \iint\limits_D |f(x, y)|d\sigma.$$

性质 6 设 M, m 是函数 $f(x, y)$ 在闭区域 D 上的最大值与最小值，σ 是 D 的面积，则

$$m\sigma \leq \iint\limits_D f(x, y)d\sigma \leq M\sigma.$$

性质 7 （二重积分的中值定理）设 $f(x, y)$ 在有界闭区域 D 上连续，σ 是 D 的面积，则在 D 内至少存在一点 (ξ, η)，使得

$$\iint\limits_D f(x, y)d\sigma = f(\xi, \eta) \cdot \sigma.$$

以上性质证明略.

【例 6-29】 估计二重积分 $I = \iint\limits_D (x^2 + 4y^2 + 9)d\sigma$ 的值，D 是圆域 $x^2 + y^2 \leq 4$，求被积函数 $f(x, y) = x^2 + 4y^2 + 9$ 在区域 D 上可能的最值.

解　令 $f(x, y)$ 的偏导数为零，

$$\begin{cases} \dfrac{\partial f}{\partial x} = 2x = 0 \\ \dfrac{\partial f}{\partial y} = 8y = 0 \end{cases}$$

解得驻点 $(0, 0)$，且 $f(0, 0) = 9$.

在边界上，$f(x, y) = x^2 + 4(4 - x^2) + 9 = 25 - 3x^2(-2 \leqslant x \leqslant 2)$，则

$$13 \leqslant f(x, y) \leqslant 25,$$
$$f_{\max} = 25, \quad f_{\min} = 9.$$

于是有

$$36\pi = 9 \cdot 4\pi \leqslant I \leqslant 25 \cdot 4\pi = 100\pi.$$

【例 6-30】 比较积分 $I_1 = \iint\limits_{D} \ln(x + y) \mathrm{d}\sigma$，$I_2 = \iint\limits_{D} (x + y)^2 \mathrm{d}\sigma$，$I_3 = \iint\limits_{D} (x + y) \mathrm{d}\sigma$ 的大小，其中 D 由直线 $x = 0$，$y = 0$，$x + y = \dfrac{1}{2}$ 和 $x + y = 1$ 所围成.

解　因为积分域 D 在直线 $x + y = 1$ 的下方，所以对任意点 $(x, y) \in D$，均有 $\dfrac{1}{2} \leqslant x + y \leqslant 1$，从而有 $x + y \geqslant (x + y)^2 > 0$，而 $\ln(x + y) < 0$，故由二重积分的性质得 $I_1 \leqslant I_2 \leqslant I_3$.

习题 6-7

1. 利用二重积分的定义证明 $\iint\limits_{D} \mathrm{d}\sigma = \sigma$. （$\sigma$ 为区域 D 的面积）

2. 试比较下列二重积分的大小.

（1）$\iint\limits_{D} (x + y)^2 \mathrm{d}\sigma$ 与 $\iint\limits_{D} (x + y)^3 \mathrm{d}\sigma$，其中 D 由 x 轴，y 轴及直线 $x + y = 1$ 围成；

（2）$\iint\limits_{D} \ln(x + y) \mathrm{d}\sigma$ 与 $\iint\limits_{D} [\ln(x + y)]^2 \mathrm{d}\sigma$，其中 D 是以 $A(1, 0)$，$B(1, 1)$，$C(2, 0)$ 为顶点的三角形闭区域；

（3）$I_1 = \iint\limits_{D} [\ln(x + y)]^7 \mathrm{d}x\mathrm{d}y$，$I_2 = \iint\limits_{D} (x + y)^7 \mathrm{d}x\mathrm{d}y$，$I_3 = \iint\limits_{D} \sin^7(x + y) \mathrm{d}x\mathrm{d}y$，其中 D 是由 $x = 0$，$y = 0$，$x + y = \dfrac{1}{2}$，$x + y = 1$ 所围成的区域.

3. 估计下列二重积分的值.

（1）$\iint\limits_{D} xy(x + y) \mathrm{d}\sigma$，其中区域 D 为矩形闭区域 $\{(x, y) \,|\, 0 \leqslant x \leqslant 1, 0 \leqslant y \leqslant 1\}$；

（2）$\iint\limits_{D} \sin^2 x \cdot \sin^2 y \mathrm{d}\sigma$，其中区域 D 为 $\{(x, y) \,|\, 0 \leqslant x \leqslant \pi, 0 \leqslant y \leqslant \pi\}$.

第八节　二重积分的计算

和一元函数的定积分计算一样，对于二重积分，也需要寻求一种实用的计算方法．在解决二重积分计算问题的时候，可以根据问题的实际情况建立相应的坐标系，从而比较顺利地解决问题．常见的两种坐标系：一是直角坐标系；二是极坐标系．我们先从直角坐标系开始，介绍二重积分的基本计算方法．

1. 直角坐标系下的二重积分计算

我们用几何观点来讨论二重积分 $\iint\limits_{D} f(x, y) \mathrm{d}\sigma$ 的计算问题.

讨论中，我们假定 $f(x, y) \geqslant 0$，假定积分区域 D 可用不等式 $a \leqslant x \leqslant b$，$\varphi_1(x) \leqslant y \leqslant \varphi_2(x)$ 表示（X 型），其中 $\varphi_1(x)$，$\varphi_2(x)$ 在 $[a, b]$ 上连续．（如图 6-19 所示）

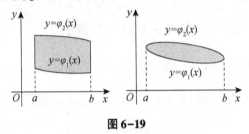

图 6-19

据二重积分的几何意义可知，$\iint\limits_{D} f(x, y) \mathrm{d}\sigma$ 的值等于以 D 为底，以曲面 $z = f(x, y)$ 为顶的曲顶柱体（如图 6-20 所示）的体积.

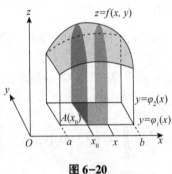

图 6-20

在区间 $[a, b]$ 上任意取定一个点 x_0，作平行于 yOz 面的平面 $x = x_0$，该平面截曲顶柱体所得截面是一个以区间 $[\varphi_1(x_0), \varphi_2(x_0)]$ 为底，曲线 $z = f(x_0, y)$ 为曲边的曲边梯形，其面积为

$$A(x_0) = \int_{\varphi_1(x_0)}^{\varphi_2(x_0)} f(x_0, y) \, \mathrm{d}y.$$

一般地，过区间 $[a, b]$ 上任一点 x 且平行于 yOz 面的平面截曲顶柱体所得截面的面积为

$$A(x) = \int_{\varphi_1(x)}^{\varphi_2(x)} f(x, y) \, \mathrm{d}y.$$

利用计算平行截面面积为已知的立体之体积的方法，该曲顶柱体的体积为

$$V = \int_a^b A(x)\,\mathrm{d}x = \int_a^b \left[\int_{\varphi_1(x)}^{\varphi_2(x)} f(x,\ y)\,\mathrm{d}y \right] \mathrm{d}x,$$

从而有

$$\iint\limits_D f(x,\ y)\,\mathrm{d}\sigma = \int_a^b \left[\int_{\varphi_1(x)}^{\varphi_2(x)} f(x,\ y)\,\mathrm{d}y \right] \mathrm{d}x. \tag{6-4}$$

上述积分叫作先对 y，后对 x 的二次积分，即先把 x 看作常量，$f(x,\ y)$ 只看作 y 的函数，对 $f(x,\ y)$ 计算从 $\varphi_1(x)$ 到 $\varphi_2(x)$ 的定积分，然后把所得的结果（它是 x 的函数）再对 x 从 a 到 b 计算定积分.

这个先对 y 后对 x 的二次积分也常记作

$$\iint\limits_D f(x,\ y)\,\mathrm{d}\sigma = \int_a^b \mathrm{d}x \int_{\varphi_1(x)}^{\varphi_2(x)} f(x,\ y)\,\mathrm{d}y.$$

在上述讨论中，假定了 $f(x,\ y) \le 0$，利用二重积分的几何意义，导出了二重积分的计算公式（6-4）. 但实际上，公式并不受此条件限制，对一般的 $f(x,\ y)$（在 D 上连续），式（6-4）总是成立的.

类似地，如果积分区域 D 可以用不等式

$$c \le y \le d,\ \varphi_1(y) \le x \le \varphi_2(y)$$

表示（Y 型），且函数 $\varphi_1(y)$，$\varphi_2(y)$ 在 $[c,\ d]$ 上连续，$f(x,\ y)$ 在 D 上连续，如图 6-21 所示，则

$$\iint\limits_D f(x,\ y)\,\mathrm{d}\sigma = \int_c^d \mathrm{d}y \int_{\varphi_1(y)}^{\varphi_2(y)} f(x,\ y)\,\mathrm{d}x. \tag{6-5}$$

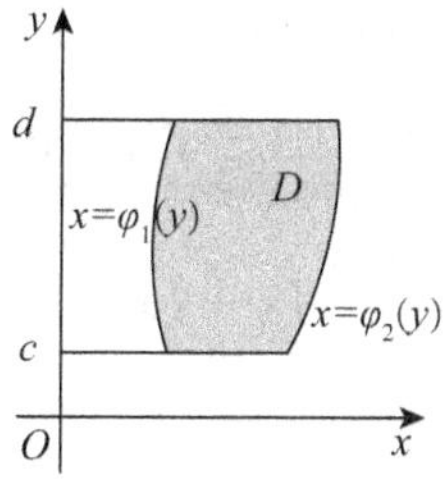

图 6-21

显然，式（6-5）是先对 x 后对 y 的二次积分.

二重积分化为二次积分时应注意以下问题.

1）积分区域的形状

前面所画的两类积分区域的形状具有一个共同点：

对于 X 型（或 Y 型）区域，用平行于 y 轴（x 轴）的直线穿过区域内部，直线与区域的边界相交不多于两点.

当积分区域不满足这一条件时，可对区域进行剖分，化归为 X 型（或 Y 型）区域的并集.

2）积分限的确定

二重积分化为二次积分时，确定两个定积分的限是关键. 这里，我们介绍配置二次积分限的方法——几何法. 画出积分区域 D 的图形（如图 6-22 所示）.

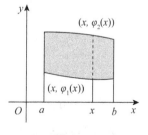

图 6-22

在 $[a, b]$ 上任取一点 x，过 x 作平行于 y 轴的直线，该直线穿过区域 D，与区域 D 的边界有两个交点 $(x, \varphi_1(x))$ 与 $(x, \varphi_2(x))$，这里的 $\varphi_1(x)$、$\varphi_2(x)$ 就是将 x 看作常量而对 y 积分时的下限和上限；又因 x 是在区间 $[a, b]$ 上任意取的，所以在将 x 看作变量而对 x 积分时，积分的下限为 a、上限为 b.

【例 6-31】 计算 $I = \iint\limits_{D}(1 - x^2)\,\mathrm{d}\sigma$，其中 $D = \{(x, y) \,|\, -1 \leqslant x \leqslant 1,\ 0 \leqslant y \leqslant 2\}$.

解
$$
\begin{aligned}
I &= \int_{-1}^{1}\mathrm{d}x\int_{0}^{2}(1 - x^2)\,\mathrm{d}y \\
&= \int_{-1}^{1}2(1 - x^2)\,\mathrm{d}x \\
&= \frac{8}{3}.
\end{aligned}
$$

【例 6-32】 计算 $\iint\limits_{D}xy\mathrm{d}x\mathrm{d}y$，其中 D 由 $y^2 = x$ 及 $y = x - 2$ 围成.

解 如图 6-23 所示，有
$$
D_1:\ 0 \leqslant x \leqslant 1,\quad -\sqrt{x} \leqslant y \leqslant \sqrt{x},
$$
$$
D_2:\ 1 \leqslant x \leqslant 4,\quad x - 2 \leqslant y \leqslant \sqrt{x}.
$$
$$
\begin{aligned}
\iint\limits_{D}xy\mathrm{d}x\mathrm{d}y &= \iint\limits_{D_1}xy\mathrm{d}\sigma + \iint\limits_{D_2}xy\mathrm{d}\sigma \\
&= \int_{0}^{1}\mathrm{d}x\int_{-\sqrt{x}}^{\sqrt{x}}xy\mathrm{d}y + \int_{1}^{4}\mathrm{d}x\int_{x-2}^{\sqrt{x}}xy\mathrm{d}y \\
&= 0 + \int_{1}^{4}\left[\frac{x}{2}y^2\right]_{x-2}^{\sqrt{x}}\mathrm{d}x \\
&= \int_{1}^{4}\frac{x}{2}[x - (x - 2)^2]\,\mathrm{d}x \\
&= \frac{45}{8}.
\end{aligned}
$$

下面再用另外一种积分次序计算这个二重积分.

将 D 表示为 Y 型区域为
$$
D:\ -1 \leqslant y \leqslant 2,\quad -y^2 \leqslant x \leqslant y + 2.
$$
所以
$$
\begin{aligned}
\iint\limits_{D}xy\mathrm{d}x\mathrm{d}y &= \int_{-1}^{2}\mathrm{d}y\int_{y^2}^{y+2}xy\mathrm{d}x = \int_{-1}^{2}\left(\frac{y}{2}x^2\right)\Big|_{y^2}^{y+2}\mathrm{d}y \\
&= \frac{1}{2}\int_{-1}^{2}(-y^5 + y^3 + 4y^2 + 4y)\,\mathrm{d}y \\
&= \frac{1}{2}\left(-\frac{1}{6}y^6 + \frac{1}{4}y^4 + \frac{4}{3}y^3 + 2y^2\right)\Big|_{-1}^{2} = \frac{45}{8}.
\end{aligned}
$$

可见，积分次序的选取关系到二重积分计算的繁简程度.

【例 6-33】 交换 $\int_{0}^{1}\mathrm{d}y\int_{y}^{1+\sqrt{1-y^2}}f(x, y)\,\mathrm{d}x$ 的积分次序.

解 由所给积分的上、下限可知，积分区域 D 用 Y 型区域表示为

$$D : 0 \leqslant y \leqslant 1, \ y \leqslant x \leqslant 1 + \sqrt{1 - y^2}.$$

即区域 D 由 $0 \leqslant y$，$y \leqslant 1$，$y \leqslant x$ 及 $x \leqslant 1 + \sqrt{1 - y^2}$ 围成，其图形为图 6-24 中阴影部分.

$$D = \{(x, y) \mid 0 \leqslant x \leqslant 1, \ 0 \leqslant y \leqslant x\} \cup \{(x, y) \mid 1 \leqslant x \leqslant 2, \ 0 \leqslant y \leqslant \sqrt{2x - x^2}\},$$

所以

$$\int_0^1 \mathrm{d}y \int_y^{1 + \sqrt{1 - y^2}} f(x, y) \mathrm{d}x = \int_0^1 \mathrm{d}x \int_0^x f(x, y) \mathrm{d}y + \int_1^2 \mathrm{d}x \int_0^{\sqrt{2x - x^2}} f(x, y) \mathrm{d}y.$$

交换积分次序的关键是，根据所给积分的上下限准确地画出积分区域 D.

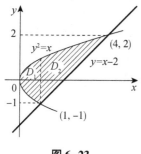
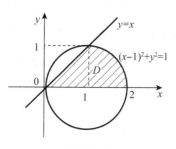

图 6-23　　　　　　　　图 6-24

【例 6-34】 计算二重积分 $\iint\limits_D \dfrac{\sin y}{y} \mathrm{d}x\mathrm{d}y$，其中 D 由直线 $y = 1$，$x \leqslant y$ 及 $0 \leqslant x$ 所围成.

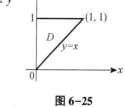

解　如图 6-25 所示，D 可表示为

$$D = \{(x, y) \mid 0 \leqslant x \leqslant 1, \ x \leqslant y \leqslant 1\},$$

或　　　　　$$D = \{(x, y) \mid 0 \leqslant y \leqslant 1, \ 0 \leqslant x \leqslant y\}.$$

图 6-25

若先对 y 积分，再对 x 积分，则

$$\iint\limits_D \frac{\sin y}{y} \mathrm{d}x\mathrm{d}y = \int_0^1 \mathrm{d}x \int_x^1 \frac{\sin y}{y} \mathrm{d}y.$$

$\dfrac{\sin y}{y}$ 的原函数不能用初等函数表示，因此积分 $\displaystyle\int_x^1 \frac{\sin y}{y} \mathrm{d}y$ 无法计算出来. 下面改用先对 x 积分，再对 y 积分，则

$$\iint\limits_D \frac{\sin y}{y} \mathrm{d}x\mathrm{d}y = \int_0^1 \mathrm{d}y \int_0^y \frac{\sin y}{y} \mathrm{d}x = \int_0^1 \frac{\sin y}{y} (x \mid_0^y) \mathrm{d}y = \int_0^1 \sin y \mathrm{d}y = 1 - \cos 1.$$

二、利用极坐标计算二重积分

1. 变换公式

按照二重积分的定义，有

$$\iint\limits_D f(x, y) \mathrm{d}\sigma = \lim_{\lambda \to 0} \sum_{i=1}^n f(\xi_i, \eta_i) \Delta\sigma_i.$$

现研究这一和式极限在极坐标中的形式：

我们用以极点 O 为中心的一族同心圆（$r =$ 常数）以及从极点出发的一族射线（$\theta =$ 常数），将 D 剖分成 n 个小闭区域.（如图 6-26 所示）

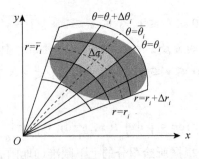

图 6-26

除了包含边界点的一些小闭区域外，其他小闭区域的面积 $\Delta\sigma_i$ 可按如下公式计算：

$$\Delta\sigma_i = \frac{1}{2}(r_i + \Delta r_i)^2 \Delta\theta_i - \frac{1}{2}r_i^2 \Delta\theta_i = \frac{1}{2}(2r_i + \Delta r_i)\Delta r_i \Delta\theta_i$$

$$= \frac{r_i + (r_i + \Delta r_i)}{2}\Delta r_i \Delta\theta_i = \bar{r}_i \Delta r_i \Delta\theta_i.$$

其中，$\bar{r}_i$ 表示相邻两圆弧半径的平均值.

数学上可以证明：包含边界点的那些小闭区域所对应项之和的极限为零. 因此，这样的一些小区域可以略去不计.

在小闭区域上取点 $(\bar{r}_i,\ \bar{\theta}_i)$，设该点的直角坐标为 $(\xi_i,\ \eta_i)$，据直角坐标与极坐标的关系，有

$$\xi_i = \bar{r}_i \cos\bar{\theta}_i,\ \eta_i = \bar{r}_i \sin\bar{\theta}_i.$$

于是

$$\lim_{\lambda\to 0}\sum_{i=1}^{n}f(\xi_i,\ \eta_i)\Delta\sigma_i = \lim_{\lambda\to 0}\sum_{i=1}^{n}f(\bar{r}_i \cos\bar{\theta}_i,\ \bar{r}_i \sin\bar{\theta}_i)\bar{r}_i \Delta r_i \Delta\theta_i,$$

即

$$\iint_D f(x,\ y)\mathrm{d}\sigma = \iint_D f(r\cos\theta,\ r\sin\theta)\,\mathrm{d}r\mathrm{d}\theta.$$

由于 $\iint_D f(x,\ y)\mathrm{d}\sigma$ 也常记作 $\iint_D f(x,\ y)\mathrm{d}x\mathrm{d}y$，因此上述变换公式也可以写成更富有启发性的形式：

$$\iint_D f(x,\ y)\mathrm{d}x\mathrm{d}y = \iint_D f(r\cos\theta,\ r\sin\theta)\,\mathrm{d}r\mathrm{d}\theta. \tag{6-6}$$

式 (6-6) 称为二重积分由直角坐标变量变换成极坐标变量的变换公式，其中 $r\mathrm{d}r\mathrm{d}\theta$ 就是极坐标中的面积元素.

2. 极坐标下的二重积分计算法

极坐标系中的二重积分，同样可以化归为二次积分来计算，下面介绍几种常见情形.

(1) 积分区域 D（如图 6-27 所示）为下述形式：

$$\alpha \leqslant \theta \leqslant \beta,\ \varphi_1(\theta) \leqslant r \leqslant \varphi_2(\theta),$$

其中函数 $\varphi_1(\theta)$，$\varphi_2(\theta)$ 在 $[\alpha,\ \beta]$ 上连续.

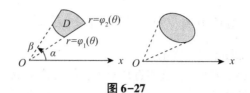

图 6-27

则

$$\iint\limits_{D} f(r\cos\theta,\ r\sin\theta)\,r\mathrm{d}r\mathrm{d}\theta = \int_{\alpha}^{\beta}\mathrm{d}\theta\int_{\varphi_1(\theta)}^{\varphi_2(\theta)} f(r\cos\theta,\ r\sin\theta)\,r\mathrm{d}r.$$

（2）积分区域 D（如图 6-28 所示）为下述形式：

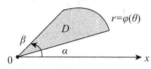

图 6-28

显然，这只是情形（1）的特殊形式 $\varphi_1(\theta)\equiv 0$（即极点在积分区域的边界上）. 故

$$\iint\limits_{D} f(r\cos\theta,\ r\sin\theta)\,r\mathrm{d}r\mathrm{d}\theta = \int_{\alpha}^{\beta}\mathrm{d}\theta\int_{0}^{\varphi(\theta)} f(r\cos\theta,\ r\sin\theta)\,r\mathrm{d}r.$$

（3）积分区域 D（如图 6-29 所示）为下述形式：

$$\alpha\leqslant\theta\leqslant\beta,\ 0\leqslant r\leqslant\varphi(\theta),$$

其中函数 $\varphi(\theta)$ 在 $[\alpha,\ \beta]$ 上连续.

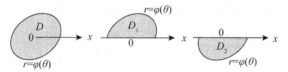

图 6-29

显然，这类区域是情形（2）的一种变形（极点包围在积分区域 D 的内部），D 可剖分成 D_1 与 D_2，而

$$D_1:\ 0\leqslant\theta\leqslant\pi,\ 0\leqslant r\leqslant\varphi(\theta),\ D_2:\ \pi\leqslant\theta\leqslant 2\pi,\ 0\leqslant r\leqslant\varphi(\theta),$$

则

$$D:\ 0\leqslant\theta\leqslant 2\pi,\ 0\leqslant r\leqslant\varphi(\theta),$$

故

$$\iint\limits_{D} f(r\cos\theta,\ r\sin\theta)\,r\mathrm{d}r\mathrm{d}\theta = \int_{0}^{2\pi}\mathrm{d}\theta\int_{0}^{\varphi(\theta)} f(r\cos\theta,\ r\sin\theta)\,r\mathrm{d}r.$$

由上面的讨论不难发现，将二重积分化为极坐标形式进行计算，其关键之处在于将积分区域 D 用极坐标变量 r，θ 表示成如下形式：

$$\alpha\leqslant\theta\leqslant\beta,\ \varphi_1(\theta)\leqslant r\leqslant\varphi_2(\theta).$$

【例 6-35】计算下列二重积分.

（1）$I = \iint\limits_{D} xy\mathrm{d}x\mathrm{d}y$，其中 D 为：$x^2 + y^2\leqslant 2ax,\ x^2 + y^2\geqslant a^2,\ y\geqslant 0$；

(2) $\iint\limits_{D}(x^2+y^2)\mathrm{d}x\mathrm{d}y$，其中 D 为：$\sqrt{2x-x^2}\leqslant y\leqslant\sqrt{4-x^2}$.

解 （1）积分区域 D 如图 6-30 所示.

由图可知选用极坐标比较方便（若选用直角坐标，则无论选取 D 为 X 型区域还是 Y 型区域都要分块）. 将 $x=r\cos\theta$，$y=r\sin\theta$ 代入 $x^2+y^2=2ax$ 与 $x^2+y^2=a^2$，分别得到它们的极坐标方程为 $r=a$，$r=2a\cos\theta$，它们交点的极坐标为 $\left(a,\dfrac{\pi}{3}\right)$. D 夹在 $\theta=0$（即 $y=0$）与 $\theta=\dfrac{\pi}{3}$ 之间，即 θ 的变化范围为 $\left[0,\dfrac{\pi}{3}\right]$，由极点 O 引射线（极角 $\theta\in\left(0,\dfrac{\pi}{3}\right)$）穿过 D，它由 $r=a$ 穿入，由 $r=2a\cos\theta$ 穿出，则 D 可表示为：$a\leqslant r\leqslant 2a\cos\theta$，$0\leqslant\theta\leqslant\dfrac{\pi}{3}$. 故

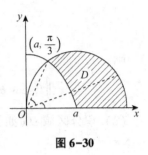

图 6-30

$$I=\int_0^{\frac{\pi}{3}}\mathrm{d}\theta\int_a^{2a\cos\theta}r\cos\theta\cdot r\sin\theta\cdot r\mathrm{d}r=\int_0^{\frac{\pi}{3}}\cos\theta\sin\theta\mathrm{d}\theta\int_a^{2a\cos\theta}r^3\mathrm{d}r$$

$$=\frac{a^4}{4}\int_0^{\frac{\pi}{3}}\cos\theta\sin\theta(16\cos^4\theta-1)\mathrm{d}\theta=-4a^2\int_0^{\frac{\pi}{3}}\cos^5\theta\mathrm{d}(\cos\theta)$$

$$=\frac{9}{16}a^4.$$

（2）积分区域如图 6-31 所示.

根据积分区域 D 的边界曲线及被积函数是 x^2+y^2 的特点，选取极坐标比较方便，D 的边界曲线为 $y=\sqrt{4-x^2}$，$y=\sqrt{2x-x^2}$，将 $x=r\cos\theta$，$y=r\sin\theta$ 代入，得极坐标方程分别为 $r=2$，$r=2\cos\theta$，D 夹在 $y=0$ 及 $x=0$ 之间，即 D 在射线 $\theta=0$，$\theta=\dfrac{\pi}{2}$ 之间. 由极点引射线（极角 $\theta\in\left(0,\dfrac{\pi}{2}\right)$），它由边界 $r=2\cos\theta$ 穿入 D，由边界 $r=2$ 穿出 D，即 D 用极坐标可表示为

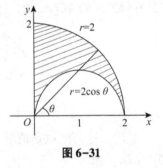

图 6-31

$$2\cos\theta\leqslant r\leqslant 2,\ 0\leqslant\theta\leqslant\frac{\pi}{2}.$$

故

$$I=\int_0^{\frac{\pi}{2}}\mathrm{d}\theta\int_{2\cos\theta}^2 r^2\cdot r\mathrm{d}r=\int_0^{\frac{\pi}{2}}\frac{1}{4}(2^4-2^4\cos^4\theta)\mathrm{d}\theta$$

$$=4\int_0^{\frac{\pi}{2}}(1-\cos^4\theta)\mathrm{d}\theta=4\left[\frac{\pi}{2}-\frac{3}{4}\cdot\frac{1}{2}\cdot\frac{\pi}{2}\right]=\frac{5}{4}\pi.$$

【例 6-36】 计算下列二重积分.

（1）$\iint\limits_{D}\ln(x^2+y^2)\mathrm{d}x\mathrm{d}y$，其中 D 为闭区域：$\mathrm{e}^2\leqslant x^2+y^2\leqslant\mathrm{e}^4$，$y\geqslant 0$；

（2）$\iint\limits_{D}\sqrt{\dfrac{1-(x^2+y^2)}{1+x^2+y^2}}\mathrm{d}x\mathrm{d}y$，其中 D 为闭区域：$x^2+y^2\leqslant 1$，$x\geqslant 0$.

解　（1）积分区域 D 为上半圆域且被积函数中含 (x^2+y^2)，用极坐标较简便，D 的极坐标可表示为：$e \leqslant r \leqslant e^2$，$0 \leqslant \theta \leqslant \pi$. 故

$$\iint\limits_{D}\ln(x^2+y^2)\mathrm{d}x\mathrm{d}y = \int_0^\pi \mathrm{d}\theta \int_e^{e^2} \ln r^2 \cdot r\mathrm{d}r = \pi \cdot \frac{1}{2}\int_e^{e^2}\ln r^2 \mathrm{d}r^2$$

$$= \frac{\pi}{2}\left[r^2\ln r^2 - r^2\right]_e^{e^2} = \frac{\pi}{2}e^2(3e^2-1).$$

（2）积分区域 D 为半径为 1 的右半圆域，被积函数是属于 $f(x^2+y^2)$ 类型的函数，用极坐标计算比较方便，又 $f(x^2+y^2)=\sqrt{\dfrac{1-(x^2+y^2)}{1+x^2+y^2}}$ 是关于 y 的偶函数，积分区域 D 关于 x 轴对称，故函数在 D 上的积分是其在第一象限部分 D_1 上的积分的 2 倍，其中 D_1 的极坐标可表示为：$0 \leqslant r \leqslant 1$，$0 \leqslant \theta \leqslant \dfrac{\pi}{2}$. 故

$$\iint\limits_{D}\sqrt{\frac{1-(x^2+y^2)}{1+x^2+y^2}}\mathrm{d}x\mathrm{d}y = 2\iint\limits_{D_1}\sqrt{\frac{1-(x^2+y^2)}{1+x^2+y^2}}\mathrm{d}x\mathrm{d}y = 2\int_0^{\frac{\pi}{2}}\mathrm{d}\theta\int_0^1\sqrt{\frac{1-r^2}{1+r^2}}r\mathrm{d}r$$

$$= \frac{\pi}{2}\left[\int_0^1\frac{(1-r^2)\,\mathrm{d}r^2}{\sqrt{1-r^4}}\right] = \frac{\pi}{2}\left[\arcsin r^2 + \sqrt{1-r^4}\right]_0^1$$

$$= \frac{\pi}{4}(\pi-2).$$

当被积函数为 $f(x^2+y^2)$ 或积分区域为圆域、扇形域或者圆环域时，可考虑利用极坐标系计算. 此时可以设广义极坐标变换 $\begin{cases}x = x_0 + ar\cos\theta \\ y = y_0 + br\sin\theta\end{cases}$，将 xOy 平面上的有界闭区域 D 一一地变成 $r\theta$ 平面上有界闭区域 D'，$f(x, y)$ 在 D 上连续，则

$$\iint\limits_{D}f(x, y)\mathrm{d}\sigma = f(x_0 + ar\cos\theta, y_0 + br\cos\theta)\,abr\mathrm{d}r\mathrm{d}\theta.$$

特别地，当 $(x_0, y_0)=(0, 0)$，$a = 1$，$b = 1$ 时，公式变为极坐标公式：

$$\iint\limits_{D}f(x, y)\mathrm{d}\sigma = f(r\cos\theta, r\sin\theta)\,r\mathrm{d}r\mathrm{d}\theta.$$

习题 6-8

1. 将二重积分 $\iint\limits_{D}f(x, y)\mathrm{d}x\mathrm{d}y$ 化为二次积分（两种次序都要），其中积分区域 D：

（1）由 $|x|\leqslant 1$，$|y|\leqslant 2$ 围成；

（2）由直线 $y = x$ 及抛物线 $y^2 = 4x$ 所围成.

2. 交换下列二次积分的积分次序.

（1）$\displaystyle\int_0^1\mathrm{d}y\int_y^{\sqrt{y}}f(x, y)\mathrm{d}x$；　　　　　（2）$\displaystyle\int_0^{2a}\mathrm{d}x\int_0^{\sqrt{2ax-x^2}}f(x, y)\mathrm{d}y$；

（3）$\displaystyle\int_0^1\mathrm{d}x\int_0^x f(x, y)\mathrm{d}y + \int_1^2\mathrm{d}x\int_0^{2-x}f(x, y)\mathrm{d}y$.

3. 计算下列二重积分.

(1) $\iint\limits_{D} e^{x+y} d\sigma$，$D = \{(x, y) \mid |x| \leqslant 1, |y| \leqslant 1\}$；

(2) $\iint\limits_{D} x^2 y dx dy$，$D$ 由直线 $y = 1$，$x = 2$ 及 $y = x$ 围成；

(3) $\iint\limits_{D} (x-1) dx dy$，$D$ 由直线 $y = x$ 与 $y = x^3$ 围成；

(4) $\iint\limits_{D} (x^2 + y^2) dx dy$，$D = \{(x, y) \mid |x| + |y| \leqslant 1\}$.

4. 用极坐标计算下列二重积分.

(1) $\iint\limits_{D} (x^2 + y^2 - 3) dx dy$，其中 D 为闭区域：$x^2 + y^2 = 2x$；

(2) $\iint\limits_{D} e^{x^2 + y^2} dx dy$，其中 D 为闭区域：$x^2 + y^2 = 4$.

本章小结

  空间直角坐标系是学习多元函数微积分学的基础，要熟练掌握空间点在坐标系中的位置，注意空间点关于坐标轴、坐标面、原点的对称点的特点. 本章学习了空间曲面的方程，在学习几种二次曲面的过程中，要注意用"截痕法"去研究关于曲面的特点，进而帮助我们更好地理解几类特殊的空间曲面的概念. 学习了空间解析几何，掌握了各类二次曲面的方程及形状后，可以培养我们的空间想象能力，这也有助于提高抽象思维能力.

  多元函数的极限与连续问题是以二元函数相关概念及结论的介绍为例. 在理解二元函数的极限的概念时，一定要注意其与一元函数的不同. 二元函数 $z = f(x, y)$ 当 $P(x, y) \to P_0(x_0, y_0)$ 时的极限，要求点 P 以任意的方式趋于点 P_0 时，函数的极限存在且唯一. 多元函数的偏导数问题一直是考试的重点，特别是对于复合函数的求导，链式法则应牢记并会熟练使用；在讨论函数的可导性和可微性时，主要从定义着手；求对某一变量的偏导数时，把其余变量暂时看成常量，在求二阶偏导数时，一定要注意求导次序和标记方法，不能搞混，因为二阶混合偏导数不总是相等的；求函数的全微分时，只要把每个变量的偏导数乘以它自己的微分，再加起来即可.

  用二重积分的思想解决实际问题的方法类同于定积分，关于二重积分，其性质以及计算方法是应用重点. 在学习过程中要注意结合几何意义理解好二重积分的概念，会用二重积分表示简单立体的体积. 计算二重积分时，要根据被积函数的特点及积分区域的形状，选择恰当的坐标系. 当积分区域为圆域、环域或者扇形域时，或者被积函数中含有 $\sqrt{x^2 + y^2}$ 项时，常利用极坐标. 选好坐标系后，要根据区域 D 的形状确定适当的积分顺序，应避免或减少分块，以便于计算为原则. 计算二重积分的方法可总结为：

  (1) 选取适当的坐标系；

  (2) 用动射线法来确定定限不等式；

  (3) 如果用极坐标计算，不要忘记在面积元素中写出因子 r，并利用 $x = r\cos\theta$，$y = r\sin\theta$ 作变量代换；

（4）利用定限不等式把二重积分化为二次积分进行计算．交换积分次序的题目一般要先由二次积分还原为二重积分，再按另一积分次序得到新的二次积分，要尽可能画出区域 D 的图形．利用二重积分证明等式（或不等式），一般是将两个定积分的乘积转化为二次积分，最后化成二重积分加以证明．

本章重点：（1）多元函数、偏导数和全微分的概念；（2）偏导数、全微分的计算，复合函数和隐函数求导；（3）多元函数极值和最值的应用问题；（4）二重积分的计算．

本章难点：（1）复合函数与隐函数求导；（2）最值的应用问题；（3）二重积分定限、交换积分次序．

解析几何的诞生

1637 年，法国的哲学家和数学家笛卡尔发表了他的著作《方法论》，这本书的后面有三篇附录，一篇叫《折光学》，一篇叫《流星学》，一篇叫《几何学》．当时的这个"几何学"实际上指的是数学，就像我国古代"算术"和"数学"是一个意思一样．笛卡尔的《几何学》共分三卷，第一卷讨论尺规作图；第二卷是曲线的性质；第三卷是立体和"超立体"的作图，实际上是代数问题，探讨方程的根的性质．后世的数学家和数学史学家都把笛卡尔的《几何学》作为解析几何的起点．

从笛卡尔的《几何学》中可以看出，笛卡尔的中心思想是建立起一种"普遍"的数学，把算术、代数、几何统一起来．他设想，把任何一个数学问题化为一个代数问题，再把代数问题归结到去解一个方程式．为了实现上述设想，笛卡尔从天文和地理的经纬制度出发，指出平面上的点和实数对 (x, y) 的对应关系．x, y 的不同数值可以确定平面上许多不同的点，这样就可以用代数的方法研究曲线的性质．这就是解析几何的基本思想．具体地说，平面解析几何的基本思想有两个要点：第一，在平面建立坐标系，一点的坐标与一组有序的实数对相对应；第二，在平面上建立了坐标系后，平面上的一条曲线就可由带两个变量的一个代数方程来表示了．从这里可以看到，运用坐标法不仅可以把几何问题通过代数的方法解决，而且还把变量、函数以及数和形等重要概念密切联系了起来．

解析几何的产生并不是偶然的．在笛卡尔写《几何学》以前，就有许多学者研究过用两条相交直线作为一种坐标系；也有人在研究天文、地理的时候，提出了一点位置可由两个"坐标"（经度和纬度）来确定．这些都对解析几何的创建产生了很大的影响．

勒内·笛卡尔

皮耶·德·费马

在数学史上，一般认为和笛卡尔同时代的法国业余数学家费马也是解析几何的创建者之一，应该分享这门学科创建的荣誉．费马是一个业余从事数学研究的学者，对数论、解析几何、概率论三个方面都有重要贡献．他性情谦和，好静成癖，对自己所写的"书"无意发表．但从他的通信中知道，他早在笛卡尔发表《几何学》以前，就已写了关于解析几何的小文，就已经有了解析几何的思想，只是直到 1679 年，费马死后，他的思想和著述才从给友人的通信中公开发表．

解析几何的基本内容：在解析几何中，首先是建立坐标系．取两条相互垂直的、具有一定方向和度量单位的直线，叫作平面上的一个直角坐标系 xOy．利用坐标系可以把平面内的点和实数对 (x, y) 建立起一一对应的关系．除了直角坐标系外，还有斜坐标系、极坐标系、空间坐标系等．在空间坐标系中还有球坐标和柱面坐标．坐标系将几何对象和数、几何关系和函数之间建立了密切的联系，这样就可以把对空间形式的研究归结成比较成熟也容易驾驭的数量关系的研究了．用这种方法研究几何学，通常就叫作解析法．这种解析法不但对于解析几何是重要的，就是对于几何学的各个分支的研究也是十分重要的．

解析几何的应用：解析几何又分为平面解析几何和空间解析几何．在平面解析几何中，除了研究直线的有关直线的性质外，主要是研究圆锥曲线（圆、椭圆、抛物线、双曲线）的有关性质．在空间解析几何中，除了研究平面、直线的有关性质外，主要研究柱面、锥面、旋转曲面．椭圆、双曲线、抛物线的有些性质，在生产或生活中被广泛应用，如电影放映机的聚光灯泡的反射面是椭圆面，灯丝在一个焦点上，影片门在另一个焦点上；探照灯、聚光灯、太阳灶、雷达天线、卫星的天线、射电望远镜等都是利用抛物线的原理制成的．由此可见，数学来源于生活，随着数学等基础学科的不断发展，科学技术的不断进步，数学运用到生活中的方方面面，提升了人们的生活品质．

总习题六

1. 求以点 $O(1, 3, -2)$ 为球心，且通过坐标原点的球面方程．

2. 求下列函数的定义域．

(1) $z = \sqrt{x - \sqrt{y}}$；

(2) $z = \dfrac{1}{\sqrt{\ln(x + y)}}$．

3. 求下列极限．

(1) $\lim\limits_{(x, y) \to (1, 0)} \dfrac{\ln(x + e^y)}{\sqrt{x^2 + y^2}}$；

(2) $\lim\limits_{(x, y) \to (0, 0)} \dfrac{3xy}{\sqrt{xy + 4} - 2}$；

(3) $\lim\limits_{(x, y) \to (2, 1)} \dfrac{2xy + x^2 y^2}{x^2 + y^2}$；

(4) $\lim\limits_{(x, y) \to (0, 0)} \dfrac{1 - \cos\sqrt{x^2 + y^2}}{(x^2 + y^2) e^{x^2 + 2y^2}}$．

4. 计算下列函数的一阶和二阶偏导数．

(1) $z = \ln(x + y^2)$；

(2) $z = x^y$．

5. 求下列函数的全微分．

(1) $z = e^{xy}$；

(2) $z = \ln\left(xy + \dfrac{x}{y}\right)$；

(3) $z = \cos(x^{yz})$．

6. 求下列函数的全导数或偏导数.

(1) $z = e^{x-2y}$，$x = \sin t$，$y = t^3$，$\dfrac{dz}{dt}$；

(2) $z = f(u, x, y)$，$u = xe^y$，其中 f 具有连续的二阶偏导数，求 $\dfrac{\partial^2 z}{\partial x \partial y}$.

7. 设 $z = e^{-\left(\frac{1}{x} + \frac{1}{y}\right)}$，试证 $x^2 \dfrac{\partial z}{\partial x} + y^2 \dfrac{\partial z}{\partial y} = 2z$.

8. 设 $z = z(x, y)$ 是由方程 $e^{-xy} - 2z + e^z = 0$ 所确定的二元函数，求 dz.

9. 设 $x + 2y + z - 2\sqrt{xyz} = 0$，求 $\dfrac{\partial z}{\partial x}$，$\dfrac{\partial z}{\partial y}$.

10. 改变下列二次积分的积分次序.

(1) $\displaystyle\int_0^1 dy \int_0^y f(x, y) dx$；　　　　　　(2) $\displaystyle\int_0^1 dy \int_{-\sqrt{1-y^2}}^{\sqrt{1-y^2}} f(x, y) dx$；

(3) $\displaystyle\int_0^1 dy \int_0^{2y} f(x, y) dx + \int_1^3 dy \int_0^{3-y} f(x, y) dx$.

11. 计算下列二重积分.

(1) $\displaystyle\iint\limits_{D} (1 + x) \sin y d\sigma$，其中 D 是顶点分别为 $(0, 0)$，$(1, 0)$，$(1, 2)$，$(0, 1)$ 的梯形闭区域；

(2) $\displaystyle\iint\limits_{D} (x^2 - y^2) d\sigma$，其中 $D = \{(x, y) \mid 0 \leqslant y \leqslant \sin x, \ 0 \leqslant x \leqslant \pi\}$；

(3) $\displaystyle\iint\limits_{D} \sqrt{R^2 - x^2 - y^2} d\sigma$，其中 D 是圆周 $x^2 + y^2 = Rx$ 所围成的闭区域；

(4) $\displaystyle\iint\limits_{D} (y^2 + 3x - 6y + 9) d\sigma$，其中 $D = \{(x, y) \mid x^2 + y^2 \leqslant R^2\}$.

12. 试计算由曲面 $z = 12 - 2x^2 - y^2$ 及 $z = x^2 + 2y^2$ 所围成的立体 Ω 的体积.

无穷级数

无穷级数是微积分学的一个重要组成部分，它是表示函数、研究函数的性质以及进行数值计算的一个工具．无穷级数包括常数项级数和函数项级数．本章将重点介绍常数项级数的基本概念、性质及其敛散性，一类重要的函数项级数——幂级数的性质，以及将函数展成幂级数．

第一节　常数项级数的概念和性质

一、常数项级数的概念

无穷多个数相加，它们的和是否存在？如果存在，怎样才能够求出来？

【例7-1】　求无穷多个正整数的和．

解　$1 + 2 + 3 + \cdots + n + \cdots = \lim\limits_{n \to \infty}(1 + 2 + 3 + \cdots + n) = \lim\limits_{n \to \infty}\dfrac{1}{2}n(n + 1) = + \infty$，不是一个数．

【例7-2】　求数列 $1, \dfrac{1}{2}, \dfrac{1}{2^2}, \cdots, \dfrac{1}{2^n}, \cdots$ 的和．

解　设数列的前几项和为 S_n，则 $S_1 = 1$，$S_2 = 1 + \dfrac{1}{2}$，$S_3 = 1 + \dfrac{1}{2} + \dfrac{1}{2^2}$，$\cdots$，

$$S_n = 1 + \frac{1}{2} + \cdots + \frac{1}{2^{n-1}} = \frac{1 - \dfrac{1}{2^n}}{1 - \dfrac{1}{2}} = 2\left(1 - \frac{1}{2^n}\right), \quad \cdots, \quad 于是$$

$$S = 1 + \frac{1}{2} + \cdots + \frac{1}{2^n} + \cdots = \lim_{n \to \infty}S_n = \lim_{n \to \infty}2\left(1 - \frac{1}{2^n}\right) = 2,$$

可简记为 $\displaystyle\sum_{n=0}^{\infty} \frac{1}{2^n} = 2$．

一般地，如果给定一个数列 $\{u_n\}$：u_1，u_2，$\cdots$，u_n，$\cdots$，则称

$$u_1 + u_2 + \cdots + u_n + \cdots \tag{7-1}$$

为常数项级数，简称级数，记作 $\displaystyle\sum_{n=1}^{\infty} u_n$，即

$$\sum_{n=1}^{\infty} u_n = u_1 + u_2 + \cdots + u_n + \cdots,$$

其中第 n 项 u_n 称为级数（7-1）的一般项或通项．

级数（7-1）的前 n 项之和记为 S_n，即

$$S_n = u_1 + u_2 + \cdots + u_n. \tag{7-2}$$

式（7-2）称为 S_n 级数（7-1）的部分和．

由式（7-2）可知：$S_1 = u_1$，$S_2 = u_1 + u_2$，$S_3 = u_1 + u_2 + u_3$，$\cdots$．

即级数（7-1）的部分和 S_n 构成一个数列 $\{S_n\}$．显然，有

$$S_n - S_{n-1} = u_n, \quad n = 2，3，\cdots,$$

定义　若级数 $\displaystyle\sum_{n=1}^{\infty} u_n$ 的部分和数列 $\{S_n\}$ 收敛，即 $\displaystyle\lim_{n \to \infty} S_n = S$，则称级数 $\displaystyle\sum_{n=1}^{\infty} u_n$ 收敛，并称 S 为该级数的和，记作

$$\sum_{n=1}^{\infty} u_n = u_1 + u_2 + \cdots + u_n + \cdots = S,$$

若数列 $\{S_n\}$ 发散（即 $\displaystyle\lim_{n \to \infty} S_n$ 不存在），则称该级数发散．

【**例 7-3**】讨论等比级数（或几何级数）$\displaystyle\sum_{n=1}^{\infty} aq^{n-1} = a + aq + aq^2 + \cdots + aq^{n-1} + \cdots$ 的敛散性，其中 $a \neq 0$．

解　该级数的部分和为

$$S_n = a + aq + aq^2 + \cdots + aq^{n-1} = \frac{a(1 - q^n)}{1 - q} \qquad (q \neq 1).$$

（1）当 $|q| < 1$ 时，$\displaystyle\lim_{n \to \infty} q^n = 0$，故 $\displaystyle\lim_{n \to \infty} S_n = \frac{a}{1 - q}$，等比级数收敛，其和为 $\dfrac{a}{1 - q}$；

（2）当 $|q| > 1$ 时，$\displaystyle\lim_{n \to \infty} q^n = \infty$，故 $\displaystyle\lim_{n \to \infty} S_n = \infty$，等比级数发散；

（3）当 $|q| = 1$ 时：

若 $q = 1$，则 $S_n = a + a + a + \cdots + a = n \cdot a \to \infty \, (n \to \infty)$；

若 $q = -1$，则 $S_n = a - a + a - a + \cdots + (-1)^{n-1} a = \begin{cases} 0, & n \text{ 为偶数} \\ a, & n \text{ 为奇数} \end{cases}$；

故 $\displaystyle\lim_{n \to \infty} S_n$ 不存在，等比级数发散．

综上所述，当 $|q| < 1$ 时，等比级数 $\displaystyle\sum_{n=1}^{\infty} aq^{n-1}$ 收敛，其和为 $\dfrac{a}{1 - q}$；当 $|q| \geq 1$ 时，等比级数 $\displaystyle\sum_{n=1}^{\infty} aq^{n-1}$ 发散．

【**例 7-4**】讨论下列级数的敛散性．

（1）$\displaystyle\sum_{n=0}^{\infty} \left(\frac{3}{5} \right)^n$；

（2）$\displaystyle\sum_{n=1}^{\infty} \mathrm{e}^n$．

解 （1）因为 $\sum\limits_{n=0}^{\infty}\left(\dfrac{3}{5}\right)^{n}$ 是公比为 $q=\dfrac{3}{5}$ 的等比数列，且 $|q|=\dfrac{3}{5}<1$，由例7-3的结论

知，级数 $\sum\limits_{n=0}^{\infty}\left(\dfrac{3}{5}\right)^{n}$ 收敛，其和为 $\dfrac{1}{1-\dfrac{3}{5}}=\dfrac{5}{2}$.

（2）因为级数 $\sum\limits_{n=1}^{\infty}e^{n}$ 是公比为 $q=e$ 的等比数列，且 $|q|=e>1$，由例7-3的结论知，

该级数发散.

【例7-5】 讨论级数 $\sum\limits_{n=1}^{\infty}\dfrac{1}{n(n+1)}$ 的敛散性.

解 由于 $u_{n}=\dfrac{1}{n(n+1)}=\dfrac{1}{n}-\dfrac{1}{n+1}$，于是

$$S_{n}=\left(1-\dfrac{1}{2}\right)+\left(\dfrac{1}{2}-\dfrac{1}{3}\right)+\cdots+\left(\dfrac{1}{n}-\dfrac{1}{n+1}\right)$$
$$=1-\dfrac{1}{n+1},$$

因此

$$\lim_{n\to\infty}S_{n}=\lim_{n\to\infty}\left(1-\dfrac{1}{n+1}\right)=1,$$

故该级数收敛，且其和为1.

【例7-6】 讨论级数 $\sum\limits_{n=1}^{\infty}\ln\dfrac{n+3}{n+4}$ 的敛散性.

解 由于 $u_{n}=\ln\dfrac{n+3}{n+4}=\ln(n+3)-\ln(n+4)$，从而其部分和为

$$S_{n}=(\ln 4-\ln 5)+(\ln 5-\ln 6)+\cdots+[\ln(n+3)-\ln(n+4)]$$
$$=\ln 4-\ln(n+4),$$

于是

$$\lim_{n\to\infty}S_{n}>\lim_{n\to\infty}[\ln 4-\ln(n+4)]=-\infty,$$

故该级数发散.

【例7-7】 证明调和级数 $\sum\limits_{n=1}^{\infty}\dfrac{1}{n}$ 发散.

证明 由拉格朗日中值公式可知

$$\ln(n+1)-\ln n=\dfrac{1}{n+\theta}<\dfrac{1}{n}\qquad(0<\theta<1),$$

由此不等式可得

$$S_{n}=1+\dfrac{1}{2}+\cdots+\dfrac{1}{n}>(\ln 2-\ln 1)+(\ln 3-\ln 2)+\cdots+[\ln(n+1)-\ln n]$$
$$=\ln(n+1),$$

于是

$$\lim_{n\to\infty}S_{n}>\lim_{n\to\infty}\ln(n+1)=+\infty,$$

所以调和级数 $\sum\limits_{n=1}^{\infty} \dfrac{1}{n}$ 发散.

二、收敛级数的基本性质

根据级数收敛与发散以及和的概念,可以得出收敛级数的下列基本性质.

性质1 设级数 $\sum\limits_{n=1}^{\infty} u_n$ 与级数 $\sum\limits_{n=1}^{\infty} v_n$ 都收敛,且其和分别为 S 和 W,则级数 $\sum\limits_{n=1}^{\infty}(u_n \pm v_n)$ 也收敛,且其和为 $S \pm W$. 即

$$\sum_{n=1}^{\infty}(u_n \pm v_n) = \sum_{n=1}^{\infty} u_n \pm \sum_{n=1}^{\infty} v_n = S \pm W.$$

性质2 若级数 $\sum\limits_{n=1}^{\infty} u_n$ 收敛,且其和为 S,k 为一个常数,则级数 $\sum\limits_{n=1}^{\infty} k u_n$ 也收敛,且其和为 kS. 即

$$\sum_{n=1}^{\infty} k u_n = k \sum_{n=1}^{\infty} u_n = kS.$$

推论1 (收敛级数的线性性质) 若级数 $\sum\limits_{n=1}^{\infty} u_n$ 与级数 $\sum\limits_{n=1}^{\infty} v_n$ 都收敛,则对于任意常数 c,d,级数 $\sum\limits_{n=1}^{\infty}(c u_n \pm d v_n)$ 也收敛,且

$$\sum_{n=1}^{\infty}(c u_n \pm d v_n) = c \sum_{n=1}^{\infty} u_n \pm d \sum_{n=1}^{\infty} v_n.$$

【例7-8】讨论级数 $\left(\dfrac{1}{2} - \dfrac{2}{3}\right) + \left(\dfrac{1}{2^2} - \dfrac{2^2}{3^2}\right) + \cdots + \left(\dfrac{1}{2^n} - \dfrac{2^n}{3^n}\right) + \cdots$ 的敛散性.

解 因为几何级数 $\sum\limits_{n=1}^{\infty} \dfrac{1}{2^n}$,$\sum\limits_{n=1}^{\infty}\left(\dfrac{2}{3}\right)^n$ 均收敛,由性质 1 可知,原级数 $\sum\limits_{n=1}^{\infty}\left[\left(\dfrac{1}{2}\right)^n - \left(\dfrac{2}{3}\right)^n\right]$ 收敛.

性质3 在级数中去掉、增加或改变有限项,不会改变级数的敛散性(不过在级数收敛时,一般来说,级数的和是要改变的).

例如,去掉例7-5、例7-6中级数的前三项,根据性质3,可知

$$\sum_{n=3}^{\infty} \frac{1}{n(n+1)} = \frac{1}{3 \times 4} + \frac{1}{4 \times 5} + \cdots \qquad 收敛,$$

$$\sum_{n=3}^{\infty} \ln \frac{n+3}{n+4} = \ln \frac{6}{7} + \ln \frac{7}{8} + \cdots \qquad 发散.$$

性质4 收敛的级数任意加括号后所得到的级数仍收敛,且其和不变.

注:加括号的收敛级数,去掉括号后的新级数不一定收敛.

例如,级数 $(1-1) + (1-1) + \cdots$ 收敛于零,但级数 $1-1+1-1+\cdots$ 却是发散的.

推论2 如果加括号后所形成的级数发散,则原级数也发散.

性质5 (级数收敛的必要条件) 若级数 $\sum\limits_{n=1}^{\infty} u_n$ 收敛,则 $\lim\limits_{n \to \infty} u_n = 0$.

证明　设级数 $\displaystyle\sum_{n=1}^{\infty} u_n$ 的部分和为 S_n，$\displaystyle\lim_{n\to\infty} S_n = S$，则 $u_n = S_n - S_{n-1}$，故

$$\lim_{n\to\infty} u_n = \lim_{n\to\infty}(S_n - S_{n-1})$$
$$= \lim_{n\to\infty} S_n - \lim_{n\to\infty} S_{n-1}$$
$$= S - S = 0.$$

注：$\displaystyle\lim_{n\to\infty} u_n = 0$ 是级数 $\displaystyle\sum_{n=1}^{\infty} u_n$ 收敛的必要非充分条件.

例如，调和级数 $\displaystyle\sum_{n=1}^{\infty} \frac{1}{n}$ 发散，但 $\displaystyle\lim_{n\to\infty} \frac{1}{n} = 0.$

【例 7-9】 判定级数 $\displaystyle\sum_{n=1}^{\infty} \frac{n^2 + n + 1}{n^2}$ 的敛散性.

解　$\displaystyle\lim_{n\to\infty} u_n = \lim_{n\to\infty} \frac{n^2 + n + 1}{n^2} = 1 \neq 0$，所以由性质 5 可知，该级数发散.

习题 7-1

1. 写出下列级数的通项.

(1) $\dfrac{1}{3} + \dfrac{1}{6} + \dfrac{1}{9} + \dfrac{1}{12} + \cdots$；

(2) $\dfrac{1}{2} - \dfrac{1}{4} + \dfrac{1}{6} - \dfrac{1}{8} + \cdots$；

(3) $\dfrac{1}{2} + \dfrac{2}{5} + \dfrac{3}{10} + \dfrac{4}{17} + \cdots$；

(4) $0.9 + 0.99 + 0.999 + 0.9999 + \cdots$.

2. 根据级数收敛与发散的定义判别下列级数的收敛性.

(1) $\displaystyle\sum_{n=1}^{\infty} (2n + 1)$；　　　　　　(2) $\displaystyle\sum_{n=1}^{\infty} \frac{1}{n(n+1)}$；

(3) $\displaystyle\sum_{n=1}^{\infty} \frac{1}{\sqrt{n+1} + \sqrt{n}}$；　　(4) $\displaystyle\sum_{n=1}^{\infty} (\sqrt{n+2} - 2\sqrt{n+1} + \sqrt{n})$.

3. 判定下列几何级数的敛散性，若级数收敛，求其和.

(1) $-\dfrac{2}{5} + \dfrac{2^2}{5^2} - \dfrac{2^3}{5^3} + \cdots + (-1)^n \cdot \dfrac{2^n}{5^n} + \cdots$；

(2) $\dfrac{3}{2} + \dfrac{3^2}{2^2} + \dfrac{3^3}{2^3} + \cdots + \dfrac{3^n}{2^n} + \cdots$；

(3) $\left(\dfrac{1}{2} + \dfrac{1}{3}\right) + \left(\dfrac{1}{2^2} + \dfrac{1}{3^2}\right) + \left(\dfrac{1}{2^3} + \dfrac{1}{3^3}\right) + \cdots + \left(\dfrac{1}{2^n} + \dfrac{1}{3^n}\right) \cdots$.

4. 判定下列级数的敛散性.

(1) $\displaystyle\sum_{n=1}^{\infty} \frac{n}{6n + 3}$；　　　　　　(2) $\displaystyle\sum_{n=1}^{\infty} \cos \frac{\pi}{n}$；

(3) $\displaystyle\sum_{n=1}^{\infty} \left(\frac{1}{2^n} + \frac{1}{3^n}\right)$；　　　(4) $\displaystyle\sum_{n=1}^{\infty} \frac{(-1)^{n-1}}{2^n}$.

5. 已知级数 $\sum\limits_{n=1}^{\infty} u_n$ 与级数 $\sum\limits_{n=1}^{\infty} v_n$ 都收敛，下列级数哪些收敛？哪些发散？

(1) $\sum\limits_{n=1}^{\infty} 3u_n$;

(2) $\sum\limits_{n=50}^{\infty} v_n$;

(3) $20 + \sum\limits_{n=1}^{\infty} u_n$;

(4) $\sum\limits_{n=1}^{\infty} (20 + v_n)$.

第二节　正项级数及审敛法

级数理论的核心问题是级数敛散性的判定. 在上一节，我们利用级数敛散性的定义，可以直接判定级数的敛散性. 但其使用范围有限. 从这一节开始，我们要寻找判定级数敛散性的其他方法. 首先，我们来研究正项级数敛散性的判定.

一、正项级数的概念

如果级数 $\sum\limits_{n=1}^{\infty} u_n$ 满足条件：$u_n \geqslant 0 (n = 1, 2, \cdots)$，则称该级数为正项级数.

这种级数特别重要，以后将看到许多级数的收敛性问题都可归结为正项级数的收敛性问题.

显然，正项级数 $\sum\limits_{n=1}^{\infty} u_n$ 的部分和数列 $\{S_n\}$ 是单调增加数列，即

$$S_1 \leqslant S_2 \leqslant \cdots \leqslant S_{n-1} \leqslant S_n \leqslant \cdots.$$

由单调有界数列必收敛的判别准则可知，数列 $\{S_n\}$ 收敛的充要条件是数列 $\{S_n\}$ 有界. 由此可得如下定理.

定理1　正项级数 $\sum\limits_{n=1}^{\infty} u_n$ 收敛的充要条件：它的部分和数列 $\{S_n\}$ 有界.

【例7-10】 讨论正项级数 $\sum\limits_{n=1}^{\infty} \dfrac{\sin\frac{\pi}{2n}}{3^n}$ 的敛散性.

解　级数的部分和为

$$S_n = \frac{1}{3} + \frac{\sin\frac{\pi}{4}}{3^2} + \frac{\sin\frac{\pi}{6}}{3^3} + \cdots + \frac{\sin\frac{\pi}{2n}}{3^n} < \frac{1}{3} + \frac{1}{3^2} + \frac{1}{3^3} + \cdots + \frac{1}{3^n}$$

$$= \frac{\frac{1}{3}\left(1 - \frac{1}{3^n}\right)}{1 - \frac{1}{3}} = \frac{1}{2}\left(1 - \frac{1}{3^n}\right) < \frac{1}{2},$$

即数列 $\{S_n\}$ 有界，由定理 1 可知，正项级数 $\sum\limits_{n=1}^{\infty} \dfrac{\sin\frac{\pi}{2n}}{3^n}$ 收敛.

二、正项级数敛散性的判别法

根据定理1，可得关于正项级数的一个基本的判别法，即比较判别法.

定理2 （比较判别法）设 $\sum\limits_{n=1}^{\infty} u_n$ 和 $\sum\limits_{n=1}^{\infty} v_n$ 均为正项级数，且 $u_n \leqslant v_n (n = 1, 2, \cdots)$，则

（1）若级数 $\sum\limits_{n=1}^{\infty} v_n$ 收敛，则级数 $\sum\limits_{n=1}^{\infty} u_n$ 收敛；

（2）若级数 $\sum\limits_{n=1}^{\infty} u_n$ 发散，则级数 $\sum\limits_{n=1}^{\infty} v_n$ 发散.

证明 设 $\sum\limits_{n=1}^{\infty} u_n$ 和 $\sum\limits_{n=1}^{\infty} v_n$ 的部分和分别为 U_n 和 V_n.

（1）因为 $u_n \leqslant v_n$，所以 $U_n = u_1 + u_2 + \cdots + u_n \leqslant v_1 + v_2 + \cdots + v_n = V_n.$

又因为级数 $\sum\limits_{n=1}^{\infty} v_n$ 收敛，则数列 $\{V_n\}$ 有界，从而数列 $\{U_n\}$ 也有界. 由定理1可知，级数 $\sum\limits_{n=1}^{\infty} u_n$ 收敛.

（2）因为 $\sum\limits_{n=1}^{\infty} u_n$ 发散，所以数列 $\{U_n\}$ 无界. 而

$$V_n = v_1 + v_2 + \cdots + v_n \geqslant u_1 + u_2 + \cdots + u_n = U_n,$$

则数列 $\{V_n\}$ 无界. 由定理1可知，级数 $\sum\limits_{n=1}^{\infty} v_n$ 发散.

【例7-11】讨论 p -级数 $\sum\limits_{n=1}^{\infty} \dfrac{1}{n^p} = 1 + \dfrac{1}{2^p} + \dfrac{1}{3^p} + \dfrac{1}{4^p} + \cdots + \dfrac{1}{n^p} + \cdots$ 的敛散性，其中参数 $p > 0.$

解 当 $0 < p \leqslant 1$ 时，有 $\dfrac{1}{n^p} \geqslant \dfrac{1}{n}$. 由于调和级数 $\sum\limits_{n=1}^{\infty} \dfrac{1}{n}$ 发散，故由比较判别法可知，级数 $\sum\limits_{n=1}^{\infty} \dfrac{1}{n^p}$ 也是发散的.

若 $p > 1$，由于当 $k - 1 \leqslant x \leqslant k$ 时，$\dfrac{1}{k^p} \leqslant \dfrac{1}{x^p}$，因此

$$\frac{1}{k^p} = \int_{n-1}^{n} \frac{1}{k^p} \mathrm{d}x \leqslant \int_{n-1}^{n} \frac{1}{x^p} \mathrm{d}x,$$

从而 p -级数的部分和为

$$S_n = 1 + \sum_{k=2}^{n} \frac{1}{k^p} \leqslant 1 + \sum_{k=2}^{n} \int_{k-1}^{k} \frac{1}{x^p} \mathrm{d}x = 1 + \int_{1}^{n} \frac{1}{x^p} \mathrm{d}x$$

$$= 1 + \frac{1}{p-1}\left(1 - \frac{1}{n^{p-1}}\right) < 1 + \frac{1}{p-1} \qquad (n = 2, 3, \cdots).$$

这表明数列 $\{S_n\}$ 有界，因此级数收敛.

综上所述，当 $p > 1$ 时，p -级数 $\sum\limits_{n=1}^{\infty} \dfrac{1}{n^p}$ 收敛；当 $p \leqslant 1$ 时，p -级数 $\sum\limits_{n=1}^{\infty} \dfrac{1}{n^p}$ 发散.

【例 7-12】判定级数 $\displaystyle\sum_{n=1}^{\infty} \frac{n}{n^4+1}$ 的敛散性.

解　因为

$$u_n = \frac{n}{n^4+1} < \frac{n}{n^4} = \frac{1}{n^3},$$

又级数 $\displaystyle\sum_{n=1}^{\infty} \frac{1}{n^3}$ 收敛, 由比较判别法可知, 级数 $\displaystyle\sum_{n=1}^{\infty} \frac{n}{n^4+1}$ 收敛.

【例 7-13】判定级数 $\displaystyle\sum_{n=1}^{\infty} \frac{1}{\sqrt{n(n+1)}}$ 的敛散性.

解　因为

$$u_n = \frac{1}{\sqrt{n(n+1)}} > \frac{1}{\sqrt{(n+1)(n+1)}} = \frac{1}{n+1},$$

而级数 $\displaystyle\sum_{n=1}^{\infty} \frac{1}{n+1}$ 发散, 由比较判别法可知, 级数 $\displaystyle\sum_{n=1}^{\infty} \frac{1}{\sqrt{n(n+1)}}$ 发散.

利用比较判别法判定正项级数的敛散性, 需要将级数的通项适当地放大或缩小成敛散性已知的正项级数, 常见的可以作为比较用的级数有几何级数、调和级数及 p-级数. 但该方法有时适用起来困难. 应用比较判别法的极限形式, 可以更方便地判定正项级数的敛散性.

推论　(比较判别法的极限形式)

设 $\displaystyle\sum_{n=1}^{\infty} u_n$ 和 $\displaystyle\sum_{n=1}^{\infty} v_n$ 都是正项级数, 且 $\displaystyle\lim_{n\to\infty} \frac{u_n}{v_n} = l$, 有:

(1) 若 $0 < l < +\infty$, 级数 $\displaystyle\sum_{n=1}^{\infty} u_n$ 与级数 $\displaystyle\sum_{n=1}^{\infty} v_n$ 有相同的敛散性;

(2) 若 $l = 0$, 且级数 $\displaystyle\sum_{n=1}^{\infty} v_n$ 收敛, 则级数 $\displaystyle\sum_{n=1}^{\infty} u_n$ 也收敛;

(3) 若 $l = +\infty$, 且级数 $\displaystyle\sum_{n=1}^{\infty} v_n$ 发散, 则级数 $\displaystyle\sum_{n=1}^{\infty} u_n$ 也发散.

【例 7-14】证明级数 $\displaystyle\sum_{n=1}^{\infty} \sin \frac{1}{n}$ 发散.

证明　当 $n\to\infty$ 时, $\sin \frac{1}{n} \sim \frac{1}{n}$, 而级数 $\displaystyle\sum_{n=1}^{\infty} \frac{1}{n}$ 发散, 故由比较判别法的极限形式知, 级数 $\displaystyle\sum_{n=1}^{\infty} \sin \frac{1}{n}$ 也发散.

【例 7-15】判别级数 $\displaystyle\sum_{n=1}^{\infty} \ln\left(1+\frac{1}{n^2}\right)$ 的敛散性.

解　当 $n\to\infty$ 时, $\ln\left(1+\frac{1}{n^2}\right) \sim \frac{1}{n^2}$, 而级数 $\displaystyle\sum_{n=1}^{\infty} \frac{1}{n^2}$ 为收敛的 p-级数, 故由比较判别法的极限形式知, 级数 $\displaystyle\sum_{n=1}^{\infty} \ln\left(1+\frac{1}{n^2}\right)$ 收敛.

【例7-16】判定级数 $\sum\limits_{n=1}^{\infty} \dfrac{2n+1}{n^2(n+1)^2}$ 的敛散性.

解 $\lim\limits_{n\to\infty} \dfrac{\frac{2n+1}{n^2(n+1)^2}}{\frac{1}{n^2}} = \lim\limits_{n\to\infty} \dfrac{2n+1}{(n+1)^2} = 0$，而级数 $\sum\limits_{n=1}^{\infty} \dfrac{1}{n^2}$ 收敛，故由比较判别法的极限形

式知，级数 $\sum\limits_{n=1}^{\infty} \dfrac{2n+1}{n^2(n+1)^2}$ 收敛.

由比较判别法可推出在实际应用上很方便的比值判别法和根值判别法.

定理3 （比值判别法）设 $\sum\limits_{n=1}^{\infty} u_n$ 是正项级数，且 $\lim\limits_{n\to\infty} \dfrac{u_{n+1}}{u_n} = \rho$，有：

(1) 若 $\rho < 1$，则级数 $\sum\limits_{n=1}^{\infty} u_n$ 收敛；

(2) 若 $\rho > 1$ 或 $\rho = +\infty$，则级数 $\sum\limits_{n=1}^{\infty} u_n$ 发散；

(3) 若 $\rho = 1$，则级数 $\sum\limits_{n=1}^{\infty} u_n$ 可能收敛也可能发散.

比值判别法亦称为达朗贝尔（D'Alembert）判别法.

【例7-17】判定级数 $\sum\limits_{n=1}^{\infty} \dfrac{3^n}{n!}$ 的敛散性.

解 由于

$$\lim\limits_{n\to\infty} \dfrac{u_{n+1}}{u_n} = \lim\limits_{n\to\infty} \dfrac{\frac{3^{n+1}}{(n+1)!}}{\frac{3^n}{n!}} = \lim\limits_{n\to\infty} \dfrac{3}{n+1} = 0 < 1,$$

根据比值判别法，级数 $\sum\limits_{n=1}^{\infty} \dfrac{3^n}{n!}$ 收敛.

【例7-18】判定级数 $\sum\limits_{n=1}^{\infty} n\left(\dfrac{x}{2}\right)^n (x > 0)$ 的敛散性.

解 由于

$$\lim\limits_{n\to\infty} \dfrac{u_{n+1}}{u_n} = \lim\limits_{n\to\infty} \dfrac{(n+1)\cdot\left(\frac{x}{2}\right)^{n+1}}{n\cdot\left(\frac{x}{2}\right)^n} = \lim\limits_{n\to\infty} \dfrac{(n+1)\cdot x}{2n} = \dfrac{x}{2},$$

所以当 $0 < x < 2$ 时，该级数收敛；当 $x > 2$ 时，该级数发散；当 $x = 2$ 时，$u_n = n \to +\infty$，该级数发散.

综上所述，当 $0 < x < 2$ 时，该级数收敛；当 $x \geq 2$ 时，该级数发散.

定理4 （根值判别法）设 $\sum\limits_{n=1}^{\infty} u_n$ 是正项级数，且 $\lim\limits_{n\to\infty} \sqrt[n]{u_n} = \rho$，有：

(1) 当 $\rho < 1$ 时，级数 $\sum\limits_{n=1}^{\infty} u_n$ 收敛；

(2) 当 $\rho > 1$ 或 $\rho = +\infty$ 时，级数 $\sum\limits_{n=1}^{\infty} u_n$ 发散.

根值判别法也称为柯西判别法.

注：当 $\rho = 1$ 时，根值判别法失效，级数的敛散性需另行判定. 例如，对于级数 $\sum\limits_{n=1}^{\infty} \dfrac{1}{n}$

及 $\sum\limits_{n=1}^{\infty} \dfrac{1}{n^2}$，分别有 $\lim\limits_{n \to \infty} \sqrt[n]{\dfrac{1}{n}} = 1$，$\lim\limits_{n \to \infty} \sqrt[n]{\dfrac{1}{n^2}} = 1$，但级数 $\sum\limits_{n=1}^{\infty} \dfrac{1}{n}$ 发散，级数 $\sum\limits_{n=1}^{\infty} \dfrac{1}{n^2}$ 收敛.

【例 7-19】 判定级数 $\sum\limits_{n=1}^{\infty} \left(\dfrac{n}{2n+1}\right)^n$ 的敛散性.

解　$\rho = \lim\limits_{n \to \infty} \sqrt[n]{u_n} = \lim\limits_{n \to \infty} \sqrt[n]{\left(\dfrac{n}{2n+1}\right)^n} = \lim\limits_{n \to \infty} \dfrac{n}{2n+1} = \dfrac{1}{2} < 1$,

由根值判别法可知，级数 $\sum\limits_{n=1}^{\infty} \left(\dfrac{n}{2n+1}\right)^n$ 收敛.

【例 7-20】 判定级数 $\sum\limits_{n=1}^{\infty} \left(\dfrac{n}{3n-1}\right)^{2n-1}$ 的敛散性.

解　$\rho = \lim\limits_{n \to \infty} \sqrt[n]{u_n} = \lim\limits_{n \to \infty} \sqrt[n]{\left(\dfrac{n}{3n-1}\right)^{2n-1}} = \lim\limits_{n \to \infty} \left(\dfrac{n}{3n-1}\right)^2 \cdot \left(\dfrac{n}{3n-1}\right)^{-\frac{1}{n}}$

$$= \lim\limits_{n \to \infty} \left(\dfrac{n}{3n-1}\right)^2 \cdot \left(\dfrac{3n-1}{n}\right)^{\frac{1}{n}} = \left(\dfrac{1}{3}\right)^2 \times 1 = \dfrac{1}{9} < 1,$$

所以该级数收敛.

本节介绍了判别正项级数敛散性的三种方法，其中比较判别法需要选取一个已知敛散性的级数与之作比较，而比值判别法和根值判别法，只需依据正项级数本身，就可判定其敛散性，使用起来更加方便.

习题 7-2

1. 用比较判别法判别下列级数的敛散性.

(1) $1 + \dfrac{1}{3^2} + \dfrac{1}{5^2} + \cdots + \dfrac{1}{(2n-1)^2} + \cdots$;

(2) $1 + \dfrac{1+2}{1+2^2} + \dfrac{1+3}{1+3^2} + \cdots + \dfrac{1+n}{1+n^2} + \cdots$;

(3) $\dfrac{1}{2 \cdot 5} + \dfrac{1}{3 \cdot 6} + \cdots + \dfrac{1}{(n+1)(n+4)} + \cdots$;

(4) $\sin \dfrac{\pi}{2} + \sin \dfrac{\pi}{2^2} + \sin \dfrac{\pi}{2^3} + \cdots + \sin \dfrac{\pi}{2^n} + \cdots$;

(5) $\sum\limits_{n=1}^{\infty} \dfrac{2n}{\sqrt{n^3+1}}$;

(6) $\sum\limits_{n=1}^{\infty} \dfrac{1}{1+a^n} \ (a > 0)$.

2. 用比值判别法判别下列级数的敛散性.

(1) $\sum_{n=1}^{\infty} \frac{1}{(2n+1)!}$;

(2) $\sum_{n=1}^{\infty} \frac{n^2}{3^n}$;

(3) $\sum_{n=1}^{\infty} \frac{n^n}{n!}$;

(4) $\sum_{n=1}^{\infty} n\tan \frac{\pi}{2^{n+1}}$.

3. 用根值判别法判别下列级数的敛散性.

(1) $\sum_{n=1}^{\infty} \left(\frac{3n-1}{5n+2}\right)^n$;

(2) $\sum_{n=1}^{\infty} \left(\frac{7n^2-4}{3n^2+6}\right)^n$;

(3) $\sum_{n=1}^{\infty} \frac{1}{[\ln(n+1)]^n}$;

(4) $\sum_{n=1}^{\infty} \left(\frac{n}{5n-1}\right)^{2n-1}$.

4. 选择适当的方法判别下列级数的敛散性.

(1) $\frac{3}{4} + 2\left(\frac{3}{4}\right)^2 + 3\left(\frac{3}{4}\right)^3 + \cdots + n\left(\frac{3}{4}\right)^n + \cdots$;

(2) $\frac{1^4}{1!} + \frac{2^4}{2!} + \frac{3^4}{3!} + \cdots + \frac{n^4}{n!} + \cdots$;

(3) $\sum_{n=1}^{\infty} \frac{n+1}{n(n+2)}$;

(4) $\sum_{n=1}^{\infty} \frac{2+(-1)^n}{2^n}$;

(5) $\sqrt{2} + \sqrt{\frac{3}{2}} + \cdots + \sqrt{\frac{n+1}{n}} + \cdots$;

(6) $\frac{1}{a+b} + \frac{1}{2a+b} + \cdots + \frac{1}{na+b} + \cdots (a>0, b>0)$.

第三节 任意项级数审敛法

上一节我们讨论了正项级数敛散性的判定,如果是"负项级数",即级数各项均为非正,只需将负号提出,仍得到一个正项级数,故不再赘述.本节讨论任意项级数敛散性的判定.我们先讨论它的一种特殊形式——交错级数,然后再来讨论它的一般形式.

一、交错级数及其敛散性

正项与负项交替出现的级数称为交错级数.其一般形式为

$$\sum_{n=1}^{\infty}(-1)^{n-1}u_n = u_1 - u_2 + u_3 - u_4 + \cdots + (-1)^{n-1}u_n + \cdots,$$

或

$$\sum_{n=1}^{\infty}(-1)^n u_n = -u_1 + u_2 - u_3 + u_4 - \cdots + (-1)^n u_n + \cdots,$$

其中 $u_n > 0(n=1,2,\cdots)$. 交错级数 $\sum_{n=1}^{\infty}(-1)^{n-1}u_n$ 的各项乘以-1后就变成交错级数 $\sum_{n=1}^{\infty}(-1)^n u_n$,因此,只要给出交错级数 $\sum_{n=1}^{\infty}(-1)^{n-1}u_n$ 的敛散性判别法就行了.

定理 1　（莱布尼茨定理）若交错级数 $\sum\limits_{n=1}^{\infty}(-1)^{n-1}u_n$ 满足条件：

（1）$u_n \geqslant u_{n+1}(n=1,\,2,\,\cdots)$；

（2）$\lim\limits_{n\to\infty}u_n = 0$.

则交错级数收敛，且其和 $S \leqslant u_1$.

证明　先证明前 $2n$ 项的和 S_{2n} 的极限存在. 为此把 S_{2n} 写成两种形式：
$$S_{2n} = (u_1 - u_2) + (u_3 - u_4) + \cdots + (u_{2n-1} - u_{2n}),$$

及

$$S_{2n} = u_1 - (u_2 - u_3) - (u_4 - u_5) - \cdots - (u_{2n-2} - u_{2n-1}) - u_{2n}.$$

根据条件（1）知道所有括号中的差都是非负的. 由第一种形式可见数列 $\{S_{2n}\}$ 是单调增加的，由第二种形式可见 $S_{2n} < u_1$. 于是，根据单调有界数列必有极限的准则可知，当 n 无限增大时，S_{2n} 趋于一个极限 S，并且 S 不大于 u_1：
$$\lim_{n\to\infty}S_{2n} = S \leqslant u_1.$$

再由关系式 $S_{2n+1} = S_{2n} + u_{2n+1}$ 及条件（2）得
$$\lim_{n\to\infty}S_{2n+1} = \lim_{n\to\infty}S_{2n} + \lim_{n\to\infty}u_{2n+1} = S.$$

可见，无论 n 是奇数还是偶数，当 $n\to\infty$ 时，部分和数列 $\{S_n\}$ 总是趋向于同一极限 S. 于是，交错级数 $\sum\limits_{n=1}^{\infty}(-1)^{n-1}u_n$ 收敛，且其和 $S \leqslant u_1$.

假设交错级数 $\sum\limits_{n=1}^{\infty}(-1)^{n-1}u_n$ 满足定理 1 中的两个条件，则用它的第 n 次部分和 S_n 近似代替它的和 S 所产生的误差：
$$|R_n| = u_{n+1} - u_{n+2} + u_{n+3} - u_{n+4} + \cdots$$

也是一个交错级数，且也满足定理 1 中的两个条件，故其和 $|R_n|$ 不超过它的第一项 u_{n+1}，即
$$|r_n| \leqslant u_{n+1}$$

称为交错级数 $\sum\limits_{n=1}^{\infty}(-1)^{n-1}u_n$ 的余项估计式.

【例 7-21】判定交错级数 $\sum\limits_{n=1}^{\infty}(-1)^{n-1}\cdot\dfrac{1}{n} = 1 - \dfrac{1}{2} + \dfrac{1}{3} - \dfrac{1}{4} + \cdots + (-1)^{n-1}\dfrac{1}{n} + \cdots$ 的敛散性.

解　因为 $u_n = \dfrac{1}{n} > 0$，$u_n = \dfrac{1}{n} > \dfrac{1}{n+1} = u_{n+1}\ (n=1,\,2,\,\cdots)$，并且 $\lim\limits_{n\to\infty}u_n = \lim\limits_{n\to\infty}\dfrac{1}{n} = 0$，

由莱布尼茨定理可知，该级数是收敛的，且其和 $S < 1$.

如果取前 n 项的和
$$S_n = 1 - \frac{1}{2} + \frac{1}{3} - \cdots + (-1)^{n-1}\frac{1}{n}$$

作为 S 的近似值，所产生的误差 $|r_n| \leqslant \dfrac{1}{n+1} - u_{n+1}$.

【例 7-22】 判定交错级数 $\sum\limits_{n=1}^{\infty}(-1)^{n-1}\ln\dfrac{n+1}{n}$ 的敛散性.

解 因为 $u_n=\ln\dfrac{n+1}{n}=\ln\left(1+\dfrac{1}{n}\right)>\ln\left(1+\dfrac{1}{n+1}\right)=u_{n+1}$，并且 $\lim\limits_{n\to\infty}u_n=$

$\lim\limits_{n\to\infty}\ln\left(1+\dfrac{1}{n}\right)=0$，由莱布尼茨定理可知，级数 $\sum\limits_{n=1}^{\infty}(-1)^{n-1}\ln\dfrac{n+1}{n}$ 收敛.

二、绝对收敛与条件收敛

下面我们来讨论一般的任意项级数

$$\sum_{n=1}^{\infty}u_n=u_1+u_2+\cdots+u_n+\cdots \tag{7-3}$$

的敛散性判别法，其中 u_n 可以是正数、零或负数. 称

$$\sum_{n=1}^{\infty}|u_n|=|u_1|+|u_2|+\cdots+|u_n|+\cdots \tag{7-4}$$

为级数（7-3）的绝对值级数.

定理 2 若级数 $\sum\limits_{n=1}^{\infty}|u_n|$ 收敛，则级数 $\sum\limits_{n=1}^{\infty}u_n$ 也收敛.

证明 设 $v_n=\dfrac{1}{2}(u_n+|u_n|)(n=1,2,\cdots)$，则 $0\le v_n\le|u_n|$. 因为正项级数

$\sum\limits_{n=1}^{\infty}|u_n|$ 收敛，由正项级数的比较判别法可知，级数 $\sum\limits_{n=1}^{\infty}v_n$ 收敛. 又 $u_n=2v_n-|u_n|$，根据收

敛级数的线性性质可知，级数 $\sum\limits_{n=1}^{\infty}u_n$ 也收敛.

利用定理 2，可以把一大类任意项级数敛散性的判定问题转化为正项级数的敛散性的判定问题.

设 $\sum\limits_{n=1}^{\infty}u_n$ 为任意项级数，则

（1）若绝对值级数 $\sum\limits_{n=1}^{\infty}|u_n|$ 收敛，则称级数 $\sum\limits_{n=1}^{\infty}u_n$ 绝对收敛；

（2）若绝对值级数 $\sum\limits_{n=1}^{\infty}|u_n|$ 发散，而级数 $\sum\limits_{n=1}^{\infty}u_n$ 收敛，则称级数 $\sum\limits_{n=1}^{\infty}u_n$ 条件收敛.

【例 7-23】 判定下列级数的敛散性. 若收敛，指出是绝对收敛还是条件收敛.

（1）$\sum\limits_{n=1}^{\infty}\dfrac{\sin n\alpha}{n^2}(\alpha\in\mathbf{R})$；   （2）$\sum\limits_{n=1}^{\infty}(-1)^{n-1}\dfrac{1}{\sqrt{n}}$.

解 （1）由于 $\left|\dfrac{\sin n\alpha}{n^2}\right|\le\dfrac{1}{n^2}$，而级数 $\sum\limits_{n=1}^{\infty}\dfrac{1}{n^2}$ 收敛，由比较判别法知，绝对值级数

$\sum\limits_{n=1}^{\infty}\left|\dfrac{\sin n\alpha}{n^2}\right|$ 收敛，故级数 $\sum\limits_{n=1}^{\infty}\dfrac{\sin n\alpha}{n^2}$ 绝对收敛；

（2）$\sum\limits_{n=1}^{\infty}\left|(-1)^{n-1}\dfrac{1}{\sqrt{n}}\right|=\sum\limits_{n=1}^{\infty}\dfrac{1}{\sqrt{n}}$ 发散，且由莱布尼茨定理可知，交错级数 $\sum\limits_{n=1}^{\infty}(-1)^{n-1}\dfrac{1}{\sqrt{n}}$

收敛, 故级数 $\sum\limits_{n=1}^{\infty}(-1)^{n-1}\dfrac{1}{\sqrt{n}}$ 条件收敛.

【例7-24】 判别级数 $\sum\limits_{n=1}^{\infty}(-1)^{n}\dfrac{n!}{n^{n}}$ 是绝对收敛还是条件收敛.

解 绝对值级数 $\sum\limits_{n=1}^{\infty}\left|(-1)^{n}\dfrac{n!}{n^{n}}\right|=\sum\limits_{n=1}^{\infty}\dfrac{n!}{n^{n}}$, 由于

$$l=\lim_{n\to\infty}\frac{u_{n+1}}{u_{n}}=\lim_{n\to\infty}\frac{(n+1)!}{(n+1)^{n+1}}\cdot\frac{n^{n}}{n!}=\lim_{n\to\infty}\left(\frac{n}{n+1}\right)^{n}=\frac{1}{e}<1,$$

故 $\sum\limits_{n=1}^{\infty}\dfrac{n!}{n^{n}}$ 收敛, 所以 $\sum\limits_{n=1}^{\infty}(-1)^{n}\dfrac{n!}{n^{n}}$ 绝对收敛.

习题7-3

1. 判定下列交错级数的敛散性.

(1) $\sum\limits_{n=1}^{\infty}\dfrac{(-1)^{n+1}}{\sqrt{n(n+1)}}$; (2) $\sum\limits_{n=1}^{\infty}(-1)^{n}\dfrac{2n}{5n+3}$;

(3) $\sum\limits_{n=1}^{\infty}(-1)^{n}\sin\dfrac{3}{n^{2}}$; (4) $\sum\limits_{n=2}^{\infty}(-1)^{n}\dfrac{1}{\ln n}$.

2. 判定下列级数哪些是绝对收敛, 哪些是条件收敛.

(1) $\sum\limits_{n=1}^{\infty}(-1)^{n-1}\dfrac{1}{n^{2}}$; (2) $1-\dfrac{1}{3^{2}}+\dfrac{1}{5^{2}}-\dfrac{1}{7^{2}}+\dfrac{1}{9^{2}}-\cdots$;

(3) $\sum\limits_{n=1}^{\infty}(-1)^{n}\sin\dfrac{1}{n}$; (4) $\sum\limits_{n=1}^{\infty}(-1)^{n}\dfrac{n}{4^{n-1}}$;

(5) $\sum\limits_{n=1}^{\infty}(-1)^{\frac{n(n-1)}{2}}\dfrac{(n+1)^{3}}{n!}$; (6) $\sum\limits_{n=2}^{\infty}(-1)^{n}\dfrac{\sin\frac{\pi}{n}}{\pi^{n}}$;

(7) $\sum\limits_{n=1}^{\infty}(-1)^{n-1}\dfrac{n}{3^{n-1}}$; (8) $\sum\limits_{n=1}^{\infty}(-1)^{n+1}\dfrac{2^{n^{2}}}{n!}$.

3. 判别下列级数是否收敛. 如果是收敛的, 是绝对收敛还是条件收敛?

(1) $1-\dfrac{1}{\sqrt{2}}+\dfrac{1}{\sqrt{3}}-\dfrac{1}{\sqrt{4}}+\cdots$; (2) $\sum\limits_{n=1}^{\infty}(-1)^{n-1}\dfrac{1}{(2n+1)^{2}}$;

(3) $\dfrac{1}{\ln 2}-\dfrac{1}{\ln 3}+\dfrac{1}{\ln 4}-\dfrac{1}{\ln 5}+\cdots$; (4) $\sum\limits_{n=1}^{\infty}(-1)^{n-1}\dfrac{\ln n}{n}$.

第四节 幂级数

一、函数项级数的概念

如果给定一个定义在区间 I 上的函数列

$$u_{0}(x), u_{1}(x), u_{2}(x), u_{3}(x), \cdots, u_{n}(x), \cdots,$$

则由该函数列构成的表达式

$$\sum_{n=0}^{\infty} u_n(x) = u_0(x) + u_1(x) + u_2(x) + \cdots + u_n(x) + \cdots \tag{7-5}$$

称为定义在区间 I 上的**函数项无穷级数**，简称为**函数项级数**或**函数级数**.

对于一个确定的值 $x_0 \in I$，则函数项级数 (7-5) 成为常数项级数：

$$\sum_{n=0}^{\infty} u_n(x_0) = u_0(x_0) + u_1(x_0) + u_2(x_0) + \cdots + u_n(x_0) + \cdots . \tag{7-6}$$

这个常数项级数可能收敛，也可能发散. 如果级数 (7-6) 收敛，则称函数项级数 (7-5) 在点 x_0 处收敛，x_0 为级数 (7-5) 的收敛点；如果级数 (7-6) 发散，则称函数项级数 (7-5) 在点 x_0 处发散，x_0 为级数 (7-5) 的发散点. 函数项级数 (7-5) 的收敛点的全体称为它的收敛域，发散点的全体称为它的发散域.

对于收敛域中的任意一个 x，函数项级数 (7-5) 都有唯一确定的和 [记为 $S(x)$] 与之对应. 因此

$$\sum_{n=0}^{\infty} u_n(x) = S(x) \quad (x \text{ 属于收敛域})$$

是定义在收敛域上的一个函数. 称 $S(x)$ 为函数项级数 (7-5) 的和函数，并称

$$S_n(x) = u_0(x) + u_1(x) + \cdots + u_n(x) = \sum_{i=0}^{n} u_i(x)$$

为函数项级数 (7-5) 的部分和. 于是，当 x 属于函数项级数 (7-5) 的收敛域时，有

$$S(x) = \lim_{n \to \infty} S_n(x).$$

记 $r_n(x) = S(x) - S_n(x)$，$r_n(x)$ 叫作函数项级数的余项（当然，只有 x 在收敛域上 $r_n(x)$ 才有意义），并有

$$\lim_{n \to \infty} r_n(x) = 0.$$

例如，当 $|q| < 1$ 时，几何级数 $\sum_{n=0}^{\infty} q^n$ 收敛，且有

$$\sum_{n=0}^{\infty} q^n = \frac{1}{1-q} (|q| < 1).$$

于是，若令 $q = x$，则函数项级数 $\sum_{n=0}^{\infty} x^n$ 的收敛域为 $(-1, 1)$，和函数为

$$\sum_{n=0}^{\infty} x^n = S(x) = \frac{1}{1-x}, \ x \in (-1, 1).$$

若令 $q = \frac{1}{x}$，则函数项级数 $\sum_{n=0}^{\infty} \frac{1}{x^n}$ 的收敛域为 $(-\infty, -1) \cup (1, +\infty)$，和函数为

$$S(x) = \sum_{n=0}^{\infty} \frac{1}{x^n} = \frac{x}{x-1}, \ x \in (-\infty, -1) \cup (1, +\infty).$$

二、幂级数

形如

$$\sum_{n=0}^{\infty} a_n (x-x_0)^n = a_0 + a_1(x-x_0) + a_2(x-x_0)^2 + \cdots + a_n(x-x_0)^n + \cdots \tag{7-7}$$

的级数称为 $x - x_0$ 的幂级数，其中常数 a_0，a_1，a_2，$\cdots$，a_n，$\cdots$ 均为常数，称为幂级数的系数.

当 $x_0 = 0$ 时，幂级数 (7-7) 变成

$$\sum_{n=0}^{\infty} a_n x^n = a_0 + a_1 x + a_2 x^2 + \cdots + a_n x^n + \cdots, \tag{7-8}$$

称为 x 的幂级数. 将幂级数 (7-7) 中的 $x - x_0$ 换成 x，幂级数 (7-7) 就变为幂级数 (7-8)，因此，只要讨论幂级数 (7-8) 的敛散性即可.

幂级数是最简单、最常见的一类函数项级数. 例如，对于幂级数

$$\sum_{n=0}^{\infty} x^n = 1 + x + x^2 + \cdots + x^n + \cdots,$$

当 $|x| < 1$ 时，该级数收敛于和 $\dfrac{1}{1-x}$；当 $|x| \geqslant 1$ 时，该级数发散. 因此，该幂级数的收敛域为开区间 $(-1, 1)$，发散域为 $(-\infty, -1]$ 及 $[1, +\infty)$，并有

$$\frac{1}{1-x} = 1 + x + x^2 + \cdots + x^n + \cdots \qquad (-1 < x < 1).$$

从上例可知，该幂级数的收敛域为一个区间. 实际上，所有幂级数的收敛域都是区间（仅在 $x = 0$ 处收敛的幂级数除外）.

下面给出幂级数的收敛定理.

定理 1　如果幂级数 $\sum\limits_{n=0}^{\infty} a_n x^n$ 不是仅在 $x = 0$ 处收敛，也不是在整个数轴上都收敛，则必有一个确定的正数 R 存在，使得

(1) 当 $|x| < R$ 时，$\sum\limits_{n=0}^{\infty} a_n x^n$ 绝对收敛；

(2) 当 $|x| > R$ 时，$\sum\limits_{n=0}^{\infty} a_n x^n$ 发散；

(3) 当 $x = -R$ 和 $x = R$ 时，$\sum\limits_{n=0}^{\infty} a_n x^n$ 可能收敛也可能发散.

正数 R 称为幂级数 $\sum\limits_{n=0}^{\infty} a_n x^n$ 的收敛半径，开区间 $(-R, R)$ 称为幂级数 $\sum\limits_{n=0}^{\infty} a_n x^n$ 的收敛区间. 再由幂级数 $\sum\limits_{n=0}^{\infty} a_n x^n$ 在 $x = \pm R$ 处的收敛性就可决定它的收敛域是 $(-R, R)$、$[-R, R)$、$(-R, R]$ 或 $[-R, R]$ 四个区间之一.

若 (1) 幂级数仅在 $x = 0$ 处收敛，规定 $R = 0$，收敛域仅含原点；

(2) 幂级数在整个数轴上收敛，规定 $R = +\infty$，收敛域为 $(-\infty, +\infty)$.

利用正项级数的比值判别法，可得求幂级数的收敛半径 R 的如下定理.

定理 2　设幂级数 $\sum\limits_{n=0}^{\infty} a_n x^n$ 的所有项系数 $a_n \neq 0$，且

$$\lim_{n \to \infty} \left| \frac{a_{n+1}}{a_n} \right| = \rho,$$

则　(1) 当 $0 < \rho < +\infty$ 时，$R = \dfrac{1}{\rho}$；

(2) 当 $\rho = 0$ 时，$R = +\infty$；

(3) 当 $\rho = +\infty$ 时，$R = 0$.

证明 令 $u_n(x) = a_n x^n$，考察绝对值级数 $\sum\limits_{n=0}^{\infty} |u_n(x)| = |a_0| + |a_1 x| + |a_2 x^2| + \cdots$，则

$$\lim_{n \to \infty} \left| \frac{u_{n+1}(x)}{u_n(x)} \right| = \lim_{n \to \infty} \left| \frac{a_{n+1}}{a_n} \right| \cdot |x| = \rho |x|.$$

(1) 如果 $\rho \neq 0$，则当 $\rho |x| < 1$，即 $|x| < \dfrac{1}{\rho}$ 时，绝对值级数 $\sum\limits_{n=0}^{\infty} |u_n(x)|$ 收敛，从而幂级数绝对收敛；当 $\rho |x| > 1$，即 $|x| > \dfrac{1}{\rho}$ 时，绝对值级数 $\sum\limits_{n=0}^{\infty} |u_n(x)|$ 发散，并且从某一个 n 开始，$|a_{n+1} x^{n+1}| > |a_n x^n|$，因此一般项 $|a_n x^n|$ 不能趋于零，所以 $a_n x^n$ 也不能趋于零，从而幂级数发散. 因此，$R = \dfrac{1}{\rho}$.

(2) 如果 $\rho = 0$，则对任意 $x \neq 0$，$\rho |x| = 0 < 1$，绝对值级数 $\sum\limits_{n=0}^{\infty} |u_n(x)|$ 收敛，故幂级数绝对收敛. 因此，$R = +\infty$.

(3) 如果 $\rho = +\infty$，则对任意 $x \neq 0$，$\rho |x| = +\infty$，绝对值级数 $\sum\limits_{n=0}^{\infty} |u_n(x)|$ 发散，否则，将有点 $x \neq 0$ 使绝对值级数 $\sum\limits_{n=0}^{\infty} |u_n(x)|$ 收敛. 故幂级数发散. 因此，$R = 0$.

【例 7-25】 求幂级数 $\sum\limits_{n=0}^{\infty} \dfrac{x^n}{n!}$ 的收敛半径及收敛域.

解 因为

$$\rho = \lim_{n \to \infty} \left| \frac{a_{n+1}}{a_n} \right| = \lim_{n \to \infty} \frac{\dfrac{1}{(n+1)!}}{\dfrac{1}{n!}} = \lim_{n \to \infty} \frac{1}{n+1} = 0,$$

故幂级数的收敛半径 $R = +\infty$，收敛域为 $(-\infty, +\infty)$.

【例 7-26】 求幂级数 $\sum\limits_{n=1}^{\infty} \dfrac{x^n}{n^2 3^n}$ 的收敛半径和收敛域.

解 因为

$$\rho = \lim_{n \to \infty} \left| \frac{a_{n+1}}{a_n} \right| = \lim_{n \to \infty} \frac{n^2 3^n}{(n+1)^2 3^{n+1}} = \lim_{n \to \infty} \frac{n^2}{3(n+1)^2} = \frac{1}{3},$$

故幂级数的收敛半径 $R = 3$.

当 $x = 3$ 时，原级数化为 $\sum\limits_{n=1}^{\infty} \dfrac{1}{n^2}$，这是 $p = 2$ 的 p-级数，它收敛；当 $x = -3$ 时，原级数化为 $\sum\limits_{n=1}^{\infty} \dfrac{(-1)^n}{n^2}$，它显然绝对收敛.

因此，幂级数 $\sum\limits_{n=1}^{\infty} \dfrac{x^n}{n^2 3^n}$ 的收敛域为 $[-3, 3]$.

【例 7-27】求幂级数 $\displaystyle\sum_{n=1}^{\infty}(-1)^{n}\dfrac{x^{n}}{3^{n-1}\sqrt{n}}$ 的收敛半径及收敛域.

解　因为

$$\rho=\lim_{n\to\infty}\left|\frac{a_{n+1}}{a_{n}}\right|=\lim_{n\to\infty}\left|\frac{(-1)^{n+1}}{3^{n}\sqrt{n+1}}\cdot\frac{3^{n-1}\sqrt{n}}{(-1)^{n}}\right|=\lim_{n\to\infty}\frac{\sqrt{n}}{3\sqrt{n+1}}=\frac{1}{3},$$

所以收敛半径 $R=\dfrac{1}{\rho}=3$.

当 $x=-3$ 时，原级数化为 $\displaystyle\sum_{n=1}^{\infty}\dfrac{3}{\sqrt{n}}$，它发散;；当 $x=3$ 时，原级数化为 $\displaystyle\sum_{n=1}^{\infty}(-1)^{n}\dfrac{3}{\sqrt{n}}$，它收敛，故幂级数 $\displaystyle\sum_{n=1}^{\infty}(-1)^{n}\dfrac{x^{n}}{3^{n-1}\sqrt{n}}$ 的收敛域为 $(-3,3]$.

【例 7-28】求幂级数 $\displaystyle\sum_{n=1}^{\infty}\dfrac{(3x+1)^{n}}{n}$ 的收敛半径和收敛域.

解　令 $t=3x+1$，则原级数化为 $\displaystyle\sum_{n=1}^{\infty}\dfrac{t^{n}}{n}$，因为

$$\rho=\lim_{n\to\infty}\left|\frac{a_{n+1}}{a_{n}}\right|=\lim_{n\to\infty}\frac{n}{n+1}=1,$$

故级数 $\displaystyle\sum_{n=1}^{\infty}\dfrac{t^{n}}{n}$ 的收敛半径 $R=\dfrac{1}{\rho}=1$.

当 $t=-1$ 时，级数 $\displaystyle\sum_{n=1}^{\infty}\dfrac{t^{n}}{n}$ 化为 $\displaystyle\sum_{n=1}^{\infty}(-1)^{n}\dfrac{1}{n}$，它收敛；当 $t=1$ 时，级数 $\displaystyle\sum_{n=1}^{\infty}\dfrac{t^{n}}{n}$ 化为 $\displaystyle\sum_{n=1}^{\infty}\dfrac{1}{n}$，它发散，故级数 $\displaystyle\sum_{n=1}^{\infty}\dfrac{t^{n}}{n}$ 的收敛域为 $[-1,1)$.

由 $t=3x+1$ 及 $t\in[-1,1)$，得

$$-1\leqslant 3x+1<1,$$

即 $-\dfrac{2}{3}\leqslant x<0$，故原级数 $\displaystyle\sum_{n=1}^{\infty}\dfrac{(3x+1)^{n}}{n}$ 的收敛半径 $R=\dfrac{1}{3}$，收敛域为 $\left[-\dfrac{2}{3},0\right)$.

【例 7-29】求幂级数 $\displaystyle\sum_{n=0}^{\infty}\dfrac{(2n)!}{(n!)^{2}}x^{2n}$ 的收敛半径.

解　级数缺少奇次幂项，定理 2 不能直接应用，根据比值判别法求收敛半径：

$$\lim_{n\to\infty}\left|\frac{u_{n+1}(x)}{u_{n}(x)}\right|=\lim_{n\to\infty}\left|\frac{\dfrac{[2(n+1)]!}{[(n+1)!]^{2}}x^{2(n+1)}}{\dfrac{(2n)!}{(n!)^{2}}x^{2n}}\right|=|4x^{2}|,$$

当 $|4x^{2}|<1$ 即 $|x|<\dfrac{1}{2}$ 时，级数收敛；当 $|4x^{2}|>1$ 即 $|x|>\dfrac{1}{2}$ 时，级数发散，故收敛半径 $R=\dfrac{1}{2}$.

【例7-30】 求幂级数 $\sum\limits_{n=1}^{\infty} \dfrac{x^{2n-1}}{3^n}$ 的收敛半径和收敛域.

解 $\sum\limits_{n=1}^{\infty} \dfrac{x^{2n-1}}{3^n} = \dfrac{x}{3} + \dfrac{x^3}{3^2} + \dfrac{x^5}{3^3} + \cdots$, 级数缺少偶次幂项, 定理2不能直接应用, 根据比值判别法求收敛半径:

$$\rho = \lim_{n \to \infty} \left| \frac{u_{n+1}(x)}{u_n(x)} \right| = \lim_{n \to \infty} \left| \frac{x^{2n+1}}{3^{n+1}} \cdot \frac{3^n}{x^{2n-1}} \right| = \frac{1}{3}|x|^2,$$

当 $\rho = \dfrac{1}{3}|x|^2 < 1$ 即 $|x| < \sqrt{3}$ 时, 该级数收敛; 当 $\rho = \dfrac{1}{3}|x|^2 > 1$ 即 $|x| > \sqrt{3}$ 时, 该级数发散. 根据幂级数收敛半径的定义, 收敛半径 $R = \sqrt{3}$.

当 $x = \sqrt{3}$ 时, 原级数化为 $\sum\limits_{n=1}^{\infty} \dfrac{1}{\sqrt{3}}$, 它发散; 当 $x = -\sqrt{3}$ 时, 原级数化为 $\sum\limits_{n=1}^{\infty} \left(-\dfrac{1}{\sqrt{3}} \right)$, 它发散. 故原级数的收敛域为 $(-\sqrt{3}, \sqrt{3})$.

三、幂级数的性质

下面介绍幂级数的和函数的一些基本性质, 假设幂级数的收敛半径均不为零, 证明从略.

性质1 幂级数 $\sum\limits_{n=0}^{\infty} a_n x^n$ 的和函数 $S(x)$ 在其收敛域 I 上连续.

性质2 幂级数 $\sum\limits_{n=0}^{\infty} a_n x^n$ 的和函数 $S(x)$ 在其收敛域 I 上可积, 并有逐项积分公式

$$\int_0^x S(t)\mathrm{d}t = \int_0^x \left(\sum_{n=0}^{\infty} a_n t^n \right) \mathrm{d}t = \sum_{n=0}^{\infty} \int_0^x a_n t^n \mathrm{d}t = \sum_{n=0}^{\infty} \frac{a_n}{n+1} x^{n+1} \qquad (x \in I).$$

逐项积分后所得的幂级数和原级数有相同的收敛半径.

性质3 幂级数 $\sum\limits_{n=0}^{\infty} a_n x^n$ 的和函数 $S(x)$ 在其收敛域 $(-R, R)$ 内可导, 并有逐项求导公式:

$$S'(x) = \left(\sum_{n=0}^{\infty} a_n x^n \right)' = \sum_{n=0}^{\infty} (a_n x^n)' = \sum_{n=1}^{\infty} n a_n x^{n-1} \qquad (x \in (-R, R)).$$

逐项求导后所得的幂级数和原级数有相同的收敛半径.

【例7-31】 求幂级数 $\sum\limits_{n=1}^{\infty} n x^{n-1}$ 的和函数.

解 $\sum\limits_{n=1}^{\infty} n x^{n-1} = 1 + 2x + 3x^2 + 4x^3 + \cdots$, 记和函数为 $S(x) = \sum\limits_{n=1}^{\infty} n x^{n-1} = \sum\limits_{n=1}^{\infty} a_n x^{n-1}$.

由于 $\rho = \lim\limits_{n \to \infty} \left| \dfrac{a_{n+1}}{a_n} \right| = \lim\limits_{n \to \infty} \dfrac{n+1}{n} = 1$, 则该级数的收敛半径 $R = 1$.

当 $-1 < x < 1$ 时, 有

$$\int_0^x S(t)\mathrm{d}t = \sum_{n=1}^{\infty} \left(\int_0^x n t^{n-1} \mathrm{d}t \right) = x + x^2 + x^3 + \cdots = \sum_{n=1}^{\infty} x^n = \frac{x}{1-x}, \ x \in (-1, 1),$$

上式两端对 x 求导得

$$S(x) = \left(\frac{x}{1-x}\right)' = \frac{1}{(1-x)^2}, \ x \in (-1, \ 1),$$

又原级数在 $x = \pm 1$ 处发散，故它的和函数 $S(x) = \dfrac{1}{(1-x)^2} \ (-1 < x < 1)$.

【例 7-32】 求幂级数 $\displaystyle\sum_{n=1}^{\infty} \frac{x^n}{n}$ 的和函数，并求交错级数 $\displaystyle\sum_{n=1}^{\infty} \frac{(-1)^n}{n}$ 的和.

解　对于和函数 $S(x) = \displaystyle\sum_{n=1}^{\infty} \frac{x^n}{n} = \sum_{n=1}^{\infty} a_n x^n$，由

$$\rho = \lim_{n \to \infty} \left|\frac{a_{n+1}}{a_n}\right| = \lim_{n \to \infty} \frac{n}{n+1} = 1$$

可知该级数的收敛半径 $R = 1$；易知幂级数在 $x = 1$ 处不收敛，在 $x = -1$ 处收敛. 所以幂级数 $\displaystyle\sum_{n=1}^{\infty} \frac{x^n}{n}$ 的收敛域是 $[-1, \ 1)$.

由于

$$S'(x) = \sum_{n=1}^{\infty} x^{n-1} = 1 + x + x^2 + \cdots + x^n + \cdots = \frac{1}{1-x},$$

可知 $S(x) = -\ln(1-x) + C$，在 $S(x) = \displaystyle\sum_{n=1}^{\infty} \frac{x^n}{n}$ 中，令 $x = 0$，得 $S(0) = 0$，于是

$0 = -\ln(1-0) + C$，得 $C = 0$. 因此 $S(x) = -\ln(1-x)$，即 $\displaystyle\sum_{n=1}^{\infty} \frac{x^n}{n} = -\ln(1-x)$.

令 $x = -1$，即得 $\displaystyle\sum_{n=1}^{\infty} \frac{(-1)^n}{n} = -\ln 2$.

【例 7-33】 求幂级数 $\displaystyle\sum_{n=0}^{\infty} \frac{x^n}{n+1}$ 的和函数.

解　记和函数为 $S(x) = \displaystyle\sum_{n=0}^{\infty} \frac{x^n}{n+1} = \sum_{n=0}^{\infty} a_n x^n$.

由 $\rho = \displaystyle\lim_{n \to \infty} \left|\frac{a_{n+1}}{a_n}\right| = \lim_{n \to \infty} \frac{n+1}{n+2} = 1$，可得该级数的收敛半径 $R = 1$.

当 $x = -1$ 时，原级数化为 $\displaystyle\sum_{n=0}^{\infty} \frac{(-1)^n}{n+1}$，是收敛的交错级数；当 $x = 1$ 时，原级数化为 $\displaystyle\sum_{n=0}^{\infty} \frac{1}{n+1}$，它发散. 故原级数的收敛域是 $I = [-1, \ 1)$.

记

$$S(x) = \sum_{n=0}^{\infty} \frac{x^n}{n+1}, \ x \in [-1, \ 1),$$

于是

$$xS(x) = \sum_{n=0}^{\infty} \frac{x^{n+1}}{n+1} = x + \frac{x^2}{2} + \frac{x^3}{3} + \cdots,$$

逐项求导, 得

$$[xS(x)]' = \sum_{n=0}^{\infty} \left(\frac{x^{n+1}}{n+1} \right)' = \sum_{n=0}^{\infty} x^n = \frac{1}{1-x} \qquad (|x| < 1),$$

对上式从 0 到 x 积分, 得

$$xS(x) = \int_0^x \frac{1}{1-t} dt = -\ln(1-x), \quad x \in [-1, 1),$$

当 $x \neq 0$ 时, 有

$$S(x) = -\frac{1}{x}\ln(1-x),$$

而

$$S(0) = a_0 = 1,$$

故

$$S(x) = \begin{cases} -\dfrac{1}{x}\ln(1-x), & x \in [-1, 0) \cup (0, 1) \\ 1, & x = 0 \end{cases}.$$

习题 7-4

1. 求下列幂级数的收敛半径和收敛域.

(1) $\displaystyle\sum_{n=1}^{\infty} \frac{x^n}{n}$;

(2) $\displaystyle\sum_{n=1}^{\infty} \frac{(x-5)^n}{\sqrt{n}}$;

(3) $\displaystyle\sum_{n=0}^{\infty} (-1)^n \frac{x^n}{2^n}$;

(4) $\displaystyle\sum_{n=1}^{\infty} n(x+1)^n$;

(5) $\displaystyle\sum_{n=0}^{\infty} n!\, x^n$;

(6) $\displaystyle\sum_{n=1}^{\infty} \frac{x^n}{3^n \cdot n}$;

(7) $\displaystyle\sum_{n=1}^{\infty} \frac{1}{n^2}(x-2)^n$;

(8) $\displaystyle\sum_{n=1}^{\infty} (-1)^n \cdot \frac{x^{2n}}{5^n}$;

(9) $\displaystyle\sum_{n=1}^{\infty} \frac{x^{2n-1}}{n \cdot 5^n}$.

2. 求下列幂级数的收敛域, 并求其和函数.

(1) $\displaystyle\sum_{n=0}^{\infty} (n+1)x^n$;

(2) $\displaystyle\sum_{n=1}^{\infty} \frac{x^n}{n(n+1)}$;

(3) $\displaystyle\sum_{n=0}^{\infty} (-1)^n \frac{x^{2n+1}}{2n+1}$.

3. 利用逐项求导或逐项积分, 求下列级数的和函数.

(1) $\displaystyle\sum_{n=0}^{\infty} (2n+1)x^{2n} \ (|x| < 1)$;

(2) $\displaystyle\sum_{n=1}^{\infty} \frac{x^{2n-1}}{2n-1} \ (|x| < 1)$.

第五节　泰勒公式

初等函数以及非初等函数的计算往往很复杂，但是，多项式函数的计算很简单，它只有加、减、乘三种运算．如果能用一元多项式函数来近似表达初等函数，甚至非初等函数，这对函数性态的研究及函数值的近似计算都有重要意义．

能否用一元多项式函数来近似表达函数 $f(x)$ 呢？我们知道，如果函数 $y = f(x)$ 在点 x_0 处可微，则

$$f(x) = f(x_0) + f'(x_0)(x - x_0) + o(x - x_0),$$

即

$$f(x) \approx f(x_0) + f'(x_0)(x - x_0) \ (\text{当} \ |x - x_0| \ \text{很小时}).$$

这表明，可以用一次多项式近似表达函数 $f(x)$．这种近似所产生的误差是 $x - x_0$ 的高阶无穷小量，未必能满足实际问题对精确度的要求，且不能具体估计误差的大小．

能否用 $x - x_0$ 的高次多项式来近似表达函数 $f(x)$ 呢？如果能，这个 $x - x_0$ 的高次多项式是多少？其误差如何计算呢？

如果 $f(x)$ 本身是一个一元 n 次多项式，即

$$f(x) = a_0 + a_1(x - x_0) + a_2(x - x_0)^2 + \cdots + a_n(x - x_0)^n,$$

则它在点 x_0 处的各阶导数分别为

$$f(x_0) = a_0, \ f'(x_0) = a_1, \ f''(x_0) = 2! \ a_2, \ \cdots, \ f^{(n)}(x_0) = n! \ a_n,$$

可得

$$a_0 = f(x_0), \ a_1 = \frac{f'(x_0)}{1!}, \ a_2 = \frac{f''(x_0)}{2!}, \ \cdots, \ a_n = \frac{f^{(n)}(x_0)}{n!}.$$

由此可见，多项式的各项系数由函数 $f(x)$ 在点 x_0 处的各阶导数值唯一确定．

如果 $f(x)$ 是任意函数，且它在点 x_0 处存在 n 阶导数，则得到一元 n 次多项式：

$$T_n(x) = f(x_0) + \frac{f'(x_0)}{1!}(x - x_0) + \frac{f''(x_0)}{2!}(x - x_0)^2 + \cdots + \frac{f^{(n)}(x_0)}{n!}(x - x_0)^n,$$

称为函数 $f(x)$ 在点 x_0 处的 n 次**泰勒多项式**．

如果 $f(x)$ 本身即为一个 $x - x_0$ 的 n 次多项式，则一定有 $T_n(x) = f(x)$，否则，$T_n(x)$ 与 $f(x)$ 不一定相等，两者之间的关系密切．

泰勒中值定理　设函数 $f(x)$ 在 x_0 的某一邻域 $U(x_0)$ 内，有一阶到 $n + 1$ 阶的连续导数，则 $f(x)$ 在该邻域内可以按 $x - x_0$ 的方幂展开为

$$\begin{aligned} f(x) = &f(x_0) + \frac{f'(x_0)}{1!}(x - x_0) + \frac{f''(x_0)}{2!}(x - x_0)^2 + \cdots + \\ &\frac{f^{(n)}(x_0)}{n!}(x - x_0)^n + R_n(x), \end{aligned} \tag{7-9}$$

其中

$$R_n(x) = \frac{f^{(n+1)}(\xi)}{(n + 1)!}(x - x_0)^{n+1} \quad (\xi \ \text{介于} \ x_0 \ \text{与} \ x \ \text{之间}). \tag{7-10}$$

式（7-9）称为函数 $f(x)$ 在点 x_0 处的 n 阶泰勒公式，式（7-10）称为拉格朗日型余项．

当 $n = 0$ 时，泰勒公式变成拉格朗日中值公式：

$$f(x) = f(x_0) + f'(\xi)(x - x_0) \quad (\xi 介于 x_0 与 x 之间),$$

由于 $|f(x) - T_n(x)| = |R_n(x)|$，由泰勒中值定理可知，若对于某个固定的 n，当 x 在 $U(x_0)$ 内变化时，有

$$|f^{(n+1)}(x)| \leqslant M \quad (M > 0),$$

则

$$|R_n(x)| = \left| \frac{f^{(n+1)}(\xi)}{(n+1)!}(x - x_0)^{n+1} \right| \leqslant \frac{M}{(n+1)!}|x - x_0|^{n+1},$$

可得

$$\lim_{x \to x_0} \frac{R_n(x)}{(x - x_0)^n} = 0.$$

由此可知，当 $x \to x_0$ 时，误差 $|R_n(x)|$ 是比 $(x - x_0)^n$ 高阶的无穷小量，即

$$R_n(x) = o[(x - x_0)^n].$$

有时，不需要对余项进行精确的估计，此时 n 阶泰勒公式可写成

$$f(x) = f(x_0) + \frac{f'(x_0)}{1!}(x - x_0) + \frac{f''(x_0)}{2!}(x - x_0)^2 + \cdots +$$

$$\frac{f^{(n)}(x_0)}{n!}(x - x_0)^n + o[(x - x_0)^n],$$

其中余项 $R_n(x) = o[(x - x_0)^n]$，**称为佩亚诺型余项**，它是对泰勒公式中余项的定性描述.

特别地，当 $x_0 = 0$ 时，n 阶泰勒公式（7-9）成为

$$f(x) = f(0) + \frac{f'(0)}{1!}x + \frac{f''(0)}{2!}x^2 + \cdots + \frac{f^{(n)}(0)}{n!}x^n + R_n(x), \tag{7-11}$$

其中 $R_n(x) = \dfrac{f^{(n+1)}(\xi)}{(n+1)!}x^{n+1}$（$\xi$ 介于 0 与 x 之间），**式（7-11）称为 $f(x)$ 的 n 阶麦克劳林公式.**

若令 $\xi = \theta x$，$0 < \theta < 1$，则式（7-11）的余项 $R_n(x)$ 又可表示为

$$R_n(x) = \frac{f^{(n+1)}(\theta x)}{(n+1)!}x^{n+1}.$$

【例 7-34】 求 $f(x) = e^x$ 的带有拉格朗日型余项的 n 阶麦克劳林公式.

解 因为对任何 $n \geqslant 0$，都有 $(e^x)^{(n)} = e^x$，所以

$$f(0) = f'(0) = f''(0) = \cdots = f^{(n)}(0) = 1, \ f^{(n+1)}(\theta x) = e^{\theta x} \quad (0 < \theta < 1),$$

所以 $f(x) = e^x$ 的 n 阶麦克劳林公式为

$$e^x = 1 + x + \frac{x^2}{2!} + \cdots + \frac{x^n}{n!} + \frac{e^{\theta x}}{(n+1)!}x^{n+1} \quad (0 < \theta < 1).$$

若用 e^x 在 $x = 0$ 处的 n 次泰勒多项式近似表示 e^x，则有

$$e^x \approx 1 + x + \frac{x^2}{2!} + \cdots + \frac{x^n}{n!},$$

所产生的误差为

$$|R_n(x)| = \left| \frac{e^{\theta x}}{(n+1)!}x^{n+1} \right| < \frac{e^{|x|}}{(n+1)!}|x|^{n+1}, \quad 0 < \theta < 1$$

若取 $x = 1$，则得到无理数 e 的近似表达式：

$$e \approx 1 + 1 + \frac{1}{2!} + \cdots + \frac{1}{n!},$$

其误差为

$$|R_n(1)| < \frac{e}{(n+1)!} < \frac{3}{(n+1)!}.$$

【例 7-35】求函数 $f(x) = \sin x$ 的带有拉格朗日型余项的 n 阶麦克劳林公式.

解　因为 $f^{(n)}(x) = \sin\left(x + \frac{n}{2}\pi\right)(n = 0, 1, 2, \cdots)$，所以

$$f^{(n)}(0) = \begin{cases} 0, & n = 2k \\ (-1)^k, & n = 2k + 1 \end{cases} \quad (k \in \mathbf{N}),$$

即

$$f(0) = 0, f'(0) = 1, f''(0) = 0, f'''(0) = -1, \cdots,$$

若取 $n = 2k$，则

$$\sin x = x - \frac{x^3}{3!} + \frac{x^5}{5!} - \cdots + (-1)^{k-1}\frac{x^{2k-1}}{(2k-1)!} + R_{2k}(x),$$

其中

$$R_{2k}(x) = \frac{\sin\left(\theta x + \frac{2k+1}{2}\pi\right)}{(2k+1)!}x^{2k+1} = (-1)^k\frac{\cos(\theta x)}{(2k+1)!}x^{2k+1} \quad (0 < \theta < 1).$$

【例 7-36】求 $f(x) = \frac{1}{1-x}$ 的带有拉格朗日型余项的 n 阶麦克劳林公式.

解　由于 $\left(\frac{1}{1-x}\right)^{(n)} = n!(1-x)^{-(n+1)}$，$f^{(n)}(0) = n!$，$f^{(n+1)}(\theta x) = (n+1)!(1-\theta x)^{-(n+2)}$，故

$$\frac{1}{1-x} = 1 + x + x^2 + \cdots + x^n + (1-\theta x)^{-(n+2)} \cdot x^{n+1} \quad (0 < \theta < 1).$$

习题 7-5

1. 求函数 $f(x) = \ln x$ 按 $x - 1$ 的幂展开的带有佩亚诺型余项的 n 阶泰勒公式.
2. 求函数 $f(x) = xe^x$ 的带有佩亚诺型余项的 n 阶麦克劳林公式.
3. 求函数 $f(x) = \cos x$ 的带有拉格朗日型余项的 2 阶麦克劳林公式.
4. 求函数 $f(x) = \frac{1}{x}$ 按 $x + 1$ 的幂展开的带有拉格朗日型余项的 3 阶泰勒公式.

第六节　函数展开成幂级数

第四节我们讨论的是，幂级数的收敛域及和函数的性质. 但在许多实际问题中遇到的却是给定一个函数 $f(x)$ 后，能否在某区域内将其用一个幂级数表示. 也就是说，能否找到一个幂级数，使得这个幂级数在该区域内收敛，且其和函数恰好等于给定的函数 $f(x)$？如果一个函数 $f(x)$ 能在某区间上展成幂级数，就可以借助于幂级数的有关性质来研究函数 $f(x)$

的性质.

一、泰勒级数

若函数 $f(x)$ 在 x_0 的某邻域 $U(x_0)$ 内具有各阶导数，则总能形式地写出幂级数：

$$f(x_0) + \frac{f'(x_0)}{1!}(x - x_0) + \frac{f''(x_0)}{2!}(x - x_0)^2 + \cdots + \frac{f^{(n)}(x_0)}{n!}(x - x_0)^n + \cdots, \quad (7\text{-}12)$$

上式称为函数 $f(x)$ 在点 x_0 处的**泰勒级数**.

特别地，函数 $f(x)$ 在点 0 处的泰勒级数为

$$f(0) + \frac{f'(0)}{1!}x + \frac{f''(0)}{2!}x^2 + \cdots + \frac{f^{(n)}(0)}{n!}x^n + \cdots,$$

上式称为函数 $f(x)$ 的**麦克劳林级数**.

幂级数（7-12）能否在 x_0 的某邻域内收敛，且以 $f(x)$ 为其和函数呢？下面的定理表明，只有在一定的条件下，幂级数（7-12）的和函数才恰好就是给定的函数 $f(x)$.

定理　设函数 $f(x)$ 在 x_0 的某邻域 $U(x_0)$ 内具有各阶导数，则 $f(x)$ 在该邻域内能展开成泰勒级数的充分必要条件是：

$$\lim_{n \to \infty} R_n(x) = \lim_{n \to \infty} \frac{1}{(n+1)!} f^{(n+1)}(\xi)(x - x_0)^{n+1} = 0 \quad （其中 \xi 介于 x_0 与 x 之间）.$$

证明　（1）先证必要性．当 $x \in U(x_0)$ 时，若

$$f(x) = f(x_0) + \frac{f'(x_0)}{1!}(x - x_0) + \frac{f''(x_0)}{2!}(x - x_0)^2 + \cdots + \frac{f^{(n)}(x_0)}{n!}(x - x_0)^n + \cdots,$$

则

$$f(x) = \lim_{n \to \infty} \sum_{k=0}^{n} \frac{f^{(k)}(x_0)}{k!}(x - x_0)^k,$$

故

$$\lim_{n \to \infty} R_n(x) = \lim_{n \to \infty} \left[f(x) - \sum_{k=0}^{n} \frac{f^{(k)}(x_0)}{k!}(x - x_0)^n \right] = 0.$$

（2）再证充分性．若 $\lim_{n \to \infty} R_n(x) = 0$，因为

$$f(x) = \lim_{n \to \infty} \left[f(x_0) + \frac{f'(x_0)}{1!}(x - x_0) + \frac{f''(x_0)}{2!}(x - x_0)^2 + \cdots + \frac{f^{(n)}(x_0)}{n!}(x - x_0)^n + R_n(x) \right],$$

所以

$$f(x) = \lim_{n \to \infty} \sum_{k=0}^{n} \frac{f^{(k)}(x_0)}{k!}(x - x_0)^k,$$

故

$$f(x) = f(x_0) + \frac{f'(x_0)}{1!}(x - x_0) + \frac{f''(x_0)}{2!}(x - x_0)^2 + \cdots + \frac{f^{(n)}(x_0)}{n!}(x - x_0)^n + \cdots.$$

二、函数展开成幂级数

利用泰勒公式或麦克劳林公式，将函数 $f(x)$ 展开成幂级数．这种方法称为直接展开法．具体步骤如下：

（1）求出函数 $f(x)$ 的各阶导数 $f^{(n)}(x)$；

（2）计算函数及它的导数在 $x=0$ 处的值；

（3）写出函数 $f(x)$ 的麦克劳林级数，并求出其收敛域；

（4）由 $R_n(x) = \dfrac{f^{(n+1)}(\theta x)}{(n+1)!}x^{n+1}$，计算 $\lim\limits_{n\to\infty}R_n(x)$，如果极限为零，则函数 $f(x)$ 的麦克劳林级数在此收敛域内的和函数就等于 $f(x)$.

【例 7-37】将函数 $f(x)=\mathrm{e}^x$ 展开成 x 的幂级数.

解　由于 $f^{(n)}(x)=\mathrm{e}^x$，因此 $f^{(n)}(0)=1(n=0,1,2,\cdots)$，又由于 $f(0)=1$，故 $f(x)$ 的麦克劳林级数为

$$\sum_{n=0}^{\infty}\frac{x^n}{n!}=1+x+\frac{x^2}{2!}+\cdots+\frac{x^n}{n!}+\cdots,$$

它的收敛域为 $(-\infty,+\infty)$.

对于任意实数 x 及相应的 $\theta(0<\theta<1)$，有

$$|R_n(x)|=\left|\frac{\mathrm{e}^{\theta x}}{(n+1)!}x^{n+1}\right|<\frac{\mathrm{e}^{|x|}}{(n+1)!}|x|^{n+1}\quad(0<\theta<1),$$

由于级数 $\sum\limits_{n=0}^{\infty}\dfrac{|x|^n}{n!}$ 收敛，由级数收敛的必要条件知，$\lim\limits_{n\to\infty}\dfrac{|x|^{n+1}}{(n+1)!}=0$，故 $\lim\limits_{n\to\infty}R_n(x)=0$.

于是可得 $f(x)=\mathrm{e}^x$ 的幂级数展开式：

$$\mathrm{e}^x=\sum_{n=0}^{\infty}\frac{x^n}{n!}=1+x+\frac{x^2}{2!}+\cdots+\frac{x^n}{n!}+\cdots\quad(x\in(-\infty,+\infty)).$$

【例 7-38】将函数 $f(x)=\sin x$ 展开成 x 的幂级数.

解　$f^{(n)}(x)=(\sin x)^{(n)}=\sin\left(x+\dfrac{n}{2}\pi\right)(n=0,1,2,\cdots)$，所以

$$f^{(n)}(0)=(\sin x)^{(n)}\big|_{x=0}=\sin\left(\frac{n\pi}{2}\right)=\begin{cases}0,&n=2k\\(-1)^k,&n=2k+1\end{cases},$$

则它的麦克劳林级数为

$$\sum_{n=0}^{\infty}\frac{f^{(n)}(0)}{n!}x^n=x-\frac{x^3}{3!}+\frac{x^5}{5!}-\cdots+(-1)^n\frac{x^{2n+1}}{(2n+1)!}+\cdots,$$

其收敛域为 $(-\infty,+\infty)$.

对于任意实数 x 及相应的 $\theta(0<\theta<1)$，有

$$|R_n(x)|=\left|\frac{\sin\left(\theta x+\dfrac{n+1}{2}\pi\right)}{(n+1)!}x^{n+1}\right|\leqslant\frac{|x|^{n+1}}{(n+1)!}\to0\quad(n\to\infty),$$

于是可得 $f(x)=\sin x$ 的幂级数展开式：

$$\sin x=x-\frac{x^3}{3!}+\frac{x^5}{5!}-\cdots+(-1)^n\frac{x^{2n+1}}{(2n+1)!}+\cdots\quad(x\in(-\infty,+\infty)).$$

【例 7-39】将函数 $f(x)=(1+x)^{\alpha}$（α 为任意常数）展开成 x 的幂级数.

解　$f'(x)=\alpha(1+x)^{\alpha-1},f''(x)=\alpha(\alpha-1)(1+x)^{\alpha-2},\cdots,f^{(n)}(x)=\alpha(\alpha-1)\cdot(\alpha-2)\cdots(\alpha-n+1)(1+x)^{\alpha-n},\cdots,$

则有 $f(0)=1,f'(0)=\alpha,f''(0)=\alpha(\alpha-1),\cdots,f^{(n)}(0)=\alpha(\alpha-1)\cdots(\alpha-n+1),\cdots,$ 故

$f(x) = (1 + x)^\alpha$ 的麦克劳林级数为

$$1 + \alpha x + \frac{\alpha(\alpha - 1)}{2!}x^2 + \cdots + \frac{\alpha(\alpha - 1)\cdots(\alpha - n + 1)}{n!}x^n + \cdots.$$

可以证明 $f(x) = (1 + x)^\alpha$ 在 $(-1, 1)$ 内能够展开成它的麦克劳林级数, 即

$$(1 + x)^\alpha = 1 + \alpha x + \frac{\alpha(\alpha - 1)}{2!}x^2 + \cdots + \frac{\alpha(\alpha - 1)\cdots(\alpha - n + 1)}{n!}x^n + \cdots, \quad x \in (-1, 1),$$

这个级数称为**二项式级数**.

当 $\alpha = -1$ 时, $\dfrac{1}{1 + x} = 1 - x + x^2 - x^3 + \cdots + (-1)^n x^n + \cdots, x \in (-1, 1)$;

当 $\alpha = \dfrac{1}{2}$ 时, $\sqrt{1 + x} = 1 + \dfrac{1}{2}x - \dfrac{1}{2 \cdot 4}x^2 + \dfrac{1 \cdot 3}{2 \cdot 4 \cdot 6}x^3 - \dfrac{1 \cdot 3 \cdot 5}{2 \cdot 4 \cdot 6 \cdot 8}x^4 + \cdots, x \in [-1, 1]$;

当 $\alpha = -\dfrac{1}{2}$ 时, $\dfrac{1}{\sqrt{1 + x}} = 1 - \dfrac{1}{2}x + \dfrac{1 \cdot 3}{2 \cdot 4}x^2 - \dfrac{1 \cdot 3 \cdot 5}{2 \cdot 4 \cdot 6}x^3 + \dfrac{1 \cdot 3 \cdot 5 \cdot 7}{2 \cdot 4 \cdot 6 \cdot 8}x^4 - \cdots, x \in (-1, 1]$;

当 $\alpha \in \mathbf{N}_+$ 时, 可得到我们熟悉的牛顿二项公式:

$$(1 + x)^n = 1 + nx + \frac{n(n - 1)}{2!}x^2 + \cdots + nx^{n-1} + x^n$$
$$= C_n^0 + C_n^1 x + C_n^2 x^2 + \cdots + C_n^{n-1}x^{n-1} + C_n^n x^n.$$

三、间接展开法

有时根据一些已知函数展开式通过对幂级数进行四则运算、逐项求导、逐项求积以及变量替换等, 也可以将函数展开成幂级数, 这种方法称为间接展开法.

【例 7-40】 将函数 $f(x) = \ln(1 + x)$ 展开成 x 的幂级数.

解 由于

$$\frac{1}{1 + x} = 1 - x + x^2 - x^3 + \cdots + (-1)^n x^n + \cdots, \quad x \in (-1, 1),$$

对上式两边从 0 到 x 逐项积分, 得

$$\ln(1 + x) = \int_0^x \frac{1}{1 + t}dt = x - \frac{x^2}{2} + \frac{x^3}{3} - \cdots + (-1)^n \frac{x^{n+1}}{n + 1} + \cdots, \quad x \in (-1, 1),$$

当 $x = 1$ 时, 它是交错级数 $\displaystyle\sum_{n=0}^\infty (-1)^n \frac{1}{n + 1}$, 收敛, 故它的收敛域为 $(-1, 1]$.

【例 7-41】 将函数 $f(x) = \arctan x$ 展开成 x 的幂级数.

解 由于

$$\frac{1}{1 + x^2} = 1 - x^2 + x^4 - \cdots + (-1)^n x^{2n} + \cdots, \quad x \in (-1, 1),$$

对上式两边从 0 到 x 逐项积分, 得

$$\arctan x = \int_0^x \frac{1}{1 + t^2}dt = x - \frac{x^3}{3} + \frac{x^5}{5} - \cdots + (-1)^n \frac{x^{2n+1}}{2n + 1} + \cdots, \quad x \in (-1, 1),$$

当 $x = 1$ 时, 它是交错级数 $\displaystyle\sum_{n=0}^\infty (-1)^n \frac{1}{2n + 1}$, 收敛; 当 $x = -1$ 时, 它是交错级数

$\displaystyle\sum_{n=0}^\infty (-1)^{n+1} \frac{1}{2n + 1}$, 收敛. 故它的收敛域为 $[-1, 1]$.

取 $x = 1$，得

$$\frac{\pi}{4} = 1 - \frac{1}{3} + \frac{1}{5} - \cdots + (-1)^n \frac{1}{2n+1} + \cdots.$$

【例 7-42】将函数 $f(x) = \cos x$ 展开成 x 的幂级数.

解　由于

$$\sin x = x - \frac{x^3}{3!} + \frac{x^5}{5!} - \cdots + (-1)^n \frac{x^{2n+1}}{(2n+1)!} + \cdots,$$

对上式两边逐项求导，得

$$\cos x = (\sin x)' = 1 - \frac{x^2}{2!} + \frac{x^4}{4!} - \cdots + (-1)^n \frac{x^{2n}}{(2n)!} + \cdots, \quad x \in (-\infty, +\infty).$$

【例 7-43】将函数 $f(x) = \dfrac{1}{2 - x - x^2}$ 展开成 x 的麦克劳林级数.

解　$f(x) = \dfrac{1}{2 - x - x^2} = \dfrac{1}{(1-x)(2+x)} = \dfrac{1}{3}\left(\dfrac{1}{1-x} + \dfrac{1}{2+x}\right).$

由于

$$\frac{1}{1-x} = \sum_{n=0}^{\infty} x^n, \qquad -1 < x < 1,$$

$$\frac{1}{2+x} = \frac{1}{2} \cdot \frac{1}{1+\frac{x}{2}} = \frac{1}{2} \sum_{n=0}^{\infty} \left(-\frac{x}{2}\right)^n = \sum_{n=0}^{\infty} (-1)^n \frac{x^n}{2^{n+1}} \quad (-2 < x < 2),$$

因此

$$\frac{1}{2 - x - x^2} = \frac{1}{3} \sum_{n=0}^{\infty} \left[1 + \frac{(-1)^n}{2^{n+1}}\right] x^n \quad (-1 < x < 1).$$

【例 7-44】将函数 e^x 在 $x = 2$ 处展开成泰勒级数.

解　对一切 x，$e^x = e^2 \cdot e^{x-2} = e^2 \sum_{n=0}^{\infty} \dfrac{(x-2)^n}{n!}.$

四、常用的麦克劳林级数

(1) $e^x = \sum_{n=0}^{\infty} \dfrac{x^n}{n!}, \ x \in (-\infty, +\infty);$

(2) $\sin x = \sum_{n=0}^{\infty} (-1)^n \dfrac{x^{2n+1}}{(2n+1)!}, \ x \in (-\infty, +\infty);$

(3) $\cos x = \sum_{n=0}^{\infty} (-1)^n \dfrac{x^{2n}}{(2n)!}, \ x \in (-\infty, +\infty);$

(4) $\ln(1+x) = \sum_{n=0}^{\infty} (-1)^n \dfrac{x^{2n+1}}{n+1}, \ x \in (-1, 1];$

(5) $(1+x)^\alpha = 1 + \alpha x + \dfrac{\alpha(\alpha-1)}{2!} x^2 + \cdots + \dfrac{\alpha(\alpha-1)\cdots(\alpha-n+1)}{n!} x^n + \cdots, \ x \in (-1, 1);$

(6) $\dfrac{1}{1-x} = \sum_{n=0}^{\infty} x^n, \ x \in (-1, 1).$

习题 7-6

1. 将下列函数展开成 x 的幂级数，并求其收敛域.

$(1) f(x) = 2^x$;　　　　　　　　　　$(2) f(x) = \sin \dfrac{x}{2}$;

$(3) f(x) = \ln(2 + x)$;　　　　　　　$(4) f(x) = \dfrac{x}{1 + x - 2x^2}$;

$(5) f(x) = \dfrac{1}{2 - x}$;　　　　　　　$(6) f(x) = \dfrac{1}{x^2 - 3x + 2}$.

2. 利用已知展开式，把下列函数展开成 $x - 2$ 的幂级数，并确定收敛域.

$(1) f(x) = \dfrac{1}{x}$;　　　　　　　　$(2) f(x) = \ln x$.

3. 求下列函数在指定点处的泰勒展开式，并给出收敛域.

$(1) f(x) = \ln x,\ x = 1$;　　　　　　$(2) f(x) = \dfrac{1}{x^2 + 3x + 2},\ x = -4$;

$(3) f(x) = \ln(1 + x - 2x^2),\ x = 0$;　　$(4) f(x) = \cos x,\ x = \dfrac{\pi}{4}$.

*第七节　幂级数在近似计算中的应用

有了函数的幂级数展开式，我们就可以利用它来进行近似计算，即在展开式成立的区间内，函数值可以利用这个级数的部分和按规定的精度要求近似地计算出来.

一、函数值的近似计算

【例 7-45】 计算 e 的近似值（精确到 10^{-4}）.

解　因为 $e^x = \displaystyle\sum_{n=0}^{\infty} \dfrac{x^n}{n!}$，令 $x = 1$，得 $e = \displaystyle\sum_{n=0}^{\infty} \dfrac{1}{n!}$，若取前 n 项的和作为 e 的近似值，则

误差 $R_n = \displaystyle\sum_{k=n}^{\infty} \dfrac{1}{k!} = \dfrac{1}{n!}\left[1 + \dfrac{1}{n+1} + \dfrac{1}{(n+1)(n+2)} + \cdots \right] < \dfrac{1}{n!}\left(1 + \dfrac{1}{n} + \dfrac{1}{n^2} + \cdots \right) =$

$\dfrac{1}{(n-1)!\,(n-1)}$.

当取 $n = 8$ 时，$R_8 < \dfrac{1}{7!\,7} < 10^{-4}$，于是 $e \approx \displaystyle\sum_{n=0}^{7} \dfrac{1}{n!} \approx 2.718\,3$.

【例 7-46】 计算 $\sin 9°$ 的近似值，并估计误差.

解　$9° = \dfrac{\pi}{180} \times 9$（弧度）$= \dfrac{\pi}{20}$（弧度）. 在 $\sin x$ 的幂级数展开式中，令 $x = \dfrac{\pi}{20}$，得

$$\sin \dfrac{\pi}{20} = \dfrac{\pi}{20} - \dfrac{1}{3!}\left(\dfrac{\pi}{20}\right)^3 + \dfrac{1}{5!}\left(\dfrac{\pi}{20}\right)^5 - \dfrac{1}{7!}\left(\dfrac{\pi}{20}\right)^7 + \cdots,$$

它是一个交错级数，如取它的前两项作为近似值，得

$$\sin \dfrac{\pi}{20} \approx \dfrac{\pi}{20} - \dfrac{1}{3!}\left(\dfrac{\pi}{20}\right)^3 \approx 0.156\,43,$$

其误差不超过第三项的绝对值，即 $|R_2| \leqslant \dfrac{1}{5!} \left(\dfrac{\pi}{20}\right)^5 < \dfrac{1}{120} \cdot (0.2)^5 < 10^{-5}$.

二、定积分的近似计算

有些函数，如 e^{-x^2}、$\dfrac{\sin x}{x}$、$\dfrac{1}{\ln x}$ 等，虽然它们都存在原函数，但是它们的原函数都不是初等函数，因此求这些函数的定积分不能用牛顿-莱布尼茨公式. 如果这些函数在积分区间上能展开成幂级数，则利用幂级数的逐项可积性就可以算出定积分的近似值，且能使误差达到实际问题对精度的要求.

【例 7-47】 计算 $\displaystyle\int_0^{0.2} e^{-x^2} dx$ 的近似值.

解　因为 $e^x = 1 + x + \dfrac{x^2}{2!} + \cdots + \dfrac{x^n}{n!} + \cdots, x \in (-\infty, +\infty)$，故

$$e^{-x^2} = 1 - x^2 + \dfrac{x^4}{2!} - \dfrac{x^6}{3!} + \cdots,$$

对上式两边从 0 到 x 逐项积分，得

$$\int_0^x e^{-t^2} dt = x - \dfrac{x^3}{3 \cdot 1!} + \dfrac{x^5}{5 \cdot 2!} - \dfrac{x^7}{7 \cdot 3!} + \cdots, \qquad x \in (-\infty, +\infty),$$

令 $x = 0.2$，得

$$\int_0^{0.2} e^{-x^2} dx = 0.2 - \dfrac{0.2^3}{3 \cdot 1!} + \dfrac{0.2^5}{10} - \cdots \approx 0.2 - 0.00263 = 0.19737.$$

【例 7-48】 计算 $\displaystyle\int_0^1 \dfrac{\sin x}{x} dx$ 的近似值（精确到 10^{-4}）.

解　因为 $\lim\limits_{x \to 0} \dfrac{\sin x}{x} = 1$，于是定义函数 $\dfrac{\sin x}{x}$ 在 $x = 0$ 处的值为 1，则它在 $[0, 1]$ 上连续，由于

$$\dfrac{\sin x}{x} = 1 - \dfrac{x^2}{3!} + \dfrac{x^4}{5!} - \dfrac{x^6}{7!} + \cdots,$$

因此

$$\int_0^x \dfrac{\sin x}{x} dx = x - \dfrac{x^3}{3 \cdot 3!} + \dfrac{x^5}{5 \cdot 5!} - \dfrac{x^7}{7 \cdot 7!} + \cdots,$$

故

$$\int_0^1 \dfrac{\sin x}{x} dx = 1 - \dfrac{1}{3 \cdot 3!} + \dfrac{1}{5 \cdot 5!} - \dfrac{1}{7 \cdot 7!} + \cdots,$$

其中第四项的绝对值 $\dfrac{1}{7 \cdot 7!} < 10^{-4}$，于是

$$\int_0^1 \dfrac{\sin x}{x} dx \approx 1 - \dfrac{1}{3 \cdot 3!} + \dfrac{1}{5 \cdot 5!} \approx 0.9461.$$

习题 7-7

利用函数的幂级数展开式求下列各数的近似值.

(1) $\ln 3$(误差不超过 0.000 1);

(2) $\sqrt{e}$(误差不超过 0.001);

(3) $\sqrt[9]{522}$(误差不超过 0.000 01).

本章小结

本章主要内容包括常数项级数和函数项级数.在理解级数收敛与发散概念的基础上,掌握级数收敛的必要条件,知道收敛级数的一些基本性质,牢记几个级数的收敛性,包括几何级数、p 级数和调和级数.通过本章的学习要能够判别正项级数、交错级数、常数项级数的敛散性.熟练掌握求幂级数收敛半径、收敛域的方法.在收敛域上求幂级数的和函数是一个难点.一般利用幂级数的运算,特别是逐项求导和逐项积分运算,要知道逐项求导或逐项积分的目的是向已知能求和的级数转化.将函数展开成泰勒级数时要注意展开条件.

本章重点:(1) 级数收敛和发散的概念,常数项级数收敛性的判别,几何级数、p 级数和调和级数;(2) 幂级数的收敛半径与收敛域,泰勒级数,函数展开成幂级数;(3) 幂级数在近似计算上的应用.

本章难点:(1) 判别级数收敛性方法的选择,求级数的和;(2) 用间接法将函数展开为幂级数,求幂级数的和函数;(3) 幂级数的分析性质及其应用.

 延伸阅读

级数的缔造者

恩格斯曾说过:"纯数学的对象是现实世界的空间形式和数量关系."数学大师华罗庚在《人民日报》上精彩地描述了数学的各种应用:"宇宙之大,粒子之微,化工之巧,地求之变,生物之谜,日用之繁,数学的身影可谓无处不在."

早在 17 世纪,牛顿就取得了创立微积分这一最伟大的数学成就,但是微积分理论还需要进一步发展.整个 18 世纪,继 17 世纪的成功,微积分吸引了绝大多数数学家的注意.17 世纪以后,英国人继承了牛顿的工作,泰勒(B. Taylor,1685—1731)在 1712 年与别人的通信中提出了泰勒级数。1715 年,泰勒发表了《增量法及其逆》一书,奠定了有限差分法的基础。该书讨论了当今的幂级数的展开式,即泰勒级数.这里,需要说明的是,中国古代的天文学家们开创了有限差计算的先河,隋朝刘焯的《皇极历》(公元 600 年),唐朝僧一行所造的《大衍历法》(公元 727 年),都曾对内插公式作过深入的研究,足见我国这方面的研究比牛顿、泰勒早 1 000 多年.

1742 年,麦克劳林(C. Maclaurin,1698—1746,英国)在他的《流数术》一书中提出麦克劳林级数,发展了级数理论.

而对数学分析的发展贡献颇多的是瑞士以欧拉为代表的学者群。欧拉是 18 世纪数学的

中心人物，其贡献可与阿基米德、牛顿、高斯并列．在为微积分增强严密的工作中，欧拉形式主义处理问题的思想方法，使微积分从几何中解放出来．欧拉证明的欧拉公式 $\mathrm{e}^{\mathrm{i}x} = \cos x + \mathrm{i}\sin x$，代表了 18 世纪他的思想方法．在微分学中，欧拉第一次把无穷小分析改造成整个函数的完整理论，并把无穷小分析作为一门完整的学科加以阐述；他还证明了多元函数混合偏序与次序无关的定理 $\left(\dfrac{\partial^2 z}{\partial x \partial y} = \dfrac{\partial^2 z}{\partial y \partial x}\right)$，得到了全微分的可积条件，给出了"洛必达法则"的运算法则．在积分学方面，欧拉明确提出了不定积分和定积分的概念，1770 年前后，欧拉引出了二重积分的概念，在当今的数学分析教材中，尚有许多方法出自欧拉之手．

瑞士的伯努利家族，自尼古拉·伯努利这一代起，与他的儿子詹姆士·伯努利和约翰·伯努利二兄弟，前后共 4 代人，形成了拥有十多位数学家的大家族，对分析学的发展贡献也很大．约翰·伯努利是欧拉和洛必达的老师，他在数学概念、积分技术、级数、微分方程等方面都有贡献．是他把函数概念公式化，提出了积分的替换与分部法（1707 年）和有理真分式的部分分式法（1702 年）；给出了调和级数发散的证明．

此外，阿贝尔在 1826 年纠正了柯西的错误论断："函数项级数每一项连续，级数收敛，则和函数一定连续"，他给出了反例：$f(x) = \sin x - \dfrac{\sin 2x}{2} + \dfrac{\sin 3x}{3} - \cdots$ 在 $x = (2n + 1)\pi$ 不连续，阿贝尔已经在论文中利用了一致收敛的思想，可惜没有把"一致收敛"抽象出来形成一般概念．

1768 年达朗贝尔在其《数学论丛》（1768 年）中提出了正项级数收敛的"达朗贝尔判别法"．迈入 19 世纪，人们开始在感叹分析学的威力之余，力图使它更加完善，对分析学的各分支的概念不清、证明不严谨进行整理，换言之，分析学的理论基础有待重建．数学家们从头再来，去寻找分析学应有的基础理论．

当代大学生更应该好好学习数学，现代数学内部各分支间相互渗透、数学与其他学科的相互渗透、电子计算机的出现，这其中出现的新问题及解决方法，最终归结为数学问题，学好数学的重要性可想而知．

总习题七

1. 判别下列级数的收敛性.

(1) $\displaystyle\sum_{n=1}^{\infty} \dfrac{2^n + 6^n}{6^n}$；

(2) $\displaystyle\sum_{n=1}^{\infty} \dfrac{1}{n\sqrt[n]{n}}$；

(3) $\displaystyle\sum_{n=1}^{\infty} \dfrac{n\cos^2 \dfrac{n\pi}{3}}{2^n}$；

(4) $\displaystyle\sum_{n=1}^{\infty} \dfrac{(n!)^2}{2^{n^2}}$；

(5) $\displaystyle\sum_{n=1}^{\infty} \dfrac{a^n}{n^3}$　（a 为常数）.

2. 已知级数 $\displaystyle\sum_{n=1}^{\infty} u_n^2$ 收敛，且 $u_n > 0$，证明级数 $\displaystyle\sum_{n=1}^{\infty} \dfrac{u_n}{n}$ 也收敛.

3. 设级数 $\displaystyle\sum_{n=1}^{\infty} u_n$ 收敛，且 $\displaystyle\lim_{n\to\infty} \dfrac{v_n}{u_n} = 1$，级数 $\displaystyle\sum_{n=1}^{\infty} v_n$ 是否也收敛？试说明理由.

4. 讨论下列级数的绝对收敛性与条件收敛性.

(1) $\sum\limits_{n=1}^{\infty} (-1)^n \dfrac{1}{n^p}$;

(2) $\sum\limits_{n=1}^{\infty} (-1)^{n+1} \dfrac{\sin \dfrac{\pi}{n+1}}{\pi^{n+1}}$;

(3) $\sum\limits_{n=1}^{\infty} (-1)^n \ln \dfrac{n+1}{n}$;

(4) $\sum\limits_{n=1}^{\infty} (-1)^n \int_n^{n+1} \dfrac{e^{-x}}{x} dx$.

5. 证明下列极限.

(1) $\lim\limits_{n\to\infty} \dfrac{1}{n} \sum\limits_{k=1}^{n} \dfrac{1}{3^k} \left(1 + \dfrac{1}{k}\right)^{k^2} = 0$;

(2) $\lim\limits_{n\to\infty} \dfrac{n^n}{(n!)^2} = 0$.

6. 求下列幂级数的收敛区间.

(1) $\sum\limits_{n=1}^{\infty} \dfrac{3^n + 5^n}{n} x^n$;

(2) $\sum\limits_{n=1}^{\infty} \left(1 + \dfrac{1}{n}\right)^{n^2} x^n$;

(3) $\sum\limits_{n=1}^{\infty} n(x+1)^n$;

(4) $\sum\limits_{n=1}^{\infty} \dfrac{n}{2^n} x^{2n}$.

7. 求下列级数的和.

(1) $\sum\limits_{n=1}^{\infty} \dfrac{x^n}{n(n+1)}$;

(2) $\sum\limits_{n=1}^{\infty} \dfrac{(-1)^{n-1}}{2n-1} x^{2n-1}$;

(3) $\sum\limits_{n=1}^{\infty} \dfrac{n}{2^{n-1}}$;

(4) $\sum\limits_{n=1}^{\infty} \dfrac{n^2}{n!}$.

8. 将下列函数展开成 x 的幂级数.

(1) $\ln(1 + x + x^2 + x^3)$;

(2) $\dfrac{1}{(2-x)^2}$.

9. 设正项数列 $\{a_n\}$ 单调减少，且 $\sum\limits_{n=1}^{\infty} (-1)^n a_n$ 发散，试证明级数 $\sum\limits_{n=1}^{\infty} \left(\dfrac{1}{a_n+1}\right)^n$ 收敛.

第 8 章

微分方程与差分方程

微积分研究的对象是函数关系，但在实际问题中，往往很难直接得到所研究的变量之间的函数关系，却比较容易建立这些变量与它们的导数或微分之间的联系，从而得到一个关于未知函数的导数或微分的方程，即微分方程．微分方程建立以后，对它进行研究，找到未知函数的关系，这就是解微分方程．因此，微分方程是数学联系实际，并应用于实际的重要途径和桥梁，是各门学科进行科学研究的强有力的工具．

本章我们主要介绍微分方程的一些基本概念和几种常用的微分方程的解法；并介绍差分方程的一些基本概念及一阶、二阶常系数线性差分方程．

第一节　微分方程的基本概念

一、微分方程的定义

下面我们通过两个具体的例子来说明微分方程的基本概念．

【例 8-1】 设一曲线通过点 $(1,2)$，且在该曲线上任一点 (x,y) 处的切线的斜率为 $2x$，求该曲线的方程．

解　设所求曲线的方程为 $y=y(x)$，根据导数的几何意义，可知未知函数 $y=y(x)$ 应满足关系式：

$$\frac{\mathrm{d}y}{\mathrm{d}x}=2x,$$

即

$$\mathrm{d}y=2x\mathrm{d}x.$$

对上式两端同时积分，得

$$y=\int 2x\mathrm{d}x=x^2+C,$$

其中 C 是任意常数．

由于曲线通过点 $(1, 2)$, 将它们代入方程 $y = x^2 + C$, 得
$$C = 1.$$
于是, 所求曲线方程为 $y = x^2 + 1$.

【例 8-2】列车以 $v_0 = 20$ m/s (相当于 72 km/h) 的速度准备减速进站, 当制动时列车获得加速度 $a = -0.4$ m/s². 问: 开始制动后多长时间列车才能停住? 列车在这段时间里行驶了多少路程?

解 设列车在开始制动后在时间 t 内行驶的路程为 s. 根据题意, 列车制动后获得的加速度是路程函数 $s = s(t)$ 的二阶导数, 即
$$\frac{\mathrm{d}^2 s}{\mathrm{d}t^2} = a.$$
上式两端对 t 求一次积分, 得
$$v = \frac{\mathrm{d}s}{\mathrm{d}t} = at + C_1,$$
再对 t 求一次积分, 得
$$s(t) = \frac{1}{2}at^2 + C_1 t + C_2,$$
其中 C_1, C_2 是任意常数.

进一步假设减速运动的初始位置为 0, 即 $s(t)\big|_{t=0} = 0$, 且 $\frac{\mathrm{d}s}{\mathrm{d}t}\big|_{t=0} = v_0$, 下面根据这两个条件来确定常数 C_1 和 C_2.

把上面两个条件代入 $v = \frac{\mathrm{d}s}{\mathrm{d}t} = at + C_1$, 得 $C_1 = v_0$; 代入 $s(t) = \frac{1}{2}at^2 + C_1 t + C_2$, 得 $C_2 = 0$. 于是
$$s = \frac{1}{2}at^2 + v_0 t, \quad v = at + v_0.$$
由题意知, $v_0 = 20$ m/s, $a = -0.4$ m/s². 故
$$s = -0.2t^2 + 20t, \quad v = -0.4t + 20.$$
在上式中令 $v = 0$, 得到列车从开始制动到完全停住所需的时间为
$$t = \frac{20}{0.4} \text{ s} = 50 \text{ s},$$
再把 $t = 50$ s 代入路程函数中, 得到列车在制动阶段行驶的路程为
$$s = (-0.2 \times 50^2 + 20 \times 50) \text{ m} = 500 \text{ m}.$$

上述两个例子中的关系式都是含有未知函数的导数的方程, 它们都是微分方程. 一般地, 含有未知函数及未知函数的导数或微分的方程称为**微分方程**, 有时也简称**方程**. 未知函数为一元函数的方程称为**常微分方程**; 未知函数为多元函数的方程称为**偏微分方程**. 微分方程中所出现的未知函数的最高阶导数的阶数称为**微分方程的阶**. 如方程 $\frac{\mathrm{d}y}{\mathrm{d}x} = 2x$, $\frac{\mathrm{d}^2 s}{\mathrm{d}t^2} = a$ 分别是一阶、二阶常微分方程, 方程 $x\frac{\partial z}{\partial x} + y\frac{\partial z}{\partial x} = z$, $\frac{\partial^2 u}{\partial x^2} + \frac{\partial^2 u}{\partial y^2} + \frac{\partial^2 u}{\partial z^2} = 0$ 分别是一阶、二阶偏微分方程.

由于经济学、管理科学中遇到的微分方程大部分是常微分方程，因此本章只介绍常微分方程的一些基本知识．后面再提到微分方程或者方程时，均指常微分方程．

一般地，n 阶常微分方程的一般形式为

$$F(x,\ y,\ y',\ \cdots,\ y^{(n)}) = 0,$$

其中 x 为自变量，y 为未知函数，$F(x,\ y,\ y',\ \cdots,\ y^{(n)})$ 是 $x,\ y,\ y',\ \cdots,\ y^{(n)}$ 的已知函数，且 $y^{(n)}$ 在方程中一定出现，而 $x,\ y,\ y',\ \cdots,\ y^{(n-1)}$ 等变量则可以不出现．例如 n 阶微分方程 $y^{(n)} + 1 = 0$ 中，除了 $y^{(n)}$ 外，其他变量都没有出现．

如果方程 $F(x,\ y,\ y',\ \cdots,\ y^{(n)}) = 0$ 可表示为如下形式：

$$y^{(n)} + a_1(x)y^{(n-1)} + \cdots + a_{n-1}(x)y' + a_n(x)y = f(x),$$

则称之为 n 阶线性常微分方程，其中 $a_1(x)$，$a_2(x)$，$\cdots$，$a_n(x)$ 和 $f(x)$ 都是自变量 x 的已知函数；否则，称之为非线性常微分方程．例如，方程 $\dfrac{\mathrm{d}y}{\mathrm{d}x} + p(x)y = q(x)$ 是线性微分方程，方程 $\dfrac{\mathrm{d}y}{\mathrm{d}x} = ay(N - y)$ 是非线性微分方程．

二、微分方程的解

由前面的例子我们看到，在研究某些实际问题时，首先要建立微分方程，然后找出满足微分方程的函数（解微分方程），就是说，如果找到这样的函数，把该函数代入微分方程能使该方程成为恒等式，这个函数就叫作该**微分方程的解**．例如函数 $y = x^2 + C$（C 为任意常数）及 $y = x^2 + 1$ 都是微分方程 $\dfrac{\mathrm{d}y}{\mathrm{d}x} = 2x$ 的解．微分方程的解的图形是一条曲线，叫作**微分方程的积分曲线**．

如果微分方程的解中含有相互独立的任意常数，且任意常数的个数与微分方程的阶数相等，则这样的解称为微分方程的**通解**（又称一般解）．例如函数 $y = x^2 + C$（C 为任意常数）是方程 $\dfrac{\mathrm{d}y}{\mathrm{d}x} = 2x$ 的解，而方程 $\dfrac{\mathrm{d}y}{\mathrm{d}x} = 2x$ 是一阶的，所以函数 $y = x^2 + C$（C 为任意常数）是方程 $\dfrac{\mathrm{d}y}{\mathrm{d}x} = 2x$ 的通解．

在通解中给予任意常数以确定的值而得到的解称为**特解**．例如函数 $y = x^2 - 2$，$y = x^2 + 1$，$y = x^2 + \dfrac{1}{3}$ 等都是微分方程 $\dfrac{\mathrm{d}y}{\mathrm{d}x} = 2x$ 的特解．

通常用来确定通解中的任意常数的条件：$y|_{x=x_0} = y_0$，$y'|_{x=x_0} = y_0'$ 等称为**初始条件**，求微分方程满足初始条件的特解的问题称为**初值问题**．例如函数 $s(t) = \dfrac{1}{2}at^2 + C_1 t + C_2$ 是方程 $\dfrac{\mathrm{d}^2 s}{\mathrm{d}t^2} = a$ 的通解，而 $s = -0.2t^2 + 20t$ 是方程 $\dfrac{\mathrm{d}^2 s}{\mathrm{d}t^2} = a$ 满足初始条件

$$\begin{cases} s(t)\big|_{t=0} = 0 \\ \dfrac{\mathrm{d}s}{\mathrm{d}t}\bigg|_{t=0} = v_0 \end{cases}$$

的一个特解．

【例 8-3】 设函数 $y = (C_1 + C_2 x) e^{-x}$ (C_1，C_2 是任意常数) 是方程 $y'' + 2y' + y = 0$ 的通解，求满足初始条件 $y|_{x=0} = 4$，$y'|_{x=0} = -2$ 的一个特解.

解 由于 $y = (C_1 + C_2 x) e^{-x}$，因此 $y' = (C_2 - C_1) e^{-x} - C_2 x e^{-x}$，由初始条件 $y|_{x=0} = 4$，$y'|_{x=0} = -2$ 知，$y|_{x=0} = C_1 = 4$，$y'|_{x=0} = C_2 - C_1 = -2$. 故 $C_1 = 4$，$C_2 = 2$. 所以满足条件的特解为 $y = (4 + 2x) e^{-x}$.

习题 8-1

1. 指出下列微分方程的阶数.

(1) $x(y')^2 - 2yy' + x = 0$；

(2) $xy'' + 2y' + x^2 y = 0$；

(3) $x^2 y' + y + 1 = 0$；

(4) $\dfrac{d^3 y}{dx^3} + 2\cos x \dfrac{d^2 y}{dx^2} + \sin y = 0$；

(5) $xy''' + 2y'' + x^2 y = 0$；

(6) $(7x - 6y) dx + (y + x) dy = 0$；

(7) $yy'' + x + 4 = 0$；

(8) $y = xy' + \dfrac{2}{3}(y')^{\frac{3}{2}}$.

2. 验证下列函数是否为所给方程的通解.

(1) $y'' + \omega^2 y = 0$，$y = C_1 \cos \omega x + C_2 \sin \omega x$；

(2) $x \dfrac{dy}{dx} + 3y = 0$，$y = Cx^{-3}$；

(3) $y'' - \dfrac{2}{x} y' + \dfrac{2y}{x^2} = 0$，$y = C_1 x + C_2 x^2$；

(4) $y'' - 4y = 0$，$y = C_1 e^{2x} + C_2 e^{-2x}$；

(5) $y'' - (\lambda_1 + \lambda_2) y' + \lambda_1 \lambda_2 y = 0$，$y = C_1 e^{\lambda_1 x} + C_2 e^{\lambda_2 x}$.

3. 设 $y = Cx + \dfrac{1}{C}$ (C 是任意常数) 是方程 $xy'' - yy' + 1 = 0$ 的通解，求该方程满足初始条件 $y|_{x=0} = 2$ 的特解.

4. 设函数 $y = (1 + x)^2 u(x)$ 是方程 $y' - \dfrac{2}{x+1} y = (x+1)^3$ 的通解，求 $u(x)$.

第二节 一阶微分方程

一阶微分方程是微分方程中最基本的一类方程，在经济学、管理科学中也是最为常见的. 它的一般形式可表示为

$$F(x, y, y') = 0,$$

其中 $F(x, y, y')$ 是 x，y，y' 的已知函数. 本节主要介绍两种特殊类型的一阶微分方程的解法.

一、可分离变量的微分方程

形如

$$g(y) dy = f(x) dx \tag{8-1}$$

的一阶微分方程称为**可分离变量的微分方程**. 也就是说，能把微分方程写成一端只含 y 的

函数和 $\mathrm{d}y$，另一端只含 x 的函数和 $\mathrm{d}x$，那么原方程就称为**可分离变量的微分方程**. 例如方程 $y' = 2xy$ 和 $3x^2 + 5x - y' = 0$ 都是可分离变量的微分方程，因为它们可写成 $y^{-1}\mathrm{d}y = 2x\mathrm{d}x$ 和 $\mathrm{d}y = (3x^2 + 5x)\mathrm{d}x$；而方程 $(x^2 + y^2)\mathrm{d}x - xy\mathrm{d}y = 0$ 和 $y' = \dfrac{x}{y} + \dfrac{y}{x}$ 都不是可分离变量的微分方程.

凡是能够通过运算化为形如式（8-1）的一阶微分方程，均称为可分离变量的微分方程，如方程

$$\frac{\mathrm{d}y}{\mathrm{d}x} = f(x)g(y),$$

$$M_1(x)M_2(y)\mathrm{d}y + N_1(x)N_2(y)\mathrm{d}x = 0,$$

均为可分离变量的微分方程.

可分离变量的微分方程的解法如下.

第一步：分离变量，将方程写成 $g(y)\mathrm{d}y = f(x)\mathrm{d}x$ 的形式；

第二步：两端积分，即 $\int g(y)\mathrm{d}y = \int f(x)\mathrm{d}x$，设积分后得 $G(y) = F(x) + C$，其中 $G(y)$ 和 $F(x)$ 是 $g(y)$ 和 $f(x)$ 的某一个原函数；

第三步：求出由 $G(y) = F(x) + C$ 所确定的隐函数 $y = \varphi(x)$［或 $x = \psi(y)$］.

由上面的解法知，$G(y) = F(x) + C$ 用隐式的形式给出了方程（8-1）的解，$G(y) = F(x) + C$ 就叫作微分方程（8-1）的**隐式解**. 又由于关系式 $G(y) = F(x) + C$ 中含有任意常数，因此 $G(y) = F(x) + C$ 所确定的隐函数是微分方程（8-1）的通解，所以 $G(y) = F(x) + C$ 叫作微分方程（8-1）的**隐式通解**.

【例 8-4】求微分方程 $\dfrac{\mathrm{d}y}{\mathrm{d}x} = 2xy$ 的通解.

解　此方程为可分离变量的微分方程，分离变量后得

$$\frac{1}{y}\mathrm{d}y = 2x\mathrm{d}x,$$

两边积分得

$$\int \frac{1}{y}\mathrm{d}y = \int 2x\mathrm{d}x,$$

即

$$\ln|y| = x^2 + C_1,$$

从而

$$y = \pm e^{x^2 + C_1} = \pm e^{C_1}e^{x^2}.$$

因为 $\pm e^{C_1}$ 是任意非零常数，又 $y \equiv 0$ 也是该方程的解，故记 $C = \pm e^{C_1}$，则所给方程的通解为

$$y = Ce^{x^2}.$$

【例 8-5】求微分方程 $\dfrac{\mathrm{d}y}{\mathrm{d}x} = 1 + x + y^2 + xy^2$ 的通解.

解　原方程可化为

$$\frac{\mathrm{d}y}{\mathrm{d}x} = (1 + x)(1 + y^2),$$

分离变量得

$$\frac{1}{1 + y^2}\mathrm{d}y = (1 + x)\,\mathrm{d}x,$$

两边积分得

$$\int \frac{1}{1 + y^2}\mathrm{d}y = \int (1 + x)\,\mathrm{d}x,$$

即

$$\arctan y = \frac{1}{2}x^2 + x + C,$$

于是原方程的通解为

$$y = \tan\left(\frac{1}{2}x^2 + x + C\right).$$

【例 8-6】求微分方程 $\mathrm{d}x + xy\mathrm{d}y = y^2\mathrm{d}x + y\mathrm{d}y$ 的通解.

解 先合并 $\mathrm{d}x$ 及 $\mathrm{d}y$ 各项, 得

$$y(x - 1)\mathrm{d}y = (y^2 - 1)\mathrm{d}x,$$

设 $y^2 - 1 \neq 0$, $x - 1 \neq 0$, 分离变量得

$$\frac{y}{y^2 - 1}\mathrm{d}y = \frac{1}{x - 1}\mathrm{d}x,$$

两边积分, 得

$$\frac{1}{2}\ln|y^2 - 1| = \ln|x - 1| + \ln|C_1|,$$

于是

$$y^2 - 1 = \pm C_1^2(x - 1)^2,$$

记 $C = \pm C_1^2$, 便得到原方程的通解为

$$y^2 = C(x - 1)^2 + 1.$$

注: 在用分离变量法解可分离变量的微分方程时, 我们是在假定 $g(y) \neq 0$ 的前提下, 用 $g(y)$ 除方程两端, 得到的通解自然就不包含 $g(y) = 0$ 的特解. 但是, 有时如果我们扩大任意常数 C 的取值范围, 则其失去的解仍包含在通解中. 如例 8-6 的通解中应该是 $C_1 \neq 0$, 如果是这样, 那么方程就失去特解 $y = \pm 1$. 若允许 $C = 0$, 则 $y = \pm 1$ 仍包含在通解 $y^2 = C(x - 1)^2 + 1$ 中.

【例 8-7】求微分方程 $y \cdot y' + x = 0$ 满足 $y\mid_{x=3} = 4$ 的特解.

解 原方程可分离变量为

$$y\mathrm{d}y = -x\mathrm{d}x,$$

两边积分, 得

$$\frac{1}{2}y^2 = -\frac{1}{2}x^2 + C_1,$$

记 $C = 2C_1$, 则原方程的通解为

$$x^2 + y^2 = C,$$

将初始条件 $y\mid_{x=3} = 4$ 代入 $x^2 + y^2 = C$ 中, 得 $C = 25$, 所以原方程的特解为

$$x^2 + y^2 = 25.$$

二、齐次微分方程

形如

$$\frac{\mathrm{d}y}{\mathrm{d}x} = f\left(\frac{y}{x}\right) \tag{8-2}$$

的一阶微分方程，称为**齐次微分方程**，简称为**齐次方程**. 例如：

$$\frac{\mathrm{d}y}{\mathrm{d}x} = \frac{y^2}{xy - x^2} \text{ 与 } (xy - y^2)\,\mathrm{d}x - (x^2 - 2xy)\,\mathrm{d}y = 0,$$

分别可表示成

$$\frac{\mathrm{d}y}{\mathrm{d}x} = \frac{\left(\frac{y}{x}\right)^2}{\left(\frac{y}{x}\right) - 1} \text{ 与 } \frac{\mathrm{d}y}{\mathrm{d}x} = \frac{xy - y^2}{x^2 - 2xy} = \frac{\left(\frac{y}{x}\right) - \left(\frac{y}{x}\right)^2}{1 - 2\left(\frac{y}{x}\right)}.$$

所以它们都是齐次方程.

齐次微分方程的解法如下.

齐次方程 (8-2) 通过变量替换，可化为可分离变量的微分方程，从而求解，即令

$$u = \frac{y}{x} \text{ 或 } y = xu,$$

其中 u 是新的未知函数 $u = u(x)$，于是有

$$y' = xu' + u,$$

代入方程 (8-2)，得

$$x\frac{\mathrm{d}u}{\mathrm{d}x} = f(u) - u,$$

分离变量，得

$$\frac{\mathrm{d}u}{f(u) - u} = \frac{\mathrm{d}x}{x},$$

两端积分，得

$$\int \frac{\mathrm{d}u}{f(u) - u} = \int \frac{\mathrm{d}x}{x} = \ln|x| + C,$$

求出积分后，再用 $\frac{y}{x}$ 代替 u，便得所给齐次方程的通解.

注：如果常数 a 是方程 $f(u) - u = 0$ 的根，则 $y = ax$ 也是方程的一个特解.

【**例 8-8**】求微分方程 $y^2 + x^2\dfrac{\mathrm{d}y}{\mathrm{d}x} = xy\dfrac{\mathrm{d}y}{\mathrm{d}x}$ 的通解.

解　原方程可写成

$$\frac{\mathrm{d}y}{\mathrm{d}x} = \frac{y^2}{xy - x^2} = \frac{\left(\frac{y}{x}\right)^2}{\frac{y}{x} - 1},$$

因此原方程是齐次方程. 令 $\dfrac{y}{x} = u$，则

$$\frac{dy}{dx} = u + x\frac{du}{dx},$$

于是原方程变为

$$u + x\frac{du}{dx} = \frac{u^2}{u-1},$$

即

$$x\frac{du}{dx} = \frac{u}{u-1}.$$

分离变量，得

$$\left(1 - \frac{1}{u}\right)du = \frac{dx}{x},$$

两边积分，得

$$u - \ln|u| + C = \ln|x|,$$

或写成

$$\ln|xu| = u + C,$$

用 $\frac{y}{x}$ 代替上式中的 u，便得所给方程的通解为

$$\ln|y| = \frac{y}{x} + C_1,$$

或写成

$$y = Ce^{\frac{y}{x}},$$

其中 $C = \pm e^{C_1}$ 为任意常数.

【例 8-9】 求微分方程 $\frac{dy}{dx} = \frac{y}{x} + \tan\frac{y}{x}$，满足初始条件 $y\big|_{x=1} = \frac{\pi}{6}$ 的特解.

解 所给方程是齐次方程，令 $\frac{y}{x} = u$，代入原方程，得

$$xu' + u = u + \tan u,$$

即

$$x\frac{du}{dx} = \tan u.$$

分离变量，得

$$\cot u \, du = \frac{1}{x}dx,$$

两边积分，得

$$\ln|\sin u| = \ln|x| + \ln|C_1| = \ln|xC_1|,$$

即

$$\sin u = Cx,$$

其中 $C = \pm C_1$. 用 $\frac{y}{x}$ 代替上式中的 u，便得所给方程的通解为

$$\sin\frac{y}{x} = Cx.$$

利用初始条件 $y\big|_{x=1} = \dfrac{\pi}{6}$ 得 $C = \dfrac{1}{2}$，从而原方程的特解为

$$\sin\frac{y}{x} = \frac{1}{2}x.$$

本节主要介绍了一阶微分方程中常见的几种类型．其中一类是可分离变量的微分方程，基本解法是分离变量法；另一类是齐次微分方程，基本解法是通过变量替换转化为可分离变量的微分方程，用分离变量法求解．关于一阶线性微分方程的解法，我们将在下一节中给出．

习题 8-2

1. 求下列微分方程的通解.

（1）$xy' - y\ln y = 0$；

（2）$x(y^2 - 1)\,dx + y(x^2 - 1)\,dy = 0$；

（3）$xy\,dx + \sqrt{1 - x^2}\,dy = 0$；

（4）$x\,dy + dx = e^y\,dx$；

（5）$\tan x\dfrac{dy}{dx} = 1 + y$；

（6）$x^2 y\,dx = (1 - y^2 + x^2 - x^2 y^2)\,dy$；

（7）$y' = 2x(1 + y)$；

（8）$x(1 + 2y)\,dx + (x^2 + 1)\,dy = 0$；

（9）$(x + xy^2)\,dx + (y + x^2 y)\,dy = 0$；

（10）$y\ln x\,dx + x\ln y\,dy = 0$；

（11）$xyy' = 1 - x^2$；

（12）$\dfrac{dy}{dx} = 10^{x+y}$.

2. 求下列各微分方程在给定初始条件下的特解.

（1）$y'\sin x = y\ln y$，$y\big|_{x=\frac{\pi}{2}} = e$；

（2）$\cos y\,dx + (1 + e^{-x})\sin y\,dy = 0$，$y\big|_{x=0} = \dfrac{\pi}{4}$；

（3）$yy' + xe^y = 0$，$y\big|_{x=1} = 0$；

（4）$y' - xy' = a(y^2 - y')$，$y\big|_{x=a} = 1(a \neq 0)$；

（5）$\dfrac{dy}{y} + 2\dfrac{dx}{x} = 0$，$y\big|_{x=2} = 1$；

（6）$\dfrac{x}{1 + y}dx - \dfrac{y}{1 + x}dy = 0$，$y\big|_{x=0} = 1$；

（7）$\sin x \cdot \dfrac{dy}{dx} - y \cdot \cos x = 0$，$y\big|_{x=\frac{\pi}{2}} = 1$；

（8）$\sin y\cos x\,dy - \cos y\sin x\,dx = 0$，$y\big|_{x=0} = \dfrac{\pi}{4}$.

3. 求下列齐次微分方程的通解.

（1）$xy' - y - \sqrt{y^2 - x^2} = 0$；

（2）$x\dfrac{dy}{dx} = y\ln\dfrac{y}{x}$；

（3）$\left(x + y\cos\dfrac{y}{x}\right)dx - x\cos\dfrac{y}{x}dy = 0$；

(4) $y' = \mathrm{e}^{\frac{y}{x}} + \dfrac{y}{x}$;

(5) $y(x^2 - xy + y^2)\,\mathrm{d}x + x(x^2 + xy + y^2)\,\mathrm{d}y = 0$;

(6) $(x^2 + y^2)\,\mathrm{d}x - xy\mathrm{d}y = 0$;

(7) $\left(1 + 2\mathrm{e}^{\frac{x}{y}}\right)\mathrm{d}x + 2\mathrm{e}^{\frac{x}{y}}\left(1 - \dfrac{x}{y}\right)\mathrm{d}y = 0$;

(8) $(x^3 + y^3)\,\mathrm{d}x - 3xy^2\mathrm{d}y = 0$.

4. 求下列齐次微分方程在给定初始条件下的特解.

(1) $(x\mathrm{e}^{\frac{y}{x}} + y)\,\mathrm{d}x = x\mathrm{d}y$, $y\,|_{x=1} = 0$;   (2) $\dfrac{\mathrm{d}y}{\mathrm{d}x} - \dfrac{y}{x} = \dfrac{x}{y}$, $y\,|_{x=1} = 2$;

(3) $y' = \left(\dfrac{y}{x}\right)^2 + \dfrac{y}{x} + 4$, $y\,|_{x=1} = 2$;   (4) $(y^2 - 3x^2)\,\mathrm{d}y + 2xy\mathrm{d}x = 0$, $y\,|_{x=0} = 1$;

(5) $xy' = y(1 + \ln y - \ln x)$, $y\,|_{x=1} = \mathrm{e}\,(x > 0)$;

(6) $(x^2 + 2xy - y^2)\,\mathrm{d}x + (y^2 + 2xy - x^2)\,\mathrm{d}y = 0$, $y\,|_{x=1} = 1$.

5. 设函数 $y = \dfrac{x}{(\ln Cx)^{\frac{1}{2}}}$ 是方程 $y' = \dfrac{y}{x} + \varphi\left(\dfrac{x}{y}\right)$ 的通解，求 $\varphi(x)$.

第三节　一阶线性微分方程

形如

$$\frac{\mathrm{d}y}{\mathrm{d}x} + P(x)y = Q(x)$$

的一阶微分方程，称为**一阶线性微分方程**，其中 $P(x)$，$Q(x)$ 是某一区间 I 上的连续函数. 如果 $Q(x) \equiv 0$，则方程称为**一阶齐次线性方程**，否则，方程称为**一阶非齐次线性方程**. 方程 $\dfrac{\mathrm{d}y}{\mathrm{d}x} + P(x)y = 0$ 叫作对应于非齐次线性方程 $\dfrac{\mathrm{d}y}{\mathrm{d}x} + P(x)y = Q(x)$ 的齐次线性方程. 例如方程 $(x - 2)\dfrac{\mathrm{d}y}{\mathrm{d}x} = y$ 是齐次线性方程，因为它可以写成 $\dfrac{\mathrm{d}y}{\mathrm{d}x} - \dfrac{1}{x - 2}y = 0$，方程 $y' + y\cos x = \mathrm{e}^{-\sin x}$ 是非齐次线性方程，而方程 $(y + 1)^2\dfrac{\mathrm{d}y}{\mathrm{d}x} + x^3 = 0$ 不是线性方程.

一、一阶齐次线性方程的通解

齐次线性方程

$$\frac{\mathrm{d}y}{\mathrm{d}x} + P(x)y = 0 \tag{8-3}$$

是可分离变量的微分方程. 分离变量后，得

$$\frac{\mathrm{d}y}{y} = -P(x)\,\mathrm{d}x,$$

两边积分，得

$$\ln|y| = -\int P(x)\,\mathrm{d}x + C_1,$$

即

$$|y| = \mathrm{e}^{-\int P(x)\,\mathrm{d}x + C_1},$$

令 $C = \pm \mathrm{e}^{C_1}$，　则

$$y = C\mathrm{e}^{-\int P(x)\,\mathrm{d}x}.$$

这就是齐次线性方程（8-3）的通解，其中 C 为任意常数，$\int P(x)\,\mathrm{d}x$ 表示 $P(x)$ 的一个具体原函数.

【例 8-10】 求微分方程 $(x - 2)\dfrac{\mathrm{d}y}{\mathrm{d}x} = y$ 的通解.

解　这是一阶齐次线性微分方程，分离变量，得

$$\frac{\mathrm{d}y}{y} = \frac{\mathrm{d}x}{x - 2},$$

两边积分，得

$$\ln|y| = \ln|x - 2| + \ln|C_1|,$$

则方程的通解为

$$y = C(x - 2).$$

二、一阶非齐次线性方程的通解

现在利用一阶齐次线性方程的解的结果来求解非齐次线性方程，并引出求解线性微分方程的常用方法——常数变易法.

设

$$\frac{\mathrm{d}y}{\mathrm{d}x} + P(x)y = Q(x)\ (Q(x) \not\equiv 0) \tag{8-4}$$

是非齐次线性方程.

现在我们使用常数变易法来求非齐次线性方程（8-4）的通解. 这个方法是把式（8-3）的通解中的 C 变换成 x 的待定函数 $C(x)$，即令方程（8-4）的通解为

$$y = C(x)\mathrm{e}^{-\int P(x)\,\mathrm{d}x}.$$

代入原方程，得

$$C'(x)\mathrm{e}^{-\int P(x)\,\mathrm{d}x} - C(x)\mathrm{e}^{-\int P(x)\,\mathrm{d}x}P(x) + P(x)C(x)\mathrm{e}^{-\int P(x)\,\mathrm{d}x} = Q(x),$$

化简，得

$$C'(x) = Q(x)\mathrm{e}^{\int P(x)\,\mathrm{d}x},$$

积分，得

$$C(x) = \int Q(x)\mathrm{e}^{\int P(x)\,\mathrm{d}x}\,\mathrm{d}x + C,$$

于是非齐次线性方程（8-4）的通解为

$$y = \mathrm{e}^{-\int P(x)\,\mathrm{d}x}\left[\int Q(x)\mathrm{e}^{\int P(x)\,\mathrm{d}x}\,\mathrm{d}x + C\right],$$

或

$$y = C\mathrm{e}^{-\int P(x)\,\mathrm{d}x} + \mathrm{e}^{-\int P(x)\,\mathrm{d}x}\int Q(x)\mathrm{e}^{\int P(x)\,\mathrm{d}x}\,\mathrm{d}x. \tag{8-5}$$

从上面式子中可以看出，一阶非齐次线性微分方程的通解是它所对应的齐次线性微分方程的通解与其本身的一个特解（在通解中取 $C = 0$ 便得到它的一个特解）之和.

这种通过将齐次方程通解中任意常数变易为函数求解非齐次方程的方法，称为**常数变易法**. 常数变易法是求解线性微分方程（包括高阶线性微分方程）的一种常用的有效方法. 这里要强调的是，在具体解题时，有些人常常依靠烦琐而难以记忆的通解公式（8-5），这是不必要的，重复上述演算求解更容易，故希望读者能熟悉这一方法.

【例 8-11】 求方程 $x^2 y' + xy = 1$ 的通解.

解 这是一个非齐次线性方程.

先求对应的齐次线性方程 $x^2 y' + xy = 0$ 的通解.

分离变量，得

$$\frac{\mathrm{d}y}{y} = -\frac{\mathrm{d}x}{x},$$

两边积分，得

$$\ln |y| = -\ln |x| + \ln C_1,$$

即

$$y = \frac{C}{x},$$

用常数变易法. 把 C 换成 $C(x)$，即令 $y = \frac{C(x)}{x}$ 是原方程的解，代入所给非齐次线性方程，得

$$x^2 \left[C'(x)\frac{1}{x} - \frac{1}{x^2}C(x) \right] + x\frac{C(x)}{x} = 1,$$

化简，得

$$C'(x) = \frac{1}{x},$$

两边积分，得

$$C(x) = \ln |x| + C_2,$$

于是原方程的通解为

$$y = \frac{1}{x}(\ln |x| + C_2),$$

其中 C_2 为任意常数.

【例 8-12】 求方程 $\dfrac{\mathrm{d}y}{\mathrm{d}x} - \dfrac{2y}{x+1} = (x+1)^{\frac{5}{2}}$ 的通解.

解 这是一个非齐次线性方程，我们可直接应用式（8-5）求之，这里 $P(x) = -\dfrac{2}{x+1}$，$Q(x) = (x+1)^{\frac{5}{2}}$.

因为

$$\int P(x)\,\mathrm{d}x = \int \left(-\frac{2}{x+1} \right)\mathrm{d}x = -2\ln(x+1),$$

$$e^{-\int P(x)\mathrm{d}x} = e^{2\ln(x+1)} = (x+1)^2,$$

$$\int Q(x)\,\mathrm{e}^{\int P(x)\mathrm{d}x}\mathrm{d}x = \int (x+1)^{\frac{5}{2}}(x+1)^{-2}\mathrm{d}x = \int (x+1)^{\frac{1}{2}}\mathrm{d}x = \frac{2}{3}(x+1)^{\frac{3}{2}},$$

所以原方程的通解为

$$y = \mathrm{e}^{-\int P(x)\mathrm{d}x}\Big[\int Q(x)\,\mathrm{e}^{\int P(x)\mathrm{d}x}\mathrm{d}x + C\Big] = (x+1)^{2}\Big[\frac{2}{3}(x+1)^{\frac{3}{2}} + C\Big].$$

【例 8-13】 求方程 $y^3\mathrm{d}x + (2xy^2 - 1)\mathrm{d}y = 0$ 的通解.

解　当将 y 看作 x 的函数时, 方程可变为

$$\frac{\mathrm{d}y}{\mathrm{d}x} = \frac{y^3}{1 - 2xy^2},$$

上式不是一阶线性微分方程, 不便求解.

当将 x 看作 y 的函数时, 方程可变为

$$y^3\frac{\mathrm{d}x}{\mathrm{d}y} + 2y^2 x = 1.$$

这是一个形如 $\dfrac{\mathrm{d}x}{\mathrm{d}y} + P(y)x = Q(y)$ 的非齐次线性微分方程. 于是对应的齐次线性微分方程为

$$y^3\frac{\mathrm{d}x}{\mathrm{d}y} + 2y^2 x = 0,$$

分离变量, 积分, 得

$$\int\frac{\mathrm{d}x}{x} = -\int\frac{2\mathrm{d}y}{y},$$

即

$$x = C\frac{1}{y^2},$$

变易常数 C, 即令

$$x = C(y)\frac{1}{y^2},$$

为原方程的解, 代入原方程, 有

$$C'(y) = \frac{1}{y},$$

积分, 得

$$C(y) = \ln|y| + C,$$

于是原方程的通解为

$$x = \frac{1}{y^2}(\ln|y| + C),$$

其中 C 为任意常数.

*三、伯努利方程

形如

$$\frac{\mathrm{d}y}{\mathrm{d}x} + P(x)y = Q(x)y^n \qquad (n \neq 0,\ 1) \tag{8-6}$$

的方程叫作伯努利方程. 当 $n = 0,\ 1$ 时, 其是线性微分方程; 当 $n \neq 0,\ 1$ 时, 其不是线性微

分方程，但经变量替换 $z = y^{1-n}$ 后，即可化为一阶线性微分方程．事实上，将式（8-5）两边同时除以 y^n，得

$$y^{-n}\frac{\mathrm{d}y}{\mathrm{d}x} + P(x)y^{1-n} = Q(x),$$

由于

$$\frac{\mathrm{d}z}{\mathrm{d}x} = (1-n)y^{-n}\frac{\mathrm{d}y}{\mathrm{d}x},$$

所以方程（8-6）进一步化为一阶线性方程：

$$\frac{\mathrm{d}z}{\mathrm{d}x} + (1-n)P(x)z = (1-n)Q(x),$$

其中 z 为引入的新函数．

对于方程（8-6），可利用一阶非齐次线性方程的解法求得通解 $z = z(x)$，再代入 $z = y^{1-n}$ 中，即可求得方程（8-6）的通解为

$$y^{1-n} = \mathrm{e}^{-\int (1-n)P(x)\mathrm{d}x}\left[\int Q(x)(1-n)\mathrm{e}^{\int (1-n)P(x)\mathrm{d}x}\mathrm{d}x + C\right].$$

【例 8-14】 求方程 $\dfrac{\mathrm{d}y}{\mathrm{d}x} + \dfrac{y}{x} = a(\ln x)y^2$ 的通解．

解 以 y^2 除方程的两端，得

$$y^{-2}\frac{\mathrm{d}y}{\mathrm{d}x} + \frac{1}{x}y^{-1} = a\ln x,$$

即

$$-\frac{\mathrm{d}(y^{-1})}{\mathrm{d}x} + \frac{1}{x}y^{-1} = a\ln x,$$

令 $z = y^{-1}$，则上述方程成为

$$\frac{\mathrm{d}z}{\mathrm{d}x} - \frac{1}{x}z = -a\ln x,$$

这是一个线性方程，它的通解为

$$z = x\left[C - \frac{a}{2}(\ln x)^2\right],$$

以 y^{-1} 代 z，得所求方程的通解为

$$yx\left[C - \frac{a}{2}(\ln x)^2\right] = 1.$$

本节主要讨论了一阶线性微分方程的解法．除对应齐次方程用分离变量法外，基本解法是常数变易法．可化为一阶线性方程的有伯努利方程等，有时将 x 看作自变量 y 的函数，也可能将方程化为线性方程．

习题 8-3

1. 求下列微分方程的通解．

(1) $y' - 2y = \mathrm{e}^x$;

(2) $y' - \dfrac{n}{x}y = x^n\mathrm{e}^x$;

(3) $y' + y\cos x = \mathrm{e}^{-\sin x}$;

(4) $(x^2 + 1)y' - 2xy = (1 + x^2)^2$;

(5) $y' - y\cot x = 2x\sin x$;　　　　　　(6) $\dfrac{dy}{dx} + y = e^{-x}$;

(7) $x\dfrac{dy}{dx} - 2y = 2x$;　　　　　　(8) $\dfrac{dy}{dx} + xy = xe^{-x^2}$;

(9) $(1 + x^2)\dfrac{dy}{dx} + 2xy = 4x^2$;　　　　(10) $y - y' = 1 + xy'$.

2. 求下列各微分方程在给定初始条件下的特解.

(1) $y' + 3y = 8$, $y\big|_{x=0} = 2$;　　　　(2) $xy' + y = e^x$, $y\big|_{x=1} = e$;

(3) $\dfrac{dy}{dx} + \dfrac{y}{x} = \dfrac{\sin x}{x}$, $y\big|_{x=\pi} = 1$;　　　(4) $\dfrac{dy}{dx} - y\tan x = \sec x$, $y\big|_{x=0} = 0$;

(5) $y' - \dfrac{y}{x+1} = (x+1)e^x$, $y\big|_{x=0} = 1$;　(6) $y' - \dfrac{y}{x} = -\dfrac{2}{x}\ln x$, $y\big|_{x=1} = 1$;

(7) $y' + y\cdot\cos x = \sin x\cos x$, $y\big|_{x=0} = 1$;

(8) $(x^2 - 1)y' + 2xy - \cos x = 0$, $y\big|_{x=0} = 1$.

*3. 求下列伯努利方程的通解.

(1) $\dfrac{dy}{dx} + y = y^2(\cos x - \sin x)$;　　　(2) $\dfrac{dy}{dx} - 3xy = xy^2$;

(3) $\dfrac{dy}{dx} - y = xy^5$;　　　　　　(4) $\dfrac{dy}{dx} + \dfrac{1}{3}y = \dfrac{1}{3}(1 - 2x)y^4$;

(5) $y' + \dfrac{y}{x} = a(\ln x)y^2$;　　　　　(6) $xy' - 4y = x^2y^{\frac{1}{2}}$;

(7) $y' + \dfrac{1}{3}y = 2xy^4$;　　　　　　(8) $xy' - (x - 1)y = x^2y^2$.

第四节　可降阶的二阶微分方程

n 阶微分方程

$$F(x,\ y,\ y',\ \cdots,\ y^{(n)}) = 0$$

中，当 $n \geqslant 2$ 时，称该方程为高阶微分方程. 一般情况下，求解高阶微分方程是十分困难的. 本节主要介绍三种容易降阶的二阶微分方程的求解方法.

二阶微分方程的一般形式为

$$F(x,\ y,\ y',\ y'') = 0.$$

对于一般的二阶微分方程，没有普遍的固定解法. 本节我们主要讨论三种特殊形式的二阶微分方程的解法.

一、$y'' = f(x)$ 型的微分方程

形如

$$y'' = f(x) \tag{8-7}$$

的微分方程，是最简单的二阶微分方程. 这种方程的通解可经过两次积分而求得. 对方程 (8-7) 两边积分，得

$$y' = \int f(x) \, \mathrm{d}x + C_1,$$

对上面方程两边再次积分，得

$$y = \int \left[\int f(x) \, \mathrm{d}x + C_1 \right] \mathrm{d}x + C_2,$$

其中 C_1，C_2 为任意常数.

【例 8-15】求微分方程 $y'' = \mathrm{e}^{3x} + \sin x$ 的通解.

解 对所给方程积分一次，得

$$y' = \frac{1}{3}\mathrm{e}^{3x} - \cos x + C_1$$

再积分一次，得

$$y = \frac{1}{9}\mathrm{e}^{3x} - \sin x + C_1 x + C_2$$

这就是所给方程的通解，其中 C_1，C_2 为任意常数.

【例 8-16】求微分方程 $y'' = \mathrm{e}^{2x} - \cos x$ 满足初始条件 $y(0) = 0$，$y'(0) = 1$ 的特解.

解 对所给方程积分一次，得

$$y' = \frac{1}{2}\mathrm{e}^{2x} - \sin x + C_1,$$

再积分一次，得

$$y = \frac{1}{4}\mathrm{e}^{2x} + \cos x + C_1 x + C_2,$$

这就是所给方程的通解，其中 C_1，C_2 为任意常数.

将初始条件 $y(0) = 0$，$y'(0) = 1$ 代入上式，得 $C_1 = -\dfrac{1}{2}$，$C_2 = -\dfrac{5}{4}$. 从而所给方程的特解为

$$y = \frac{1}{4}\mathrm{e}^{2x} + \cos x - \frac{1}{2}x - \frac{5}{4}.$$

二、$y'' = f(x, y')$ 型的微分方程

形如

$$y'' = f(x, y') \tag{8-8}$$

的方程，其特点是右端不显含未知函数 y，求解的方法如下.

令 $y' = p(x)$，则 $y'' = p'(x)$，方程 (8-8) 就化为以 $p(x)$ 为未知函数的一阶微分方程

$$p'(x) = f(x, p),$$

设其通解为

$$p = \varphi(x, C_1),$$

但是 $p = \dfrac{\mathrm{d}y}{\mathrm{d}x}$，因此又得到一个一阶微分方程：

$$\frac{\mathrm{d}y}{\mathrm{d}x} = \varphi(x, C_1).$$

对它进行积分，便得到方程 (8-8) 的通解为

$$y = \int \varphi(x, \ C_1) \, \mathrm{d}x + C_2,$$

其中 C_1，C_2 为任意常数.

【例 8-17】 求微分方程 $xy'' + y' = x^2$ 的通解.

解　令 $y' = p(x)$，则 $y'' = p'(x)$，原方程可化为

$$xp' + p = x^2.$$

这是一阶线性微分方程，先化为标准方程：

$$p' + \frac{1}{x} p = x.$$

利用公式法，得

$$p = \mathrm{e}^{-\int \frac{1}{x} \mathrm{d}x} \left[\int x \mathrm{e}^{\int \frac{1}{x} \mathrm{d}x} \mathrm{d}x + C_1 \right] = \frac{1}{x} \left(\frac{1}{3} x^3 + C_1 \right) = \frac{1}{3} x^2 + \frac{C_1}{x},$$

$p = y' = \dfrac{1}{3} x^2 + \dfrac{C_1}{x}$ 是可分离变量的微分方程，解得

$$y = \frac{1}{9} x^3 + C_1 \ln |x| + C_2.$$

这就是原方程的通解，其中 C_1，C_2 为任意常数.

三、$y'' = f(y, \ y')$ 型的微分方程

形如

$$y'' = f(y, \ y') \tag{8-9}$$

的方程，其特点是右端不显含自变量 x，为了求出它的解，可暂时把 y 看作自变量，令 $y' = p(y)$，并利用复合函数的求导法则把 y'' 化为对 y 的导数，即

$$y'' = \frac{\mathrm{d}p}{\mathrm{d}x} = \frac{\mathrm{d}p}{\mathrm{d}y} \cdot \frac{\mathrm{d}y}{\mathrm{d}x} = y' \frac{\mathrm{d}p}{\mathrm{d}y} = p \frac{\mathrm{d}p}{\mathrm{d}y}.$$

方程（8-9）就化为

$$p \frac{\mathrm{d}p}{\mathrm{d}y} = f(y, \ p).$$

这是一个关于变量 y 和 p 的一阶微分方程. 设它的通解为

$$y' = p = \varphi(y, \ C_1),$$

分离变量并积分，便得到方程（8-9）的通解为

$$\int \frac{\mathrm{d}y}{\varphi(y, \ C_1)} = x + C_2,$$

其中 C_1，C_2 为任意常数.

【例 8-18】 求微分方程 $yy'' - y'^2 = 0$ 的通解.

解　设 $y' = p(y)$，则 $y'' = p \dfrac{\mathrm{d}p}{\mathrm{d}y}$，代入原方程，得

$$yp \frac{\mathrm{d}p}{\mathrm{d}y} - p^2 = 0,$$

在 $y \neq 0$、$p \neq 0$ 时，约去 p 并分离变量，得

$$\frac{\mathrm{d}p}{p} = \frac{\mathrm{d}y}{y}.$$

两端积分，得

$$\ln|p| = \ln|y| + C,$$

即

$$p = C_1 y, \quad \text{或 } y' = C_1 y \, (C_1 = \pm e^C).$$

再分离变量并两端积分，便得到原方程的通解为

$$\ln|y| = C_1 x + C_2',$$

或

$$y = C_2 e^{C_1 x} (C_2 = \pm e^{C_2'}),$$

其中 C_1，C_2 为任意常数.

【例 8-19】求微分方程 $y'' = \frac{3}{2}y^2$ 满足初始条件 $y|_{x=0} = 1$，$y'|_{x=0} = 1$ 的特解.

解 设 $y' = p(y)$，则 $y'' = p\dfrac{\mathrm{d}p}{\mathrm{d}y}$，代入原方程，得

$$p\frac{\mathrm{d}p}{\mathrm{d}y} = \frac{3}{2}y^2,$$

即

$$2p\mathrm{d}p = 3y^2 \mathrm{d}y.$$

两端积分，得

$$p^2 = y^3 + C_1,$$

由初始条件 $y|_{x=0} = 1$，$y'|_{x=0} = 1$，得 $C_1 = 0$. 所以

$$p^2 = y^3 \text{ 或 } p = y^{\frac{3}{2}} \quad (\text{因 } y'|_{x=0} = 1 > 0, \text{ 所以取正号}),$$

即

$$\frac{\mathrm{d}y}{\mathrm{d}x} = y^{\frac{3}{2}}.$$

再分离变量并两端积分，便得到原方程的通解为

$$-2y^{-\frac{1}{2}} = x + C_2,$$

由初始条件 $y|_{x=0} = 1$，得 $C_2 = -2$，所以

$$y = \frac{4}{(x-2)^2}$$

就是满足所给方程及初始条件的特解.

习题 8-4

1. 求下列微分方程的通解.

(1) $y'' = x e^x$;

(2) $y'' = 1 + y'^2$;

(3) $y'' = x + y'$;

(4) $y'' + \dfrac{y'^2}{1-y} = 0$;

(5) $y'' = x^2 + \cos 3x$;

(6) $xy'' - 2y' = x^3 + x$;

（7）$y''(e^x + 1) + y' = 0$；　　　　　　（8）$yy'' - y'^2 = 0$.

2. 求下列各微分方程在给定初始条件下的特解.

（1）$y^3 y'' + 1 = 0$，$y\big|_{x=1} = 1$，$y'\big|_{x=1} = 0$；

（2）$y'' - ay'^2 = 0$，$y\big|_{x=0} = 0$，$y'\big|_{x=0} = -1$；

（3）$y'' = e^{2y}$，$y\big|_{x=0} = 0$，$y'\big|_{x=0} = 0$；

（4）$y'' = 3\sqrt{y}$，$y\big|_{x=0} = 1$，$y'\big|_{x=0} = 2$；

（5）$y'' + y'^2 = 1$，$y\big|_{x=0} = 0$，$y'\big|_{x=0} = 0$；

（6）$y'' - y = 0$，$y\big|_{x=0} = 0$，$y'\big|_{x=0} = 1$；

（7）$y'' - x - \cos x = 0$，$y\big|_{x=0} = 0$，$y'\big|_{x=0} = 1$；

（8）$x^2 y'' - y'^2 = 0$，$y\big|_{x=1} = 0$，$y'\big|_{x=1} = 1$.

3. 求 $y'' = x$ 的经过点 $M(0, 1)$ 且在此点与直线 $y = \dfrac{x}{2} + 1$ 相切的积分曲线.

第五节　二阶常系数线性微分方程

形如

$$y'' + py' + qy = f(x) \tag{8-10}$$

的方程称为二阶常系数线性微分方程. 其中 p、q 均为实数，$f(x)$ 为已知的连续函数.

如果 $f(x) \equiv 0$，则方程（8-10）变成

$$y'' + py' + qy = 0, \tag{8-11}$$

我们把方程（8-11）叫作**二阶常系数齐次线性微分方程**，把方程式（8-10）叫作**二阶常系数非齐次线性微分方程**. 本节我们将讨论其解法.

一、二阶常系数齐次线性微分方程

1. 解的叠加性

定理 1　如果函数 y_1 与 y_2 是方程（8-11）的两个解，则 $y = C_1 y_1 + C_2 y_2$ 也是方程（8-11）的解，其中 C_1，C_2 是任意常数.

证明　因为 y_1 与 y_2 是方程（8-11）的解，所以有

$$y_1'' + py_1' + qy_1 = 0,$$
$$y_2'' + py_2' + qy_2 = 0.$$

将 $y = C_1 y_1 + C_2 y_2$ 代入方程（8-11）的左边，得

$$(C_1 y_1'' + C_2 y_2'') + p(C_1 y_1' + C_2 y_2') + q(C_1 y_1 + C_2 y_2)$$
$$= C_1(y_1'' + py_1' + qy_1) + C_2(y_2'' + py_2' + qy_2) = 0,$$

所以 $y = C_1 y_1 + C_2 y_2$ 是方程（8-11）的解.

定理 1 说明齐次线性方程的解具有叠加性. 叠加起来的解从形式看含有 C_1，C_2 两个任意常数，但它不一定是方程（8-11）的通解.

2. 线性相关、线性无关的概念

设 y_1，y_2，$\cdots$，y_n 为定义在区间 I 内的 n 个函数，若存在不全为零的常数 k_1，k_2，$\cdots$，

k_n，使得在该区间内有 $k_1y_1 + k_2y_2 + \cdots + k_ny_n \equiv 0$，则称这 n 个函数在区间 I 内**线性相关**，否则称**线性无关**.

例如，1，$\cos^2 x$，$\sin^2 x$ 在实数范围内是线性相关的，因为

$$1 - \cos^2 x - \sin^2 x \equiv 0.$$

又如 1，x，x^2 在任何区间 (a, b) 内是线性无关的，因为在该区间内要使

$$k_1 + k_2x + k_3x^2 \equiv 0,$$

必须 $k_1 = k_2 = k_3 = 0$.

对两个函数的情形，若 $\dfrac{y_1}{y_2}$ 等于常数，则 y_1，y_2 线性相关；若 $\dfrac{y_1}{y_2}$ 不等于常数，则 y_1，y_2 线性无关.

3. 二阶常系数齐次线性微分方程的解法

定理 2 如果 y_1 与 y_2 是方程（8-11）的两个线性无关的特解，则 $y = C_1y_1 + C_2y_2$（C_1，C_2 为任意常数）是方程（8-11）的通解.

证明略.

例如，$y'' + y = 0$ 是二阶齐次线性方程，$y_1 = \sin x$，$y_2 = \cos x$ 是它的两个解，且 $\dfrac{y_1}{y_2} = \tan x \neq$ 常数，即 y_1，y_2 线性无关，所以 $y = C_1y_1 + C_2y_2 = C_1\sin x + C_2\cos x$（$C_1$，$C_2$ 是任意常数）是方程 $y'' + y = 0$ 的通解.

由于指数函数 $y = e^{rx}$（r 为常数）和它的各阶导数都只差一个常数因子，根据指数函数的这个特点，我们用 $y = e^{rx}$ 来试着看能否选取适当的常数 r，使 $y = e^{rx}$ 满足方程（8-11）.

将 $y = e^{rx}$ 求导，得

$$y' = re^{rx}, \quad y'' = r^2e^{rx},$$

把 y，y'，y'' 代入方程（8-11），得

$$(r^2 + pr + q)e^{rx} = 0.$$

因为 $e^{rx} \neq 0$，所以

$$r^2 + pr + q = 0, \tag{8-12}$$

只要 r 满足方程（8-12），$y = e^{rx}$ 就是方程（8-11）的解.

我们把方程（8-12）叫作方程（8-11）的**特征方程**，特征方程是一个代数方程，其中 r^2，r 的系数及常数项恰好依次是方程（8-11）中 y''，y'，y 的系数.

特征方程（8-12）的两个根为 $r_{1,2} = \dfrac{-p \pm \sqrt{p^2 - 4q}}{2}$，称为**特征根**，因此方程（8-11）的通解有下列三种不同的情形.

（1）当 $p^2 - 4q > 0$ 时，r_1，r_2 是两个不相等的实根，即

$$r_1 = \frac{-p + \sqrt{p^2 - 4q}}{2}, \quad r_2 = \frac{-p - \sqrt{p^2 - 4q}}{2},$$

$y_1 = e^{r_1x}$，$y_2 = e^{r_2x}$ 是方程（8-11）的两个特解，并且 $\dfrac{y_1}{y_2} = e^{(r_1-r_2)x} \neq$ 常数，即 y_1 与 y_2 线性无关. 根据定理 2，得方程（8-11）的通解为 $y = C_1e^{r_1x} + C_2e^{r_2x}$.（$C_1$，$C_2$ 为任意常数）

（2）当 $p^2 - 4q = 0$ 时，r_1，r_2 是两个相等的实根．$r_1 = r_2 = -\dfrac{p}{2}$，这时只能得到方程

（8-11）的一个特解 $y_1 = \mathrm{e}^{r_1 x}$，还需求出另一个解 y_2，且 $\dfrac{y_2}{y_1} \neq$ 常数，设 $\dfrac{y_2}{y_1} = u(x)$，即

$$y_2 = \mathrm{e}^{r_1 x} u(x)，$$

$$y_2' = \mathrm{e}^{r_1 x}(u' + r_1 u)，\quad y_2'' = \mathrm{e}^{r_1 x}(u'' + 2r_1 u' + r_1{}^2 u).$$

将 y_2，y_2'，y_2'' 代入方程（8-11），得

$$\mathrm{e}^{r_1 x}[(u'' + 2r_1 u' + r_1{}^2 u) + p(u' + r_1 u) + qu] = 0，$$

整理，得

$$\mathrm{e}^{r_1 x}[u'' + (2r_1 + p)u' + (r_1{}^2 + pr_1 + q)u] = 0.$$

由于 $\mathrm{e}^{r_1 x} \neq 0$，因此 $u'' + (2r_1 + p)u' + (r_1{}^2 + pr_1 + q)u = 0$. 因为 r_1 是特征方程（8-12）的二重根，所以

$$r_1{}^2 + pr_1 + q = 0，\quad 2r_1 + p = 0，$$

从而有

$$u'' = 0.$$

因为我们只需一个不为常数的解，不妨取 $u = x$，可得到方程（8-11）的另一个解为

$$y_2 = x\mathrm{e}^{r_1 x}，$$

那么，方程（8-11）的通解为

$$y = C_1 \mathrm{e}^{r_1 x} + C_2 x\mathrm{e}^{r_1 x}，$$

即

$$y = (C_1 + C_2 x)\mathrm{e}^{r_1 x}，$$

其中 C_1，C_2 为任意常数.

（3）当 $p^2 - 4q < 0$ 时，特征方程（8-12）有一对共轭复根，即

$$r_1 = \alpha + \mathrm{i}\beta，\quad r_2 = \alpha - \mathrm{i}\beta(\beta \neq 0)，$$

于是

$$y_1 = \mathrm{e}^{(\alpha + \mathrm{i}\beta)x}，\quad y_2 = \mathrm{e}^{(\alpha - \mathrm{i}\beta)x}，$$

利用欧拉公式 $\mathrm{e}^{\mathrm{i}x} = \cos x + \mathrm{i}\sin x$ 把 y_1，y_2 改写为

$$y_1 = \mathrm{e}^{(\alpha + \mathrm{i}\beta)x} = \mathrm{e}^{\alpha x} \cdot \mathrm{e}^{\mathrm{i}\beta x} = \mathrm{e}^{\alpha x}(\cos \beta x + \mathrm{i}\sin \beta x)，$$

$$y_2 = \mathrm{e}^{(\alpha - \mathrm{i}\beta)x} = \mathrm{e}^{\alpha x} \cdot \mathrm{e}^{-\mathrm{i}\beta x} = \mathrm{e}^{\alpha x}(\cos \beta x - \mathrm{i}\sin \beta x)，$$

y_1，y_2 之间成共轭关系，取

$$\overline{y_1} = \frac{1}{2}(y_1 + y_2) = \mathrm{e}^{\alpha x}\cos \beta x，$$

$$\overline{y_2} = \frac{1}{2\mathrm{i}}(y_1 - y_2) = \mathrm{e}^{\alpha x}\sin \beta x，$$

方程（8-11）的解具有叠加性，所以 $\overline{y_1}$，$\overline{y_2}$ 还是方程（8-11）的解，并且 $\dfrac{\overline{y_2}}{\overline{y_1}} = \dfrac{\mathrm{e}^{\alpha x}\sin \beta x}{\mathrm{e}^{\alpha x}\cos \beta x} = \tan \beta x \neq$ 常数，所以方程（8-11）的通解为

$$y = \mathrm{e}^{\alpha x}(C_1\cos \beta x + C_2\sin \beta x)，$$

其中 C_1，C_2 为任意常数.

综上所述，求二阶常系数齐次线性方程通解的步骤如下：

（1）写出方程（8-11）的特征方程 $r^2 + pr + q = 0$；

（2）求特征方程的两个根 r_1，r_2；

（3）根据 r_1，r_2 的不同情形，按表8-1写出方程（8-11）的通解.

表 8-1

特征方程 $r^2 + pr + q = 0$ 的两个根 r_1，r_2	方程 $y'' + py' + qy = 0$ 的通解
两个不相等的实根 $r_1 \neq r_2$	$y = C_1 e^{r_1 x} + C_2 e^{r_2 x}$
两个相等的实根 $r_1 = r_2$	$y = (C_1 + C_2 x) e^{r_1 x}$
一对共轭复根 $r_{1,2} = \alpha \pm i\beta$	$y = e^{\alpha x}(C_1 \cos \beta x + C_2 \sin \beta x)$

【例 8-20】求方程 $y'' + 2y' - 3y = 0$ 的通解.

解　所给方程的特征方程为 $r^2 + 2r - 3 = 0$，其根为

$$r_1 = -3, \ r_2 = 1,$$

所以原方程的通解为

$$y = C_1 e^{-3x} + C_2 e^x \qquad (C_1, \ C_2 \text{ 为任意常数}).$$

【例 8-21】求方程 $y'' + 2y' + y = 0$ 的通解.

解　所给方程的特征方程为 $r^2 + 2r + 1 = 0$，其根为

$$r_1 = r_2 = -1,$$

所以原方程的通解为

$$y = (C_1 + C_2 x) e^{-x} \qquad (C_1, \ C_2 \text{ 为任意常数}).$$

【例 8-22】求方程 $y'' + 2y' + 5y = 0$ 的通解.

解　所给方程的特征方程为 $r^2 + 2r + 5 = 0$，其根为

$$r_1 = -1 + 2i, \ r_2 = -1 - 2i,$$

故所求通解为

$$y = e^{-x}(C_1 \cos 2x + C_2 \sin 2x) \qquad (C_1, \ C_2 \text{ 为任意常数}).$$

【例 8-23】已知二阶常系数齐次线性微分方程的两个特解为 $y_1 = \sin 2x$，$y_2 = \cos 2x$，求相应的微分方程.

解　由于 $y_1 = \sin 2x$，$y_2 = \cos 2x$ 是二阶常系数齐次线性微分方程的特解，对照公式，可知 $\alpha = 0$，$\beta = 2$，即原方程的特征方程有一对共轭复数根：$r_1 = 2i$，$r_2 = -2i$，因此对应的特征方程为

$$(r - 2i)(r + 2i) = 0,$$

即

$$r^2 + 4 = 0,$$

从而可知相应的微分方程为

$$y'' + 4y = 0.$$

二、二阶常系数非齐次线性微分方程

1. 解的结构

定理 3　设 y^* 是方程（8-10）的一个特解，Y 是方程（8-10）所对应的齐次方程（8-11）的通解，则 $y = Y + y^*$ 是方程（8-10）的通解.

证明　把 $y = Y + y^*$ 代入方程（8-10）的左端：

$$(Y'' + y^{*''}) + p(Y' + y^{*'}) + q(Y + y^*)$$
$$= (Y'' + pY' + qY) + (y^{*''} + py^{*'} + qy^*)$$
$$= 0 + f(x) = f(x),$$

$y = Y + y^*$ 使方程（8-10）两端恒等，所以 $y = Y + y^*$ 是方程（8-10）的解，又因为 Y 中含有两个互不相关的任意常数，所以 $y = Y + y^*$ 是方程（8-10）的通解.

定理 4　设方程（8-10）的右端 $f(x)$ 是几个函数之和，如

$$y'' + py' + qy = f_1(x) + f_2(x), \tag{8-13}$$

而 y_1^* 与 y_2^* 分别是方程 $y'' + py' + qy = f_1(x)$ 与 $y'' + py' + qy = f_2(x)$ 的特解，那么 $y_1^* + y_2^*$ 就是方程（8-13）的特解.

非齐次线性微分方程（8-10）的特解有时可用上述定理来帮助求出.

2. $f(x) = e^{\lambda x} P_m(x)$ 型的解法

$f(x) = e^{\lambda x} P_m(x)$，其中 λ 为常数，$P_m(x)$ 是关于 x 的一个 m 次多项式.

方程（8-10）的右端 $f(x)$ 是多项式 $P_m(x)$ 与指数函数 $e^{\lambda x}$ 乘积，而多项式与指数函数乘积的导数仍为同一类型函数，因此方程（8-10）的特解可能为 $y^* = Q(x)e^{\lambda x}$，其中 $Q(x)$ 是某个多项式函数. 将

$$y^* = Q(x)e^{\lambda x},$$
$$y^{*'} = [\lambda Q(x) + Q'(x)]e^{\lambda x},$$
$$y^{*''} = [\lambda^2 Q(x) + 2\lambda Q'(x) + Q''(x)]e^{\lambda x}$$

代入方程（8-10）并消去 $e^{\lambda x}$，得

$$Q''(x) + (2\lambda + p)Q'(x) + (\lambda^2 + p\lambda + q)Q(x) = P_m(x). \tag{8-14}$$

以下分三种不同的情形，分别讨论函数 $Q(x)$ 的确定方法.

（1）若 λ 不是方程（8-11）的特征方程 $r^2 + pr + q = 0$ 的根，即 $\lambda^2 + p\lambda + q \neq 0$，要使式（8-14）的两端恒等，可令 $Q(x)$ 为另一个 m 次多项式 $Q_m(x)$：

$$Q_m(x) = b_0 + b_1 x + b_2 x^2 + \cdots + b_m x^m,$$

代入式（8-14），并比较两端关于 x 同次幂的系数，就得到关于未知数 b_0，b_1，$\cdots$，b_m 的 $m + 1$ 个方程. 联立解方程组可以确定出 $b_i(i = 0, 1, \cdots, m)$. 从而得到所求方程的特解为

$$y^* = Q_m(x)e^{\lambda x}.$$

（2）若 λ 是特征方程 $r^2 + pr + q = 0$ 的单根，即 $\lambda^2 + p\lambda + q = 0$，$2\lambda + p \neq 0$，要使式（8-14）成立，则 $Q'(x)$ 必须要是 m 次多项式函数，于是令

$$Q(x) = xQ_m(x),$$

用同样的方法来确定 $Q_m(x)$ 的系数 $b_i(i = 0, 1, \cdots, m)$.

（3）若 λ 是特征方程 $r^2 + pr + q = 0$ 的重根，即 $\lambda^2 + p\lambda + q = 0$，$2\lambda + p = 0$.

要使式（8-14）成立，则 $Q''(x)$ 必须是一个 m 次多项式，可令

$$Q(x) = x^2 Q_m(x),$$

用同样的方法来确定 $Q_m(x)$ 的系数.

综上所述，若方程（8-10）中的 $f(x) = P_m(x) e^{\lambda x}$，则方程（8-10）的特解为

$$y^* = x^k Q_m(x) e^{\lambda x},$$

其中 $Q_m(x)$ 是与 $P_m(x)$ 同次的多项式，k 按 λ 不是特征方程的根，是特征方程的单根或是特征方程的重根依次取 0，1 或 2.

【例 8-24】 求方程 $y'' + 2y' = 3e^{-2x}$ 的一个特解.

解 $f(x)$ 是 $P_m(x) e^{\lambda x}$ 型，且 $P_m(x) = 3$，$\lambda = -2$，对应齐次方程的特征方程为 $r^2 + 2r = 0$，特征根根为 $r_1 = 0$，$r_2 = -2$.

$\lambda = -2$ 是特征方程的单根，令

$$y^* = x b_0 e^{-2x},$$

代入原方程解得

$$b_0 = -\frac{3}{2},$$

故所求特解为 $y^* = -\frac{3}{2} x e^{-2x}$.

【例 8-25】 求方程 $y'' - 2y' + y = (x - 1) e^x$ 的通解.

解 先求对应齐次方程 $y'' - 2y' + y = 0$ 的通解. 特征方程为 $r^2 - 2r + 1 = 0$，则 $r_1 = r_2 = 1$，故齐次方程的通解为

$$Y = (C_1 + C_2 x) e^x.$$

再求所给方程的特解

$$\lambda = 1, \quad P_m(x) = x - 1,$$

由于 $\lambda = 1$ 是特征方程的重根，因此

$$y^* = x^2 (ax + b) e^x,$$

把它代入所给方程，并约去 e^x，得

$$6ax + 2b = x - 1,$$

比较系数，得

$$a = \frac{1}{6}, \quad b = -\frac{1}{2},$$

于是

$$y^* = x^2 \left(\frac{x}{6} - \frac{1}{2} \right) e^x,$$

故原方程的通解为 $y = Y + y^* = \left(C_1 + C_2 x - \frac{1}{2} x^2 + \frac{1}{6} x^3 \right) e^x$. （$C_1$，$C_2$ 为任意常数）

*3. $f(x) = e^{\lambda x} (A \cos \omega x + B \sin \omega x)$ 型的解法

若 $f(x) = A \cos \omega x + B \sin \omega x$，其中 A、B、ω 均为常数.

此时，方程（8-10）成为

$$y'' + py' + qy = A \cos \omega x + B \sin \omega x. \tag{8-15}$$

这种类型的三角函数的导数，仍属同一类型，因此方程（8-15）的特解 y^* 也应属同一类型，可以证明式（8-15）的特解形式为

$$y^* = x^k(a\cos \omega x + b\sin \omega x),$$

其中 a，b 为待定常数，k 为一个整数.

当 $\lambda \pm \omega i$ 不是特征方程 $r^2 + pr + q = 0$ 的根时，k 取 0；

当 $\lambda \pm \omega i$ 是特征方程 $r^2 + pr + q = 0$ 的单根时，k 取 1.

【例 8-26】求方程 $y'' + 2y' - 3y = 4\sin x$ 的一个特解.

解　此时 $\lambda = 0$，$\omega = 1$，由于 $\lambda \pm \omega i = \pm i$ 不是特征方程 $r^2 + 2r - 3 = 0$ 的根，$k = 0$. 因此原方程的特解形式为

$$y^* = a\cos x + b\sin x.$$

于是

$$y^{*\prime} = -a\sin x + b\cos x,$$
$$y^{*\prime\prime} = -a\cos x - b\sin x,$$

将 y^*，$y^{*\prime}$，$y^{*\prime\prime}$ 代入原方程，得

$$\begin{cases} -4a + 2b = 0 \\ -2a - 4b = 4 \end{cases},$$

解得

$$a = -\frac{2}{5}, \; b = -\frac{4}{5},$$

故原方程的特解为 $y^* = -\dfrac{2}{5}\cos x - \dfrac{4}{5}\sin x$.

【例 8-27】求方程 $y'' - 2y' - 3y = e^x + \sin x$ 的通解.

解　先求对应的齐次方程的通解 Y. 对应的齐次方程的特征方程为

$$r^2 - 2r - 3 = 0,$$

则其根为 $r_1 = -1$，$r_2 = 3$，故对应的齐次方程的通解为

$$Y = C_1 e^{-x} + C_2 e^{3x}.$$

再求非齐次方程的一个特解 y^*.

由于 $f(x) = e^x + \sin x$，根据定理 4，分别求出方程对应的右端项 $f_1(x) = e^x$，$f_2(x) = \sin x$ 的特解 y_1^*，y_2^*，则 $y^* = y_1^* + y_2^*$ 是原方程的一个特解.

由于 $\lambda = 1$，$\pm \omega i = \pm i$ 均不是特征方程的根，故特解为

$$y^* = y_1^* + y_2^* = ae^x + (b\cos x + c\sin x),$$

代入原方程，得

$$-4ae^x - (4b + 2c)\cos x + (2b - 4c)\sin x = e^x + \sin x,$$

比较系数，得

$$-4a = 1, \; 4b + 2c = 0, \; 2b - 4c = 1,$$

解之得

$$a = -\frac{1}{4}, \; b = \frac{1}{10}, \; c = -\frac{1}{5},$$

于是所给方程的一个特解为

$$y^* = -\frac{1}{4}e^x + \frac{1}{10}\cos x - \frac{1}{5}\sin x,$$

所以所求方程的通解为

$$y = Y + y^* = C_1 e^{-x} + C_2 e^{3x} - \frac{1}{4}e^x + \frac{1}{10}\cos x - \frac{1}{5}\sin x \qquad (C_1, C_2 \text{ 为任意常数}).$$

习题 8-5

1. 求下列二阶齐次线性微分方程的通解.

(1) $y'' + 5y' + 6y = 0$；　　　　　　　　(2) $16y'' - 24y' + 9y = 0$；

(3) $y'' + y' = 0$；　　　　　　　　　　　(4) $y'' + 8y' + 25y = 0$；

(5) $4y'' - 20y' + 25x = 0$；　　　　　　　(6) $y'' - 4y' + 5y = 0$；

(7) $y'' - 3y' - 10y = 0$；　　　　　　　　(8) $y'' - 4y' + 4y = 0$；

(9) $y'' - 4y' + 13y = 0$；　　　　　　　　(10) $y'' + 2y = 0$.

2. 求下列二阶齐次线性微分方程在给定初始条件下的特解.

(1) $4y'' + 4y' + y = 0$, $y|_{x=0} = 2$, $y'|_{x=0} = 0$；

(2) $y'' + 4y' + 29y = 0$, $y|_{x=0} = 0$, $y'|_{x=0} = 15$；

(3) $y'' - 4y' + 3y = 0$, $y|_{x=0} = 6$, $y'|_{x=0} = 10$；

(4) $y'' - 2y' + 2y = 0$, $y|_{x=0} = 0$, $y'|_{x=0} = 1$；

(5) $y'' - 2y' + 10y = 0$, $y|_{x=\frac{\pi}{6}} = 0$, $y'|_{x=\frac{\pi}{6}} = e^{\frac{\pi}{6}}$；

(6) $y'' + \pi^2 y = 0$, $y|_{x=0} = 1$, $y'|_{x=0} = 1$.

3. 求以 $y = (C_1 + C_2 x)e^x$ 为通解的二阶线性常系数齐次微分方程.

4. 已知二阶线性常系数齐次微分方程的两个特解 $y_1 = e^x$ 与 $y_2 = e^{2x}$, 求相应的微分方程.

5. 下列二阶非齐次线性微分方程具有何种形式的特解.

(1) $y'' + 4y' - 5y = x$；　　　　　　　　(2) $y'' + 4y' = x$；

(3) $y'' + y = 2e^x$；　　　　　　　　　　(4) $y'' + y = x^2 e^x$；

(5) $y'' + y = \sin 2x$；　　　　　　　　　(6) $y'' + y = 3\sin x$.

6. 求下列二阶非齐次线性微分方程的通解.

(1) $y'' + 3y' = 3x$；　　　　　　　　　　(2) $y'' - y' = \sin x$；

(3) $y'' + y' + 2y = x^2 - 3$；　　　　　　(4) $y'' + a^2 y = e^x$；

(5) $y'' + y = (x - 2)e^{3x}$；　　　　　　　(6) $y'' - 6y' + 9y = e^x \cos x$；

(7) $y'' - 2y' + 2y = x^2$；　　　　　　　(8) $y'' - 3y' = -6x + 2$；

(9) $2y'' + y' - y = 3e^x$；　　　　　　　(10) $y'' - 4y' + 4y = 8(x + e^{2x})$.

7. 求下列二阶非齐次线性微分方程在给定初始条件下的特解.

(1) $y'' - 3y' + 2y = 5$, $y|_{x=0} = 1$, $y'|_{x=0} = 2$；

(2) $y'' - y = 4xe^x$, $y|_{x=0} = 0$, $y'|_{x=0} = 1$；

(3) $y'' + y = e^x \cos x$, $y|_{x=\frac{\pi}{2}} = 0$, $y'|_{x=\frac{\pi}{2}} = 0$；

(4) $y'' - 6y' + 25y = 2\sin x + 3\cos x$, $y|_{x=0} = \frac{1}{2}$, $y'|_{x=0} = 1$；

(5) $y'' + y = -\sin 2x$，$y|_{x=\pi} = 1$，$y'|_{x=\pi} = 1$；

(6) $y'' - 4y' = 5$，$y|_{x=0} = 1$，$y'|_{x=0} = 0$.

*第六节 差分方程

到目前为止，我们研究的变量基本上是属于连续变化的类型. 但在经济与管理或其他实际问题中，大多数变量是以定义在整数集上的数列形式变化的，例如，银行中的定期存款按所设定的时间等间隔计息，国家的财政预算按年制定等. 通常称这类变量为离散型变量. 根据客观事物的运行机理和规律，我们可以得到在不同取值点上的各离散型变量之间的关系，如递推关系、时滞关系. 描述各离散型变量之间关系的数学模型称为离散型模型，求解这类模型可以得知各个离散型变量的运行规律.

本节将简单介绍在经济学和管理科学中最常见的一种以整数列为自变量的函数以及相关的离散型数学模型——差分方程.

一、差分的概念及性质

定义 1 设函数 $y = f(t)$ 记为 y_t，称改变量 $y_{t+1} - y_t$ 为函数 y_t 的差分，也称为函数 y_t 的一阶差分，记为 Δy_t，即

$$\Delta y_t = y_{t+1} - y_t \text{ 或 } \Delta y(t) = y(t+1) - y(t),$$

一阶差分的差分称为二阶差分，记为 $\Delta^2 y_t$，即

$$\Delta^2 y_t = \Delta(\Delta y_t) = \Delta y_{t+1} - \Delta y_t = (y_{t+2} - y_{t+1}) - (y_{t+1} - y_t) = y_{t+2} - 2y_{t+1} + y_t,$$

类似可定义三阶差分，四阶差分，…，即

$$\Delta^3 y_t = \Delta(\Delta^2 y_t), \ \Delta^4 y_t = \Delta(\Delta^3 y_t), \cdots,$$

二阶及二阶以上的差分统称为高阶差分.

根据定义可知差分具有如下性质：

性质 1 $\Delta(Cy_t) = C\Delta y_t$ （C 为常数）；

性质 2 $\Delta(y_t \pm z_t) = \Delta y_t \pm \Delta z_t$；

性质 3 $\Delta(y_t z_t) = z_t \Delta y_t + y_{t+1}\Delta z_t$；

性质 4 $\Delta\left(\dfrac{y_t}{z_t}\right) = \dfrac{z_t \Delta y_t - y_t \Delta z_t}{z_{t+1} \cdot z_t}(z_t \neq 0)$.

我们仅以性质 3 为例进行证明，其余请读者自行验证.

证明 $\Delta(y_t z_t) = y_{t+1}z_{t+1} - y_t z_t = y_{t+1}z_{t+1} - y_{t+1}z_t + y_{t+1}z_t - y_t z_t$
$$= y_{t+1}(z_{t+1} - z_t) + z_t(y_{t+1} - y_t) = y_{t+1}\Delta z_t + z_t \Delta y_t.$$

【例 8-28】 已知 $y_t = t^2 + 2t - 3$，求 Δy_t，$\Delta^2 y_t$.

解 $\Delta y_t = y_{t+1} - y_t = [(t+1)^2 + 2(t+1) - 3] - (t^2 + 2t - 3) = 2t + 3$，

$\Delta^2 y_t = \Delta(\Delta y_t) = y_{t+2} - 2y_{t+1} + y_t$
$$= [(t+2)^2 + 2(t+2) - 3] - 2[(t+1)^2 + 2(t+1) - 3] + t^2 + 2t - 3 = 2.$$

二、差分方程的概念

定义 2 含有自变量 t，未知函数 y_t，以及 y_t 的差分 Δy_t，$\Delta^2 y_t$，… 的函数方程，称为

差分方程. 差分方程中所含未知函数差分的最高阶数称为该差分方程的阶.

n 阶差分方程的一般形式为

$$F(t, y_t, \Delta y_t, \Delta^2 y_t, \cdots, \Delta^n y_t) = 0, \tag{8-16}$$

其中 $F(t, y_t, \Delta y_t, \Delta^2 y_t, \cdots, \Delta^n y_t)$ 为 $t, y_t, \Delta y_t, \Delta^2 y_t, \cdots, \Delta^n y_t$ 的已知函数, 且至少 $\Delta^n y_t$ 要在式中出现.

利用差分定义式, 差分方程 (8-16) 可转化为函数 y_t 在不同时刻的取值的关系式, 于是差分方程可以定义如下.

定义 3　含有自变量 t 和未知函数的两个或两个以上函数值 y_t, y_{t+1}, $\cdots$ 的函数方程, 称为**差分方程**. 差分方程中未知函数下标的最大值与最小值的差数称为**差分方程的阶**.

n 阶差分方程的一般形式为

$$F(t, y_t, y_{t+1}, y_{t+2}, \cdots, y_{t+n}) = 0, \tag{8-17}$$

其中 $F(t, y_t, y_{t+1}, y_{t+2}, \cdots, y_{t+n})$ 为 $t, y_t, y_{t+1}, y_{t+2}, \cdots, y_{t+n}$ 的已知函数, 且 y_t 和 y_{t+n} 一定要在式中出现.

定义 4　若差分方程中所含未知函数及未知函数的各阶差分均为一次的, 则称该差分方程为线性差分方程.

线性差分方程的一般形式为

$$y_{t+n} + a_1(t)y_{t+n-1} + \cdots + a_{n-1}(t)y_{t+1} + a_n(t)y_t = f(t),$$

其特点是 $y_{t+n}, y_{t+n-1}, \cdots, y_t$ 都是一次的.

在经济学和管理科学中涉及的差分方程通常是形如式 (8-17) 的方程. 本书只讨论定义 3 这一形式的差分方程.

差分方程的不同形式可以互相转化.

例如, 二阶差分方程 $y_{t+2} - 2y_{t+1} - y_t = 3^t$ 可转化为 $\Delta^2 y_t - 2y_t = 3^t$, 事实上, 原差分方程左边可写成

$$(y_{t+2} - y_{t+1}) - (y_{t+1} - y_t) - 2y_t = \Delta y_{t+1} - \Delta y_t - 2y_t = \Delta^2 y_t - 2y_t,$$

所以, 原差分方程可以化为 $\Delta^2 y_t - 2y_t = 3^t$.

注：差分方程的两个定义不是完全等价的. 例如方程 $\Delta^2 y_t + \Delta y_t = 0$, 按照定义 2 应是二阶差分方程. 若改写为

$$\Delta^2 y_t + \Delta y_t = (y_{t+2} - 2y_{t+1} + y_t) + (y_{t+1} - y_t) = y_{t+2} - y_{t+1} = 0,$$

按照定义 3 这个方程应是一阶差分方程.

定义 5　满足差分方程的函数称为该**差分方程的解**.

如果差分方程的解中含有相互独立的任意常数的个数恰好等于方程的阶数, 则称这个解为该差分方程的**通解**.

我们往往要根据系统在初始时刻所处的状态对差分方程附加一定的条件, 这种附加条件称为**初始条件**, 满足初始条件的解称为**特解**.

例如, 设有差分方程 $y_{t+1} - y_t = 2$, 把函数 $y_t = 15 + 2t$ 代入此方程, 有

$$左边 = y_{t+1} - y_t = [15 + 2(t+1)] - (15 + 2t) = 2 = 右边,$$

所以 $y_t = 15 + 2t$ 是该方程的解.

同样可验证 $y_t = 2t + C$ (C 为任意常数) 也是该差分方程的解, 并且是它的通解.

【例8-29】 设差分方程 $y_{t+1} - 3y_t = 3^t$，验证 $y_t = C3^t + \dfrac{t}{3} \cdot 3^t$ 是否为差分方程的通解，并求满足条件 $y_0 = 5$ 的特解.

解　将 $y_t = C3^t + \dfrac{t}{3} \cdot 3^t$ 代入原方程，有

$$\text{左边} = C3^{t+1} + \frac{1}{3}(t+1)3^{t+1} - 3\left(C3^t + \frac{t}{3}3^t\right) = 3^t = \text{右边},$$

所以，$y_t = C3^t + \dfrac{t}{3} \cdot 3^t$ 是方程的解，且含任意常数 C，故为方程的通解.

将 $y_0 = 5$ 代入得 $C = 5$，于是所求特解为 $y = 5 \cdot 3^t + \dfrac{t}{3} \cdot 3^t$.

由例 8-29 可看出，已知通解求特解时，需要给出确定通解中常数取值的条件，称为**定解条件**. 对于 k 阶差分方程，要确定 k 个任意常数的值，应有 k 个条件，常见的定解条件是初始条件：

$$y_0 = a_0, \quad y_1 = a_1, \quad \cdots, \quad y_{k-1} = a_{k-1}.$$

如果将例 8-29 中的方程改为 $y_{t+3} - 3y_{t+2} = 3^{t+2}$，可以验证 $y_t = C3^t + \dfrac{t}{3} \cdot 3^t$ 仍为变形后的方程的解. 这是因为方程在变形过程中各项之间的时间差没有改变，也即差分方程的时滞结构没有改变. 一般情况下，在不改变差分方程时滞结构的条件下，将 k 的计算时间向前或向后移动一个相同的时间间隔，所得到的方程与原方程等价. 利用这个结论，求解差分方程时，可以将方程作适当整理，且讨论解的表达式时，只考虑 $k = 0,1,2,\cdots$ 的情况.

在前面的讨论中可以看到，差分方程和差分方程解的概念与微分方程十分相似. 事实上，微分与差分都是描述变量变化的状态，只是前者描述的是连续变化过程，后者描述的是离散变化过程. 在取单位时间为 1，且单位时间间隔很小的情况下 $\Delta y_t = f(t+1) - f(t) \approx \mathrm{d}y = \dfrac{\mathrm{d}y}{\mathrm{d}t} \Delta t = \dfrac{\mathrm{d}y}{\mathrm{d}t}$，即差分可看作连续变化的一种近似. 因此，差分方程和微分方程无论在方程结构、解的结构，还是在求解方法上都有很多相似的地方. 下面我们主要介绍几种简单的一阶常系数线性差分方程和二阶常系数齐次线性差分方程的解法.

三、一阶常系数线性差分方程

一阶常系数线性差分方程的一般形式为

$$y_{t+1} - py_t = f(t), \tag{8-18}$$

其中 p 为非零常数，$f(t)$ 为已知函数. 如果 $f(t) = 0$，则方程变为

$$y_{t+1} - py_t = 0. \tag{8-19}$$

式（8-19）称为**一阶常系数齐次线性差分方程**. 相应地，式（8-18）称为**一阶常系数非齐次线性差分方程**.

1. 一阶常系数齐次线性差分方程的通解

把方程（8-19）写作 $y_{t+1} = py_t$，假设在初始时刻，即 $t = 0$ 时，函数 y_t 取任意常数 C. 分别以 $t = 0,1,2,\cdots$ 代入上式，得

$$y_1 = py_0 = pC, \quad y_2 = py_1 = p^2 C, \quad \cdots,$$

$$y_t = p^t y_0 = p^t C \qquad t = 0, 1, 2, \cdots.$$

最后一式就是方程（8-19）的通解．特别地，当 $p = 1$ 时，方程（8-19）的通解为：

$$y_t = C, \ t = 0, 1, 2, \cdots.$$

【**例 8-30**】 求差分方程 $y_{t+1} - 3y_t = 0$ 的通解．

解 利用公式 $y_t = Cp^t$，得所给方程的通解为：$y_t = C3^t$（C 为任意常数）．

2. 一阶常系数非齐次线性差分方程的通解

定理 设 $\tilde{y}_t$ 是方程（8-19）的通解，y_t^* 是方程（8-18）的一个特解，则 $y = \tilde{y}_t + y_t^*$ 是方程（8-18）的通解．

证明略．

下面对右端 $f(t)$ 的几种特殊形式给出求特解 y_t^* 的方法，进而给出方程（8-18）通解的形式．一般情况下，方程（8-18）的特解可以用迭代法和待定系数法求得．

1）$f(t) = b$（b 为非零常数）

此时，方程（8-18）可写作：$y_{t+1} = py_t + b$.

迭代法：设给定初始条件 y_0，可按如下迭代法求得特解 y_t^*.

分别以 $t = 0, 1, 2, \cdots$ 代入上式，得

$$\begin{cases} y_1^* = py_0 + b \\ y_2^* = py_1^* + b = p^2 y_0 + b(1 + p) \\ y_3^* = py_2^* + b = p^3 y_0 + b(1 + p + p^2) \\ \cdots \\ y_t^* = p^t y_0 + b(1 + p + p^2 + \cdots + p^{t-1}). \end{cases}$$

上式可归结为两种情况：

（1）当 $p \neq 1$ 时，由等比级数求和公式，得

$$1 + p + p^2 + \cdots + p^{t-1} = \frac{1 - p^t}{1 - p}, \ t = 0, 1, 2, \cdots;$$

（2）当 $p = 1$ 时，则 $1 + p + p^2 + \cdots + p^{t-1} = t$.

综上可知，对于给定初始条件 y_0，差分方程 $y_{t+1} - py_t = b$ 有特解：

$$y_t^* = \begin{cases} \left(y_0 - \dfrac{b}{1-p}\right)p^t + \dfrac{b}{1-p}, & p \neq 1 \\ y_0 + bt, & p = 1 \end{cases} \qquad t = 0, 1, 2, \cdots,$$

其中 $y_0 - \dfrac{b}{1-p}$ 是给定初始条件下的固定常数．

待定系数法：设方程 $y_{t+1} - py_t = b$ 具有形如 $y_t^* = kt^s$ 的特解．

当 $p \neq 1$ 时，取 $s = 0$，代入方程 $y_{t+1} - py_t = b$，得 $k - pk = b$，即 $k = \dfrac{b}{1-p}$，也就是方程的特解为：$y_t^* = \dfrac{b}{1-p}$. 由前面的讨论可知，对应的一阶齐次线性差分方程 $y_{t+1} - py_t = 0$ 的通解为 $\tilde{y}_t = Cp^t$（C 为任意常数）．

于是，当 $p \neq 1$ 时，方程 $y_{t+1} - py_t = b$ 的通解为

$$y_t = \tilde{y}_t + y_t^* = \frac{b}{1-p} + Cp^t \qquad (C \text{ 为任意常数}).$$

当 $p = 1$ 时，取 $s = 1$，将 $y_t^* = kt$ 代入方程 $y_{t+1} - py_t = b$，得 $k = b$，即方程的特解为：$y_t^* = bt$. 对应的齐次方程的通解为 $\tilde{y}_t = C$.

于是，当 $p = 1$ 时，方程 $y_{t+1} - py_t = b$ 的通解为

$$y_t = bt + C \qquad (C \text{ 为任意常数}).$$

综上可知，方程 $y_{t+1} - py_t = b$ 的通解为

$$y_t = \begin{cases} \dfrac{b}{1-p} + Cp^t, & p \neq 1 \\ bt + C, & p = 1 \end{cases}, \quad t = 0, 1, 2, \cdots. \tag{8-20}$$

【例 8-31】 求解差分方程 $y_{t+1} - \dfrac{2}{3}y_t = \dfrac{1}{5}$ 的通解.

解　由于 $p = \dfrac{2}{3}$，$b = \dfrac{1}{5}$，$\dfrac{b}{1-p} = \dfrac{3}{5}$. 由通解公式（8-20）知，差分方程的通解为

$$y_t = C\left(\frac{2}{3}\right)^t + \frac{3}{5} \qquad (C \text{ 为任意常数}),$$

2）$f(t) = ab^t$（a，b 为非零常数且 $b \neq 1$）

此时，方程（8-18）可写作：$y_{t+1} - py_t = ab^t$.

（1）当 $b \neq p$ 时，设 $y_t^* = kb^t$ 是方程（8-18）的特解，其中 k 为待定系数，将其代入方程（8-18）中，得

$$kb^{t+1} - pkb^t = ab^t,$$

解得

$$k = \frac{a}{b-p}.$$

于是，所求的特解为

$$y_t^* = \frac{a}{b-p}b^t,$$

所以，当 $b \neq p$ 时，方程（8-18）的通解为

$$y_t = Cp^t + \frac{a}{b-p}b^t.$$

（2）当 $b = p$ 时，设 $y_t^* = ktb^t$ 为方程（8-18）的特解，代入方程（8-18），得 $k = \dfrac{a}{b}$.

所以，当 $b = p$ 时，方程（8-18）的通解为

$$y_t = Cp^t + atb^{t-1} \qquad (C \text{ 为任意常数}).$$

综上可知，方程 $y_{t+1} - py_t = ab^t$ 的通解为

$$y_t = \begin{cases} \dfrac{ab^t}{b-p} + Cp^t, & b \neq p \\ atb^{t-1} + Cp^t, & b = p \end{cases}, \quad t = 0, 1, 2, \cdots. \tag{8-21}$$

【例 8-32】 求差分方程 $y_{t+1} + y_t = 2^t$ 的通解.

解　由于 $p = -1$，$a = 1$，$b = 2$. 由通解公式（8-21）知，非齐次线性差分方程的通解为

$$y_t = C(-1)^t + \frac{1}{3}2^t,$$

其中 C 为任意常数.

【例8-33】 求差分方程 $y_{t+1} - \frac{1}{2}y_t = \left(\frac{5}{2}\right)^t$ 在初始条件 $y_0 = 5$ 下的特解.

解 由于 $p = \frac{1}{2}$, $a = 1$, $b = \frac{5}{2}$. 由通解公式（8-21）知，非齐次线性差分方程的通解为

$$y_t = C\left(\frac{1}{2}\right)^t + \frac{1}{2}\left(\frac{5}{2}\right)^t,$$

其中 C 为任意常数. 将初始条件 $y_0 = 5$ 代入上式，得 $C = \frac{9}{2}$，故所求原方程的特解为

$$y_t = \frac{9}{2}\left(\frac{1}{2}\right)^t + \frac{1}{2}\left(\frac{5}{2}\right)^t,$$

3) $f(t) = at^n$（a 为非零常数，n 为正整数）

此时，方程（8-18）可写作：$y_{t+1} - py_t = at^n$.

(1) 当 $p \neq 1$ 时，设 $y_t^* = B_0 + B_1 t + B_2 t^2 + \cdots + B_n t^n$ 为方程（8-18）的特解，其中 B_i（$i = 0, 1, \cdots, n$）为待定系数，将其代入方程（8-18）中，比较 n 的同次幂系数可以确定出这些待定系数.

(2) 当 $p = 1$ 时，设 $y_t^* = t(B_0 + B_1 t + B_2 t^2 + \cdots + B_n t^n)$ 为方程（8-18）的特解，其中 B_i（$i = 0, 1, \cdots, n$）为待定系数，将其代入方程（8-18）中，比较 n 的同次幂系数可以确定出这些待定系数.

【例8-34】 求差分方程 $y_{t+1} - 2y_t = 3t^2$ 的通解.

解 设所给方程的特解为 $y_t^* = B_0 + B_1 t + B_2 t^2$. 将 y_t^* 代入所给方程，得

$$B_0 + B_1(t+1) + B_2(t+1)^2 - 2B_0 - 2B_1 t - 2B_2 t^2 = 3t^2,$$

整理得

$$(-B_0 + B_1 + B_2) + (-B_1 + 2B_2)t - B_2 t^2 = 3t^2.$$

比较两端同次幂的系数，得

$$\begin{cases} -B_0 + B_1 + B_2 = 0 \\ -B_1 + 2B_2 = 0 \\ -B_2 = 3, \end{cases}$$

解得

$$B_0 = -9, \quad B_1 = -6, \quad B_2 = -3.$$

于是，所给方程的特解为

$$y_t^* = -9 - 6t - 3t^2,$$

而相应齐次方程的通解为 $C2^t$，于是得所给差分方程的通解为

$$y_t = -9 - 6t - 3t^2 + C2^t \quad （C \text{ 为任意常数}）.$$

*四、二阶常系数线性差分方程

二阶常系数线性差分方程的一般形式为

$$y_{t+2} + ay_{t+1} + by_t = f(t), \tag{8-22}$$

其中 a，b 为非零常数，$f(t)$ 为已知函数. 如果 $f(t) = 0$，则方程变为

$$y_{t+2} + ay_{t+1} + by_t = 0, \tag{8-23}$$

式 (8-23) 称为**二阶常系数齐次线性差分方程**. 相应地，式 (8-22) 称为**二阶常系数非齐次线性差分方程**.

与一阶常系数线性差分方程类似，二阶常系数线性差分方程的通解等于其任一特解 $\tilde{y}_t$ 与相应齐次方程的通解 y_t^* 之和，即 $y_t = \tilde{y}_t + y_t^*$.

这里我们只介绍二阶常系数齐次线性差分方程 (8-23) 的解法. 与二阶常系数齐次线性微分方程类似，我们称

$$\lambda^2 + a\lambda + b = 0 \tag{8-24}$$

为差分方程 (8-23) 的**特征方程**. 方程 (8-24) 的两个根 λ_1，λ_2 称为差分方程 (8-23) 的**特征根**. 并且同二阶常系数齐次线性微分方程类似，方程 (8-23) 的通解根据它的特征根 λ_1，λ_2 的可能情形有以下三种形式.

(1) λ_1，λ_2 是两个不同的实根时，方程 (8-23) 的通解为

$$y_t = C_1 \lambda_1^t + C_2 \lambda_2^t,$$

其中 C_1，C_2 为任意常数.

(2) $\lambda_1 = \lambda_2$ 是重根时，方程 (8-23) 的通解为

$$y_t = (C_1 + C_2 t)\lambda^t,$$

其中 $\lambda = \lambda_1 = \lambda_2$，$C_1$，$C_2$ 为任意常数.

(3) $\lambda_1 = \alpha + i\beta$，$\lambda_2 = \alpha - i\beta$ 是一对共轭复根时，λ_1，λ_2 可以写成复指数形式：

$$\lambda_1 = re^{i\theta}, \quad \lambda_2 = re^{-i\theta},$$

其中 $r = \sqrt{\alpha^2 + \beta^2}$ 是 λ_1，λ_2 的模长，$\theta \in \left(-\dfrac{\pi}{2}, \dfrac{\pi}{2}\right)$ 满足：$\tan\theta = \dfrac{\beta}{\alpha}$，$\alpha = 0$ 时 $\theta = \dfrac{\pi}{2}$.

当 $\alpha = 0$，$\beta < 0$ 时，$\theta = -\dfrac{\pi}{2}$，方程 (8-23) 的通解为

$$y_t = r^t(C_1 \cos\theta t + C_2 \sin\theta t),$$

其中 C_1，C_2 为任意常数.

【例 8-35】 求差分方程 $y_{t+2} + 4y_{t+1} - 5y_t = 0$ 的通解.

解　特征方程为 $\lambda^2 + 4\lambda - 5 = 0$，解得两个相异实根 $\lambda_1 = 1$，$\lambda_2 = -5$. 于是，原方程的通解为

$$y_t = C_1 + C_2(-5)^t,$$

其中 C_1，C_2 为任意常数.

【例 8-36】 求差分方程 $y_{t+2} - 10y_{t+1} + 25y_t = 0$ 的通解.

解　特征方程为 $\lambda^2 - 10\lambda + 25 = 0$，解得两个相等实根 $\lambda_1 = \lambda_2 = 5$. 于是，原方程的通解为

$$y_t = (C_1 + C_2 t)5^t,$$

其中 C_1，C_2 为任意常数.

【例 8-37】 求差分方程 $y_{t+2} - 2y_{t+1} + 5y_t = 0$ 的通解.

解　特征方程为 $\lambda^2 - 2\lambda + 5 = 0$，解得特征根 $\lambda_1 = 1 + 2i$，$\lambda_2 = 1 - 2i$. 于是，原方程的

通解为

$$y_t = r^t(C_1 \cos \theta t + C_2 \sin \theta t),$$

其中 $r = \sqrt{5}$，$\theta = \arctan 2$，C_1，C_2 为任意常数.

*五、差分方程在经济学中的应用——筹措教育经费模型

某家庭从现在着手从每月工资中拿出一部分资金存入银行，用于投资子女的教育. 并计划 20 年后开始从投资账户中每月支取 1 000 元，直到 10 年后子女大学毕业用完全部资金. 要实现这个投资目标，20 年内共要筹措多少资金? 每月要向银行存入多少钱? 假设投资的月利率为 0.5%.

设第 n 个月投资账户资金为 S_n 元，每月存入资金为 a 元. 于是，20 年后关于 S_n 的差分方程模型为:

$$S_{n+1} = 1.005 S_n - 1\ 000, \quad 并且 S_{120} = 0，S_0 = x.$$

解上式得通解为

$$S_n = 1.005^n C - \frac{1\ 000}{1 - 1.005} = 1.005^n C + 200\ 000,$$

以及

$$S_{120} = 1.005^{120} C + 200\ 000 = 0$$
$$S_0 = C + 200\ 000 = x,$$

从而有

$$x = 200\ 000 - \frac{200\ 000}{1.005^{120}} = 90\ 073.45,$$

从现在到 20 年内，S_n 满足的差分方程为: $S_{n+1} = 1.005 S_n + a$，且 $S_0 = 0$，$S_{240} = 90\ 073.45$.

解之得通解为

$$S_n = 1.005^n C + \frac{a}{1 - 1.005} = 1.005^n C - 200a,$$

以及

$$S_{240} = 1.005^{240} C - 200a = 90\ 073.45,$$
$$S_0 = C - 200a = 0,$$

从而有

$$a = 194.95,$$

即要达到投资目标，20 年内要筹措资金 90 073.45 元，平均每月要存入银行 194.95 元.

习题 8-6

1. 确定下列差分方程的阶.

(1) $y_{t+3} - t^2 y_{t+1} + 5 y_t = 6$；　　　　　　(2) $y_{t-2} - y_{t-4} = y_{t+2}$.

2. 验证函数 $y_t = C_1 + C_2 2^t$ 是差分方程 $y_{t+2} - 2 y_{t+1} + 2 y_t = 0$ 的解，并求 $y_0 = 1$，$y_1 = 3$ 时方程的特解.

3. 求下列差分方程的通解.

(1) $y_{t+1} - 2 y_t = 0$；　　　　　　　　　(2) $y_{t+1} + y_t = 0$；

（3）$y_{t+1} - y_t = t$；　　　　　　　　　　（4）$y_{t+1} - y_t = 2t^2$；

（5）$y_{t+1} + y_t = 2^t$；　　　　　　　　　（6）$y_{t+1} - 2y_t = 2^t$.

4. 求下列差分方程在给定初始条件下的特解.

（1）$y_{t+1} - y_t = 3$，$y_0 = 2$；　　　　　（2）$2y_{t+1} + y_t = 0$，$y_0 = 3$；

（3）$8y_{t+1} + 4y_t = 3$，$y_0 = \dfrac{1}{2}$；　　　（4）$y_{t+1} + 2y_t = 2^t$，$y_0 = \dfrac{4}{3}$.

5. 求下列二阶齐次线性差分方程的通解.

（1）$y_{t+2} - 7y_{t+1} + 12y_t = 0$；　　　　（2）$y_{t+2} - y_{t+1} - y_t = 0$；

（3）$y_{t+2} - 6y_{t+1} + 9y_t = 0$；　　　　　（4）$y_{t+2} + 4y_t = 0$；

（5）$y_{t+2} - 3y_{t+1} - 4y_t = 0$；　　　　　（6）$y_{t+2} - 2y_{t+1} + 4y_t = 0$.

6. 求下列二阶齐次线性差分方程在给定初始条件下的特解.

（1）$y_{t+2} + 2y_{t+1} - 3y_t = 0$，$y_0 = -1$，$y_1 = 1$；

（2）$y_{t+2} - 4y_{t+1} + 16y_t = 0$，$y_0 = 0$，$y_1 = 1$；

（3）$y_{t+2} - 2y_{t+1} + 2y_t = 0$，$y_0 = 2$，$y_1 = 2$.

*第七节　微分方程在经济学中的应用

微分方程在经济学中有着广泛的应用，有关经济量的变化、变化率问题常转化为微分方程的定解问题. 一般应先根据某个经济法则或某种经济假说建立一个数学模型，即以所研究的经济量为未知函数，时间 t 为自变量的微分方程模型，然后求解微分方程，通过求得的解来解释相应的经济量的意义或规律，最后作出预测或决策，下面介绍微分方程在经济学中的几个简单应用.

一、供需均衡的价格调整模型

在完全竞争的市场条件下，商品的价格由市场的供求关系决定，或者说，某商品的供给量 S 及需求量 D 与该商品的价格有关，为简单起见，假设供给函数与需求函数分别为

$$S = a_1 + b_1 P, \quad D = a - bP,$$

其中 a_1，b_1，a，b 均为常数，且 $b_1 > 0$，$b > 0$；P 为实际价格.

供需均衡的静态模型为

$$\begin{cases} D = a - bP \\ S = a_1 + b_1 P \\ D(P) = S(P). \end{cases}$$

显然，静态模型的均衡价格为

$$P_e = \frac{a - a_1}{b + b_1}.$$

对于产量不能轻易扩大、生产周期相对较长的商品，瓦尔拉（Walras）假设：超额需求 $[D(P) - S(P)]$ 为正时，未被满足的买方愿出高价，供不应求的卖方将提价，因而价格上涨；反之，价格下跌，因此，t 时刻价格的变化率与超额需求 $D - S$ 成正比，即 $\dfrac{\mathrm{d}P}{\mathrm{d}t} - k(D - S)$，于

是，瓦尔拉假设下的动态模型为

$$\begin{cases} D = a - bP(t) \\ S = a_1 + b_1 P(t) \\ \dfrac{dP}{dt} = k[D(P) - S(P)], \end{cases}$$

整理上述模型得

$$\frac{dP}{dt} = \lambda(P_e - P),$$

其中 $\lambda = k(b + b_1) > 0$，这个方程的通解为

$$P(t) = P_e + Ce^{-\lambda t}.$$

假设初始价格为 $P(0) = P_0$，代入上式得，$C = P_0 - P_e$，于是动态价格调整模型的解为

$$P(t) = P_e + (P_0 - P_e)e^{-\lambda t},$$

由于 $\lambda > 0$，故

$$\lim_{t \to +\infty} P(t) = P_e.$$

这表明，随着时间的不断延续，实际价格 $P(t)$ 将逐渐趋于均衡价格 P_e.

二、索洛新古典经济增长模型

设 $Y(t)$ 表示时刻 t 的国民收入，$K(t)$ 表示时刻 t 的资本存量，$L(t)$ 表示时刻 t 的劳动力，索洛曾提出如下的经济增长模型：

$$\begin{cases} Y = f(K, L) = Lf(r, 1) \\ \dfrac{dK}{dt} = sY(t) \\ L = L_0 e^{\lambda t} \end{cases},$$

其中，s 为储蓄率 $(s > 0)$；λ 为劳动力增长率 $(\lambda > 0)$；L_0 表示初始劳动力 $(L_0 > 0)$；$r = \dfrac{K}{L}$ 称为资本劳力比，表示单位劳动力平均占有的资本数量. 将 $K = rL$ 两边对 t 求导，并利用 $\dfrac{dL}{dt} = \lambda L$，有

$$\frac{dK}{dt} = L\frac{dr}{dt} + r\frac{dL}{dt} = L\frac{dr}{dt} + \lambda rL.$$

又由模型中的方程可得

$$\frac{dK}{dt} = sLf(r, 1),$$

于是有

$$\frac{dr}{dt} + \lambda r = sf(r, 1), \tag{8-25}$$

取生产函数为柯布-道格拉斯函数，即

$$f(K, L) = A_0 K^a L^{1-a} = A_0 L r^a,$$

其中 $A_0 > 0$，$0 < a < 1$，均为常数.

易知 $f(r, 1) = A_0 r^a$，将其代入式 (8-25) 中得

$$\frac{\mathrm{d}r}{\mathrm{d}t} + \lambda r = sA_0 r^a, \tag{8-26}$$

方程两边同除以 r^a，便有

$$r^{-a}\frac{\mathrm{d}r}{\mathrm{d}t} + \lambda r^{1-a} = sA_0,$$

令 $r^{1-a} = z$，则 $\dfrac{\mathrm{d}z}{\mathrm{d}t} = (1-a)r^{-a}\dfrac{\mathrm{d}r}{\mathrm{d}t}$，上述方程可变为

$$\frac{\mathrm{d}z}{\mathrm{d}t} + (1-a)\lambda z = sA_0(1-a),$$

这是关于 z 的一阶非齐次线性方程，其通解为

$$z = Ce^{-\lambda(1-a)t} + \frac{sA_0}{\lambda} \quad (C \text{ 为任意常数}).$$

以 $z = r^{1-a}$ 代入后整理得

$$r(t) = \left[Ce^{-\lambda(1-a)t} + \frac{sA_0}{\lambda} \right]^{\frac{1}{1-a}},$$

当 $t = 0$ 时，若 $r(0) = r_0$，则有

$$C = r_0^{1-a} - \frac{s}{\lambda}A_0,$$

于是有

$$r(t) = \left[\left(r_0^{1-a} - \frac{s}{\lambda}A_0 \right)e^{-\lambda(1-a)t} + \frac{sA_0}{\lambda} \right]^{\frac{1}{1-a}},$$

因此

$$\lim_{t\to\infty} r(t) = \left(\frac{s}{\lambda}A_0 \right)^{\frac{1}{1-a}}.$$

事实上，我们在式 (8-26) 中，令 $\dfrac{\mathrm{d}r}{\mathrm{d}t} = 0$，可得其均衡值 $r_e = \left(\dfrac{s}{\lambda}A_0 \right)^{\frac{1}{1-a}}$.

三、新产品的推广模型

设有某种新产品要推向市场，t 时刻的销量为 $x(t)$，由于产品的良好性能，即每个产品都是一个宣传品，因此 t 时刻产品销售的增长率 $\dfrac{\mathrm{d}x}{\mathrm{d}t}$ 与 $x(t)$ 成正比，同时，考虑到产品销售存在一定的市场容量 N，统计表明 $\dfrac{\mathrm{d}x}{\mathrm{d}t}$ 与尚未购买该产品的潜在顾客的数量 $N - x(t)$ 也成正比，于是有

$$\frac{\mathrm{d}x}{\mathrm{d}t} = kx(N-x), \tag{8-27}$$

其中 k 为比例系数，分离变量积分，可以解得

$$x(t) = \frac{N}{1 + Ce^{-kNt}}. \tag{8-28}$$

方程 (8-27) 也称为逻辑斯谛模型，通解表达式 (8-28) 也称为逻辑斯谛曲线.

由于

$$\frac{\mathrm{d}x}{\mathrm{d}t} = \frac{CN^2 k e^{-kNt}}{(1 + Ce^{-kNt})^2},$$

以及

$$\frac{\mathrm{d}^2 x}{\mathrm{d}t^2} = \frac{CN^3 k^2 e^{-kNt}(Ce^{-kNt} - 1)}{(1 + Ce^{-kNt})^3},$$

当 $x(t*) < N$ 时，则有 $\frac{\mathrm{d}x}{\mathrm{d}t} > 0$，即销量 $x(t)$ 单调增加. 当 $x(t*) = \frac{N}{2}$ 时，$\frac{\mathrm{d}^2 x}{\mathrm{d}t^2} = 0$；当 $x(t*) > \frac{N}{2}$ 时，$\frac{\mathrm{d}^2 x}{\mathrm{d}t^2} < 0$；当 $x(t*) < \frac{N}{2}$ 时，$\frac{\mathrm{d}^2 x}{\mathrm{d}t^2} > 0$. 即当销量达到最大需求量 N 的一半时，产品最为畅销，当销量不足 N 一半时，销售速度不断增大，当销量超过一半时，销售速度逐渐减小.

国内外许多经济学家调查表明，许多产品的销售曲线与式（8-28）的曲线十分接近，根据对曲线性状的分析，许多分析家认为，在新产品推出的初期，应采用小批量生产并加强广告宣传，而在产品用户达到 20%～80% 期间，产品应大批量生产，在产品用户超过 80% 时，应适时转产，可以达到最大的经济效益.

数学模型是经济学分析的一个重要的工具，从某种意义上说也是唯一的工具. 是经济学问题就一定会涉及定量和变量，而想要处理这些量就一定需要数学工具，没有其他办法. 人脑的分析虽然在经济决策中占了一定的分量，但那是一连串经济处理流程中的下游加工. 人脑的分析必须是建立在大量数据上的. 而这些数据的得出是一定离不开数学工具的. 而在现实的经济活动中，定量相比较变量来说，是非常少的，这就更说明一定要借助数学工具来处理这些变量，才能帮助我们更好地解决现实中的经济问题.

习题 8-7

1. 某公司办公用品的月平均成本 C 与公司雇员人数 x 有如下关系：
$$C' = C^2 e^{-x} - 2C,$$
且 $C(0) = 1$，求 $C(x)$.

2. 设 $R = R(t)$ 为小汽车的运行成本，$S = S(t)$ 为小汽车的转卖价值，它满足下列方程：
$$R' = \frac{a}{S}, \quad S' = -bS,$$
其中 a，b 为正的已知常数，若 $R(0) = 0$，$S(0) = S_0$（购买成本），求 $R(t)$ 与 $S(t)$.

3. 设 $D = D(t)$ 为国民债务，$Y = Y(t)$ 为国民收入，它们满足如下关系：
$$D' = \alpha Y + \beta, \quad Y' = \gamma Y,$$
其中 α，β，γ 为正的已知常数.
（1）若 $D(0) = D_0 > 0$，$Y(0) = Y_0 > 0$，求 $D(t)$ 和 $Y(t)$；
（2）求极限 $\lim\limits_{t \to +\infty} \frac{D(t)}{Y(t)}$.

4. 设 $C = C(t)$ 为 t 时刻的消费水平，$I = I(t)$ 为 t 时刻的投资水平，$Y = Y(t)$ 为 t 时刻的国民收入，它们满足下列方程：

$$\begin{cases} Y = C + I \\ C = aY + b, \quad 0 < a < 1,\ b > 0,\ a,\ b\ \text{均为常数} \\ I = kC', \qquad k > 0\ \text{为常数} \end{cases}$$

（1）设 $Y(0) = Y_0$，求 $Y(t)$，$C(t)$，$I(t)$；

（2）求极限 $\lim\limits_{t \to +\infty} \dfrac{Y(t)}{I(t)}$，$\lim\limits_{t \to +\infty} \dfrac{Y(t)}{C(t)}$.

5. 某养殖场在一池塘内养鱼，该池塘最多能养鱼 1 000 条，鱼可以自然繁殖，因此鱼的条数 y 是时间 t 的函数 $y = y(t)$，实验表明，其变化率与池内鱼的条数 y 和池内还能容纳的鱼的条数（1 000-y）的乘积成正比，若开始放养的鱼为 100 条，3 个月后池塘内鱼的数量为 250 条，求放养 t 个月后池塘内鱼的条数 $y(t)$ 的关系式.

本章小结

本章首先介绍微分方程的基本概念，几类一阶微分方程的求解方法：一阶微分方程的分离变量法，一阶齐次微分方程的变量代换法，一阶齐次线性微分方程的公式法，一阶非齐次线性微分方程的常数变易法及公式法和可化为一阶线性方程的伯努利方程法；二阶线性微分方程解的性质及解的结构原理，二阶微分方程的求解方法：三种典型的可降阶二阶微分方程的求解方法以及二阶常系数齐次线性微分方程的特征方程法和两种特殊类型二阶常系数非齐次线性微分方程的待定系数法. 其次，介绍了差分方程的相关概念，一阶常系数线性差分方程的解法，二阶常系数线性差分方程的解法以及差分方程在经济学中的应用——筹措教育经费模型. 最后简单介绍了微分方程在经济学中的应用：供需均衡的价格调整模型，索洛新古典经济增长模型和新产品的推广模型.

一、常微分方程的基本概念

（1）凡表示未知函数、未知函数的导数与自变量之间的关系的方程，称为微分方程. 本书只讨论常微分方程，有时也简称方程.

（2）微分方程中最高阶导数的阶数，称为微分方程的阶.

二、一阶微分方程

（1）可分离变量的微分方程：$f(x)\mathrm{d}x = g(y)\mathrm{d}y$ 或 $y' = \varphi(x)\psi(y)$.

（2）齐次微分方程：$\dfrac{\mathrm{d}y}{\mathrm{d}x} = f\left(\dfrac{y}{x}\right)$.

（3）一阶线性微分方程：

①一阶齐次线性方程 $\dfrac{\mathrm{d}y}{\mathrm{d}x} + P(x)y = 0$；

②一阶非齐次线性方程 $\dfrac{\mathrm{d}y}{\mathrm{d}x} + P(x)y = Q(x)(Q(x) \neq 0)$.

三、可降阶的二阶微分方程

（1）$y'' = f(x)$ 型的微分方程；

（2）$y'' = f(x, y')$ 型的微分方程；

（3）$y'' = f(y, y')$ 型的微分方程.

四、二阶常系数线性微分方程

形如 $y'' + py' + qy = f(x)$ 的方程称为二阶常系数线性微分方程. 其中 p, q 均为实数, $f(x)$ 为已知的连续函数.

（1）二阶常系数齐次线性微分方程.

求二阶常系数齐次线性微分方程通解的步骤如下：

①写出二阶常系数齐次线性微分方程的特征方程 $r^2 + pr + q = 0$；

②求特征方程的两个根 r_1, r_2；

③根据 r_1, r_2 的不同情形, 写出二阶常系数齐次线性微分方程的通解.

（2）二阶常系数非齐次线性微分方程.

五、差分方程

六、微分方程在经济学中的应用

本章重点：（1）可分离变量的微分方程、一阶线性微分方程求解；（2）二阶常系数线性微分方程的解法.

本章难点：（1）$y'' = f(x, y')$ 和 $y'' = f(y, y')$ 两种可降阶的微分方程的解法；（2）差分方程问题求解.

延伸阅读 ▶▶ ▶

传奇的伯努利家族

瑞士的伯努利家族是个传奇的科学家家族, 从 17 到 18 世纪, 伯努利家族的三代人中至少诞生了 8 位学者, 也有人统计出, 伯努利家族的数学家在这一百年间多达十余人. 他们为包括微积分学、流体力学、概率论和统计学在内的应用数学及物理学的基础研究作出了巨大贡献.

很多同学在各种数学书和物理书的各种地方看到各种伯努利, 不由会认为这个叫伯努利的发现了这么多东西. 实际上, 这些伯努利并不是一个人, 而是一个家族.

伯努利家族是瑞士的一个贵族家族, 也是人类历史上很伟大的数学家族, 三代人中出现了 8 位数学家或科学家. 其中最著名的是雅各布·伯努利、约翰·伯努利和丹尼尔·伯努利.

雅各布·伯努利（以下简称雅各布）是老尼古拉·伯努利的长子, 非常喜欢数学, 但是他的父亲不同意. 在父亲百般阻止下, 雅各布还是偷偷学习了数学, 成为数学家. 雅各布喜欢研究曲线, 他的成就有：最速降线问题（也就是悬链线问题）、曲率半径公式、伯努利微分方程、伯努利分布、等周问题、对数螺线以及伯努利数等.

约翰·伯努利（以下简称约翰）是老尼古拉·伯努利的三子, 也就是雅各布的弟弟, 跟他哥哥一样喜欢数学, 他爸也不同意, 他就偷偷向哥哥学习数学. 约翰的成就有：悬链线问题、洛必达法则、测底线问题、积分变量替换法以及弦振动问题等. 约翰的另一大功绩是培养了一大批出色的数学家, 如欧拉、克莱姆、洛必达以及他的二儿子丹尼尔·伯努利和大儿子尼古拉·伯努利二世.

丹尼尔·伯努利（以下简称丹尼尔）是约翰·伯努利的次子, 和他的父亲和叔叔一样迷恋数学，但是同样遭到父亲的反对．为了打击儿子的自信，从而让他远离数学，便让他和自己的得意弟子欧拉一起工作，可是丹尼尔不但没有受打击，还和欧拉共同研究．丹尼尔的成就涉及科学的各个领域，在流体力学方面：提出了伯努利方程和伯努利原理；数学方面他做了大量有关微积分、微分方程和概率论的工作；他还在磁学、天文学、振动理论和生理学上有卓越成就．

在伯努利家族的第三代中，丹尼尔无疑是青出于蓝的那一个，他的贡献集中在微分方程、概率和数学物理，被誉为数学物理方程的开拓者和奠基人．著名的流体动力学定理"伯努利定理"就是他提出的，没有他，就没有现在的飞机．传说丹尼尔有一次在旅途中同一个陌生人闲谈，他自我介绍说："我是丹尼尔·伯努利"．陌生人立即带着讥讽的神情回答道："那我就是艾萨克·牛顿．"这是他有生以来受到过的最诚恳的赞颂，这使他一直到晚年都甚感欣慰．

雅各布生前用了最后两年的光阴完成了一本有关概率的著作的第一份手稿，在他死后，这项成果在约翰的监督下发表了，看上去是理所当然的，但是雅各布的遗孀对这个丈夫的弟弟极其不放心，认为约翰的报复心太重，会毫不犹豫地接受丈夫生前未完成的研究工作，并且占有自己丈夫先前的研究成果．但是这本著作后来成为雅各布取得崇高声誉的核心著作．

由此可见，弟弟约翰没有侵占哥哥雅各布在概率方面作出的巨大贡献．雅各布一生匆匆五十载而已，却用了三十年时间在和自己的弟弟作科学上的争论．但是我们后人纵观全局，总是会发现，正是他们对科学不断的探讨争执，才促进了科学的发展与进步。

在家庭教育上，伯努利家族非常成功，可以说是个奇迹，他们的故事使人相信，家庭的优势积累，可以是优秀人才成长的摇篮．

总习题八

1. 填空题.

（1）$x\dfrac{d^3y}{dx^3}+2x^2\left(\dfrac{dy}{dx}\right)^2+x^3y=x^4+1$ 是_____阶微分方程；

（2）以 $y=C_1e^{2x}+C_2e^{3x}$（C_1，C_2 为任意常数）为通解的微分方程是_____；

（3）已知某二阶常系数非齐次线性差分方程的通解为 $y_t=C_1+C_2 2^t-t$（C_1，C_2 为任意常数），则此差分方程为_____.

2. 选择题.

（1）下列方程中是一阶微分方程的有（　　）；

A. $x(y')^2-2yy'+x=0$ B. $(y'')^2+2(y')^4+x^7+y^5=0$

C. $(x^2-y^2)dx+(x^2+y^2)dy=0$ D. $xy''+2y'=0$

（2）下列等式中是微分方程的有（　　）；

A. $u'v+uv'=(uv)'$ B. $y'=e^x+\sin x$

C. $\dfrac{dy}{dx}+e^x=\dfrac{d(y+e^x)}{dx}$ D. $y''+2y'+4y=0$

（3）下列等式中不是差分方程的有（　　）；

A. $2\Delta y_t-y_t=2$ B. $3\Delta y_t+3y_t=t$

C. $\Delta^2 y_t = 0$ D. $y_t + y_{t-2} = r^2$

(4) 下列差分方程为二阶的是 (　　);

A. $y_{t+2} + 4y_{t+1} + 3y_t = 2^t$ B. $y_{t+2} - 3y_{t+1} = t$

C. $y_{t+2} - 4y_{t+1} = 3$ D. $\Delta^2 y_t = y_t + 3x^2$

(5) 差分方程 $y_t - 3y_{t-1} - 4y_{t-2} = 0$ 的通解是 (　　).

A. $y_t = A4^t$ B. $y_t = B(-1)^t$

C. $y_t = (-1)^t + B4^t$ D. $y_t = A(-1)^t + B4^t$

3. 验证下列各给定函数是其对应微分方程的解.

(1) $y'' - 7y' + 12y = 0$, $y = C_1 e^{2x} + C_2 e^{4x}$;

(2) $y'' + y = 0$, $y = 3\sin x - 4\cos x$;

(3) $y'' + 3y' - 10y = 2x$, $y = C_1 e^{2x} + C_2 e^{-5x} - \dfrac{x}{5} - \dfrac{3}{50}$;

(4) $xyy'' + x(y')^2 + yy' = 0$, $\dfrac{x^2}{C_1} + \dfrac{y^2}{C_2} = 1$.

4. 求下列微分方程的通解.

(1) $(xy^2 + x)dx + (y - x^2 y)dy = 0$;   (2) $(e^{x+y} - e^x)dx + (e^{x+y} + e^y)dy = 0$;

(3) $\dfrac{dy}{dx} = -\dfrac{4x + 3y}{x + y}$;   (4) $(1 + 2e^{\frac{x}{y}})dx + 2e^{\frac{x}{y}}\left(1 - \dfrac{x}{y}\right)dy = 0$;

(5) $xy'\ln x + y = ax(\ln x + 1)$;   (6) $xdy - [y + xy^3(1 + \ln x)]dx = 0$;

(7) $y' + x = \sqrt{x^2 + y}$;   (8) $xdx + ydy = \dfrac{xdy - ydx}{x^2 + y^2}$;

(9) $y' = \dfrac{y}{x} + e^{-\frac{y}{x}}$;   (10) $y' = \dfrac{y}{y - x}$.

5. 求下列各微分方程在给定初始条件下的特解.

(1) $\cos ydx + (1 + e^{-x})\sin ydy = 0$, $y|_{x=0} = \dfrac{\pi}{4}$;

(2) $(x^2 + 2xy - y^2)dx + (y^2 + 2xy - x^2)dy = 0$, $y|_{x=1} = 1$;

(3) $\dfrac{dy}{x} + \dfrac{dx}{y} = 0$, $y|_{x=3} = 4$;

(4) $y^3 dx + 2(x^2 - xy^2)dy = 0$, $y|_{x=1} = 1$;

(5) $\dfrac{dy}{dx} + y\cot x = 5e^{\cos x}$, $y|_{x=\frac{\pi}{2}} = -4$;

(6) $xy' + (1 - x)y = e^{2x}(0 < x < +\infty)$, $\lim\limits_{x \to 0^+} y(x) = 1$.

6. 设连续函数 $y(x)$ 满足方程 $y(x) = \int_0^x y(t)dt + e^x$, 求 $y(x)$.

7. 已知一曲线通过点 $(e, 1)$ 且在曲线上任一点 (x, y) 处的法线的斜率等于 $\dfrac{-x\ln x}{x + y\ln y}$, 求该曲线方程.

8. 求下列微分方程的通解.

(1) $y'' + \sqrt{1 - (y')^2} = 0$;   (2) $yy'' - (y')^2 + y' = 0$;

(3) $2y'' + 5y' = 5x^2 - 2x - 1$；　　　　(4) $y'' + 3y' + 2y = 3xe^{-x}$；

(5) $y'' - 2y' + 5y = e^x \sin 2x$；　　　　(6) $y'' - y = \sin^2 x$；

(7) $y'' + 4y' + 13y = 0$；　　　　(8) $2y'' + y' - y = 2e^x$.

9. 求下列各微分方程在给定初始条件下的特解.

(1) $y'' - 3y' - 4y = 0$，$y\big|_{x=0} = 0$，$y'\big|_{x=0} = -5$；

(2) $y'' - 4y' + 13y = 0$，$y\big|_{x=0} = 0$，$y'\big|_{x=0} = 3$；

(3) $y'' - 2y' + y = 0$，$y\big|_{x=2} = 1$，$y'\big|_{x=2} = -2$；

(4) $2y'' = \sin 2y$，$y\big|_{x=0} = \dfrac{\pi}{2}$，$y'\big|_{x=0} = 1$.

10. 设 $\varphi(x)$ 连续且 $\varphi(x) = e^x + \int_0^x t\varphi(t)\,dt - x\int_0^x \varphi(t)\,dt$，求 $\varphi(x)$.

*11. 求下列差分方程的通解或在给定初始条件下的特解.

(1) $y_{t+1} + 2y_t = 0$；

(2) $y_{t+2} + 2y_{t+1} - 3y_t = 0$；

(3) $y_{t+1} + y_t = 2^t$，$y_0 = \dfrac{7}{3}$；

(4) $y_{t+2} + 3y_{t+1} - \dfrac{7}{4}y_t = 9$，$y_0 = 6$，$y_1 = 3$.

习题参考答案

习题 1-1

1. (1) $(1, 2)$;　　　　　　　　　　(2) $(-1, +\infty)$;

　 (3) $(x_0 - \delta, x_0) \cup (x_0, x_0 + \delta)$.

2. (1) $[-1, 2]$;　　　　　　　　　　(2) $[-2, 1)$;

　 (3) $(k\pi, (k+1)\pi)$, $k \in \mathbf{Z}$;　　(4) $[-3, 1]$.

3. (1) 不同;　　　(2) 不同;　　　(3) 相同;　　　(4) 不同. 原因略.

4. (1) $f(0) = 0$, $f(-1) = -\dfrac{\pi}{2}$, $f\left(\dfrac{\sqrt{3}}{2}\right) = \dfrac{\pi}{3}$, $f\left(\dfrac{\sqrt{2}}{2}\right) = \dfrac{\pi}{4}$;

　 (2) $\varphi\left(\dfrac{\pi}{4}\right) = \dfrac{\sqrt{2}}{2}$, $\varphi\left(-\dfrac{\pi}{6}\right) = \dfrac{1}{2}$, $\varphi(-3\pi) = 0$.

5. (1) $(-1, 0) \cup (0, 1)$;　　　　　(2) $\left(2k\pi - \dfrac{\pi}{2}, 2k\pi + \dfrac{\pi}{2}\right)$, $k \in \mathbf{Z}$;

　 (3) $(1, \mathrm{e})$;　　　　　　　　　(4) $\left(\dfrac{1}{3}, \dfrac{2}{3}\right)$.

6. (1) 奇函数;　　(2) 奇函数;　　(3) 奇函数;　　(4) 非奇非偶函数.

7. (1) π;　　　(2) 3π;　　　(3) π;　　　(4) π.

8. (1) 单调增加;　　　　　　　　　(2) 单调增加.

9. 略.

10. (1) $y = \dfrac{2x + 5}{3x - 2}$, $x \neq \dfrac{2}{3}$;　　　　(2) $y = 10^{x-1} + 3$, $x \in \mathbf{R}$;

　 (3) $y = \dfrac{1}{2}\arccos \dfrac{x}{3}$, $x \in [-3, 3]$;　(4) $y = \ln\left(x + \sqrt{x^2 + 1}\right)$, $x \in \mathbf{R}$.

11. 略.

12. (1) $f(x^2 + 1) = x^4 + 2x^2 + 2$, $f\left[\dfrac{1}{f(x)}\right] = \dfrac{1}{(x^2 + 1)^2} + 1$;

　 (2) $f(\cos x) = 1 - \cos 2x$;　　　(3) $f(x) = x^2 - 2$;

　 (4) $f(x) = \dfrac{1 + \sqrt{1 + x^2}}{x}$, $x > 0$;　(5) $\varphi\left(\dfrac{1}{x}\right) = \begin{cases} \dfrac{3}{x^2}, & 0 < x < 1 \\ \dfrac{1}{x^3}, & 1 \leqslant x \leqslant 2 \end{cases}$.

13. (1) $S(p) = -20\,000 + 5\,000p$;　　(2) $Q(p) = 6\,900 - 8\,000p$.

14. $C(x) = 180 + 2x$, 180 元, 2 元.

15. (1) $L(x) = -x^2 + 8x - 7$;　　　　　(2) $L(4) = 9$, $\overline{L(4)} = \dfrac{9}{4}$;

　　(3) $L(10) = -27 < 0$, 亏损.

习题 1-2

1. (1) 0;　　　　(2) 发散;　　　　(3) 发散;　　　　(4) 1;

　　(5) 发散;　　　　(6) 1.

2. $N = 1\,999$.

3. 略.

4. $\lim\limits_{x \to 0^-} f(x) = \lim\limits_{x \to 0^+} f(x) = 1 \Rightarrow \lim\limits_{x \to 0} f(x) = 1$;

　　$\lim\limits_{x \to 0^-} \varphi(x) = -1$, $\lim\limits_{x \to 0^+} \varphi(x) = 1$; 存在.

习题 1-3

1. (1) 7;　　　　(2) -9;　　　　(3) 0;　　　　(4) ∞;

　　(5) $\dfrac{2}{3}$;　　　　(6) $2x$.　　　　(7) $\dfrac{1}{2}$;　　　　(8) 0;

　　(9) ∞;　　　　(10) -1;　　　　(11) $\dfrac{1}{5}$;　　　　(12) $\dfrac{1}{2}$.

　　(13) 1.

2. (1) $a = 3$, $b = -4$;　　　　　　(2) $a = -4$, $b = -4$.

习题 1-4

1. (1) 3;　　　　(2) $\dfrac{7}{3}$;　　　　(3) 1;　　　　(4) 2;

　　(5) $\cos \alpha$;　　　　(6) 1.

2. (1) $\mathrm{e}^{\frac{2}{3}}$;　　　　(2) e^2;　　　　(3) e^2;　　　　(4) e^6;

　　(5) e^{-1};　　　　(6) $\mathrm{e}^{\frac{4}{3}}$.

3. 略.

4. 略.

习题 1-5

1. C.

2. $x^2 - x^3$.

3. 同阶.

4. (1) $\dfrac{3}{2}$;　　　　(2) $\begin{cases} 0, & n > m \\ 1, & n = m \\ \infty, & n < m \end{cases}$;　　　　(3) $\dfrac{1}{2}$;　　　　(4) $\begin{cases} 0, & n > m \\ 1, & n = m \\ \infty, & n < m \end{cases}$;

　　(5) $\dfrac{1}{2}$;　　　　(6) 5.

5. (1) 0;　　　　　(2) 0;　　　　　(3) 0.

习题 1-6

1. 略.

2. (1) 可去间断点，第二类间断点；
   (2) 跳跃间断点；
   (3) 可去间断点，可去间断点，第二类间断点；
   (4) 第二类间断点.

3. (1) 2;　　　　(2) 1;　　　　(3) 0;　　　　(4) 0;
   (5) $\dfrac{1}{2}$;　　　(6) 1.

4. $a = 0$.

5. 略.

6. 略.

总习题一

1. (1) $y = x$;　　　　　　　　(2) 必要，充分，充要，必要；
   (3) ∞, -1;　　　　　　(4) $m = -1$, $n = 4$;
   (5) 1, b, $a \in \mathbf{R}$, $b = 1$.

2. (1) B;　　　　　　　　　　(2) B.

3. (1) $[-3, 0) \cup (0, 1)$;　　　　(2) $(2k\pi - 3, 2k\pi + 2\pi - 3)$, $k \in \mathbf{Z}$;
   (3) $(-1, 3)$;　　　　　　　(4) $\left(-\infty, \dfrac{1}{2}\right]$.

4. (1) 相同，二者定义域都是 $[-2, 1]$，对应法则相同，故两个函数相同；
   (2) 不相同，$g(x) = \sqrt{1 + \cos 2x} = \sqrt{2\cos^2 x} = \sqrt{2} \, |\cos x| \neq f(x)$;
   (3) 不相同，定义域不同，$f(x)$ 的定义域为 $(-\infty, 1) \cup (3, +\infty)$，$g(x)$ 的定义域为 $(3, +\infty)$;
   (4) 相同，二者定义域都是 $[-1, 1]$，对应法则相同，故两个函数相同.

5. (1) $f(2) = 2a$, $f(5) = 5a$;　　　　　(2) $a = 0$.

6. 略.

7. 略.

8. 略.

9. (1) $\dfrac{1}{2}$;　　　　(2) $\dfrac{1}{2}$;　　　　(3) e^{-2};　　　　(4) 1.

10. 略.

11. $a = 2$, $b = -\dfrac{3}{2}$ 时，$f(x)$ 在其定义域内连续.

12. 略.

13. 略.

14. 略.

习题 2-1

1. 若函数 $f(x)$ 在点 x_0 处可导，则函数 $f(x)$ 在点 x_0 处一定连续，但连续不一定可导. 例如：$f(x) = \ln(x+1)$ 在 $x=0$ 处可导，它在 $x=0$ 处必连续；而 $f(x) = |x|$ 在 $x=0$ 处连续，但它在 $x=0$ 处不可导.

2. 12.

3. $\left.\dfrac{dy}{dx}\right|_{x=-1} = \lim\limits_{x\to-1}\dfrac{f(x)-f(-1)}{x-(-1)} = \lim\limits_{x\to-1}\dfrac{5x^2-5}{x+1} = 5\lim\limits_{x\to-1}(x-1) = -10.$

4. 略.

5. (1) $2f'(x_0)$;   (2) $-f'(x_0)$;   (3) $2f'(x_0)$.

6. (1) $5x^4$;   (2) $\dfrac{3}{2}\sqrt{x}$;   (3) $1.8x^{0.8}$;   (4) $-\dfrac{1}{2\sqrt{x^3}}$;

    (5) $-\dfrac{2}{x^3}$;   (6) $\dfrac{7}{10}x^{-\frac{3}{10}}$.

7. (1) 连续不可导;   (2) 连续可导.

8. 在 $x_0 = 1$ 处可导，在 $x_1 = 2$ 处不可导.

9. 略.

10. 切线方程为 $4y + x - 4 = 0$，法线方程为 $2y - 8x + 15 = 0$.

11. 生产 100 个产品时的总收入为 19 900，平均收入为 199；生产第 100 个产品时，总收入的变化率为 198.

12. 略.

习题 2-2

1. (1) $y' = 12x^3 + \dfrac{2}{x^3}$;   (2) $y' = 3e^x + \dfrac{2}{x}$;

   (3) $y' = 2x - a - b$;   (4) $y' = \dfrac{5}{2\sqrt{x}} + \dfrac{1}{x^2}$;

   (5) $y' = \dfrac{3}{2}\sqrt{x} - \dfrac{1}{2\sqrt{x^3}}$;   (6) $y' = 2x\ln x + x + \dfrac{1}{x}$;

   (7) $y' = (2x-1)\sin x + x^2\cos x$;   (8) $y' = \tan x + x\sec^2 x + \csc^2 x$;

   (9) $y' = 2x + 2^x\ln 2$;   (10) $y' = \dfrac{1 - \ln x}{x^2}$;

   (11) $y' = xe^x(3x+5)$;   (12) $y' = \dfrac{2 \cdot 10^x \cdot \ln 10}{(10^x + 1)^2}$;

   (13) $y' = \dfrac{(x-1)\cos x - (x+1)\sin x}{x^2}$;   (14) $y' = \dfrac{2(1+x^2)}{(1-x^2)^2}$;

   (15) $y' = -\dfrac{2\csc x\left[(1+x^2)\cot x + 2x\right]}{(1+x^2)^2}$;   (16) $y' = \sin x\ln x + x\cos x\ln x + \sin x$;

(17) $y' = e^x(\cos x + x\sin x + x\cos x)$;　　(18) $y' = \tan x + x\sec^2 x - 2\sec x\tan x$;

(19) $y' = -\dfrac{2\sqrt{x}(1 + \sqrt{x})\csc^2 x + \cot x}{2\sqrt{x}(1 + \sqrt{x})^2}$;　　(20) $y' = -\dfrac{1 + x}{\sqrt{x}(1 - x)^2}$.

2. $f'(0) = \dfrac{3}{25}$, $f'(2) = \dfrac{17}{15}$.

3. $27x - 3y - 79 = 0$.

4. $(0, -1)$.

5. $y + 2e^{-2} = x - e^{-2}$.

6. (1) $v_0 - gt$;　　　　　　　　　(2) $t_0 = \dfrac{v_0}{g}$.

7. (1) $y' = 6(3x + 2)$;　　　　　　(2) $y' = -2\cos(3 - 2x)$;

(3) $y' = -2xe^{-x^2}$;　　　　　　(4) $y' = \dfrac{2\arctan x}{1 + x^2}$;

(5) $y' = \dfrac{e^x}{\sqrt{1 - e^{2x}}}$;　　　　　(6) $y' = \dfrac{2x + 1}{(x^2 + x + 1)\ln 2}$;

(7) $y' = -\sqrt{3}\sin x(4 + \cos x)^{\sqrt{3}-1}$;　　(8) $y' = -\dfrac{1}{x^2}\sec^2\dfrac{1}{x}$;

(9) $y' = \dfrac{2x}{1 + x^2}$;　　　　　　(10) $y' = \dfrac{1}{2}\dfrac{\cos x}{\sqrt{\sin x - \sin^2 x}}$;

(11) $y' = -\dfrac{x}{\sqrt{4 - x^2}}$;　　　　(12) $y' = -\dfrac{x}{\sqrt{(x^2 + 1)^3}}$;

(13) $y' = -\dfrac{1}{\sqrt{x^2 - 1}}$;　　　　(14) $y' = -\dfrac{1}{1 + x^2}$;

(15) $y' = 2x\ln x + x$;　　　　　(16) $y' = 2\sec^2 x\tan x$;

(17) $y' = \dfrac{\sqrt{1 - x^2}}{(1 + x)(1 - x)^2}$;　　(18) $y' = \dfrac{1}{1 + x^2}$;

(19) $y' = e^{-3x}(4\cos 4x - 3\sin 4x)$;　　(20) $y' = \csc x$;

(21) $y' = \dfrac{e^{\arctan\sqrt{x}}}{2\sqrt{x}(1 + x)}$;　　　(22) $y' = \dfrac{1}{x\ln x\ln(\ln x)}$;

(23) $y' = \dfrac{1}{\sqrt{1 - x^2} + 1 - x^2}$;　　(24) $y' = -\dfrac{1}{(1 + x)\sqrt{2x(1 - x)}}$.

8. (1) $y' = 2xf'(x^2)$;　　　　　(2) $y' = \dfrac{1}{2\sqrt{x}}f'(\sqrt{x} + 1)$;

(3) $y' = \dfrac{2f(x)f'(x)}{1 + f^2(x)}$　　　　(4) $y' = \sin 2x[f'(\sin^2 x) - f'(\cos^2 x)]$;

(5) $y' = e^{f(x)}[e^x f'(e^x) + f(e^x)f'(x)]$.

9. 切线方程为 $y - 1 = 2x$ 或 $y - 2x = 1$；　法线方程 $y - 1 = -\dfrac{1}{2}x$ 或 $2y + x = 2$.

10. $v\left(\dfrac{1}{2}\right) = \dfrac{\omega}{e}\cos\left(\dfrac{1}{2}\omega + \varphi\right) - \dfrac{2}{e}\sin\left(\dfrac{1}{2}\omega + \varphi\right).$

习题 2-3

1. (1) $y' = -\dfrac{\sin(x+y)}{1+\sin(x+y)};$　(2) $y' = \dfrac{e^{x+y} - y}{x - e^{x+y}};$

   (3) $y' = -\dfrac{y^2}{x^2};$　(4) $y' = \dfrac{ay - x^2}{y^2 - ax};$

   (5) $y' = \dfrac{2x - x^2 - y^2}{x^2 + y^2 - 2y};$　(6) $y' = -\dfrac{ye^{-xy} + \cos(x+y)}{xe^{-xy} + \cos(x+y)}.$

2. 略.

3. (1) $y'' = -\dfrac{1}{y^3};$　(2) $y'' = \dfrac{e^{2y}(3-y)}{(2-y)^3}.$

4. (1) $y' = (x-1)(x-2)^2(x-3)^3\left(\dfrac{1}{x-1} + \dfrac{2}{x-2} + \dfrac{3}{x-3}\right);$

   (2) $y' = \sqrt{\dfrac{1-x}{1+x^2}}\,\dfrac{2-3x-x^3}{2(1-x)(1+x^2)};$

   (3) $y' = (\sin x)^{\cos x}(\cos x\cot x - \sin x\ln\sin x);$

   (4) $y' = \dfrac{1}{5}\sqrt[5]{\dfrac{x-5}{\sqrt[5]{x^2+2}}}\left[\dfrac{1}{x-5} - \dfrac{2x}{5(x^2+2)}\right].$

5. 0.204 m/min.

习题 2-4

1. (1) $y'' = 4 - \dfrac{1}{x^2};$　(2) $y'' = 6\cos x\sin^2 x - 3\cos^3 x;$

   (3) $y'' = 2e^{-x}\sin x;$　(4) $y'' = \dfrac{-2 - 2x^2}{(1-x^2)^2};$

   (5) $y'' = e^x(x^2 + 4x + 2);$　(6) $y'' = \dfrac{2}{(1+x^2)^2};$

   (7) $y'' = -\dfrac{\sin x}{x} + \dfrac{2\sin x}{x^3} - \dfrac{2\cos x}{x^2};$　(8) $y'' = \dfrac{3x - 6}{\sqrt{(2x-3)^3}};$

   (9) $y'' = -\dfrac{a^2}{\sqrt{(a^2 - x^2)^3}};$　(10) $y'' = \dfrac{e^x(x^2 - 2x + 2)}{x^3};$

   (11) $y'' = -\dfrac{x}{\sqrt{(1+x^2)^3}};$　(12) $y'' = -2\cos 2x \cdot \ln x - \dfrac{2\sin 2x}{x} - \dfrac{\cos^2 x}{x^2}.$

2. 略.

3. 略.

4. $y' = \cos x - x\sin x,\ y'' = -2\sin x - x\cos x,\ y''' = -3\cos x + x\sin x.$

5. $f''(0) = \dfrac{4}{e}.$

6. $y^{(4)} = \dfrac{6}{x}$.

7. (1) $y'' = f''(\sin x)\cos^2 x - f'(\sin x)\sin x$;

　(2) $y'' = \dfrac{f''(x)f(x) - [f'(x)]^2}{f^2(x)}$.

习题 2-5

1. 当 $\Delta x = 1$ 时，$\Delta y = 18$，$dy = 11$；当 $\Delta x = 0.1$ 时，$\Delta y = 1.161$，$dy = 1.1$；当 $\Delta x = 0.01$ 时，$\Delta y = 0.110\,601$，$dy = 0.11$.

2. $f'(x) = 4$.

3. (1) $dy = y'dx = 6x\,dx$;　　　　(2) $dy = \dfrac{-x}{\sqrt{1-x^2}}\,dx$;

　(3) $dy = -2\sin 2x\,dx$;　　　　(4) $dy = \dfrac{1}{2}\sec^2\dfrac{x}{2}\,dx$;

　(5) $dy = (1+x)e^x\,dx$;　　　　(6) $dy = -\tan x\,dx$;

　(7) $dy = 5^{\tan x}\ln 5\sec^2 x\,dx$;　　(8) $dy = y'dx = -2x\sin(x^2)\,dx$;

　(9) $dy = y'dx = \dfrac{2}{(1-x)^2}\,dx$;　(10) $dy = y'dx = -\dfrac{2x}{1+x^4}\,dx$;

　(11) $dy = y'dx = \begin{cases} \dfrac{1}{\sqrt{1-x^2}}\,dx, & -1 < x < 0 \\ -\dfrac{1}{\sqrt{1-x^2}}\,dx, & 0 < x < 1 \end{cases}$;

　(12) $dy = y'dx = 8x\tan(1+2x^2)\sec^2(1+2x^2)\,dx$.

4. (1) $4x^3\,dx = d(x^4 + C)$;　　(2) $\dfrac{1}{1+x^2}\,dx = d(\arctan x + C)$;

　(3) $2\cos 2x\,dx = d(\sin 2x + C)$;　(4) $\sec x\tan x\,dx = d(\sec x + C)$;

　(5) $\dfrac{1}{1+x}\,dx = d[\ln(1+x) + C]$;　(6) $e^{-2x}\,dx = d(-\dfrac{1}{2}e^{-2x} + C)$;

　(7) $\dfrac{1}{\sqrt{x}}\,dx = d(2\sqrt{x} + C)$;　(8) $\sec^2 3x\,dx = d\left(\dfrac{1}{3}\tan 3x + C\right)$.

5. (1) $dy = y'dx = \dfrac{xy - y}{x - xy}\,dx$;　(2) $dy = y'dx = \dfrac{1+y^2}{y^2}\,dx$;

　(3) $dy = y'dx = -\dfrac{x}{y}\,dx$;　　(4) $dy = y'dx = -\dfrac{y}{x}\,dx$.

6. (1) $-0.965\,09$;　　　　(2) $30°47''$.

7. 略.

总习题二

1. $-\dfrac{1}{4}$.

2. $a = 2$, $b = -1$.

3. 5.

4. $f'(a) = \varphi(a)$.

5. $\dfrac{3\pi}{4}$.

6. $f'(x) = 5(x - 3)^4$, $f'(x + 3) = 5x^4$.

7. 略

8. $f'(e) = \dfrac{1}{e}$.

9. $f'[f(x)] = 2\cos 2f(x) = 2\cos(2\sin 2x)$.

10. $\dfrac{\mathrm{d}^2 y}{\mathrm{d}x^2} = y'' = \dfrac{f''(x + y)}{[1 - f'(x + y)]^3}$.

11. $f^{(n)} = n! \, [f(x)]^{n+1}$.

习题 3-1

1. $\xi = 2$.

2. $\xi = \sqrt{\dfrac{4 - \pi}{\pi}}$.

3. 略.

4. 略.

5. 略.

6. 略.

7. 略.

8. 略.

习题 3-2

1. (1) $\dfrac{25}{9}$;　　　　(2) $(\ln 2)^2$;　　　　(3) 1;　　　　(4) $+\infty$;

　　(5) 0;　　　　(6) 0.

2. (1) 0;　　　　(2) 1;　　　　(3) e^{-1};　　　　(4) 1;

　　(5) $\ln a$;　　　　(6) $\dfrac{1}{\sqrt{e}}$.

3. (1) 6;　　　　(2) $-\dfrac{1}{2}$.

习题 3-3

1. $a = 4$.

2. $-\dfrac{1}{3} \leqslant a \leqslant 0$.

3. $k = 2$；极大值 $f\left(\dfrac{\pi}{3}\right) = \sqrt{3}$.

4. （1）极大值 $f(-1) = 17$，极小值 $f(3) = -47$；

   （2）极小值 $f(-11) = -15\sqrt[3]{100}$；

   （3）极小值 $f(0) = 0$；

   （4）极小值 $f(0) = 0$；

   （5）极大值 $f\left(\dfrac{3}{4}\right) = \dfrac{5}{4}$；

   （6）极小值 $f\left[\dfrac{\pi}{4} + (2k+1)\pi\right] = -\dfrac{\sqrt{2}}{2}\mathrm{e}^{\frac{\pi}{4} + (2k+1)\pi}$，

     极大值 $f\left(\dfrac{\pi}{4} + 2k\pi\right) = \dfrac{\sqrt{2}}{2}\mathrm{e}^{\frac{\pi}{4} + 2k\pi}$；

   （7）没有极值；

   （8）没有极值.

习题 3-4

1. 最大值 $f(-5) = \mathrm{e}^8$，最小值 $f(3) = 1$.

2. 最大值 $f(1) = -29$.

3. 最大值 $f(1) = \dfrac{1}{2}$.

4. （1）最大值 $f(2) = 13$，最小值 $f(1) = 4$；

   （2）最大值 $f\left(-\dfrac{\pi}{2}\right) = \dfrac{\pi}{2}$，最小值 $f\left(\dfrac{\pi}{2}\right) = -\dfrac{\pi}{2}$；

   （3）最大值 $f\left(\dfrac{3}{4}\right) = 1.25$，最小值 $f(-5) = -5 + \sqrt{6}$.

5. 长为 10 m，宽为 5 m.

6. 长为 18 m，宽为 12 m.

习题 3-5

1. 凹区间 $(0, +\infty)$，凸区间 $(-\infty, 0)$，拐点 $(0, 2)$.

2. 2 个.

3. $a \neq 0$，$b = 0$，$c = 1$.

4. 凸区间 $\left(-\dfrac{1}{2}, \dfrac{1}{2}\right)$，凹区间 $\left(-\infty, -\dfrac{1}{2}\right)$，$\left(\dfrac{1}{2}, +\infty\right)$.

5. 略.

习题 3-6

1. $x = 1$ 为垂直渐近线，$y = x + 2$ 斜渐近线.

2. $y = 1$ 为水平渐近线.

3. 略.

习题 3-7

1. 250.

2. $x = 140$，小平均成本为 176 元.

3. $p = \sqrt{\dfrac{ab}{c}} - b$ 时收益最大.

4. （1）$\eta(4) \approx -0.54$；　　　　　（2）$\left.\dfrac{ER}{Ep}\right|_{p=4} = R'(4) \cdot \dfrac{4}{R(4)} \approx 0.46.$

总习题三

1. （1）不满足，$x = 0$ 处不连续；　　　（2）不满足，$x = 0$ 处不可导；

　　（3）$\xi = 4$.

2. $\xi = \ln \dfrac{e^b - e^a}{b - a}$.

3. 3 个.

4. 略.

5. 略.

6. 略.

7. 略.

8. （1）$\dfrac{m}{n} a^{m-n}$；　　（2）$\ln \dfrac{a}{b}$；　　（3）$-\dfrac{1}{2}$；　　（4）$-\dfrac{1}{2}$；

　　（5）2；　　　　（6）$-\dfrac{1}{2}$；　　（7）$\dfrac{1}{3}\ln a$；　　（8）1；

　　（9）1；　　　　（10）$\dfrac{2}{\pi}$；　　（11）0；　　　（12）1；

　　（13）1；　　　　（14）.

9. $\dfrac{1}{2} f''(0)$.

10. （1）增区间：$(-\infty, -3), (5, +\infty)$，减区间：$(-3, 5)$；

　　（2）增区间：$(-\infty, 0), (1, +\infty)$，减区间：$(0, 1)$；

　　（3）增区间：$\left(-\infty, \dfrac{2}{5}\right)$，减区间：$\left(\dfrac{2}{5}, +\infty\right)$；

　　（4）增区间：$\left(\dfrac{1}{2}, +\infty\right)$，减区间：$\left(0, \dfrac{1}{2}\right)$.

11. 略.

12. （1）极小值 $f(0) = 0$；

　　（2）极小值 $f(e) = e^{\frac{1}{e}}$；

　　（3）极大值 $f(-2) = -4$，极小值 $f(0) = 0$；

　　（4）极小值 $f(2) = 2$.

13. (1) 最大值 $f(3) = 11$，最小值 $f\left(\dfrac{3}{2}\right) = -\dfrac{175}{16}$；

    (2) 最大值 $f(1) = \dfrac{1}{2}$；

    (3) 最小值 $f(2) = 12$；

    (4) 最小值 $f(\mathrm{e}^{-\frac{1}{\alpha}}) = -\dfrac{1}{\alpha\mathrm{e}}$.

14. (1) 凸区间 $(-\infty, 3)$，凹区间 $(3, +\infty)$，拐点 $(3, 0)$；

    (2) 凸区间 $(-\infty, 2)$，凹区间 $(2, +\infty)$，拐点 $\left(2, \dfrac{2}{9}\right)$.

15. (1) $x = 0$ 为垂直渐近线，$y = x$ 为斜渐近线；

    (2) $y = x$ 为斜渐近线；

    (3) $y = 0$ 为水平渐近线；

    (4) $x = 0$ 为垂直渐近线.

16. 略.

17. $\dfrac{a}{3}$.

习题 4-1

1. (1) $\dfrac{1}{4}x^4 + \dfrac{1}{2}x^2 - \dfrac{1}{3}x^{\frac{3}{2}} + C$；   (2) $2x - 2\arctan x + C$；

    (3) $-3\cos x - 2\sin x + C$；   (4) $4x - \tan x + C$；

    (5) $2\tan x + x + C$；   (6) $2\tan x - x + C$；

    (7) $\dfrac{2^x}{\ln 2} - \dfrac{3^{-x}}{\ln 3} - \dfrac{1}{5}\mathrm{e}^x + C$；   (8) $\mathrm{e}^x - 2\sqrt{x} + C$；

    (9) $\dfrac{24^x}{\ln 24} + C$；   (10) $\dfrac{2}{3}\arcsin x + \sin x + C$；

    (11) $\sin x + x + C$；   (12) $\ln |x| + \dfrac{1}{\sqrt{2}}\arctan \dfrac{x}{\sqrt{2}} + C$；

    (13) $2\arctan x - x + C$；   (14) $\dfrac{1}{2}(x - \sin x) + C$；

    (15) $-\cot x - \tan x + C$；   (16) $\tan x - \cot x + C$.

2. $\dfrac{1}{4}x^4 + C$.

3. 略.

习题 4-2

1. (1) $-\dfrac{1}{8}(1 - 2x)^4 + C$；   (2) $\mathrm{e}^{x^2} + C$；

    (3) $\cos \dfrac{1}{x} + C$；   (4) $\dfrac{1}{2}\ln |\sin (1 + 2x)| + C$；

(5) $\dfrac{1}{2}x - \dfrac{1}{12}\sin 6x + C$; (6) $-\sqrt{1-2x} + C$;

(7) $\dfrac{1}{2}\arctan(x^2) + C$; (8) $\ln|\ln x| + C$;

(9) $\arcsin\dfrac{x}{3} + C$; (10) $\dfrac{1}{4}\ln\left|\dfrac{x}{x+2}\right| + C$;

(11) $\arctan e^x + C$; (12) $\dfrac{3}{2}(\sin x)^{\frac{2}{3}} + C$;

(13) $\dfrac{1}{2}\ln(x^2 + 2x + 3) + C$; (14) $\dfrac{2}{3}\left[\sqrt{3x} - \ln(1+\sqrt{3x})\right] + C$;

(15) $\dfrac{3}{2}(x+1)^{\frac{2}{3}} - 3(x+1)^{\frac{1}{3}} + 3\ln\left|1 + (x+1)^{\frac{1}{3}}\right| + C$;

(16) $2\sqrt{x} - 4x^{\frac{1}{4}} + 4\ln(1 + x^{\frac{1}{4}}) + C$.

2. (1) $\arctan f(x) + C$; (2) $e^{f(x)} + C$.

3. (1) $\dfrac{1}{3}\sqrt{(1-x^2)^3} - \sqrt{1-x^2} + C$; (2) $\dfrac{\sqrt{x^2-1}}{x} - \dfrac{\sqrt{(x^2-1)^3}}{3x^3} + C$;

(3) $-\dfrac{\sqrt{x^2+4}}{4x} + C$; (4) $\dfrac{\sqrt{4x^2-9}}{9x} + C$.

4. $-\dfrac{1}{3}\sqrt{(1-x^2)^3} + C$.

习题 4-3

1. (1) $-xe^{-x} - e^{-x} + C$; (2) $x^2e^x - 2xe^x + 2e^x + C$;

(3) $x\sin x + \cos x + C$; (4) $-x^2\cos x + 2x\sin x + 2\cos x + C$;

(5) $x\ln x - x + C$; (6) $x\ln(1+x^2) - 2x + 2\arctan x + C$;

(7) $-\dfrac{\ln x}{x} + C$; (8) $x\arctan x - \dfrac{1}{2}\ln(1+x^2) + C$;

(9) $x\arcsin^2 x + 2\sqrt{1-x^2}\arcsin x - 2x + C$;

(10) $\dfrac{1}{2}x^2\arcsin x - \dfrac{1}{4}\arcsin x + \dfrac{1}{4}x\sqrt{1-x^2} + C$;

(11) $\dfrac{1}{2}e^x(\cos x + \sin x) + C$; (12) $(\sqrt{2x-1} - 1)e^{\sqrt{2x-1}} + C$;

(13) $\dfrac{1}{2}x^2\ln^2 x - \dfrac{1}{2}x^2\ln x + \dfrac{1}{4}x^2 + C$; (14) $\dfrac{1}{a^2+b^2}e^{ax}(a\sin bx - b\sin bx) + C$.

2. $2\ln x - \ln^2 x + C$.

总习题四

1. $(x\cos x - \sin x - 1)\ln x + \sin x + C$.

2. $f(x) = -\ln(1-x) - x^2 + C (0 < x < 1)$.

3. $f(x) = 2xe^{x^2}$.

4. (1) $\dfrac{\sqrt{2}}{12}\arctan\dfrac{3x}{2\sqrt{2}}+C$;

(2) $\dfrac{1}{5}\ln\left|\dfrac{x-3}{x+2}\right|+C$;

(3) $\dfrac{1}{2}\arctan\dfrac{x+1}{2}+C$;

(4) $\dfrac{1}{12}\ln\left|\dfrac{3+2x}{3-2x}\right|+C$;

(5) $\arctan e^x+C$;

(6) $2\arctan\sqrt{e^x-1}+C$;

(7) $-\ln|1-\ln x|+C$;

(8) $\arcsin\dfrac{\ln x}{2}+C$;

(9) $\ln|x+\cos x|+C$;

(10) $-\dfrac{1}{2}\ln(1+\cos^2 x)+C$;

(11) $\ln|x|-\dfrac{1}{n}\ln|1+x^n|+C$;

(12) $\tan x-\dfrac{1}{\cos x}+C$;

(13) $\dfrac{1}{\sqrt{2}}\arctan\dfrac{\tan x}{\sqrt{2}}+C$;

(14) $\arcsin\dfrac{x-1}{\sqrt{3}}+C$;

(15) $\dfrac{\ln x}{1-x}-\ln x+\ln|1-x|+C$;

(16) $\dfrac{1}{2}\ln\left|\dfrac{\sqrt{x^2+4}-2}{x}\right|+C$;

(17) $\sqrt{x^2-a^2}-a\arccos\dfrac{a}{|x|}+C$;

(18) $x\tan\dfrac{x}{2}+2\ln\left|\cos\dfrac{x}{2}\right|+C$.

5. $f(x)=\dfrac{1}{2}(1+x^2)\left[\ln(1+x^2)-1\right]$.

习题 5-1

1. (1) $f(x)=\displaystyle\int_0^1 xe^x\,dx$;

(2) $f(x)=\displaystyle\int_0^9\sqrt{1+x}\,dx$.

2. (1) 0;　　(2) $\dfrac{1}{2}$;　　(3) $\dfrac{\pi}{4}$;　　(4) 0;

(5) $\dfrac{\pi}{4}a^2$;　　(6) 0.

3. (1) ≥;　　(2) ≤;　　(3) ≤;　　(4) ≥;

(5) ≥;　　(6) ≥.

4. (1) $6\leqslant\displaystyle\int_0^3(x^2-2x+3)\,dx\leqslant 18$;

(2) $\dfrac{\pi}{9}\leqslant\displaystyle\int_{\frac{1}{\sqrt{3}}}^{\sqrt{3}}x\arctan x\,dx\leqslant\dfrac{2\pi}{3}$;

(3) $\dfrac{1}{2}\leqslant\displaystyle\int_1^4\dfrac{1}{2+x}\,dx\leqslant 1$;

(4) $2e^{-\frac{1}{4}}\leqslant\displaystyle\int_0^2 e^{x^2-x}\,dx\leqslant 2e^2$.

习题 5-2

1. (1) $\dfrac{\sin\sqrt{x}}{2\sqrt{x}}$;　　(2) $2x\sqrt{1+x^2}$;　　(3) $\dfrac{-16x^3}{1+4x^2}$;　　(4) $-\dfrac{\arctan\dfrac{1}{x}}{x^2}$;

(5) $[\cos x+\sin(\cos x)](-\sin x)-3x^2(x^3+\sin x^3)$;

(6) $\cos x\ln(1+\sin x)$.

2. (1) $\dfrac{\pi}{2}$; (2) $\dfrac{1}{3}$; (3) $-\dfrac{1}{18}$; (4) $\dfrac{1}{4}$.

3. (1) $\dfrac{28}{3}$; (2) $\dfrac{62}{5}+2\ln 2$; (3) $\dfrac{\pi}{6}$; (4) $\dfrac{\pi}{4}-\dfrac{2}{3}$;

(5) $2-2\sqrt{3}+\dfrac{\pi}{12}$; (6) $\dfrac{\pi}{8}$; (7) 2; (8) $e^2+\dfrac{5}{3}$;

(9) $\dfrac{\pi}{2}$; (10) $1-\dfrac{\pi}{4}$.

4. $\dfrac{23}{6}$.

习题 5-3

1. (1) $\dfrac{2}{3}(2\sqrt{2}-1)$; (2) $\dfrac{\sqrt{3}-2}{4}$; (3) 2; (4) $\dfrac{1}{4}$;

(5) $\dfrac{\pi}{6}$; (6) $\dfrac{\pi}{6}$; (7) $\dfrac{\pi}{4}$; (8) $\sqrt{13}-2$;

(9) π; (10) $\dfrac{\ln 2}{2}$; (11) 3; (12) $\dfrac{2\sqrt{3}}{3}-\dfrac{\pi}{6}$;

(13) $\dfrac{\pi}{2}$; (14) $\dfrac{\pi^2}{72}$; (15) $\dfrac{4}{3}$; (16) $\dfrac{4}{3}$;

(17) $\dfrac{2\sqrt{2}}{3}$; (18) $3\ln 3$; (19) $2\ln\dfrac{3}{2}$; (20) $1-2\ln 2$.

2. (1) $1-\dfrac{2}{e}$; (2) $\dfrac{e^2}{4}+\dfrac{1}{4}$; (3) $\dfrac{\sqrt{2}}{8}\pi+\dfrac{\sqrt{2}}{2}-1$; (4) $\dfrac{\pi}{2}-1$;

(5) $\dfrac{\pi}{4}-\dfrac{\ln 2}{2}$; (6) $\dfrac{\pi}{4}-\dfrac{1}{2}$; (7) $\dfrac{\pi}{8}$; (8) $\dfrac{1+e^{\pi}}{2}$;

(9) 2.

3. $\dfrac{4}{\pi}-1$.

习题 5-4

1. (1) 2; (2) 0; (3) -1; (4) $\dfrac{\ln 2}{2}$;

(5) $\dfrac{2}{3}\ln 2$; (6) $1-\ln 2$.

2. (1) 1; (2) $+\infty$; (3) $\dfrac{8}{3}$; (4) 2;

(5) $\dfrac{\pi}{2}$; (6) π.

3. -1.

习题 5-5

1. (1) $b - a$;   (2) $\dfrac{5}{12}$;   (3) $\dfrac{3}{2} - \ln 2$;   (4) 2;

   (5) $\dfrac{1}{6}$;   (6) $\dfrac{3}{4}$;   (7) $\dfrac{4}{3}$;   (8) $\dfrac{8}{3}$.

2. (1) $\dfrac{\pi}{3}$;   (2) $\dfrac{\pi}{2}(e^2 - 1)$;   (3) 8π;   (4) $\dfrac{3\pi}{5}$;

   (5) 8π;   (6) $\dfrac{2\pi}{5}$.

3. $\dfrac{\pi}{2}$.

习题 5-6

1. $C(x) = x^3 - 10x^2 + 35x + 100$.

2. (1) $C(x) = \dfrac{1}{8}x^2 + 4x + 10$, $R(x) = 80x - \dfrac{1}{2}x^2$, $L(x) = 76x - \dfrac{5}{8}x^2 - 10$;

   (2) 460，2 000;   (3) 60. 8.

3. 10；106. 66.

总习题五

1. (1) $\dfrac{\pi}{6}$;   (2) $\dfrac{\ln 2}{2} + \dfrac{\pi}{4}$;   (3) $\ln |1 + \sqrt{2}|$;   (4) $2 - \dfrac{5}{e}$;

   (5) $\dfrac{\pi}{16}a^4$;   (6) $2 - \dfrac{4}{e}$;   (7) $2\sqrt{2}$;   (8) $\dfrac{\pi}{4} - \dfrac{1}{2}$;

   (9) 14;   (10) $\ln (e + 1) - \dfrac{e}{1 + e}$.

2. (1) 0;   (2) $\dfrac{\pi}{3} - \dfrac{\sqrt{3}}{4}$.

3. $\dfrac{\ln^2 x}{2}$.

4. (1) $\dfrac{\pi}{4e}$;   (2) $\ln 2$;   (3) $\dfrac{1}{2}$;   (4) $\dfrac{\pi}{4} + \dfrac{\ln 2}{2}$;

   (5) 2;   (6) $\dfrac{\pi}{2}$.

5. (1) $4 - 3\ln 3$;   (2) $2\pi + \dfrac{4}{3}$;   (3) $\dfrac{1}{2}$;   (4) $\dfrac{e^2 - 1}{4}$.

6. $\dfrac{e}{2} - 1$.

习题 6-1

1. 略.

2. 略.

3. $(1, 0, 0)$.

4. 球心为 $(1, -2, -1)$, 球半径为 $\sqrt{6}$ 的球面.

5. (1) $\dfrac{x^2}{3} + \dfrac{y^2 + z^2}{4} = 1$, $\dfrac{x^2 + z^2}{3} + \dfrac{y^2}{4} = 1$;

   (2) $x^2 - y^2 - z^2 = 1$, $x^2 + y^2 - z^2 = 1$.

习题 6-2

1. (1) $\{(x, y) \mid x \geqslant 0, y \geqslant 0, x^2 \geqslant y\}$;

   (2) $\{(x, y) \mid x > y\}$.

2. (1) 不存在; (2) 不存在.

3. (1) 0; (2) 1; (3) 2; (4) 0.

习题 6-3

1. (1) $\dfrac{\partial z}{\partial x} = 3x^2 y - y^3$, $\dfrac{\partial z}{\partial y} = x^3 - 3y^2 x$; (2) $\dfrac{\partial z}{\partial x} = -\dfrac{1}{x}$, $\dfrac{\partial z}{\partial y} = \dfrac{1}{y}$.

2. 略.

3. $z_{xy}'' = -\sin y \cdot \mathrm{e}^x$; $z_{yy}'' = -\cos y \cdot \mathrm{e}^x$.

4. $u_{xyz}''' = [1 + 3xyz + (xyz)^2]\mathrm{e}^{xyz}$.

习题 6-4

1. (1) $\mathrm{d}z = \mathrm{e}^x(\cos y \mathrm{d}x - \sin y \mathrm{d}y)$; (2) $\mathrm{d}z = \left(y + \dfrac{1}{y}\right)\mathrm{d}x + \left(x - \dfrac{x}{y^2}\right)\mathrm{d}y$;

   (3) $\mathrm{d}z = \dfrac{-xy}{(x^2 + y^2)^{\frac{3}{2}}}\mathrm{d}x + \dfrac{x^2}{(x^2 + y^2)^{\frac{3}{2}}}\mathrm{d}y$; (4) $\mathrm{d}z = \dfrac{2}{(x^2 + y^2 + z^2)}(x\mathrm{d}x + y\mathrm{d}y + z\mathrm{d}z)$.

2. (1) $\mathrm{d}z = -0.2$; (2) $\mathrm{d}z = 0.25\mathrm{e}$.

3. $\mathrm{d}z = \dfrac{1}{3}\mathrm{d}x + \dfrac{2}{3}\mathrm{d}y$.

习题 6-5

1. $\dfrac{\partial z}{\partial x} = \dfrac{2x}{y^2}\ln(3x - 2y) + \dfrac{3x^2}{(3x - 2y)y^2}$, $\dfrac{\partial z}{\partial y} = -\dfrac{2x^2}{y^3}\ln(3x - 2y) - \dfrac{2x^2}{(3x - 2y)y^2}$.

2. $\dfrac{\mathrm{d}z}{\mathrm{d}x} = \dfrac{\mathrm{e}^x + 2x\mathrm{e}^{x^2}}{\mathrm{e}^x + \mathrm{e}^{x^2}}$.

3. $\dfrac{\mathrm{d}z}{\mathrm{d}t} = -(\mathrm{e}^t + \mathrm{e}^{-t})$.

4. $\dfrac{\partial z}{\partial x} = 6x(2x + 3y)(3x^2 + y^2)^{2x+3y-1} + 2(3x^2 + y^2)^{2x+3y}\ln(3x^2 + y^2)$,

   $\dfrac{\partial z}{\partial y} = 2y(2x + 3y)(3x^2 + y^2)^{2x+3y-1} + 3(3x^2 + y^2)^{2x+3y}\ln(3x^2 + y^2)$.

5. $\dfrac{\partial z}{\partial x} = 2xf_1' + ye^{xy} \cdot f_2'$, $\dfrac{\partial z}{\partial y} = -2yf_1' + xe^{xy} \cdot f_2'$.

6. 略.

7. (1) $\dfrac{dy}{dx} = -\dfrac{2y(x+1)}{x^2 + 2(x+y)}$; (2) $\dfrac{dy}{dx} = \dfrac{y^2 - e^x}{\cos y - 2xy}$.

8. 略.

习题 6-6

1. (1) 极大值 $f(0, 0) = 3$; (2) 极小值 $f\left(\dfrac{1}{2}, -1\right) = -\dfrac{1}{2}e$;

   (3) $a > 0$ 时极大值为 $\dfrac{a^3}{27}$, $a > 0$ 时极小值为 $\dfrac{a^3}{27}$.

2. 最大值为 7；最小值为 -16.1.

3. 极小值为 4.

4. $a \geqslant \dfrac{1}{2}$, $d = \sqrt{a - \dfrac{1}{a}}$；$a < \dfrac{1}{2}$, $d = |a|$.

5. $\dfrac{a}{3}, \dfrac{a}{3}, \dfrac{a}{3}$.

6. $x = 100$, $y = 25$, 最大产量是 1 250.

7. $x = 70$, $y = 30$, 最大利润是 14.5 万元.

习题 6-7

1. 略.

2. (1) $\iint\limits_D (x+y)^2 d\sigma \geqslant \iint\limits_D (x+y)^3 d\sigma$; (2) $\iint\limits_D \ln(x+y) d\sigma \geqslant \iint\limits_D [\ln(x+y)]^2 d\sigma$;

   (3) $I_1 < I_3 < I_2$.

3. (1) $0 \leqslant \iint\limits_D xy(x+y) d\sigma \leqslant 2$; (2) $0 \leqslant \iint\limits_D \sin^2 x \cdot \sin^2 y d\sigma \leqslant \pi^2$.

习题 6-8

1. (1) $\iint\limits_D f(x, y) dxdy = \int_{-1}^1 dx \int_{-2}^2 f(x, y) dy = \int_{-2}^2 dy \int_{-1}^1 f(x, y) dx$;

   (2) $\iint\limits_D f(x, y) dxdy = \int_0^4 dx \int_x^{2\sqrt{x}} f(x, y) dy = \int_0^4 dy \int_{\frac{y^2}{4}}^y f(x, y) dx$.

2. (1) $\int_0^1 dx \int_{x^2}^x f(x, y) dy$; (2) $\int_0^a dy \int_{a-\sqrt{a^2-y^2}}^{a+\sqrt{a^2-y^2}} f(x, y) dx$;

   (3) $\int_0^1 dy \int_y^{2-y} f(x, y) dx$.

3. (1) $\left(e - \dfrac{1}{e}\right)^2$; (2) $\dfrac{29}{15}$; (3) $-\dfrac{1}{2}$; (4) $\dfrac{2}{3}$.

4. （1） $-\dfrac{3}{2}\pi$;　　　（2） $\pi(\mathrm{e}^4-1)$.

总习题六

1. $(x-1)^2+(y-3)^2+(z-2)^2=14$.

2. （1） $D=\{(x,y)\,|\,x\geqslant\sqrt{y},\ y\geqslant 0\}$;　　（2） $D=\{(x,y)\,|\,x\geqslant -y\}$.

3. （1） $\ln 2$; （2） 12; （3） $\dfrac{8}{5}$; （4） $-\dfrac{1}{2}$.

4. （1） $\dfrac{\partial z}{\partial x}=\dfrac{1}{x+y^2}$, $\dfrac{\partial z}{\partial y}=\dfrac{2y}{x+y^2}$,

$\dfrac{\partial^2 z}{\partial x^2}=-\dfrac{1}{(x+y^2)^2}$, $\dfrac{\partial^2 z}{\partial y^2}=\dfrac{2(x-2y^2)}{(x+y^2)^2}$,

$\dfrac{\partial^2 z}{\partial x\partial y}=-\dfrac{2y}{(x+y^2)^2}$, $\dfrac{\partial^2 z}{\partial y\partial x}=-\dfrac{2y}{(x+y^2)^2}$;

（2） $\dfrac{\partial z}{\partial x}=yx^{y-1}$, $\dfrac{\partial z}{\partial y}=x^y\ln x$,

$\dfrac{\partial^2 z}{\partial x^2}=y(y-1)x^{y-2}$, $\dfrac{\partial^2 z}{\partial y^2}=(\ln x)^2 x^y$,

$\dfrac{\partial^2 z}{\partial x\partial y}=x^{y-1}+yx^{y-1}\ln x$, $\dfrac{\partial^2 z}{\partial y\partial x}=x^{y-1}+yx^{y-1}\ln x$.

5. （1） $\mathrm{d}z=\mathrm{e}^{xy}(y\mathrm{d}x+x\mathrm{d}y)$;　　　　（2） $\mathrm{d}z=\dfrac{1}{x}\mathrm{d}x+\dfrac{y-1}{y^2}\mathrm{d}y$;

（3） $\mathrm{d}u=-\sin(x^{yz})x^{yz}\left(\dfrac{yz}{x}\mathrm{d}x+z\ln x\mathrm{d}y+y\ln x\mathrm{d}z\right)$.

6. （1） $\dfrac{\mathrm{d}z}{\mathrm{d}t}=\mathrm{e}^{x-2y}(\cos t-6t^2)$;　　　　（2） $\dfrac{\partial^2 z}{\partial x\partial y}=x\mathrm{e}^{2y}f_{uu}''+\mathrm{e}^y f_{uy}''+x\mathrm{e}^y f_{xu}''+f_{xy}''+\mathrm{e}^y f_u'$.

7. 略.

8. $\mathrm{d}z=\dfrac{\mathrm{e}^{-xy}}{\mathrm{e}^z-2}(y\mathrm{d}x+x\mathrm{d}y)$.

9. $\dfrac{\partial z}{\partial x}=-\dfrac{\sqrt{xyz}-yz}{\sqrt{xyz}-xy}$, $\dfrac{\partial z}{\partial y}=-\dfrac{2\sqrt{xyz}-xz}{\sqrt{xyz}-xy}$.

10. （1） $\displaystyle\int_0^1\mathrm{d}x\int_x^1 f(x,y)\mathrm{d}y$;　　　　（2） $\displaystyle\int_{-1}^1\mathrm{d}x\int_0^{\sqrt{1-x^2}}f(x,y)\mathrm{d}y$;

（3） $\displaystyle\int_0^2\mathrm{d}x\int_{\frac{x}{2}}^{3-x}f(x,y)\mathrm{d}y$.

11. （1） $\dfrac{3}{2}+\cos 1+\sin 1-\cos 2-2\sin 2$; （2） $\pi^2-\dfrac{40}{9}$;

（3） $\dfrac{1}{3}R^3\left(\pi-\dfrac{4}{3}\right)$;　　　　（4） $\dfrac{\pi}{4}R^4+9\pi R^2$.

12. 24π.

习题 7-1

1. (1) $\dfrac{1}{3n}$;   (2) $(-1)^{n+1}\dfrac{1}{2n}$;   (3) $\dfrac{n}{n^2+1}$;   (4) $1-\dfrac{1}{10^n}$.

2. (1) 发散;   (2) 收敛, 1;   (3) 发散;   (4) 收敛, $1-\sqrt{2}$.

3. (1) 收敛, $-\dfrac{2}{7}$;   (2) 发散;   (3) 收敛, $\dfrac{3}{2}$.

4. (1) 发散;   (2) 发散;   (3) 收敛;   (4) 收敛.

5. (1) 收敛;   (2) 收敛;   (3) 收敛;   (4) 发散.

习题 7-2

1. (1) 收敛;   (2) 发散;   (3) 收敛;   (4) 收敛;
   (5) 发散;   (6) 发散.

2. (1) 收敛;   (2) 收敛;   (3) 发散;   (4) 收敛.

3. (1) 收敛;   (2) 发散;   (3) 收敛;   (4) 收敛.

4. (1) 收敛;   (2) 收敛;   (3) 发散;   (4) 收敛;
   (5) 发散;   (6) 发散.

习题 7-3

1. (1) 收敛;   (2) 发散;   (3) 收敛;   (4) 收敛.

2. (1) 绝对收敛;   (2) 绝对收敛;   (3) 条件收敛;   (4) 绝对收敛;
   (5) 绝对收敛;   (6) 绝对收敛;   (7) 绝对收敛;   (8) 发散.

3. (1) 条件收敛;   (2) 绝对收敛;   (3) 条件收敛;   (4) 条件收敛.

习题 7-4

1. (1) $R=1$, $[-1, 1)$;   (2) $R=1$, $[4, 6)$;
   (3) $R=2$, $(-2, 2)$;   (4) $R=1$, $(-2, 0)$;
   (5) $R=0$, $\{0\}$;   (6) $R=3$, $[-3, 3)$;
   (7) $R=1$, $[1, 3]$;   (8) $R=\sqrt{5}$, $(-\sqrt{5}, \sqrt{5})$;
   (9) $R=\sqrt{5}$, $[-\sqrt{5}, \sqrt{5})$.

2. (1) $(-1, 1)$; $s(x)=\dfrac{1}{(1-x)^2}$, $x\in(-1, 1)$;

   (2) $[-1, 1]$; $s(x)=-\ln(1-x)+1+\dfrac{1}{x}\ln(1-x)$, $x\in[-1, 1]$;

   (3) $[-1, 1]$; $s(x)=\arctan x$, $x\in[-1, 1]$.

3. (1) $s(x)=\dfrac{1+x^2}{(1-x^2)^2}$, $|x<1|$;   (2) $s(x)=\dfrac{1}{2}\ln\dfrac{1+x}{1-x}$, $|x<1|$.

习题 7-5

1. $f(x) = \ln x = \dfrac{1}{1!}(x-1) - \dfrac{1}{2!}(x-1)^2 + \dfrac{2}{3!}(x-1)^3 + \cdots + \dfrac{(-1)^{n-1} \cdot (n-1)!}{n!} \cdot$

$(x-1)^n + o[(x-1)^n]$.

2. $f(x) = xe^x = x + x^2 + \dfrac{1}{2!}x^3 + \cdots + \dfrac{1}{(n-1)!}x^n + o(x^n)$.

3. $f(x) = \cos x = 1 - \dfrac{1}{2!}x^2 + \dfrac{\sin \xi}{3!}x^3$.

4. $f(x) = -1 - (x+1) - (x+1)^2 + \dfrac{(x+1)^4}{[-1+\theta(x+1)]^5}$, $0 < \theta < 1$.

习题 7-6

1. (1) $\displaystyle\sum_{n=0}^{\infty} \dfrac{(\ln 2)^n}{n!}x^n$, $x \in (-\infty, +\infty)$;

 (2) $\displaystyle\sum_{n=0}^{\infty} (-1)^n \dfrac{x^{2n+1}}{2^{2n+1}(2n+1)!}$, $x \in (-\infty, +\infty)$.

 (3) $\ln 2 + \displaystyle\sum_{n=0}^{\infty} (-1)^n \dfrac{x^{n+1}}{2^{n+1} \cdot (n+1)}$, $x \in (-2, 2]$;

 (4) $\dfrac{1}{3}\displaystyle\sum_{n=0}^{\infty} [2^n - (-1)^n] \cdot x^n$, $x \in \left(-\dfrac{1}{2}, \dfrac{1}{2}\right)$;

 (5) $\displaystyle\sum_{n=0}^{\infty} \dfrac{x^n}{2^{n+1}}$, $x \in (-2, 2)$;

 (6) $\displaystyle\sum_{n=0}^{\infty} \left(1 - \dfrac{1}{2^{n+1}}\right) \cdot x^n$, $x \in (-1, 1)$.

2. (1) $\displaystyle\sum_{n=0}^{\infty} (-1)^n \dfrac{(x-2)^n}{2^{n+1}}$, $x \in (0, 4)$;

 (2) $\ln 2 + \displaystyle\sum_{n=0}^{\infty} (-1)^n \dfrac{(x-2)^{n+1}}{2^{n+1} \cdot (n+1)}$, $x \in (0, 4]$.

3. (1) $\displaystyle\sum_{n=0}^{\infty} (-1)^n \dfrac{(x-1)^{n+1}}{n+1}$, $x \in (0, 2]$;

 (2) $\displaystyle\sum_{n=0}^{\infty} \left(\dfrac{1}{2^{n+1}} - \dfrac{1}{3^{n+1}}\right) \cdot (x+4)^n$, $x \in (-6, -2)$;

 (3) $\displaystyle\sum_{n=0}^{\infty} \dfrac{(-1)^n \cdot (2^{n+1}-1)}{n+1} \cdot x^{n+1}$, $x \in \left(-\dfrac{1}{2}, \dfrac{1}{2}\right]$;

 (4) $\dfrac{\sqrt{2}}{2}\displaystyle\sum_{n=0}^{\infty} (-1)^{\frac{n(n-1)}{2}} \cdot \dfrac{1}{n!} \cdot \left(x - \dfrac{\pi}{4}\right)^n$, $x \in (-\infty, +\infty)$.

习题 7-7

1. $\ln 3 \approx 2\left(\dfrac{1}{2} + \dfrac{1}{3 \cdot 2^3} + \dfrac{1}{5 \cdot 2^5} + \cdots + \dfrac{1}{11 \cdot 2^{11}}\right) = 1.098\,58 \sim 1.098\,6$;

2. $\sqrt{e} \approx 1 + \dfrac{1}{2} + \dfrac{1}{2! \cdot 2^2} + \dfrac{1}{3! \cdot 2^3} + \dfrac{1}{4! \cdot 2^4} \approx 1.648\ 4 \approx 1.648$;

3. $\sqrt[9]{522} \approx 2(1 + 0.002\ 170 - 0.000\ 019) \approx 2.004\ 30$.

总习题七

1. (1) 发散;   (2) 发散;   (3) 收敛;   (4) 发散;
   (5) 发散.

2. 略.

3. 略.

4. (1) $p \le 0$ 时原级数发散,$0 < p \le 1$ 时原级数条件收敛,$p > 1$ 时原级数绝对收敛;
   (2) 绝对收敛;   (3) 条件收敛;   (4) 绝对收敛.

5. 略.

6. (1) $\left[-\dfrac{1}{5}, \dfrac{1}{5}\right)$;   (2) $\left(-\dfrac{1}{e}, \dfrac{1}{e}\right)$;   (3) $(-2, 0)$;   (4) $(-\sqrt{2}, \sqrt{2})$.

7. (1) $s(x) = \begin{cases} 1 + \left(\dfrac{1}{x} - 1\right)\ln(1-x), & x \in [-1, 0] \cup (0, 1) \\ 0, & x = 0 \\ 1, & x = 1 \end{cases}$;

(2) $s(x) = \displaystyle\int_0^x \dfrac{1}{1+t^2}dt + s(0) = \arctan x$, $x \in (-1, 1)$;

(3) $\displaystyle\sum_{n=1}^{\infty} \dfrac{n}{2^{n-1}} = \sum_{n=0}^{\infty} \dfrac{n+1}{2^n} = \sum_{n=0}^{\infty} (n+1)\left(\dfrac{1}{2}\right)^n = s\left(\dfrac{1}{2}\right) = \dfrac{1}{\left(1 - \dfrac{1}{2}\right)^2} = 4$;

(4) $\displaystyle\sum_{n=1}^{\infty} \dfrac{n^2}{n!} = \sum_{n=1}^{\infty} \dfrac{n(n-1)}{n!} + \sum_{n=1}^{\infty} \dfrac{n}{n!} = \sum_{n=2}^{\infty} \dfrac{1}{(n-2)!} + \sum_{n=1}^{\infty} \dfrac{1}{(n-1)!} = \sum_{n=0}^{\infty} \dfrac{1}{n!} +$

$\displaystyle\sum_{n=0}^{\infty} \dfrac{1}{n!} = e + e = 2e$.

8. (1) $\displaystyle\sum_{n=1}^{\infty} (-1)^{n-1} \dfrac{x^n}{n} + \sum_{n=1}^{\infty} (-1)^{n-1} \dfrac{x^{2n}}{n}$, $x \in (-1, 1]$;

(2) $\dfrac{1}{(2-x)^2} = \left(\dfrac{1}{2-x}\right)' = \left(\displaystyle\sum_{n=0}^{\infty} \dfrac{x^n}{2^{n+1}}\right)' = \sum_{n=1}^{\infty} \dfrac{n}{2^{n+1}}x^{n-1}$, $x \in (-2, 2)$.

9. 略.

习题 8-1

1. (1) 一阶;   (2) 二阶;   (3) 一阶;   (4) 三阶;
   (5) 三阶;   (6) 一阶;   (7) 二阶;   (8) 一阶.

2. 略.

3. $y = \dfrac{1}{2}x + 2$.

4. $u(x) = \dfrac{1}{2}x^2 + x + C.$

习题 8-2

1. (1) $y = e^{Cx}$;

(2) $(x^2 - 1)(y^2 - 1) = C$;

(3) $y = Ce^{\sqrt{1-x^2}}$;

(4) $e^y - 1 = Cxe^y$;

(5) $y = C\sin x - 1$;

(6) $x - \arctan x = \ln y - \dfrac{1}{2}y^2 + C$;

(7) $y = Ce^{x^2} - 1$;

(8) $(1 + x^2)(1 + 2y) = C$;

(9) $(1 + x^2)(1 + y^2) = C$;

(10) $\ln^2 x + \ln^2 y = C$;

(11) $x^2 + y^2 - 2\ln x = C$;

(12) $10^x + 10^{-y} = C.$

2. (1) $y = e^{\pm\tan\frac{x}{2}}$;

(2) $e^x + 1 = 2\sqrt{2}\cos y$;

(3) $(y + 1)e^{-y} = x^2$;

(4) $e^{\frac{1}{y}-1} = (1 + a^{-x})^a$;

(5) $x^2 y = 4$;

(6) $2y^3 + 3y^2 - 2x^3 - 3x^2 = 5$;

(7) $y = \sin x$;

(8) $\cos x - \sqrt{2}\cos y = 0.$

3. (1) $y + \sqrt{y^2 - x^2} = Cx^2 \ (x > 0),\ y - \sqrt{y^2 - x^2} = Cx^2 \ (x < 0)$;

(2) $y = xe^{Cx+1}$;

(3) $\sin\dfrac{y}{x} = \ln|x| + C$;

(4) $-e^{-\frac{y}{x}} = \ln x + C$;

(5) $xy = Ce^{-\arctan\frac{y}{x}}$;

(6) $y^2 = x^2(\ln x^2 + C)$;

(7) $x + 2ye^{\frac{x}{y}} = C$;

(8) $x^3 - 2y^3 = Cx.$

4. (1) $y = -x\ln(1 - \ln x)$;

(2) $y^2 = 2x^2(\ln x + 2)$;

(3) $y = 2x \cdot \tan\left(2\ln|x| + \dfrac{\pi}{4}\right)$;

(4) $y^3 = y^2 - x^2$;

(5) $\ln y - \ln x = x$;

(6) $\dfrac{x + y}{x^2 + y^2} = 1.$

5. $\varphi(x) = -\dfrac{1}{2}x^{-2}.$

习题 8-3

1. (1) $y = Ce^{2x} - e^x$;

(2) $y = x^n(e^x + C)$;

(3) $y = e^{-\sin x} \cdot (x + C)$;

(4) $y = (x^2 + 1)(x + C)$;

(5) $y = \sin x \cdot (x^2 + C)$;

(6) $y = e^{-x}(x + C)$;

(7) $y = x^2\left(-\dfrac{2}{x} + C\right)$;

(8) $y = e^{-\frac{1}{2}x^2}\left(e^{-\frac{1}{2}x^2} + C\right)$;

(9) $y = \dfrac{4x^3 + C}{3(x^2 + 1)}$;

(10) $y = (x + 1) \cdot \left(\dfrac{1}{x + 1} + C\right).$

2. (1) $3y = 2(4 - e^{-3x})$;

(2) $yx = e^x$;

(3) $xy = x - 1 - \cos x$; (4) $y\cos x = x$;

(5) $y = (x + 1)e^x$; (6) $y = 2\ln x - x + 2$;

(7) $y = 2e^{-\sin x} + \sin x - 1$; (8) $y(x^2 - 1) = \sin x - 1$.

3. (1) $\dfrac{1}{y} = Ce^x - \sin x$; (2) $\left(1 + \dfrac{3}{y}\right)e^{\frac{3}{2}x^2} = C$;

(3) $\dfrac{1}{y^4} = -x + \dfrac{1}{4} + Ce^{-4x}$; (4) $\dfrac{1}{y^3} = Ce^x - 2x - 1$;

(5) $xy\left[C - \dfrac{a}{2}(\ln x)^2\right] = 1$; (6) $y = x^4\left(C + \dfrac{1}{2}\ln x\right)$;

(7) $\dfrac{1}{y^3} = 6x + 6 + Ce^x$; (8) $\dfrac{xy}{xy + 1} = Ce^x$.

习题 8-4

1. (1) $y = (x - 2)e^x + C_1 x + C_2$; (2) $y = -\ln|\cos(x + C_1)| + C_2$;

(3) $y = C_1 e^x - \dfrac{x^2}{2} - x + C_2$; (4) $y = 1 + C_2 e^{C_1 x}$;

(5) $y = \dfrac{x^4}{12} - \dfrac{1}{9}\cos 3x + C_1 x + C_2$; (6) $y = \dfrac{1}{4}x^4 - \dfrac{1}{2}x^2 + \dfrac{C_1}{3}x^3 + C_2$;

(7) $y = C_1(x - e^{-x}) + C_2$; (8) $y = C_2 e^{C_1 x}$.

2. (1) $y = \sqrt{2x - x^2}$; (2) $y = -\dfrac{1}{a}\ln(ax + 1)(a \neq 0)$;

(3) $y = \ln\sec x$; (4) $y = \left(\dfrac{1}{2}x + 1\right)^4$;

(5) $e^{\pm x} = e^y + \sqrt{e^{2y} - 1}(\Rightarrow y = \ln\text{ch} x)$; (6) $\ln\left|y + \sqrt{1 + y^2}\right| = \pm x$;

(7) $y = \dfrac{1}{6}x^3 - \cos x + x + 1$; (8) $y = \dfrac{1}{2}x^2 - \dfrac{1}{2}$.

3. $y = \dfrac{1}{6}x^3 + \dfrac{1}{2}x + 1$.

习题 8-5

1. (1) $y = C_1 e^{-3x} + C_2 e^{-2x}$; (2) $y = (C_1 + C_2 x)e^{\frac{3}{4}x}$;

(3) $y = C_1 e^{-x} + C_2$; (4) $y = e^{-4x}(C_1\cos 3x + C_2\sin 3x)$;

(5) $y = (C_1 + C_2 x)e^{\frac{5}{2}x}$; (6) $y = e^{2x}(C_1\cos x + C_2\sin x)$;

(7) $y = C_1 e^{-2x} + C_2 e^{5x}$; (8) $y = (C_1 + C_2 x)e^{2x}$;

(9) $y = e^{2x}(C_1\cos 3x + C_2\sin 3x)$; (10) $y = C_1\cos\sqrt{2}x + C_2\sin\sqrt{2}x$.

2. (1) $y = e^{-\frac{1}{2}x}(x + 2)$; (2) $y = 3e^{-2x}\sin 5x$;

(3) $y = 4e^x + 2e^{3x}$; (4) $y = e^x\sin x$;

(5) $y = \dfrac{1}{3}e^x\cos 3x$; (6) $y = \cos\pi x + \dfrac{1}{\pi}\sin\pi x$.

3. $y'' - 2y' + y = 0$

4. $y'' - 3y' + 2y = 0$

5. (1) $y* = ax + b$; (2) $y* = x(ax^2 + b)$;

   (3) $y* = ae^x$; (4) $y* = e^x(ax^2 + bx + c)$;

   (5) $y* = a\cos 2x + b\sin 2x$; (6) $y* = x(a\cos x + b\sin x)$.

6. (1) $y = C_1 + C_2 e^{-3x} + \dfrac{1}{2}x^2 - \dfrac{1}{3}x$;

   (2) $y = C_1 + C_2 e^x + \dfrac{1}{2}(\cos x - \sin x)$;

   (3) $y = e^{-\frac{x}{2}}\left(C_1\cos\dfrac{\sqrt{7}}{2}x + C_2\sin\dfrac{\sqrt{7}}{2}x\right) + \dfrac{1}{2}x^2 - \dfrac{1}{2}x - \dfrac{7}{4}$;

   (4) $y = C_1\cos ax + C_2\sin ax + \dfrac{e^x}{1 + a^2}$;

   (5) $y = C_1\cos x + C_2\sin x + \left(\dfrac{x}{10} - \dfrac{13}{50}\right)e^{3x}$;

   (6) $y = e^{3x}(C_1 + C_2 x) + e^x\left(\dfrac{3}{25}\cos x - \dfrac{4}{25}\sin x\right)$;

   (7) $y = e^x(C_1\cos x + C_2\sin x) + \dfrac{1}{2}(x + 1)^2$;

   (8) $y = C_1 + C_2 e^{3x} + x^2$;

   (9) $y = C_1 e^{-x} + C_2 e^{\frac{1}{2}x} + \dfrac{3}{2}e^x$;

   (10) $y = e^{2x}(C_1 + C_2 x) + 2x + 2 + 4x^2 e^{2x}$.

7. (1) $y = -5e^x + \dfrac{7}{2}e^{2x} + \dfrac{5}{2}$;

   (2) $y = -e^{-x} - xe^x + x^2 e^x$;

   (3) $y = \dfrac{1}{2}e^{\frac{x}{2}}(\cos x - \sin x) + \dfrac{1}{2}e^x\sin x$;

   (4) $y = e^{3x}\left(\dfrac{37}{102}\cos 4x - \dfrac{7}{204}\sin 4x\right) + \dfrac{1}{102}(14\cos x + 5\sin x)$;

   (5) $y = \dfrac{1}{3}\sin x - \cos x + \dfrac{1}{3}\sin 2x$;

   (6) $y = \dfrac{11}{16} + \dfrac{5}{16}e^{4x} - \dfrac{5}{4}x$.

习题 8-6

1. (1) 3 阶; (2) 6 阶.

2. $y_t = -1 + 2^{t+1}$.

3. (1) $y_t = C2^t$; (2) $y_t = C(-1)^t$;

   (3) $y_t = C + t^2 - t$; (4) $y_t = C + \dfrac{2}{3}t^3 - t^2 + \dfrac{1}{3}t$;

(5) $y_t = C(-1)^t + \dfrac{1}{3}2^t$;

(6) $y_t = C2^t + t \cdot 2^{t-1}$.

4. (1) $y_t = 3t + 2$;

(2) $y_t = 3\left(-\dfrac{1}{2}\right)^t$;

(3) $y_t = 1 + \left(-\dfrac{1}{2}\right)^{t+1}$;

(4) $y_t = \dfrac{13}{12}(-2)^t + 2^{t-2}$.

5. (1) $y_t = C_1 3^t + C_2 4^t$;

(2) $y_t = C_1\left(\dfrac{1+\sqrt{5}}{2}\right)^t + C_2\left(\dfrac{1-\sqrt{5}}{2}\right)^t$;

(3) $y_t = (C_1 + C_2 t)3^t$;

(4) $y_t = 2^t\left(C_1\cos\dfrac{\pi}{2}t + C_2\sin\dfrac{\pi}{2}t\right)$;

(5) $y_t = C_1(-1)^t + C_2 4^t$;

(6) $y_t = 2^t\left(C_1\cos\dfrac{\pi}{3}t + C_2\sin\dfrac{\pi}{3}t\right)$.

6. (1) $y_t = -\dfrac{1}{2}(-3)^t - \dfrac{1}{2}$;

(2) $y_t = \dfrac{1}{2\sqrt{3}} \cdot 4^t \cdot \sin\dfrac{\pi}{3}t$;

(3) $y_t = (\sqrt{2})^t \cdot 2\cos\dfrac{\pi}{4}t$.

习题 8-7

1. $C(x) = \dfrac{3e^x}{1 + 2e^{3x}}$.

2. $R(t) = \dfrac{a}{bS_0}(e^{bt} - 1)$, $S(t) = S_0 e^{-bt}$.

3. (1) $D(t) = \dfrac{\alpha Y_0}{k}e^{kt} + \beta t + D_0 - \dfrac{\alpha Y_0}{k}$, $Y(t) = Y_0 e^{kt}$; (2) $\dfrac{\alpha}{k}$.

4. (1) $Y(t) = (Y_0 - Y_e)e^{\mu t} + Y_e$, $C(t) = b(Y_0 - Y_e)e^{\mu t} + Y_e$, $I(t) = (1-b)(Y_0 - Y_e)e^{\mu t}$, $Y_e = \dfrac{a}{1-b}$, $\mu = \dfrac{1-b}{kb}$;

(2) $\lim\limits_{t\to+\infty}\dfrac{Y(t)}{I(t)} = \dfrac{1}{1-b}$, $\lim\limits_{t\to+\infty}\dfrac{Y(t)}{C(t)} = \dfrac{1}{b}$.

5. $y(t) = \dfrac{1\,000 \times 3^{\frac{t}{3}}}{9 + 3^{\frac{t}{3}}}$.

总习题八

1. (1) 3; (2) $y'' - 5y' + 6 = 0$;

(3) $y_{t+2} - 3y_{t+1} + 2y_t = 1$.

2. (1) C; (2) B; (3) D; (4) A;

(5) D.

3. 略.

4. (1) $y^2 = C(x^2 - 1) - 1$; (2) $(1 - e^y)(1 + e^x) = C$;

(3) $Cx^4 = y^2 - 2xy - 4x^2$; (4) $2ye^{\frac{x}{y}} + x = C$;

(5) $y\ln x = ax\ln x + C$;

(6) $\dfrac{x^2}{y^2} = -\dfrac{2}{3}x^3\left(\ln x + \dfrac{2}{3}\right) + C$;

(7) $2\sqrt{(x^2 + y)^3} - 2x^3 - 3xy = C$;

(8) $x^2 + y^2 - 2\arctan\dfrac{y}{x} = C$;

(9) $e^{\frac{y}{x}} = \ln x + C$;

(10) $2xy - y^2 = C$.

5. (1) $e^x + 1 = 2\sqrt{2}\cos y$;

(2) $x + y = x^2 + y^2$;

(3) $x^2 + y^2 = 25$;

(4) $y^2 = x(2\ln y + 1)$;

(5) $y\sin x + 5e^{\cos x} = 1$;

(6) $y = \dfrac{e^x}{x}(x + C)$.

6. $y(x) = e^x(x + C)$.

7. $y = x\left(\ln\ln x + \dfrac{1}{e}\right)$.

8. (1) $y = \sin(x + C_1) - C_2$;

(2) $y = C_1 e^{\frac{x}{C_1} + C_2} - C_2$;

(3) $y = C_1 + C_2 e^{-\frac{5}{2}x} + \dfrac{1}{3}x^3 - \dfrac{3}{5}x^2 + \dfrac{7}{25}x$;

(4) $y = C_1 e^{-2x} + C_2 e^{-x} + xe^{-x}\left(\dfrac{3}{2}x - 3\right)$;

(5) $y = e^x(C_1\cos 2x + C_2\sin 2x) - \dfrac{1}{4}xe^x\cos 2x$;

(6) $y = C_1 e^{-x} + C_2 e^x + \dfrac{1}{10}\cos 2x - \dfrac{1}{2}$;

(7) $y = e^{-2x}(C_1\cos 3x + C_2\sin 3x)$;

(8) $y = C_1 e^{\frac{1}{2}x} + C_2 e^{-x} + e^x$.

9. (1) $y = e^{-x} - e^{4x}$;

(2) $y = e^{2x} \cdot \sin 3x$;

(3) $y = \left(\dfrac{7}{e^2} - \dfrac{3}{e^2}x\right)e^x$;

(4) $\ln\left(\tan\dfrac{y}{2}\right) = x$.

10. $\varphi(x) = C_1 e^{-x} + C_2 e^x + \dfrac{1}{2}e^x$.

*11. (1) $y_t = C(-2)^t$;

(2) $y_t = C_1(-3)^t + C_2$;

(3) $y_t = \dfrac{1}{3} \cdot 2^t + C(-1)^t$, $y_t = \dfrac{1}{3}2^t + \dfrac{5}{3}(-1)^t$;

(4) $y_t = 4 + C_1\left(\dfrac{1}{2}\right)^t + C_2\left(-\dfrac{7}{2}\right)^t$, $y_t = 4 + \dfrac{3}{2}\left(\dfrac{1}{2}\right)^t + \dfrac{1}{2}\left(-\dfrac{7}{2}\right)^t$.

参 考 文 献

[1] 同济大学数学系. 高等数学 [M]. 7 版. 北京：高等教育出版社，2014.

[2] 杜明银，屠凡超，赵娜. 微积分 [M]. 大连：大连理工大学出版社，2013.

[3] 姜天权. 微积分 [M]. 北京：高等教育出版社，2010.

[4] 牛燕影. 微积分 [M]. 上海：上海交通大学出版社，2012.

[5] 葛云飞. 经济数学 [M]. 北京：高等教育出版社，2009.